U0797430

教育部人文社会科学重点研究基地
中国海洋大学海洋发展研究院资助

中国海洋生态安全治理的理论与实践

杨振姣 著

海洋出版社

2016年·北京

图书在版编目（CIP）数据

中国海洋生态安全治理的理论与实践/杨振姣著.—北京：海洋出版社，2015.9
ISBN 978-7-5027-9266-4

Ⅰ.①中…　Ⅱ.①杨…　Ⅲ.①海洋生态学-研究-中国　Ⅳ.①Q178.53

中国版本图书馆 CIP 数据核字（2015）第 232985 号

责任编辑：鹿　源
责任印制：赵麟苏
海洋出版社　出版发行
http://www.oceanpress.com.cn
北京市海淀区大慧寺路 8 号　邮编：100081
北京朝阳印刷厂有限责任公司印刷　新华书店北京发行所经销
2016 年 6 月第 1 版　2016 年 6 月第 1 次印刷
开本：787mm×1092mm　1/16　印张：16.5
字数：400 千字　定价：68.00 元
发行部：62132549　邮购部：68038093　总编室：62114335
海洋版图书印、装错误可随时退换

序　言

全球化背景下，人类海洋活动导致海洋生态系统的健康受到严重损害，我国面临更加严峻的海洋生态安全形势，海洋生态安全治理已经到了刻不容缓的地步。海洋生态安全已构成国家安全和社会稳定的重要组成部分，成为我国经济社会可持续发展、协调人与自然关系以及和平崛起的主要限制因素，海洋生态安全已成为国家战略性问题，是国家安全的重要内容。我国海洋生态安全存在海权纷争、污染严重、灾害频发以及生物多样性锐减等诸多不安全因素。海洋生态安全意识、价值观、法律、规划、科研资金的不合理是导致这些不安全因素的主导原因。基于此，海洋生态安全治理的研究显得尤为重要，已经成为国家治理的重要方面，是维护我国合法的海洋权利和权益，实现海洋事业稳定发展和治理现代化的重要途径。本书在对我国目前我国海洋生态安全严峻形势及海洋生态安全治理中存在的问题进行分析的基础上，对国内外海洋生态安全治理经验进行了对比研究，提出了中国海洋生态安全治理的理论和实践。

需要指出的是国内外对于海洋生态安全问题研究相对滞后，大多数海洋生态安全问题是包含在海洋环境、海洋资源、海洋灾害等问题研究中被提及，没有上升到海洋生态安全领域，更没有上升到国家安全、地区安全乃至全球安全层面，因而，本书预期能够在理论上丰富和发展海洋生态安全内容，实践上探索中国海洋生态安全的运行机制和治理模式，构筑中国海洋生态安全治理新方略，将有利于化解全球化以及社会结构转型和体制转轨给我国海洋生态安全带来的双重挑战，为实现可持续发展、更好维护国家海洋权益、减少国际纠纷提供理论依据和现实途径。

作　者

目　　录

生态环境问题将成为21世纪战争的根源之一。海洋生态恶化将成为世界各国关注的、事关国家安全的首要问题。围绕海洋生态环境与国家安全的相互关系，国际社会进行了激烈的讨论，海洋生态安全已然成为国家安全的焦点。作为生态安全链条上极为重要的一环，海洋生态安全不仅构成了整个自然生态环境的基础性要素，而且是事关国家安全和长远发展的重要因素。

——美国生态学家 莱斯特·布朗

第一章　海洋生态安全概述

海洋是人类生存的摇篮，它不仅给人类提供丰富的矿产资源、生物资源和化学资源，还直接影响着人类的生存环境，如气候、大气环流等。同时，海洋文化在社会生活中也占据着一定的地位，影响着世界各国文化的发展和交流。可以说，海洋是人类的“第二生存空间”。

近年来伴随着陆地人口、资源和环境压力的增大，海洋已成为人类赖以生存和发展的新空间。一些有识之士指出，人类社会的21世纪是“海洋的世纪”。未来人类社会的生存发展和文明进步的出路在于海洋，这已成为国际的共识。但是，随着人类开发海洋的深入，海洋对人类社会的影响越来越大，由此引发的以海洋生态问题、海洋经济问题、海洋利益冲突和海洋安全问题等为表现形式的海洋生态安全危机问题越来越多，加之一些非人为的自然因素对海洋的影响，可以说，海洋生态危机在世界范围内广泛存在。从另一方面看，海洋的特殊性使得海洋生态安全不仅仅是某一个国家或地区的事情，它需要多方共同努力去解决。在全球化和经济一体化的今天，这一点变得尤为明显。因此加强对新时期海洋生态安全的研究是十分必要和迫切的。

第一节　国家安全观

国家安全是随着国家的产生而出现的一种社会现象，是关系一个国家生存与发展的重要问题，任何一个国家历来都高度重视。随着国际交往关系的愈益扩展，其对一国安全的影响越来越大，国家安全问题由原来主要表现为国内事务而日趋国际化，变得更加紧要和复杂。

国家安全观反映国家的客观安全状态。国家安全观所反映的客观对象，既包括国家安全的一般客体，如普遍化的国家、国家安全、国家利益、国家安全环境、国家安全体制、国家安全活动等，也包括特定历史条件和地域环境中的国家安全的具体客体，如具体化的国家（如当代的美国、中国、俄罗斯等）、具体化的国家安全状态（如当代的中国安全）、具体化的国家安全体制等；既包括对国家安全对象的综合性反映，例如从整体上认知国家安全状态，也包括对国家安全对象某些方面的部分性反映，例如对国家文化安全的认识。除此，国家安全观也包括对国家安全客观现实的价值评价，任何主体在形成国家安全的同时，都不仅包括了对国家安全现实的真理性认知，还包括基于自身利益的对国家安全观的价值性评价。此外，国家安全观还包括主体对国家安全状态发展的预测和期望。

联合国开发署在 1993 年和 1994 年人类发展报告中都指出安全概念的重点由单独强调国家安全转向强调人的安全，由通过军备实现安全转向通过人类发展实现安全，由领土安全转向食物、就业和环境安全①。国际社会必须以实现人类安全，包括健康安全、工作安全、收入安全、环境安全和免于犯罪的安全为目标。随着国际海洋、军事、网络、经济等各方面的竞争加强，安全问题的概念不断扩展，“国家安全是谁的安全”这一论题成为安全领域的研究重点。国家安全不再局限于国土安全、军事安全等传统安全领域，经济、社会、科技等非传统安全也成了国家安全重要的组成部分。

一、传统安全

1943 年李普曼首次提出了“国家安全”。美国学界把“National Security”一词，界定为有关军事力量的威胁、使用和控制，人们便把以军事安全为核心的安全观称为传统安全观，把以军事为核心的威胁称为传统安全威胁。把军事以外的安全威胁称为非传统安全威胁。

传统安全是国际关系的主题，一般是指与国家间军事行为有关的冲突。传统国家安全主要是指军事、政治、外交、领土及政权等方面的安全；“安全”是国际关系理论中的核心概念。在国际关系中，战争以及由战争引发的传统安全问题一直占有重要地位，以国家为中心的权力和安全观是国际关系的主要内容。在国际关系结构中，每个国家都有自主行使主权的权利，但不是凌驾于各国之上的权威。各国不能恣意妄为，国家行为也会受到外部力量（主要是其他国家的行为）的制约，各国依靠内部的力量维护自身的安全。但是实际上国家的实力、地理位置、人口资源影响着国家的能力和外交政策的导向，外部力量很难对势力强大的国家进行制约。更重要的是，在国际关系中没有抽象的道德原则，虽然一些西方国家力主存在这样的原则，但在实际操作中，国家利益才是行为的标准。国家运用权力去追求利益，权力是国家获得利益的最大保证，也是赢得冲突的最大保证。在这种意义上，传统安全主要指的是国家安全。传统安全是与新的安全领域相对的一个概念。传统安全主要是指一个国家的领土安全，人的生命安全以及政权的安全等。现代社会中，国家经济的安全也被认为是一个新的安全领域，因而才出现了传统安全这个概念。

二、非传统安全

非传统安全观是对传统国家安全观在安全领域和安全主体两方面的拓展。有学者认为国家安全不仅包括国家的完整、稳定以及不受侵犯，而且包括个体公民生存的安全、社会

① United Nations Development Programme. Human Development Report，New York，1993.

经济发展的安全、地球持续繁荣的安全。目前比较公认的非传统安全的概念是：来自非国家行为体的对国家的主权和利益以及个人、群体和全人类的生存和发展的非军事威胁和侵害，具有跨国性、多元性、社会性和相互关联性。非传统安全对人类的威胁虽然不能排除用传统的军事方式解决的可能性，但是依靠合作来解决依然是最可能的解决办法。安全问题泛化给人类带来的困惑将通过对非传统安全进行界定而减少。从定义来看，如果威胁到国家和人类的生存和发展的根本利益，那么就属于非传统安全问题。海洋生态安全是非传统国家安全体系中的重要基础，是国家生态安全的重要组成部分，与国家政治安全、经济安全和社会安全等具有同等地位。非传统国家安全体系是一个不可分割的整体，构成国家安全的几种安全要素之间存在着密不可分的联系：非传统安全内涵广、内容多、解决途径复杂。传统国家安全与非传统国家安全是长期共存的。经济安全、生态环境安全、信息安全、生态环境与资源安全以及恐怖组织、传染性疾病、跨国犯罪、走私贩毒、非法移民、海盗、非法洗钱等均属于非传统安全的领域。

三、新国家安全观

新世纪，国际局势不断变化，多极化、全球化和全球环境生态化在新形势下不断发展；科技水平飞速提高，各国综合国力也不断加强，各国思想文化交融，国际矛盾错综复杂，敌对势力试图破坏我国国家稳定，持续对我国实施西化、分化战略图谋。我们国家本身还面临发达国家在经济、科技等方面占优势的压力；我国在建设海洋强国的过程中，资源环境成为社会经济发展的瓶颈制约，可持续发展问题成为国内必须面对的问题，区域发展与国防和经济建设的协调成为要解决的问题之一。中国新安全观的核心内容是：互信、互利、平等、协作；新安全观的实质是“超越单方面安全范畴，以互利合作寻求共同安全”。目前在太空、网络、海洋等领域的国际竞争不断加强，中国也制定了符合中国社会主义特色的总体国家安全观，以人民安全为宗旨，以政治安全为根本，以经济安全为基础，以军事、文化、社会安全为保障、以促进国际安全为依托，既重视传统安全又重视非传统安全，既重视发展又重视安全。发展是安全的条件，安全是发展的基础。目前我国所面临的形势既存在机遇也存在挑战，我们只能和平崛起，实现全面建设小康社会的目标，继续推进国家现代化建设，早日实现国家统一，维护世界和平，促进全球共同发展。这种新观念的提出，是适应国际形势发展和变化的产物。

在冷战结束之前，中国所面对的主要威胁一直是大国之间的对抗，是世界大战的威胁，是帝国主义武装侵略和颠覆的威胁。伴随着东西方对抗关系的结束和大国之间以合作为基调的新关系的确立，中国所面对的安全问题也发生了改变。中国强调的新安全观，所针对的威胁包括传统的威胁，也包括非传统的威胁；包括军事安全问题，也包括非军事安全问题。这种对安全的新关注，实际上将国家安全与国际安全密切地结合在一起。

局部战争和冲突、地区热点、南北差距等都威胁到世界和平，人民的基本生存权利甚至生命安全面对着国际恐怖主义势力、民族分裂势力、极端宗教势力的威胁，生态破坏、非法移民、跨国犯罪、严重传染性疾病等是世界各国都共同面临的问题。而这些全球性问题的解决，需要一种全新的国际策略和合作方式。

中国新安全观强调的是以平等合作而不是军事对抗解决问题。其核心内容之一是“协作”，也就是以和平谈判的方式解决争端，并就共同关心的安全问题进行广泛深入的合作。这种合作包括多边安全机制、多边安全对话、双边安全磋商，非官方安全对话等多渠道合作方式。“和谐社会”与“和谐世界”思想的提出，为中国新安全观扩展了新的思想，这也有助于中国建设民主法治、公平正义、诚信友爱、充满活力、安定有序、人与自然和谐相处的社会。与此同时，以人为本、执政为民的思想逐步强化，中国的新安全观不再只针对单纯的国家安全关系，而是涵盖国家与人民的综合安全利益。

在讨论中国新安全观时，我们不应该将中国的新安全观与国际上兴起的新安全观截然分开。在20世纪70年代末，一些西方国家的政治家和学者陆续阐述了他们的“新安全概念”。1979年，勃兰特委员会发表了题为《争取世界的生存》的报告，对“安全新概念”进行了定义，认为国家安全不仅在军事方面，也有威胁到人类安全的非军事问题。同一时期，帕尔梅安全与裁军委员会的报告提出了“共同安全”的概念，倡导将以军事为核心的安全观转化为通过国际合作、非军事化、裁军等途径实现的“共同安全”。1991年，全球治理委员会在其《天涯成邻》的报告中提出了“人民安全”和“全球安全”的概念，该报告对“安全的新概念”进行了更详尽的阐述。来自欧洲的新安全观很快被联合国接受，对后来联合国安全观的变化产生了重大影响。

冷战结束后，联合国积极倡导从狭义的传统安全转向“全包容型安全概念”。1994年，联合国开发计划署的《人类发展报告》系统地阐述了“人类安全”的概念，此概念主要包括经济、粮食、健康、环境、人身、社区和政治七大领域的安全。千年首脑会议以来，联合国的安全概念被定义为“以人为中心的安全”，通过发展来实现安全，中国的总体国家安全观与联合国倡导的安全观的一致之处为，二者同样强调以非军事手段应对全球威胁。与此同时，中国的总体国家安全观是基于中国国情、根据中国发展现状提出的具有中国特色的安全观，它与基于西方政治、文化及社会制度下产生的安全观不同。西方发达国家提倡的新安全观更强调个人自由，可以超越主权进行国际干预，并基于统一价值观进行全球治理。中国的安全观仍遵循和平共处五项原则，在人权问题上，反对以人权为借口干涉其他主权国家内政。在实现安全的路径上，中国依然倡导国家平等原则，强调多元化、多样化和民主化的国际关系，倡导求同存异，超越意识形态和政治制度的差异，尊重各国文化、社会制度和发展道路。

中国的总体国家安全观符合中国现阶段的国情，反映出我国对国家特殊安全利益的考虑，如台湾问题、反分裂主义等。中国同广大发展中国家一样，仍然将发展作为首要问题。中国的国家安全观也从军事安全扩展到社会问题，开始关注环境安全、社会安全、食品安全、健康安全等。

近10多年来，中国的新安全观一直在不断丰富和发展。从国际角度看，中国的新安全观体现了中国对维护世界和平的贡献。

第二节　海洋生态安全观

在非传统安全出现的过程中，生态问题是一个非常突出的刺激因素，也是一个非常重要的新安全领域。同时，它自身也有一个安全化过程，即生态问题从一个非安全问题走入安全领域，成为一个安全问题，我们把它称为生态问题的安全化。而海洋生态安全作为生态安全的重要组成部分，是一个国家赖以持续生存和健康发展的基本前提。

一、生态安全的内涵

1972 年联合国第一次环境与发展大会召开，通过了《只有一个地球》和《人类环境宣言》，开启了人类关注与保护生存环境的全球行动，此次大会率先把环境问题列入世界政治议程。学者莱斯特·R·布朗最早将环境变化含义明确引入安全概念。并于 1977 年提出对国家安全加以重新界定，在 1981 年的一本著作《建立一个持续发展的社会》中指出："目前对安全的威胁，来自国与国间关系的较少，而来自人与自然间关系的可能较多。" 1987 年，世界环境与发展委员会在《我们共同的未来》中，将安全问题作为可持续发展的探讨领域，专门探讨了环境与安全的关系。实际上，和平与安全问题是持续发展的核心；"安全的定义必须扩展，超出对国家主权的政治和军事威胁，而要包括环境恶化和发展条件遭到的破坏"。纵观国内外学者基于内涵和外延两个层面对生态安全的认识，生态安全应该是指维持人类生存和经济社会可持续发展的自然生态系统处于安全状态，免于危险和威胁，自然生态系统能持续地向人类提供的优质的生态服务。生态安全是国家安全和社会稳定的重要组成部分。

二、海洋生态安全的内涵

通过对生态安全涵义的分析，可见生态安全比环境安全的范围更广。陆地资源的日趋衰竭，促使人类将注意力转移到海洋上，海洋资源的开发和利用给人类的发展带来了希望。可以说海洋生态系统的生态价值和服务功能成为人类赖以生存和发展的基础。但是日趋增多的海洋生态环境问题的出现也让人们开始从海洋生态系统的角度关注生态安全以及生态安全中人的活动与价值。据此，可以将海洋生态安全定义为海洋生态系统处于不受或少受破坏与威胁的状态，自身结构和生态服务功能保持稳定性和持续性，为人类生存发展提供服务功能。海洋生态安全的安全本体是海洋生态系统；安全的最终归宿是人的生存安全；海洋生态安全的本质是实现"人与海洋和谐发展"，即人类在开发利用海洋的同时保持海洋生态系统的稳定和良性循环。

研究海洋生态安全不能孤立地研究生态系统本身，而应该将海洋生态系统与人类活动的相互关系作为一个重要内容。根据对事物安全内在表征和外在表征的分析，海洋生态安全应该包含两方面的内容：一方面是指海洋生态系统自身的平衡和稳定。海洋生态系统的稳定性和独特结构不仅吸收了人类活动产生的大多数垃圾，同时也为人类提供了丰富的生物资源、矿产资源等，但是海洋生态系统的承载力是有限的，如果超出阈值，海洋生态系统将失去自身的平衡和稳定，降低人类福祉。而在当前，海洋环境污染和海洋生态破坏已经将海洋生态系统置于极度的不安全之中。另一方面，海洋生态系统可持续地发挥生态服务功能，满足人类生存和发展的需要。海洋是人类自古以来的一个重要活动领域，并诞生了海洋文明；海洋同时也被认为是生命支持系统之一，不仅是地球生命的发源地，而且还为人类提供了生存所需的丰富资源。总之，海洋生态系统对人类的生态服务功能是巨大的，“按照市场价值折算，其年度服务总价值约为21万亿美元”。

三、海洋生态安全的内容

（一）海洋环境安全

目前研究者普遍认为环境问题作为国家安全的重要部分，是产生暴力冲突的直接原因。环境安全是指在生物圈的功能完整性受到人类威胁时将其降低到最小化的行为方式。环境安全作为维系人类自身的利益以及与后代关系的纽带，为人类提供生存的源泉。它反映了人类对环境变化问题的关心，尤其是导致资源稀缺和生态系统退化的问题。环境安全的标志是：社会系统与自然生态系统能够以可持续的方式获取环境利益，并在环境危机和冲突发生时有合理的机制能够解决这些问题。海洋环境安全要求人们更多地关注海洋生态系统的健康状况和面临的风险，并采取行动预防或控制海洋环境为人类带来负效应。传统的“海洋污染”和“海洋环境保护”都是以被动的方式评价和管理海洋，而且几乎是在海洋环境已经产生不利于生态系统和人类的影响之后才实施补救行动。“海洋环境安全”有别于传统的海洋污染及环境保护概念，它与可持续发展原则紧密联系，并是一种积极的提前预防的行为方式。它强调的是提前预防而非事后补救。而海洋环境安全是海洋环境的可持续发展观，我们应考虑海洋环境安全，而不是海洋污染或被动的海洋环境保护。

21世纪是人类开发利用海洋的新世纪，海洋是“太空”以外的人类要认识和进入的第二大领域。海洋开发关系到国家安全和综合国力，不进入海洋，国家不能强大。海洋是新的生存和发展空间，是生物资源、能源、水资源、金属资源的战略性开发基地。如何利用先进科学技术，促进海洋资源开发和海洋环境保护也是我国经济社会发展所面临的重大战略问题。

在全球化时代，区域经济重组、资源再分配等社会现象突出。沿海省市是中国人口密度最大的区域，集中了一半以上的人口和资源。2010年海洋产业增加值达到全国GDP的5%，2014年海洋产业增加值达到9.4%，2014年全国涉海就业人员3 554万人。沿海地区的发展趋势还将继续，我国人口还将持续向海岸带集中，这将极大地挑战近海及海岸带的生态环境安全和可持续性。此外，国际海底和公海作为人类共同继承财产，我国应享有在公海的相关权益。我国经济发展带来的国际地位的提高使得国家安全对海洋需求更突出，海洋作为国家安全的第一道防线，迫切需要为其提供海洋环境保障。

随着社会经济的快速发展，海洋生态环境形势日益严峻，在未来15年间将面临前所未有的挑战。如果不采取综合而有效的控制措施，污染负荷将突破生态环境承载能力的极限，某些生态系统将难以遏制地衰退，海洋生态环境问题随时会恶性爆发，出现难以逆转的生态环境灾难，并成为制约我国海洋经济发展的瓶颈。甚至严重影响全球环境并损害我国的国际形象。由于海洋生态环境的脆弱性和地区发展的不均衡，人口过度增长、发展模式和某些政策不当，尤其是20世纪80年代后进入经济高速发展阶段，我们用短短20年时间走完了发达国家上百年的路程，致使我国生态环境遭受了严重的破坏。

目前中国海洋生态安全形势十分严峻，陆源污染物是海洋污染物的重要来源。大量污染物和废弃物的积累，导致海洋的自净能力下降，海洋生态系统失衡，导致近岸海域以及局部海域严重污染。据统计，中国一部分排污口设置在海水增养殖区邻近海域以及风景旅游区邻近海域，多数功能区的水质劣于国家标准。排污口附近养殖区环境退化，养殖生物受到极大影响，海产品的食用安全风险加大。排污口附近的旅游风景区、海水浴场、港口环境恶化趋势严重。当今世界，污染海洋的污染源，主要还是来自陆地。大量陆地工业废水与生活污水、各种垃圾、化肥农药残留等，通过千万条江河，汇聚海洋。另一方面，海域自身的污染，也随着临港工业、海洋运输业、海洋养殖捕捞业、海洋矿产业、海洋旅游业的发展以及围海造地、填海造城等，给海洋生态安全带来威胁，甚至引发海洋生态危机。陆源污染和海域污染在福建省也不同程度存在，局部地方还比较严重。比如有些地方，受经济利益驱使，盲目发展近海网箱养殖，养殖密度越来越大，超过海洋生态承载能力，引起海水富营养化，导致赤潮发生频率逐年加大；有的地方对海洋湿地、滩涂、沿海红树林等疏于保护，盲目开发，也导致生态环境恶化，海洋生物多样性被破坏。

（二）海洋生物安全

海洋生物安全是指海洋生物特别是渔业资源的污染、衰退问题，这主要是过度捕捞、海洋污染、海滩围垦以及水利和海洋工程对生态环境的破坏等因素导致的。海湾、河口及海滨湿地生态系统长期处于亚健康或不健康状态，致使富营养化及营养盐失衡，生物群落结构异常，河口产卵场严重退化、部分产卵场正在逐步消失，生物生存环境丧失或改变等。

由于海水环境是人类进入海洋的天然屏障，对海洋的研究和开发较为困难，海洋生物多样性的研究与保护也较为复杂（MAB 中国委员会，1988）。但海洋生态系统是陆地排泄的最终接受处，大部分废物最后在海洋汇集，海洋受人类活动影响正日趋严重，海洋生物的生存环境日益严峻，海洋生物多样性受到的威胁在加大。河湾和盐沼、红树林、海草床，这些临近城镇的生态系统几乎在世界范围内严重退化。由于船只在它们的压载水舱中携带了大量的鱼苗，因而在最忙碌的港口，外源种极为常见，超过半数的物种是从外面侵入的。许多接纳农区水系的港湾受到了农药的污染以及农业和林业形成的淤泥的堵塞。

世界范围内明显不断增加的珊瑚的白化可能是珊瑚礁和其他海洋生态系统出现大规模生态变化的前兆。全球气候变化甚至能对极为边远的地区产生影响。为了维持海洋的整体性以及海洋资源的持续生产和功能，不仅需要研究和保护海洋生态系的组成物种，而且要重视整个生态系统，研究海洋生物多样性的现状和变化规律。海洋生物多样性保护在近20年才受到重视，因为海洋并不是人类生活中的要素，所以人们很少注意到它受到的危害，排放到海洋中的废物似乎很容易地消失了，很少有所警醒；其次，没有为了保护而管理海区的传统，而陆地的保护区已经存在了一个多世纪了；另外，大部分海洋在法定的国界外，即使是领海和“专属经济区”也都是共有的财富。因为海洋是一个“开放性资源”，所以各国在竞争性地开发。海洋资源并非取之不尽，用之不竭。如果不对看似巨大但却有限的海洋生物资源加以必要的保护，不能做到有节制地、合理地开发利用，则类似陆地上已发生的森林面积大规模减少、荒漠化日趋严重、害虫日益猖獗等现象也将会在海洋中发生，人类对海洋生物资源的持续永久利用将是不可能的。实际上在某些海域海洋生物资源已经遭到了严重的不可逆转的破坏。

全面衡量开发与保护、发展与环境的利弊得失关系，是生物多样性持续利用的关键。稳定的生态系统才能提供稳定的生物资源。一般认为，一个生物群落包括的物种越丰富，生物关系越合理，即生物多样性程度越高，则该系统越稳定。影响海洋生态平衡的因素很多，近年来主要是由污染引起的水质下降造成生物生活环境质量的下降和由滥采滥捕造成的经济种类种群下降或消失。

我国在海洋环境保护的研究和政策制定方面还很滞后，无法可依和有法不依现象十分严重，大量的工业污水、工业垃圾、农药、原油、生活垃圾等排入海中，造成越来越严重的海水污染，引起了大量生物死亡，一些物种惨遭灭绝，其后果是严重的。由于物种灭绝或种群数量的下降，使所处生态系统的生物多样性程度降低，物种间的相互依赖关系遭破坏，使所处生态系统变得极为敏感，平衡十分脆弱，很易被打破而崩溃，从而带来严重的资源衰退以至枯竭。

现如今我国生物多样性锐减，海洋生态灾害增多，海洋荒漠化，海洋渔业资源减少，海洋生物资源开发过度导致海洋生态系统遭到破坏。根据 2005 年联合国粮农组织对人类开发海洋渔业资源情况的统计结果显示，还能够提升开发量的渔业储量只占 24%，52%的渔业储量已被完全开发，无法再进一步加大开发力度。人类过度捕捞以及有害渔具的大量使用，导致经济物种资源严重衰退。随着我国渔船数量和吨位的急速增长，网具也越来越先进，海洋捕捞能力大幅度提高，为我国经济发展和人民生活水平提高做出了积极贡献。但是，由于管理法律法规的不完善，不可避免地会发生过度捕捞现象。我国著名的四大海产品中的大黄鱼和小黄鱼，1950—1970 年初资源量和渔获量还相当大，市场供应丰富，小黄鱼在 1957 年捕捞量为 16. 3 万吨，大黄鱼在 1974 年的捕捞量也曾达 19. 7 万吨。由于从 20 世纪 70 年代中期渔船吨位开始猛增，对大、小黄鱼进行了掠夺性捕捞，对其资源基础造成了致命的破坏和打击，使之来不及进行必要的资源补充；从 1982 年开始，其捕捞量锐减，中国近海大、小黄鱼资源已逐渐枯竭，几乎不成鱼汛，市场上现已基本见不到这两种鱼了。由于捕捞过度，市场上多数海产品也正逐日小型化、幼体化，近年来黄、东海大批小鲅鱼上市，即尚未长成成品鱼的幼鲅被捕捞，不能不令人痛心。水质污染引起海洋环境的变化，使生物之间及生物和非生物之间相互关系被打破，某些物种因失去制约机制而会大量繁殖，有时会造成很大危害。特别是某些海藻等浮游生物暴发性繁殖引起的赤潮，使大量海藻覆盖海面，隔绝海水与空气的气体交换，使海水严重缺氧，引起大量海洋生物死亡。滥采滥捕也是造成海洋生物资源减少的根本原因之一。

海洋生物多样性为人类提供了大量的资源，但这个资源的持续利用又受到了来自人类本身的严重威胁。幸运的是，生物资源是可再生、可持续利用的，这也是生物多样性工作者的职责。要想实现人类对海洋生物资源的持续开发利用，首先需要了解海洋生物资源的结构，从而制定出保护和合理开发的策略；制定出严格完善的法律法规，坚决制止污染海洋的一切活动，禁止过度捕捞，海水养殖也要有新思路、新技术，避免流行病、暴发病的发生。

（三）海洋生态系统安全

1. 海洋生态系统概述

海洋生态系统是由海洋生命系统与海洋环境系统在一定的时空范围内组成的，具有一定结构和功能的整体。海洋生态系统的结构主要包括以下内容。

（1）生物成分。

生物成分中的生态类群是根据生物的生活方式来规划的，不是生物学上的物种分类单元。①浮游生物：是在水层中进行浮游生活的生物，包括浮游植物和浮游动物。海洋中常见的浮游生物有硅藻、甲藻、金藻、原生动物、各种水母、小型甲壳类（桡足类），还有许多动物的幼虫、幼体和藻类的孢子。②游泳动物：是在水层中生活的运动能力较强的一些动物。它们的个体一般都比较大。海洋中常见的游泳动物有各种鱼类、一些爬行动物（如海龟、海蛇）、一些哺乳动物（鲸、鳍足类）、一些无脊椎动物（甲壳类、软体类）。游泳动物多以其他动物为食物，也有一些摄食植物。这一类群生物中具有经济价值的种类非常多。③底栖动物：是在底部生活的生物，有植物，也有动物。底栖动物中也有能游泳的种类，但是游泳能力差，只做短距离的移动。底栖生物的种类很多，生活方式也多种多样，有固着在岩石上的、附着在其他生物身上的、埋在软底质泥沙中的、钻蚀在硬质底中的、匍匐在水底的。底栖生物多以有机碎屑为食物且可以是一些经济鱼类的食物。底栖生物在海洋生物群落食物关系中有重要意义。海鸟类等也是海洋生物群落的参与者。

（2）非生物成分。

海洋生态系统的非生物成分，与陆地生态系统非生物成分最大的不同就是海洋环境中独特的海洋现象，如海水的垂直分层现象、海流、海浪、潮汐、海水的混合、大洋环流等。①海流：是具有相对稳定速度的海水的流动。它是海水的运动形式之一，对于海洋水文要素的分布和变化来说，海流是一项极为重要的影响因子。按成因可分为四类：地转流、风海流、补偿流、潮流。②海浪：是发生在海洋中的一种波动现象，主要包括风浪、涌浪、近岸波三种。③潮汐：是海水在月球和太阳阴历作用下发生的周期运动。它包括海面周期性的垂直涨落和海水周期性的水平流动，习惯上将前者称为潮汐，后者称为潮流。潮汐的涨落现象是因时因地而异的。从涨落周期来说，可以划分为三种类型：正规半日潮、全日潮、混合潮。④海水的混合：是海洋中存在着的一种最为普遍的运动形式，参与这种运动的海水，带着自己原来的特性，由一个空间向另一个空间运动，从而使相邻海水的性质逐渐趋向均匀，结果形成一种水文要素特性均匀一致的海水。对于这类运动，我们总称为混合。混合可分为涡动混合与对流混合。发生在海洋中的现象，基本上都是受太阳作用的结果。太阳直接或间接的作用使海面与大气完成热量的交换、质量的交换、动量的交换。这些交换的过程一方面引起海面热盐状况的分布不匀。另一方面导致海水的运动。这种运动首先从表层开始，然后牵动整个大海的全部水层。使用表层海水与外界的相互作用中所形成的热盐特性，从各个方向，以一定的规律，进行重新分布，从而形成了整个海洋热盐状况的空间结构。海水的运动和海洋的热盐状况又影响着其中的化学、生物、沉积等过程。

近岸海域生态系统大多数处于亚健康或不健康状态，海洋及海岸带栖息地受损，海洋生态危机不断加剧，威胁着全球生态系统。溢油事件致使部分海洋生物濒临灭绝。根据国家海洋局每年发布的海洋灾害统计公报显示，2004 年统计到中国近海重大溢油事件为 5 起，2005 年这个数字到了 16 起，同比增长 2. 25 倍，即 225%。2010—2011 年，大连市新港中石油连续发生 5 次溢油事故，给当地的旅游业和水产养殖业带来极大的损失。2011 年 6 月的渤海湾油田溢油事故更是给我们敲响了警钟。海洋是人类赖以生存的资源宝库，是地球上环境容量最大的生态系统。根据生态学规律，环境容量越大的生态系统，一旦被破坏，要恢复这个系统，也就越困难。海洋生态系统一旦崩溃，地球的末日可能就为期不远了，这绝对不是危言耸听。现代海洋战略不仅仅是向海洋索取，也要加强海洋生态环境保护，严格控制污染物排海，保护生物多样性。因此，在发展海洋经济中，我们一定要坚持“开发与保护并重”的方针。

2. 海洋生态系统的作用

海洋覆盖了地球 2/3 的面积，海洋对人类有着重要而深远的影响，能够为人类创造巨大的经济、社会、环境效益。

（1）海洋孕育了生命。

浩瀚的海洋是全球生命支持系统的一个基本组成部分，为生物提供广阔的生存空间。海洋是生命的摇篮。

（2）海洋为人类提供了大量的食物。

海洋孕育着大量的生物，地球动物的 80%生活在海洋中，海洋生物种类繁多，在地球的生物生产力中海洋占了 87%，相当于 1. 339 亿吨有机碳。

（3）海洋为人类提供工业原料。

海洋中含有丰富的矿产资源，比如铜矿资源可以供人类利用 600 年，镍的储量可供人类使用 15 000 年，锰可供人类利用 24 000 年，而钴则可供人类开发 14 万年之久。海洋中的工业原料品种多、储量大，合理的开发利用将会改善人类的生活。

（4）海洋可以为人类提供用之不竭的动力资源。

海洋中的海浪、潮汐、海流、海水温差蕴藏着巨大的能量，都能成为人类可以开发利用的能源，并逐渐得以利用。

（5）海洋为人类提供药品。

海洋生物资源丰富，能够供人们进行医学研究，获得防病、治病的良药，为人类健康服务。

（6）海洋科学在军事领域具有指导意义。

对海洋科学的研究在国防建设中意义重大。海流与潮流对水面舰艇、潜水艇、布雷、导弹发射等具有较大影响。人们利用海水的物理性质、海洋底质和海洋生物等科学知识，研制出声呐系统。在第二次世界大战中所有被击沉的潜水艇中有 60%是靠声呐系统发现的。

（7）在预测天气、控制气候方面发挥了重要作用。

海洋和大气是相互联系的，地球上的气候受海洋状况影响。自然界的风、雨、云、台风、海浪、大洋环境主要是由于海洋和大气层相互作用产生的。人们通过研究近水层大气和海洋间相互作用的机理，研究海洋表面的海流和深层环流状况来预测天气。海洋与大气中二氧化碳的相互交换起着调节大气二氧化碳含量的作用，这种动态平衡能够控制气候的转变。目前世界所排放的二氧化碳一半以上被海洋吸收，这一功能正在因全球变暖而削弱。但可以肯定的是，如果没有海洋，地球生态环境早就不适合人类生存了。

（8）大海对陆地环境起到净化作用。

陆地的河川径流最后都要汇入大海，大海在接纳河川径流的同时也容纳了径流运送的各种污秽物。加上人类活动造成海洋污染以及酸雨增加等，大海几乎容纳了地球上所有的污染物，并通过生态运动对污染物进行降解、转化、转移、沉积，从而净化了地球陆地环境。

3. 海洋生态安全的基本特征

与20世纪80年代初相比，海洋生态系统安全无论在类型、规模、结构，还是在性质上都发生了变化，这不仅仅是生态环境破坏加剧，而是问题变得更加复杂，使得威胁和风险进一步加大，甚至威胁到国家安全，限制了我国经济社会的可持续发展，阻碍了人与自然的和谐。随着人类进入20世纪，尤其是21世纪以来，人类开发海洋的升温和提速，海洋生态安全中人为因素的比例逐渐扩大，海洋权益、海洋产业、海洋环境以及海洋安全等问题越来越突出，由此引发的海洋生态安全在全球治理时代呈现出新的特点。

（1）战略性。

海洋成为“太空”以外的人类要认识和进入的第二大领域。海洋开发关系到国家安全和综合国力。海洋是新的生存和发展空间，是生物、能源、水、金属等重要性资源的重要来源。随着陆地资源日趋紧张，人类认识到了海洋重要的经济潜力，海洋的利用和保护是一项具有长远的战略性的活动。海洋生态安全不仅关系到海洋自身系统的安全，还关系到依附海洋生态系统生存的包括人类在内的生物的安全，因此维护海洋生态系统安全是具有战略意义的。

（2）全球性。

全球海洋是相互连通的一个整体，海洋的连通性使其成为全人类所共有的唯一海洋。与陆地不同，世界各大洋之间彼此联通强化了“海洋问题无国界”这一内容。由于海洋生态系统的流通性，海洋生态问题一旦发生就会蔓延到全球。比如说海上原油泄漏，受到影响的海域绝对不止发生溢油的区域，可能会波及多个国家；全球气温升高引起极地海冰融化，引发的海平面上升将会威胁到全球所有的沿海低海拔国家和地区。生态环境 旦出现问题，影响范围将是全球性的，产生的后果也是全球性的，任何国家和地区都不能置身事外，全球性的海洋生态系统安全的实现只有以全球化的思维，采取全球合作的方法来共同应对。因此，国际合作成为海洋生态系统安全治理的重要特征。在全球治理时代，海洋环境保护，海洋自然灾害预防及控制，公海资源的利用和配置等都是全球性问题，其问题的解决不是一个国家的内部问题，依靠一个国家也不能够解决。

海洋突发事故以及海洋污染事件对海洋环境的污染具有扩散性。在距离海岸 200 km 以内的沿海地区大约集中了世界 1/2 以上的人口。当一个地方出现海洋危机时，周围地区也会迅速关注，并采取措施防止危害扩大，影响自身利益。例如，1991 年第一次海湾战争期间，约 1 100 万桶原油泄漏，到 2003 年仅沙特阿拉伯约 800 km 的海岸仍有约 800×10^4 m^3 的油污尚未消除。①

（3）复杂性。

在全球治理理论的指导下，海洋生态安全治理的主体不仅仅包含国家、国际组织，还包括跨国公司、国际商业机构以及民间社会团体。当海洋危机到来时，各个利益主体为了维护自己的利益难免出现有损公平的决策，对自己利益的考量以及搭便车行为导致集体行动效率低下。海洋的独特性使得人类对海洋的了解和认识很有限，这也是治理海洋的困境之一。人类要有效预防和控制海洋危机必须对作为危机载体的海洋有充分的了解，才能更快更好地解决海洋危机。海洋生态安全后果的复杂性决定了海洋生态系统安全的维护是一个动态过程，并不能一劳永逸，所以人类要想实现海洋生态安全就要首先掌握海洋生态系统的机理，加强对海洋的认识，将知识转化为技术对海洋生态安全进行治理，这个过程极具复杂性和挑战性。

（4）不可逆性。

海洋生态系统虽然具有一定的自动调节能力，但是超出了自净能力，海洋生态系统的恢复很难逆转。在利用海洋的初期，人类在海洋上的生产和生活影响了海洋环境，但由于人类对海洋的开发利用仍在合理限度内，海洋系统可以通过自我调节维持自身的稳定和平衡。但是随着人类对海洋依赖程度的增加，对海洋的开发和利用不加以节制，忽视了海洋生态系统有限的自我调节力，导致海洋生态系统的自我调节机制不能有效发挥作用，严重时还会导致海洋生态系统崩溃，这个限度就被称为生态阀值。一旦超出了海洋生态系统的生态阈值，往往对海洋生态系统造成难以预测且不可逆的后果。

（5）滞后性。

海洋生态安全问题虽然属于非传统安全问题，但是其具有自然属性，人类对某些问题的认识水平还有限，以致很难及时预测海洋生态安全问题的发生。在问题发生时反应速度有限，因此造成严重后果。海洋生态系统问题基本由于人类为了得到经济回报而采取的一系列活动引起的，但是人类对于自己的行为会引发什么样的后果在很长时间内是无法获知的，而且它的不良环境后果需要几年甚至几十年后才能表现出来，呈现出滞后性，在治理上也就表现出极强的延后性。

（6）社会性。

海洋生态安全通过自然条件和自然资源状态的好坏来呈现，具有自然性与社会性统一的特点。例如，海水营养化、荒漠化；海洋生物多样性减少；生态系统破坏等，虽然表现为一种自然现象，但由于受人类生产活动引起，并最终由人类社会活动加以解决，因此它

① 姚会彦：《全球治理时代海洋危机的思考与对策分析》，载于《海洋开发与管理》2010 年第 11 期，第 9-12 页。

的实质是人的问题，表现为社会现象。根源于社会，隶属于社会，受制（解决）于社会，其实质具有社会性。那么，海洋生态系系统安全治理则需要全体社会成员、力量的共同参与，这也是其重要的特点。

（7）多元性、区域性和层次性。

海洋生态安全问题的表现是具体的，首先，海洋生态安全包含的要素具有多元性，包括资源紧缺、水质污染、生物资源受损等现象，具有多元的性质；其次，具有区域性，在某个区域发生；第三，具有层次性，从全球到大洋再到局部海域。这种多元性、区域性和层次性是生态安全体系的表现。

4. *我国海洋生态系统存在的问题*

2014 年国家海洋局对我国管辖海域生态环境状况的监测结果为：近岸局部海域海水环境污染依然严重，春季、夏季和秋季劣于第四类海水水质标准的海域面积分别为 52 280 km^2、41 140 km^2 和 57 360 km^2。河流排海污染物总量居高不下，陆源入海排污口达标率仅为 52%。实施监测的河口、海湾、滩涂湿地、珊瑚礁、红树林和海草床等海洋生态系统中，受环境污染、人为破坏、资源的不合理开发等影响，处于亚健康和不健康状态的海洋生态系统分别占 71%和 10%。赤潮和绿潮灾害影响面积较上年有所增大。局部砂质海岸和粉砂淤泥质海岸侵蚀程度加大，渤海滨海地区海水入侵和土壤盐渍化依然严重。

海洋保护和开发必须坚持以生态系统为基础，陆海统筹、河海一体的基本原则。我国目前的海洋生态环境形势不容乐观。生态系统也面临威胁。目前，我国海洋生态系统安全问题已十分严重，并在一定程度上严重制约了我国经济社会的可持续发展。因此，要进一步促进我国经济社会的持续快速健康发展，就必须强化国家对海洋生态安全的保护工作，确保海洋生态安全，这是我国建设海洋经济强国一个不可或缺的内容。近年来，我国经济在快速发展的同时，也给海洋生态安全带来了很大的威胁。影响海洋生态系统的因素众多：渔业开发过度，资源种群再生能力下降；陆源入海污染严重，海洋生态环境持续恶化；流域大型水利工程过热，河口生态环境负面效应凸显；海平面、近海水温持续升高，沿海和近海生态环境面临新的威胁，这些问题都正在考验着我国的海洋生态系统。中国工程院院士、国合会海洋课题组核心专家唐启升认为："在上世纪 70 年代之后，过度捕捞的问题已经成为定论，过度捕捞的后果就是渔业资源质量下降，同时也损害了生态系统的服务功能。"唐启升所做的研究发现，气候周期性的变化明显影响了黄海一些生物种群的变化，"当时我们还非常准确地预测到这个世纪初的变化情况，很简单，就是根据气候周期性的波动预计到本世纪初是干旱期，而这几年的情况确实如此。新的研究又证明了另外一点，生态系统存在着周期性的转型。这个现象在整个北太平洋都存在，如白令海、阿拉斯加等地。"唐启升通过对渤海生态系统生产力 10 年动态变化的研究发现，难以用传统的控制理论（如上行控制、下行控制、蜂腰控制）清楚地解释渤海生态系统各营养层次生产力的长期变化，可能存在多因子控制机制，这就导致了海洋生态系统变化机制的复杂性、不确定性，难以预测和管理。国合会中方首席顾问、中国工程院院士沈国舫提出："生态系统是一个整体，森林并非简单的树木，海洋也是一样，有上层的、有底层的生物，是由鱼类、贝类、藻类形成的完整的生态系统。这就要求我们必须彻底转变观念，从整体的角度思考问题并制定决策。同时，生态系统的功能是综合的。我们以前强调的生态系统效应往往是经济效益和社会效益，但这些效益是怎么得来的呢？是由生态系统功能发挥得来的。而生态系统的服务功能，国际上认为分4个方面：调节功能、支持功能、供给功能和文化功能。因此，我们必须将保护、改善和发挥生态系统的调节、文化和支持与供给功能放在同等重要的地位，不能为了发挥经济功能而损害其他功能。”

由于沿海地区人口快速增长，经济发展迅速，海岸带开发利用速度加快，海滩、湿地生态系统破坏加剧，海域总体污染状况仍未好转，近岸海域污染形势依然严峻。①近岸海域污染问题仍然严重。污染海域主要分布在江苏近岸、长江口、渤海湾、杭州湾、珠江口等海域。近岸海域生态系统比较脆弱而且容易受到人类干扰，大部分海湾、河口、滨海湿地等生态系统受到破坏，有毒赤潮频率升高。②陆源污染物入海总量高居不下。高污染的电镀、医药、化工、印染、制革等行业在沿海地区大量存在，导致大量工业污染物直接排入近海；农村面源污染未得到有效控制，特别是畜禽养殖污染加剧；城市污水处理能力低，已建成的部分污水处理厂不能正常运转。③缺乏区域性污染防治协调机制和海洋统筹综合治理措施，导致流域和海域之间、区域之间污染纠纷问题突出，局部海域环境质量难以改善。④海洋生物面临物种减少和生物多样性下降的威胁。典型生境损失严重，沿岸和近海海域多数传统优质渔业资源日趋枯竭，导致海洋生物资源严重衰退，一些珍稀物种处于濒危状态。局部海域养殖密度过大，养殖布局不合理，养殖业自身污染成为新的污染源。赤潮灾害频繁发生、港口淤积、航道萎缩、海岸侵蚀以及风暴潮和台风灾害等问题也因生态环境恶化而日趋严重。

四、关于海洋强国战略的思考

当今世界面临着不断增长的人口、资源和环境的压力。在这种压力下，21世纪将如何发展？在世界各国想方设法寻求新的发展路子的时候，沿海国家纷纷把目光投向了海洋，加紧制定海洋发展规划，大力发展海洋高新科技，强化海军建设和海洋管理，争夺海域，扩大海疆，不断加快海洋资源开发步伐。海洋竞争日趋激烈。可以预见，21世纪人类将在更大的程度上依赖海洋，海洋必将为人类社会的进步做出重要的贡献。

被西方公认为“海权理论之父”的美国人马汉曾指出，“海权对世界历史具有决定性的影响”。他认为获得海权或控制海洋要冲的国家就掌握了历史的主动性，英国作为富裕帝国和世界大国的原因可以追溯到英国海洋实力的崛起，法国却由于制定了错误的大陆扩张政策吞噬了国家的资源，从而走向衰败。拥有海权能够使一个民族崛起，是国家兴衰的决定性因素。沃尔特·霄利则认为：“谁控制了海洋，谁就控制了世界。”

进入21世纪，国际海洋斗争将会越来越突出，主要表现在争夺海洋矿产资源、航道资源等，对于利益的重新分配形势越来越复杂，我国的海洋权益将面临严峻挑战。海洋不仅是国家领土，而且是一个国家防止外部敌人入侵、保卫国家主权的重要防线。目前海洋军事力量和军事活动的发展已呈现出以海制陆的特点，日益影响到军事乃至政治战略格局。海洋不再只是战略争夺的途径，而已成为战略争夺的主体，海洋防务日趋重要。随着科技的进步、经济的发展和海洋权益的斗争，海洋对国家安全的影响越来越大。目前我国存在着资源被掠夺，岛屿被侵占，划界有争议，海洋国土被分割等多元化的威胁。一些国家大肆散布“中国威胁论”，竭力遏制中国，图谋“西化”、“分化”中国。因此海洋强国战略的提出势不可挡。

（一）21 世纪海洋战略的思想与原则

制定我国 21 世纪海洋战略，必须面对 21 世纪，面向国内外两个市场，坚持以经济建设为中心，以建设海洋强国为战略目标，增强海洋实力，合理开发利用海洋资源，防止外来入侵，维护国土安全。在制定 21 世纪海洋战略的过程中，应遵循：以海洋经济建设为中心的原则、开发海洋与保护海洋同步的原则、适度快速发展的原则、海陆一体化开发的原则、海洋开发科技先行的原则、协调发展的原则、国家海洋安全权益原则。

（二）21 世纪海洋战略的目标

21 世纪，人类进入了大规模开发利用海洋的时期。海洋在国家经济发展格局和对外开放中的作用更加重要，在维护国家主权、安全、发展利益中的地位更加突出，在国家生态文明建设中的角色更加显著，在国际政治、经济、军事、科技竞争中的战略地位也明显上升。党的十八大做出了建设海洋强国的重大部署。实施这一重大部署，对推动经济持续健康发展，对维护国家主权、安全、发展利益，对实现全面建成小康社会目标、进而实现中华民族伟大复兴都具有重大而深远的意义。要进一步关心海洋、认识海洋、经略海洋，推动我国海洋强国建设不断取得新成就。刘赐贵指出，建设海洋强国的战略目标是党中央在我国全面建成小康社会决定性阶段做出的重大决策，从我国的现实国情出发，中国特色海洋强国的内涵应该包括：认知海洋、利用海洋、生态海洋、管控海洋、和谐海洋等五个方面。中共十八大提出将从海洋资源开发、海洋经济发展、海洋科技创新、海洋生态文明建设、海洋权益维护等方面推动海洋强国的建设。我们要着眼于中国特色社会主义事业发展全局，统筹国内国际两个大局，坚持陆海统筹，坚持走依海富国、以海强国、人海和谐、合作共赢的发展道路，通过和平、发展、合作、共赢方式，扎实推进海洋强国建设。

中国奉行防御性的国防政策，中国加强国防建设的目的是维护国家主权、安全、领土完整，保障国家和平发展，中国军队始终是维护世界和平的坚定力量。需要强调的是，中国建设海洋强国战略，始终秉持建设和谐海洋的理念。未来中国在海洋上的维权力度将会不断加大，并且利用《联合国海洋法公约》在国际社会上捍卫中国的核心利益和发展权益，反对海洋霸权，维护世界和平。

第二章　海洋生态安全产生的原因及影响

随着全球化的深入发展，世界生态环境问题日益严峻，它不仅关乎整个人类社会的前途命运，而且严重影响国际关系，成为国际政治的一个重大问题。自冷战结束后，传统安全主义的“战略迫切性”不复存在，生态环境问题已构成对国家及世界的现实威胁，资源和环境问题可能导致日益危险的国际冲突，从而对安全造成广泛威胁。因而，生态安全问题逐渐受到各国的重视，生态安全的地位和影响日益上升，成为国家安全的重要组成部分，与军事安全、政治安全和经济安全处于同等重要的地位。就我国而言，生态安全形势不容乐观，生态安全的特点及在国家安全体系中的地位决定了它对我国国家安全的影响既是宏观的、整体的，又是具体的、潜在的；并且作为极为关键的因素，对21世纪中华民族的伟大复兴构成重大影响和制约。

第一节　海洋生态安全产生的原因

一、海洋生态安全产生的背景

随着世界经济的发展，人类的安全观念越来越强烈，已经不单单关注军事安全、政治安全等传统安全问题，海洋生态安全作为非传统安全的一种，是一种较高层次的安全形态，是当前国家安全和人类安全的一部分，与传统上意义上的安全观念存在很大的不同。目前面临的一个大背景是国家安全观的演变和发展，且安全防务重点正在向非传统安全的角度转变。从目前来看，国家安全观大致可分为传统军事安全即国家的核心安全观和非传统安全观。

（一）国家安全观念的发展

从传统安全观念出发，军事安全一直是国家安全的核心。纵观历史，解决矛盾争端和维护国家安全稳定的首选方法就是军事战争，即使发展今天，军事实力仍然是衡量一个国家综合实力的标准。国与国之间要和平相处但决不放弃使用武力。这也充分说明了军事实力的重要性。军事实力决定着国家强弱，保障国泰民安，这种传统意义上的安全观念依然深入人心，甚至盲目认为国家安全就等于国家的军事安全。这种以军事安全为中心的传统“国家安全观”的形成，是与社会生产力的发展水平和国际社会大环境分不开的。然而，随着时代的变化，和平与发展成为当今时代的主题，军事安全在国家安全这一大的安全系统内似乎不是唯一关键的方面，国家要想获得安全，单有军事安全是远远不够的。冷战结束后，国际态势发生了极大的变化，区域性的、非军事性的对立逐渐突显，人们在关注传统军事安全的同时也逐渐开始关注军事安全之外的国家安全问题，非传统安全的意识逐渐强化。

1983 年，著名国际政治经济学家理查德·乌尔曼（Richard Ullman）在《重新界定安全》一文中指出，将国家安全仅仅或主要定义在军事含义上，表明了对现实的错误设想和虚构，它导致国家注重军事威胁而忽视其他也许更为有害的危险，同时使国际关系出现军事化倾向。意思就是说，如果将国家安全仅仅局限于军事安全的范畴，结果无疑是军事化或战争化。另外，英国学者巴里·布赞（Barry Buzan）在其《人民、国家和恐惧》一书中把安全向水平和垂直两个方向延伸，明确指出人类安全比国家安全更重要。不难看出，人类的安全观念已经从单一的军事安全拓展到了非传统安全。

随着冷战结束和两极对抗格局的结束，经济全球化和世界多极化不断发展，国际战略形势的基本走向是：和平与发展成为时代的主题，多极化的趋势不可逆转；整体和平中蕴含着局部动荡与冲突；人类安全威胁不只局限于战争，呈现出复杂多样化的趋势，安全的综合化特征日趋明显。经济安全、信息安全、生态安全，恐怖主义、跨国犯罪、核扩散、民族冲突、跨国移民等非传统安全逐渐被提上日程。所谓的国家安全已不仅包括国家的完整、稳定以及不受侵犯，而且包括人类生存的安全、社会经济发展的安全、生态环境的安全。这种新安全观念的出现对传统安全理论提出了新的挑战。目前在学术界，“非传统安全”虽然已经走上了历史舞台，但尚未有一个权威的定义和范畴。非传统安全是一个动态的概念，它体现在安全现实和安全理论的变化和拓展，我们必须用发展变化的眼光和与时俱进的态度看待“非传统安全”。在本文中，采用的是罗尔斯（Rawls）在《正义论》中的定义：非传统安全是一切免于非军事武力所造成的生存性威胁的自由。

（二）对生态安全的创新理解

非传统安全是在传统安全的基础上，对安全问题的性质进行的划分。内容包括了诸如经济、生态、社会、技术、公共等各种类型的“新型安全”。其中生态安全是其他各种安全的基础，为其他安全形态创造条件，起到一个载体的作用。生态安全是指生态系统的安全状态维持在一个安全的水平和标准，它是非传统国家安全的重要组成部分。

生态安全问题实际上是由于“生态安全威胁”引发的。所谓“生态安全威胁”是人类现代化文明发展过程中遇到的超越国家地域范围的、触及现代文明内核的内源性、深层次危机或挑战，任何一个主动或被动介入这一历史进程的人类生活共同体都有着自己的现实责任。一个国家的生态威胁一般来自两个方面：一是本土内部环境破坏及其引发的各种问题。二是外部因素造成的。其中外部因素又可具体分为全球性的、地区性的、多边的和双边的。在生态安全问题面前，传统的安全观与主权观所遭受的冲击与变化，是当代国际政治研究者所不能回避也无法回避的重大课题。从全球的角度看，生态安全对国家安全乃至人类安全的影响是目前世界上诸多国家正在关注的焦点之一，各国对生态安全问题的研究也将越来越多。

“生态环境安全”的概念最早是由美国著名环境问题专家莱斯特·R·布朗（Lester R Brown）于 1977 年提出来的。作者提出“国家安全的关键是可持续发展性”，生态安全的实质源于可持续发展，“生态环境成为世界各国关注的国家安全的首要问题”。1987 年世界环境与发展委员会的正式报告《我们共同的未来》中，“环境安全”这一术语开始正式使用。美国作为经济发达国家之一最早认识到了环境安全的重要性和保护生态环境的紧迫性。20 世纪 90 年代初，美国公布了新的《国家安全战略报告》，首次将环境安全视为其国家利益的组成部分；1994 年美国国会通过《环境安全技术检验规则》，环境安全被全部纳入到美国的防务任务之中。不难看出，美国对生态安全问题的关注已经上升到了法律和政策的层面，这对从根本上解决生态安全问题迈出了关键的一步。

我国政府对生态安全的重视相对较晚，经济发展更多依靠的是资源和劳动力，走的是粗放的路线。直到 2000 年 11 月 26 日，国务院颁布了《全国生态环境保护纲要》，明确了“维护国家生态环境安全”的目标，并首次提出“国家生态安全”的概念。国家生态安全是指国家生态和发展所需的生存环境处于不受破坏和威胁的状态，自然生态系统的状态能够维持经济社会可持续发展。水、土、大气、森林、草原、海洋、生物等组成的自然生态系统是人类赖以生存和发展的物质基础，如果自然生态系统遭到破坏，相当于经济和社会发展没有了物质根源和生存环境。“人定胜天”的思想已经退出了人类历史的舞台，人与自然和谐相处，建立和谐社会才是实现现代化经济发展和人类文明进步的保障。因此，海洋生态安全问题必须得到充分的重视和广泛的研究。

二、海洋生态安全产生的原因

近些年来国际海洋生态安全受到了前所未有的挑战，既有不可抗拒的自然原因，还有受政治利益、经济利益驱使的人为原因。对由于自然原因所引发的安全危机，人类只能通过有效的灾害预警、及时的灾害救助和高效的灾后重建将海洋自然灾害的不利影响降到最低。而针对破坏海洋生态安全的人为原因则需要广泛的国际合作，包括国家之间、国际组织之间、国家和国际组织之间的通力配合。海洋生态安全问题具体原因表现在以下方面。

（一）自然原因

海洋生态环境错综复杂，自然灾害具有关联性、突发性和不可抗拒性，就目前来说人类无法阻止自然灾害的发生。海洋资源的稀缺性及分布的不均衡性：海洋资源是稀缺的，但人类的需求却是无止境的，盲目地开采海洋资源必然破坏海洋生态安全；同时，资源分布的不均衡性使得局部冲突不断。全球海洋是相互连通的一个整体，又是地球上地势最低的区域而成为全球污染物的最终归宿，一旦污染物进入海洋后，很难再转移出去，不能溶解和不易分解的物质在海洋中越积越多，往往通过生物的浓缩作用和食物链传递，对整个海洋生态系统造成潜在威胁。海洋污染源广泛，具有流动性、累积性、复合性以及持续时间长、扩散范围广、治理和恢复困难等特点。

（二）人类认识的局限性

海洋生态安全问题一般有两种情况，一种是污染性损害，是由于人类不适当地向环境排放污染物或其他物质、能量所造成的对环境的不利影响和危害，又称为海洋环境污染。20 世纪 60—70 年代的海洋环境问题主要是污染损害，主要表现为单项的、局部的、显性的污染。即由某一种污染物引起的海洋污染，污染范围一般不大，多表现为急性损害或有明显的表征。这类环境污染问题一般发生在发达国家工业化的重化工发展阶段，污染区域一般集中在发达国家沿岸或近海海域。例如日本是目前世界上海洋污染最严重的国家之一，由于工业迅速发展，工业废水携带各种化学有毒物质排放到海洋，致使近岸海域，如东京湾、伊势湾、濑户内海等都遭到严重污染。日本列岛变成了被污浊海水包围的“公害列岛”。工业的迅速发展的确带来了日本经济的腾飞，但是为此付出的环境安全的代价却是短时间内甚至永久无法弥补的。又如，美国是世界上最大的经济强国，也是世界上污染物排放极为严重的国家。每年向海洋排放的工业废物占全世界的1/5，仅废水就达200多亿吨，其中含有浓度很高的氰化物、酚、砷、铅、铬及放射性物质等有毒有害物质，造成近海污染严重，海洋生物受到极大危害，致使沿岸49万公顷海滩上的贝类不能食用。海洋石油的勘探与开采也带来了严重的环境问题，海上漏油、井喷等事件时有发生，如1969年1月圣巴巴拉湾发生的一起海上石油平台井喷事件，大量原油喷出，泄漏入海，持续时间达12天，油膜沿海岸延伸20多海里，生物资源遭到毁灭性破坏，清除油污及赔偿损失高达500万美元。另一种海洋生态安全问题是开发性损害，由于人类不适当地从海洋环境中取出或开发出某种物质所造成的对海洋环境的不利影响和危害，如滥捕海洋渔业资源，又称为海洋生态破坏①。

综上所述，无论是哪种情况，都反映出了人类对海洋生态问题存在认识上的局限性：(1) 技能知识的局限性。由于人的认识能力有限，当前的技术水平还无法准确地把握生态环境的发展动向和预测自然灾害的发生。(2) 思想观念的滞后性。绝大多数人在发展时未树立一种可持续发展的生态安全观，环境保护意识不强，过多地关注眼前利益而忽视了长远利益，以牺牲生态环境为代价单纯追求经济的增长，反而造成了经济的负增长和生态安全的破坏。(3) 全球公民环保意识有待提升。公民自身应具备超越民族、国家、种族、宗教、语言、价值观之差异的视野和思想层次，培养全球公民的身份认同和世界主义眼光，以包容的精神和宽容的态度对待世界各国和国际社会的差异性和多样性。公民应积极主动地参与全球生态环境问题治理实践过程，并致力于提高自身的行为效力与治理能力。就目前的状况而言，地区的政治发展水平、地区的经济发展水平、公民的个人收入水平以及公民的受教育程度等对个人的全球公民意识程度有着很大的影响②。全球公民意识的提高将是一个长期而艰难的过程，有待于提高世界各地区的政治、经济、文化、教育等整体发展水平。

(三) 现行的法律法规有待完善

全球环境面临越来越大的压力，海洋环境质量日趋恶化，海洋资源存量不容乐观，海洋生态系统的结构和功能也正在向不利于人类社会生存的方向发展。造成这种后果的重要原因之一是目前尚未出台一套完备的海洋生态安全法律体系，有关海洋生态安全的法律法规存在严重缺陷。主要表现在以下方面。

(1) 海洋生态安全理念在法律体系中的缺失。现今的海洋环境和资源保护法律体系之

① 石欣：《海洋环境监测法研究》，中国海洋大学，2010年，第18页。

② ［美］萨拉蒙：《全球公民社会——非营利部门视界》，社会科学文献出版社，2007年，第12页.

所以不能有效地保障海洋生态安全，最重要的原因是没有将海洋生态安全的理念融入法律体系的建设。海洋生态安全的理念是“维护海洋生态，保持海洋可持续发展”，是指导海洋环境立法的重要思想。许多有关海洋环境保护的法律源于解决海洋污染导致的海洋环境危机，仅仅是基于保护海洋环境，而非从整体上、根本上维护海洋生态系统。海洋环境是一个静态的概念，海洋生态系统是一个动态的过程。总之，海洋生态安全理念的缺失造成海洋生态安全得不到有效保障。

（2）综合性的专门保护海洋生态安全法律的缺乏。海洋生态安全是海洋生态系统的整体性安全，在对海洋生态系统整体性保护的基本法中设置专章保护海洋生态安全，是法律对海洋生态安全保障的比较可行的路径。只有综合性的有专门保护海洋生态安全法律规定的基本法的存在才能确保海洋生态安全法律法规的有效实施，这一基本法对海洋生态安全做出明确界定、对法律原则和法律制度等有比较系统完备的规定，在这一基本法的指导下进行海洋生态安全保障配套法律法规的建设，才会有更明确的原则指导和更明晰的单行法建设方向。它的存在可以指导海洋环境保护和海洋资源保护单行法律实现融洽的配合，共同维护海洋生态安全。

（3）海洋生态安全保障配套法律法规存在较多空白。海洋生态安全涉及海洋生态系统方方面面的安全，仅靠一部基本法是难以对其进行有效保障的，相关配套法律法规的建设在海洋生态安全的维护中起着不可或缺的作用。现行海洋生态安全保障的配套法律法规还有较多空白，法律的空白就会助长海洋违法违规作业行为的发生。这些空白主要表现在：缺乏综合性的海洋资源保护法律；针对某些海洋环境资源要素的立法存在空白；缺乏海岸带管理法和海洋生物多样性保护法等。法律存在空白就是给违法违规者创造机会，就是对人民利益的不负责任。为减少对海洋生态环境的破坏，一套健全的法律法规体系是必不可少的。

（4）部分对海洋生态安全保障的法律存在一定缺陷。在现行保障海洋生态安全的法律中，有些虽然存在法律明文规定，但形同虚设，缺乏可行性和操作性，不能起到应有的作用。我国的《中华人民共和国渔业法》（简称《渔业法》）在捕捞限额和许可制度上就存在一定的缺陷。《渔业法》规定，国家实行捕捞限额制度和捕捞许可制度，但没有具体规定捕捞许可证的种类和申领程序以及发放捕捞证除应具备渔业船舶检验证书和渔业船舶登记证书以外的其他条件。不难看出，虽然有保护渔业生产者合法权益的规定但不够明确具体。制定《渔业法》的主要目的之一就是保障渔业生产者的合法权益，但修改后的《渔业法》却删除了关于“水面、滩涂的所有权和使用权受法律保护，任何单位和个人不得侵犯”的原则规定，删除了关于“国家建设使用确定给全民所有制的单位或者集体所有制的单位用于养殖的全民所有的水面、滩涂，由建设单位给予适当补偿”的规定。《渔业法》的修改，实质侵犯了渔业生产者的合法权益。一旦渔业生产者的权益得不到保障，他们违法作业的可能性就会增大，海洋生态安全就会受到威胁。

（5）海洋生态安全保障的执法管理体制不健全。缺乏综合性的维护海洋生态安全的执法队伍，行使海洋环境监督管理权的部门之间又缺乏有力的协调配合机制。各涉海行政主管部门多以行业管理机构为基础而形成，条块分割，自成体系，相互之间难以协调。各项海洋管理职能和职责分散、交叉与重叠，导致管理成本增加且效率降低。海洋执法主体的法律地位仍不明确。海上执法程序还存在明显缺陷。海上执法人员素质有待提高。海洋环境保护管理机构不够健全①。

（四）全球化背景下国家利益的狭隘驱动

“国家利益”是国家决策的根本出发点和基础。无论是现实主义、自由主义还是建构主义都不曾否认这一事实，只不过不同的理论从不同的视角来认识这一现象。现实主义认为国家是只考虑自身利益的自私行为体；新自由制度主义认为国家在存在共同利益时，愿意通过合作来保障自身利益；建构主义则认为国家的行为取决于国家如何在与其他行为体互动的过程中来定义自己的利益。终究，国家利益在国际关系分析中是一个重要的视角。

全球化是一把双刃剑，在全球化过程中，“国家利益”是国家决策的根本出发点和基础，决定着国家的外交政策和发展途径。21 世纪是海洋的世纪，海洋资源的占有量多少及海上力量的强弱将直接关系到一个国家的综合国力和国际地位，“国家利益至上”观就驱使部分国家以各种方式与他国争夺海洋资源，因此产生了一系列的海洋生态问题。同时，一些发达国家凭借着自身强大的经济实力和军事力量，推行单边霸权主义，任意对他国的海洋主权进行践踏，打破了海洋生态安全下的政治平等、经济平等。

（五）非政府组织（NGO）发展的不完善

（1）东西方发展的不平衡限制了非政府组织的功能发挥。一旦非政府组织的行动与西方超级大国的利益相悖，西方大国可以轻而易举地通过各种途径限制非政府组织的发展，甚至否定其合法性。

（2）国际社会的权力分布是公民社会内部的反应，即非政府组织的代表性严重失衡。目前，全球国际非政府组织大约有 480 00 多个，其中 60%的总部设在欧盟国家，三分之一的 NGO 成员集中在西欧，超过一半的平行峰会在欧洲举行。这种地域发展上的不平衡使 NGO 的发展也呈现出贫富两极分化、地区差别以及种族、民族、宗教和文化差距等。一方面，这些差异都使得全球公民社会呈现出“破碎化”态势，这种状况无疑影响着 NGO 作用的发挥，削弱了公民社会的整体力量。另一方面，地域发展上的不平衡可能导致非政府组织成为西方发达国家对发展中国家推行霸权的工具，发达国家可以利用公民社会提供援助作为“进行外部干预的一个合法领域”②。

（3）国家利益对非政府组织的排斥。在和平与安全领域，NGO 与主权国家出现利益冲突的频率相对更高，因为安全对国家而言是关系到生存和权势的关键问题，是国家的根本利益所在。一方面，包括海洋生态安全在内的国家安全是主权国家的核心利益。NGO 倡导的理念若威胁到国家所认定的安全利益，NGO 则会受到绝对的遏制。因此非政府组织在海洋生态安全领域的作为往往局限于人道主义救助，或者为政府扮演国家利益的执行者；另一方面，安全领域是主权国家所统治的“传统”领域，对安全问题的决策权是主权

① 张素君：《海洋生态安全法律问题研究》，中国海洋大学，2009 年。

② ［英］戈登·怀特：《公民社会、民主化和发展：廓清分析的范围》，社会科学文献出版社，2000 年，第 59 页。

国家政府权威的基础和象征，主权国家不愿意也不容许 NGO 等公民社会组织在这一领域同自己分享权力，因为这会对它们维护自身利益的环境构成威胁①。

面对日趋复杂和严峻的国际海洋生态安全形势，我国将海洋生态安全提高到国家长治久安与民族振兴的位置，重视海洋生态保护与建设，寻求一条海洋生态、经济与社会协调发展，符合国际社会普遍倡导的海洋生态安全保障，有利于解决国内环境恶化与资源冲突而危及可持续发展和社会稳定的发展新路。中国既要避免和西方在环境、能源和资源等领域发生正面冲突，又要维护未来发展权益；既要减缓因新兴经济大国所带来的资源环境代价压力，又要占领全球创新体系和经济分工的高地；既要做大做强自己，也要推进世界各国在能源和经济转型方面的共同进步②。我们相信，只要国际社会一致努力，广泛开展海洋生态安全领域的交流与合作，调整海洋生态安全相关政策，认真履行海洋生态安全公约，就一定能够构筑 21 世纪国际海洋生态安全的坚固防线。

第二节　海洋生态安全的地位

海洋是人类文明的发源地。纵观人类与海洋互动的历史，海洋带给人的不只是惊险，更多的是丰富的资源和视觉的盛宴。海洋为人类创造了巨大的社会财富，但却遭到了人类社会的反击。由于人类过分追求经济的快速发展，对海洋资源的使用可以说是不择手段，导致海洋生态系统的平衡和稳定受到了极大破坏，海洋生物多样性也面临着巨大的威胁。

海洋生态系统是一个物质循环和能量流动的动态过程，海洋生物通过新陈代谢同周围环境不断进行物质和能量的交换，使其物质组成与环境保持动态平衡，以维持正常的生命活动。然而，海洋环境污染会在较短时间内改变环境理化条件，环境与生物的平衡关系就会遭受干扰和破坏，引起生物发生一系列的变化和负反应，严重威胁海洋生态安全。过度捕捞海洋渔业资源，导致海洋生态系统退化，即使采用“零增长”制度也难以保证海洋生态系统的恢复；长期高密度海水养殖造成海水富营养化，引发赤潮灾害的发生。日益严重的海洋资源衰竭、海洋环境污染、海洋生态破坏等海洋生态安全问题已危害到海洋生态系统功能的发挥，直接表现为海洋生物成分和海洋生物多样性减少、生产能力削弱、海洋环境质量下降，海洋生态安全问题的出现促使我们将海洋生态安全的保障提上日程。

海洋生态安全追求人与海洋的和谐发展，是从生态的高度看待海洋环境，以安全的标准保护海洋环境，以期使这一全球生命支持系统的基本组成部分在促进人类社会进步、满足人类相对需求的同时，自身生态系统的平衡和稳定得到有效的保护和恢复。将安全的标准引入对海洋环境的保护，在遵循生态法则的前提下完善海洋生态安全法律保障体系，有利于弥补海洋生态安全保护领域的空白，使海洋生态系统不断恢复和发挥其强大的环境修复能力及资源供给能力。17 世纪的海洋如格老秀斯所说，“航行与捕鱼——使用海洋的两个方法——都不能使海洋罄竭”。对海洋生态安全的重视，亦是期待作为地球生命支持系

① 陈瓅蕴：《NGO 在全球安全治理中为何受到阻碍》，外交学院，2006 年。

② 于宏源：《气候变化问题的二元博弈视角及启示》，载于《国际观察》2008 年第 5 期，第 88-92 页。

统的海洋永远不会罄竭①。

一、GESAMP 的研究报告

联合国海洋环境保护科学问题联合专家组（GESAMP）是一个由八个联合国机构发起的科学顾问团体，它的功能是：（1）提供与海洋环境保护科学问题相关的意见；（2）编制海洋环境状况的周期性评价报告，鉴别需要特别关注的问题和区域。GESAMP 的观点代表了多数海洋科学家的意见，它的报告和述评为海洋科学研究和海洋政策研究提供了重要依据，同时也是各联合国组织和各国政府制定有关海洋政策和海洋管理决策的基础。

GESAMP 在 1982 年的报告“海洋健康状况述评（The Review of the Health of the Oceans）”中重点描述了与海洋污染相关的重金属、石油和放射性等污染物质在海洋环境中的来源、地球化学行为和归宿，评价了海洋的健康状况和风险状况。主要结论包括：尚未检出这些污染物对开阔大洋生态系统产生显著影响；但对某些半封闭海湾、近岸和大陆架区域造成了明显影响。

1990 年的述评“海洋环境状况（The State of the Marine Environment）”的结论是“开阔大洋未受到污染，而沿岸水体持续受到人类活动的影响”。在沿岸水体中被关注的主要污染是污水病原体、富营养化、合成有机化合物和塑料垃圾。

1998 年，GESAMP 在其第 28 次会议中认识到威胁大洋及沿岸区域最严重的问题并不只是环境污染。大洋很可能存在某些风险。尽管新的合成化学物质和农药对海洋生态系统仍存在潜在的负效应，但要考虑的风险主要涉及人类活动如沿岸建设项目、水产养殖、海洋旅游、过度捕捞、过度开发以及可能破坏沿岸和海洋栖息地的陆源人类活动的影响等。常规的人类活动和开发及其所造成的广泛的生物栖息地的退化和丧失对海洋环境产生的威胁有可能比污染更严重。

在 2001 年的报告“忧虑的海洋（A Sea of Troubles）”中，GESAMP 阐明了“开阔大洋正经历着某些沾污（contamination）和生态损害现象，但与近岸区域相比，它们仍然处于相对健康的状态。近 10 年来急剧退化的是近岸水体，特别是河口和半封闭海湾。对生态系和栖息地的直接危害以及海洋资源的过度开发已经产生全球范围的效应”。进一步的认识表明，过度捕捞、栖息地的破坏和损害已超越污染而对海洋环境产生更严重的威胁，成为影响海洋生态环境最严重的问题。现已表明，持久性有机化合物、病原细菌、富营养化、海洋水产养殖、旅游、全球变暖、生物多样性下降以及栖息地的破坏和变异等问题对海洋环境产生了巨大的效应。在此报告中，GESAMP 引入了预警预防方法（precautionary approach）。

2003 年 GESAMP 起草的战略计划回答了联合国发起机构关于 GESAMP 是否应继续存在以及它将来应如何改进等问题。内容包括有害物质的危害、沿岸水产养殖和海洋食品的环境风险评价以及人类海洋活动所产生油污染的估算。该战略计划为联合国各机构和各国政府提供了权威的、独立的和多学科的科学意见，促进了海洋环境的保护和持续利用。该

① 张素君：《海洋生态安全法律问题研究》，中国海洋大学，2009 年。

计划提出了将科学问题结合到海洋环境决策过程中，以确保海洋利用的可持续性。这一创新思路的提出为海洋生态环境保护的进一步发展奠定了基础。

上述报告表明了 GESAMP 对全球海洋的评价从“健康”到“无污染”、到“有风险”、到最终的“忧虑”；在海洋生态环境方面，1982 年考虑传统污染因子、1990 年考虑非传统污染因子、1998 年考虑生态因子的变化、最终考虑与决策和可持续性相关的问题。这一系列的变化无疑表明 GESAMP 已认识到海洋生态系统的健康对于海洋环境的重要性。无污染不代表无风险，只要环境风险和问题存在，海洋生态环境就存在威胁。1993 年，GESAMP 将它的名字从“海洋污染（Marine Pollution）科学问题联合专家组”更名为“海洋环境保护（Marine Environmental Protection）科学问题联合专家组”以证明他们与可持续发展原则相衔接。这表明 GESAMP 在对海洋环境及其生态系统复杂性的认识取得了一定的进展，表明海洋生态安全的重要性不可忽视①。

二、海洋生态安全的地位

21 世纪是人类开发利用海洋的新世纪，海洋是继太空之后人类要认识和进入的第二大领域，国家安全和综合国力与海洋的开发利用息息相关。海洋是新的生存和发展空间，是生物资源、能源、水资源、金属资源的战略性开发基地。能否进入海洋决定着国家综合实力的强弱。随着人类公共意识的增强，国际海底和公海成为人类关注的焦点，能否确保应有的海洋权益和维护好海洋环境的生态安全成为海洋研究的关键课题。

由于海洋生态环境的脆弱性和地区发展的不均衡，人口过度增长、发展模式和某些政策的不当，尤其是 20 世纪 80 年代后我国进入经济高速发展阶段，用 20 年时间完成了发达国家上百年的路程，这种粗放式的发展导致我国海洋生态环境遭受了严重的破坏。几年来随着沿海城市经济的飞速发展导致我国人口持续向东南沿海集中，人口密度甚至超过了沿海地区的环境承载能力，海洋生态环境受到了极大影响。由于海洋生态环境问题具有系统性、区域性、复合性和长期性等特征，为海洋环境的恢复与生态系统的再平衡需要付出不可估量的代价，甚至有些破坏是无法恢复的。目前，海洋生态环境在类型、规模、结构和性质上都发生了变化，这不单纯是排污总量的增加和生态环境破坏范围的扩大，而是长期以来海洋环境遭受破坏而无法达到自身生态平衡的结果，这样复杂化、综合化的威胁和风险相对更加巨大，对生态系统、人体健康、经济发展、社会稳定乃至国家安全的影响更加深远。未来制约我国经济社会可持续发展的首要因素将是海洋生态系统的破坏。如果尚不采取综合而有效的治理措施，污染负荷将突破生态环境承载能力的极限，某些生态系统的衰退将是永久性的，无法弥补，海洋生态环境问题随时会恶性爆发甚至形成恶性循环，出现难以逆转的生态环境灾难。我们呼吁，在灾难到来之前，及时醒悟，积极治理，不要再以环境的破坏换取经济增长的数据，大自然的惩罚是人类无法抵抗的。所以，世界各国政府和社会一定要充分重视海洋生态安全的重要性，把海洋生态安全纳入到国家发展战略

① 张珞平，洪华生，陈伟琪等：《海洋环境安全：一种可持续发展的观点》，载于《厦门大学学报（自然科学版）》，2004 年增刊 1 期，第 113 页。

之中。

在今后一定时期内，我国国防安全的威胁主要来自海洋，海洋作为国家安全的第一条防线，一定程度上决定着国家的安全，因此提供海洋环境保障成为迫切之需。随着经济社会的迅速发展，未来我国海洋生态环境承载能力将面临新一轮的巨大压力：（1）人口的增长和人均消费的提高必然导致资源需求的提高，对海洋生态环境形成压力；（2）经济的快速增长和重化工业发展将提高资源和能源的需求量，海洋资源和环境必将面临更大的压力；（3）高速的城市化建设将产生一系列生态环境问题；（4）全球气候变化的压力不断加大；（5）经济全球化将使海洋生态环境面临新的挑战；（6）海洋主权、权益维护使海洋生态环境面临新的挑战；（7）日益繁忙的海上交通将使海洋环境面临更大的压力①。

国家安全是一个国家生存与发展的基本前提。过去对国家安全的理解，仅是从国家主权的政治和军事威胁的角度，针对国外和国内敌对势力的侵略与破坏而言。随着社会的进步，生产与科技的发展，政治、经济、科技文化、环境等领域全球化趋势日益加强，国家与国家之间的相互依存度不断增加，引发的生态安全问题正在不断突破国家的界限。跨国界的环境问题甚至全球性环境问题不断发生，严重地威胁着本已复杂的国际关系。国家生态安全问题即生态环境与国家安全的关系问题，既是国内法的政策性问题，又是国际法的全球性问题。长期以来，我们忽视生态安全在整个国家安全中的地位，殊不知，生态破坏不仅会加剧群体间的冲突，酿成群体性事件；境外势力与国内非政府组织结合，生态安全向政治安全领域渗透，形成内部动乱和冲突，而且，还会引发国家间的军事冲突。由此可见，生态安全与国防军事安全，经济安全同等重要，都是国家安全的重要基石。

生态安全是国家安全的一个重要组成部分，生态问题是产生暴力冲突的直接原因。生态安全是预先将人类对生物圈的功能完整性的威胁降低到最小化的行为方式，并且是生物圈与人类相互依赖的纽带。这一概念强调生态安全作为一种人类自身的利益以及与后代的纽带，是人类生存的源泉。此外，它反映了人类对各种形式的生态变化的直接和间接的关系，特别是那些导致资源稀缺和生态系统退化的变化。生态安全的标志是：社会系统与生态系统以可持续的方式相联系，所有个体均可公平以及以合适的方式获取环境利益，并存在良好的机制以解决环境危机和冲突。海洋生态安全的概念要求人们更多地关注海洋生态系统将来的健康和风险，要求人们在对海洋生态环境产生负效应之前就制定政策并采取行动。为了达到这个目标，我们必须改变思路，从传统的污染框架中解脱出来，建立海洋生态安全的理念。“海洋污染”和“海洋环境保护”都是以被动的方式评价和管理海洋，它们几乎是不可避免地在对海洋环境产生明显的、不可逆的影响发生之后才实施补救行动。“海洋生态安全”是一个与可持续发展原则紧密联系的、积极预防的行为方式。它注重于维护海洋环境的安全，并要求我们在对海洋环境的危害作用能被科学地证明之前就采取行动②。

---

① 丁德文，徐惠民，丁永生等：《关于“国家海洋生态环境安全”问题的思考》，载于《太平洋学报》2005 年第 10 期，第 63 页。

② 张珞平，洪华生，陈伟琪等：《海洋环境安全：一种可持续发展的观点》，载于《厦门大学学报（自然科学版）》2004 年增刊 1 期，第 255-256 页。

海洋生态安全是国家安全的重要基础，与国防安全、经济安全、社会安全之间存在着不可分割的联系：国防安全、经济安全和社会安全是致力于创造海洋生态安全的基本条件和重要保障，是维护海洋生态安全的力量保证；而海洋生态安全则是国防、经济和社会安全的基础和载体，为经济社会发展创造契机。没有海洋生态环境安全，整个生态系统就不可能实现可持续发展。将海洋生态问题或环境问题提到生态环境安全的高度，意味着生态问题或环境问题已经发展到威胁人类和生态系统生存、发展和完整的程度。海洋生态安全受到威胁表现出的各种不安全的现象或因素称为海洋生态安全问题，目前各国所关注的海洋生态安全问题主要有：海洋环境污染、全球气候变化导致海平面上升、生物多样性锐减、海洋自然资源安全、海洋能源安全。可以说，海洋生态安全问题不是一般的海洋生态问题，而是关系到海洋生态系统完整和生存的问题，其中相对严重的就是海洋生态危机。海洋生态问题有各种类型和表现，有不同的性质和特点，只有危及生态系统生存和完整性的海洋生态问题才是海洋生态安全问题。海洋生态安全问题是海洋生态问题的核心和最尖锐形式，正是因为海洋生态安全的重要性，才引起了世界范围对海洋生态安全的关注。

三、海洋生态安全研究的意义

恩格斯在《自然辩证法》中指出："我们不要过分陶醉于我们对自然界的胜利。对于我们的每一次胜利，自然界都报复了我们。"如果说海洋环境安全问题的出现是人类社会对海洋的不合理利用引起的自然界报复的话，那么，海洋生态安全概念的提出，则说明人们已经认识到自然界报复的严重性和人类持续生存受到的威胁。这种威胁来源于人类自身对生态环境的破坏。面对一次次自然灾害的惩罚和严峻的生存危机，人类不得不做出让步。海洋生态安全是生态环境安全的重要组成部分，同样面临着巨大的环境问题，所以人类必须做出抉择，并通过积极合理的行为去解决和处理问题，从意识到行动，从理论到实践，在已有问题得到有效解决的同时，使海洋生态向着持续稳定健康的方向发展。另外，如果从法律层面研究海洋生态安全，其意义就不仅在于人类自身的道德行为约束和本能的安全生态意识，更重要的在于敦促人类在法律的指导和约束下保障海洋生态安全行动的实施，从而使得海洋生态环境和人类社会的关系不再对立，最终两者实现和谐共赢的局面。海洋生态安全的研究有利于海洋生态安全法律保障体系的完善和发展，进而为海洋生态文明的建设提供重要的法律支持。

人类起源于海洋，人类文明也起源于海洋生态文明，海洋生态文明是原始生态文明的雏形，海洋生态安全的缺失，带给人类的将是生态文明的毁灭和无法挽回的灾难。海洋生态文明，可以概括为两个方面：一是人类遵循人、海洋、社会和谐发展这一客观规律而取得的物质与精神成果的总和；二是人与海洋、人与人、人与社会和谐共生、良性循环、持续发展的文化伦理形态。建设海洋生态文明不能简单地理解为生态环境的改善，而是在维护海洋环境生态平衡的基础上创造海洋经济的繁荣，以海洋环境的良性循环促进海洋经济的大发展，以海洋经济的发展维护海洋生态环境的再平衡，两者相互独立，又互相支撑，维持二者的动态平衡，最终形成和谐共荣的海洋生态文明局面。

海洋环境污染严重影响了海洋资源的有序开发和合理利用，同时使全人类的身体健康受到严重威胁。海洋环境污染已经成为联合国环境规划署提出的威胁人类的十大环境祸患之一。海洋污染也是一种全球性污染现象。目前南极企鹅体内脂肪中已经检测出 DDT，说明污染影响范围之广。海洋污染包括石油污染，有毒有害化学物质污染，放射性污染，固体垃圾污染，有机物污染以及海水缺氧等。其中，石油污染是造成海洋污染的主要原因。石油对海洋的污染主要表现在石油勘探开发和船舶的海损事故上，如油轮搁浅、触礁、船舶碰撞、石油井喷、石油管道破裂等。据估计，一座 500 万人口以上的城市，每年要排放 4200 万升石油产品。石油入海后一般经过扩散、蒸发、氧化、溶解、乳解、沉积等过程进入海底，然后经过微生物降解吸收才能消除，过程复杂、周期漫长、沉入海底后还可能形成二次污染。所以石油污染对海洋生态环境的破坏是非常严重的。海洋产氧量减少，影响藻类以及其他海洋生物的生长与繁殖，从而对整个海洋生态系统产生影响；对浮游生物、甲壳类生物、鱼苗等生物的生长产生影响，降低海洋生产力，从而对人类产生影响等。另外，港口、城市的兴起和扩建产生大量有害有毒物质并倾泻于近海，远远超过近海海洋自身的净化能力，使海洋环境无法达到自身生态平衡。综上可以看出，海洋环境当前面临的形势不容乐观，如果不能得到有效改善，人类的生存和全世界的可持续发展将面临严峻的挑战。全球海洋环境问题的产生和加剧，也将促使有关国家和国际组织采取有效措施，积极防御和解决海洋环境问题。

海洋面积占地球表面积的 70.8%，是全球生命支持系统的重要组成部分，也是人类文明发展的摇篮。海洋水体是水循环的主要部分，维持水的动态平衡，促进水体更新以及物质和能量的循环，被称为“地球之肺”。海洋调节全球的气候变化，对全球地理环境形成和演化起着不可替代的作用。海洋又是巨大的资源宝库，储存着丰富的资源和能源，其中包括海洋生物资源、海底矿产资源、海洋空间资源、海水资源、海洋新能源和海洋旅游资源。随着人口的迅速增长，粮食、资源、空间的供应将不断出现缺口，开发利用海洋资源，已是历史发展的必然趋势，也是当今世界发展的潮流。海洋多样化的开发空间吸引着越来越多的国家向海洋进军。海洋空间资源的开发依赖现代化的科学技术和大量充足的资金。其开发周期长，技术难度大，无疑要求更加完备的海洋科技水平和技术支持。总之，在维护海洋生态安全的基础上开发海洋空间对全人类及整个国际社会具有极其重要的生存和战略意义，保证了海洋的健康也就能为全人类谋取福祉，因此，如何保护海洋生态安全是国际社会所必须重视的关键课题。

第三节　海洋生态安全的影响

国家安全不仅包括国家的完整、稳定以及不受侵犯，而且包括个体公民生存的安全、社会经济发展的安全、地球持续繁荣的安全。海洋生态安全具有全人类性和跨国性，直接涉及世界各国的经济发展和社会进步，关系到全人类当前的和长远的利益，不仅对我国国内经济发展和社会生活构成影响，而且有可能成为未来国际冲突的热点。因此，从海洋生态安全的角度审视国际关系和国家安全是非常重要的①。海洋生态安全问题对我国的国家安全的影响是客观存在的，且有加剧趋势，海洋生态安全的影响主要表现在以下方面。

一、海洋生态安全对经济安全的影响

所谓国家经济安全，是指经济全球化时代一国保持其经济存在和发展所需资源有效供给、经济体系独立稳定运行、整体经济福利不受恶意侵害和非可抗力损害的状态和能力，是指一国的国民经济发展和经济实力处于不受根本威胁的状态。它包括两个方面，一是指国内经济安全，即一国经济处于稳定、均衡和持续发展的正常状态；二是指国际经济安全，即一国经济发展所依赖的国外资源和市场的稳定与持续，免于供给中断或价格剧烈波动而产生的突然打击，散布于世界各地的市场和投资等商业利益不受威胁。为了达到国内和国际经济发展的双向安全状态，国家在保护、调控国内市场的同时，要维护全球化背景下的民族利益，积极参与国际经济谈判，实现双边或多边的经济合作，在维护生态安全的基础上实现经济利益的最大化，达到一种共赢的状态。随着经济全球化和信息化时代的全面到来，国家之间以及人类个体之间的关系越来越紧密，相互影响的程度越来越深，生态环境的压力以及可持续发展压力逐步加大，一种新的国家安全观即国家经济安全愈发受到各国政府和社会的广泛重视。国家经济安全作为一种新的安全形态，已经不同于政治、军事等传统安全。国家经济安全问题一方面是由国际经济竞争带来的，如信息安全、金融风险、贸易问题、引进外资与保护民族工业问题等；另一方面来源于可持续发展中存在的问题，如石油供应、重要矿产资源保障、粮食供应、淡水资源保障等；同时体制层面上存在的缺陷也造成了经济安全问题的出现，如经济体制转轨时期的就业保障、中央财政调控能力等。

生态经济理论认为，自然生态系统与社会经济系统在劳动过程中通过技术系统耦合成一个更高层次的系统，使得生态系统与经济系统在时间、空间存在着密不可分的联系，它们通过食物链、交换链、生产链相互联系、影响和制约。有经济学家认为生态系统失衡会引起需求相对增加、生产成本增加和供求结构变化，从而产生通货膨胀。生态环境的供给和承载能力是有限的，致使社会经济发展客观上受到生态环境的限制。如我国因资源破坏或短缺导致电力能源供应不足，不得不关停五小企业；近年来由于环境污染导致的PM2.5严重超标不得不减少化工生产等污染企业的数量；由于水资源问题使得许多地方农业生产和城市经济发展受到影响。对经济发展来讲，所谓的生态安全就是生态环境能够给经济发展持续提供丰富的环境资源和尽可能减少自然灾害的影响。当然，经济的发展水平也反作用于生态环境。两者之间相互影响相互牵制。由于经济发展与生态环境的这种特殊关系，不同生态安全状态下社会经济发展速度的极限是不同的，当社会经济发展的速度低于当时生态环境安全状态限定的极限值时，人们感受不到生态安全对经济的影响，而当社会经济发展速度接近或超过极限值时，生态环境安全状况对经济的影响或限制就显现出来了。另外由于不同地区的生态安全状态存在差异，所以有些地区的经济发展可能存在先天的优

① 丁德文：《海洋生态事关国家安全》，载于《绿叶》2006年第3期，第39页。

势。在这种情况下，人们必须不断改善生态环境安全状态从而提高极限值进而提高社会经济的发展速度，这就是生态经济阀现象。

随着经济全球化和世界贸易市场的发展，环境安全与贸易的关系越来越密切，两者相互影响相互促进。一方面贸易影响环境安全。发展中国家为了实现国际贸易的平衡，往往以牺牲环境安全为代价。发展中国家出口以初级产品为主，它生产的背后是无节制的资源开发和环境破坏。同时发达国家为了实现污染转移，向发展中国家出口有害环境的物质或产品，从而使发展中国家的生态环境面临更大的挑战，不难看出贸易对生态环境安全的影响是有方向的。发达国家在一定程度上把生态环境的安全隐患转移到了发展中国家。甚至有的发达国家通过购买的方式向发展中国家转移环境污染。另一方面，环境安全也影响国际贸易的进行。由于贸易对环境安全产生巨大影响，为了尽可能大地降低这种影响，国际社会对某些影响程度大的贸易项目进行限制。比如在进口过程中，课征环境附加税，通过税收的方式来减少对环境的不利影响。甚至许多国家都建立绿色贸易壁垒，对破坏环境的贸易国家进行环境贸易制裁，发达国家实施企业产品 ISO9000 质量认证，欧盟启动 ISO14000 环境管理系统，有的甚至把环境标准作为市场准入的条件等来限制贸易。我国作为一个人口规模最大的发展中国家，经济发展数额巨大，入世以来国际贸易相当繁多，所以环境安全与贸易的关系对我国的意义更加深远，我们必须认真对待和正确处理这一关系。具体办法是依据我国的实际情况，利用绿色贸易壁垒在 WTO 规则中的合法性，建立我国的绿色贸易壁垒体系，保护我国的生态环境安全。

刘明在论述我国海洋经济安全形势时指出，海洋生态环境问题是影响我国海洋经济安全的重要因素①。海洋资源中渔业资源的衰退以及海洋生态系统的恶化是影响海洋生态安全的重要因素，这些问题都是由于过度捕捞、海洋勘探、海洋污染、围海造田、海滩围垦破坏以及大型海洋水利工程对生态环境的破坏等因素导致的，属于海洋生态安全研究的范畴。在地区海洋经济方面，陈惠彬以天津市为例分析了海洋生态问题是如何限制海洋经济发展的②。他认为 20 世纪 80 年代以来人们对渤海湾污染排放的增加，过度摄取渔业资源，无序开发，围海造田以及海上石油、港口、工业、运输、旅游等各种行为都对渤海生态造成严重破坏，打破了海洋生态系统的平衡。随着城市化进程的进一步加快，人类对海洋资源的利用程度进一步提高，加大了海洋生态系统的压力，导致赤潮频发，同时产生了一种新公害“环境激素”，造成很多海洋生物无法生存，海水养殖业也受到了严重影响，对天津市海洋经济的总体安全构成威胁。

海洋环境污染已成为威胁人类经济安全的隐患之一。海洋虽然有着巨大的自我调节能力，但由于人类海洋活动的增加，向海洋中排放了大量废弃物质和能量，使海洋环境受到不同程度的污染损害，影响了人类对海洋资源的有序开发利用以及海洋生态系统和人类的健康。海洋环境污染包括石油污染，有害化学物质、放射性物质的污染，也包括固体垃圾污染、有机物污染以及海水缺氧等。在世界范围内，深受海洋环境污染损害的纽约湾、东

① 刘明：《我国海洋经济安全现状与对策》，载于《中国科技投资》2008 年第 11 期，第 52-54 页。

② 陈惠彬：《天津海洋经济可持续发展面临严峻生态安全挑战》，载于《海洋信息》2005 年第 1 期，第 13-15 页。

京湾、墨西哥湾、杭州湾、亚速湾、地中海、波罗的海频频告急，几乎成了没有生命存在的“死海”①。亚洲太平洋沿海地区，由于陆源营养物含量上升造成的海水水质下降，成为最严重的海洋环境问题之一。此外，亚太地区的海水富营养化以及赤潮的形成，已构成菲律宾、澳大利亚、新西兰、日本、韩国和中国等国家的重要海洋环境威胁。

海洋生态破坏和环境恶化的直接后果就是经济损失，“环境问题的解决常常需要耗费巨额成本，分散珍贵的发展资源，甚至阻碍经济的发展”②。如中国每年沿海工厂和城市直接排海的污水就有100亿吨，主要有害物质146万吨③。在秘鲁，Ventanillas自治市每年需要花费40万美元清洗海岸线，而该市清洗所有公众区域的年度总预算也不过是上述数额的一半④。由这些统计可以看出，海洋环境污染事实上已经在一定程度上抵消了人类社会发展的积极成果，并越来越成为影响人类社会发展的公害。我国近年来频频发生的台风和洪水等海洋灾害和海洋环境突发事件，给国民经济和人民生命财产造成了严重的损失。海洋经济的发展离不开良好的海洋生态安全环境，海洋生态安全是经济安全的必要条件和基石。

此外，某些发达国家以海洋生态安全为名，干涉其他国家对本国资源的开发利用，为设置海洋贸易壁垒等不平等交易寻找借口。西方国家可能借中国破坏海洋生态环境为由，对中国实施贸易壁垒，还可能通过操纵国际资源价格浮动，扰乱中国市场。随着经济全球化和中国经济的开放，中国受国际资源价格波动的影响会越来越大。如果中国经济发展对国外资源依赖度高，海洋生态安全又得不到保障，国内经济就难以抵御外来冲击，经济危机也会引发一系列社会问题。可以说，海洋生态安全与经济安全紧密联系，油气、水、渔业等海洋生态资源对于地区、国家的经济安全具有致命的控制。

二、海洋生态安全对政治安全的影响

政治安全就是政治主体在政治意识、政治需要、政治内容、政治活动等方面免于内外各种因素侵害和威胁而没有危险的客观状态。更简洁的定义是：政治安全就是在政治方面免于内外各种因素侵害和威胁的客观状态。国家政治安全是指国家主权、领土、政权、政治制度、意识形态等方面处于免受各种侵袭、干扰、威胁和危害的状态。这种状态在我国表现为：对外保持国家的主权独立、领土完整；对内保持人民民主专政政权和社会主义政治制度的稳固、马克思主义主流意识形态占据主导地位以及社会稳定。

海洋生态安全问题对国家政治安全的威胁。环境外交兴起后，一个国家的生态形象具有了战略意义。从环境角度来诋毁中国的形象，这是西方霸权主义的新的表现形式，对此我们不得不有所应对。“环境破坏可能导致越来越多源于资源的战争”⑤。伴随着不断加剧的海洋生态形势，世界各国因海洋资源和海洋权益引发的冲突不断升级，成为世界海洋政

---

① 马翼著：《人类生存环境蓝皮》，蓝天出版社，1999年，第10-11页。
② 田源：《我们期盼绿色GDP》，载于《解放军报》，2006年9月10日。
③ 刘东国：《国际安全的新领域：环境安全》，载于《教学与研究》，2002年第10期，第61页。
④ http://www.unep.org/Documents.Multilingual/Default.asp?ArticleID=6214&DocumentID=589&l=zh.
⑤ 张海滨：《环境与国际关系》，上海人民出版社，2008年，第174页。

治的新的议题，也是当前国际环境外交的重要内容。因海洋生态安全问题导致的军事冲突和政治斡旋常态化，世界范围来看，争议海域都是普遍存在的，无论是中国还是其他海洋国家，或因海洋划界、或因跨国捕捞、石油钻探、海洋污染、海底资源开发等问题引发的新一轮的对国家政治的威胁和影响日益严重。这些因海洋生态安全引发的政治安全问题既影响国防建设，也对全球海洋生态安全构成威胁，因而要敦促全球合作和区域合作的进一步发展和完善。

围绕海洋资源引发的海洋生态安全冲突。随着陆域资源的日益匮乏，世界各国对海洋资源的关注与日俱增，海洋资源的战略地位不断提升。蓝色国土资源的争夺愈演愈烈。其中围绕渔业和油气等海洋资源的争夺，特别是在有争议海域，类似的区域性生态安全问题尤为突出。世界海洋国家间不断出现“渔事战火”，如挪威和冰岛两国间的“鳕鱼大战”，日本和俄罗斯因渔事争端引发的军事对抗和外交抗议等。

围绕海洋资源的利益分配引发国际争端进而对世界安全构成威胁。美国学者罗伯特·基欧汉和约瑟夫·奈曾经指出：“多少世纪以来……海洋是‘全球公有地’之一，不受任何个别国家的管辖，其用途和特征在某种程度上有些像中世纪村庄中开放供全体村民使用的公共牧场。但也就像中世纪村庄的公有地在经济变革的影响下最终被‘圈占’了一样，由于经济和技术的变革扩展了海洋的用途，世界各国如今也正在尽最大能力来‘圈占’海洋以占为己用。”“现阶段，科技创新发展拓展了人类利用海域和海洋资源的能力，能力越强，海域和资源匮乏的速度就越快，各国竭力扩展其管辖海域的欲望就越高，从而排除其他国家染指的可能性。”“二战”以来随着国家领海权的日趋复杂，一方面反映了国际范围内海洋权益意识的觉醒，另一方面也反映了海洋资源和经济价值日益为人们所重视。

伴随1946年美国“杜鲁门公告”和1967年“帕多讲话”的发表，“各种海洋问题吸引了越来越多的国家参与其中”，“海洋资源及其分配也集中了越来越多的注意力”，由于“欠发达国家担心，在一种自由放任的制度下，全球公共地将会为技术先进的国家所独享，因此它们往往主张大大地扩展国家管辖权或建立一个强有力的国际管理机构”，正如1979年蒙得维亚宣言宣称：“所有国家都有权宣布其海岸附近的、在他们看来是为维护其现实的和潜在的沿海财富所必需的海域和海床为本国所有。”正是在一种思想指导和心理作用下，各国之间纷纷争夺各自的海洋管辖权。但由于没有的明确的划分界限，所以导致各国之间矛盾冲突不断。美国—墨西哥之间、加拿大—西班牙之间、挪威—欧共体之间、俄罗斯—日本之间的渔业争端，中国与东南亚诸国在南沙问题上的争端，都反映了围绕海洋资源利益分配而产生的分歧和矛盾，同时也渗透着传统的国家主权的斗争。

中国与周边国家也存在因海洋资源权益而引发的各种矛盾。如中国与韩国、日本及东南亚国家的海域争议以及越南与马来西亚、泰国等南海国家间都存在因油气和渔业资源而引发的矛盾和冲突。当前，世界上约有240条海上边界尚未划定，仅亚太地区就有60余条海上边界尚待划定。其中在西太平洋地区引人注目的海域争议有日俄、日韩在日本海的争议，中日韩围绕东海大陆架的争议，中韩黄海海域争议，中日钓鱼岛海域争议，中国与东南亚国家南沙海域争议，越南与马来西亚南海海域争议，泰国、马来西亚、越南之间的泰国湾海域争议，印度尼西亚、马来西亚、菲律宾在苏拉威西海域的争议，等等。这些海域争议日趋复杂的一个重要原因，就是围绕海洋资源尤其油气等战略资源和渔业资源分配而产生的矛盾①。

受海洋领域的非传统安全威胁的影响，存在海洋利益的国家拓宽了海洋问题的范围，提高了海洋问题在国家内外政策中的地位，相应调整了国家内外政策。海洋生态问题的重要性随着以美国为代表的各国对海洋问题认知的变化及其内外政策的调整得到了进一步加强和提高。美国政府在20世纪60年代曾指出："能否充分合理地利用海洋，将会深刻影响到美国的安全利益和经济生活以及在世界上的地位。"不难看出，美国政府把海洋生态安全提升到了一个很高的地位。根据基欧汉和奈的解释，传统自由海洋制度的衰落——等级制度的逐步瓦解，导致了"海洋政治中的议题变化"，即"涉及海洋政策的问题，其数量的增加和联系的加强既反映在海洋政策的议事日程上，也反映在三个时期中美国海洋政策议程的制定方式上"。"海洋政治中的议题变化"最突出的表现就是海洋问题"政治化"特征日趋明显，跨国捕捞、石油钻探、海洋污染、海底资源开发、海军军备控制等海洋政治问题都成为国家外交政策的重要组成部分②。

三、海洋生态安全对社会安全的影响

社会安全是针对社会事件的安全措施、对策、知识等。社会事件主要包括恐怖袭击事件，民族宗教事件，经济安全事件，涉外突发事件和群体性事件等。社会整体安全程度取决于一国社会发展程度。经济发展速度、社会公平程度、政治体制、历史文化原因以及环境情况等都有可能对社会安全程度产生影响。

海洋生态安全恶化很可能会产生一系列的社会问题，使原有的社会秩序受到破坏。自然资源的耗竭、海洋环境日益恶化以及自然灾害的频发与安全议程直接相关，因为这些问题破坏了人类赖以为生的自然基础③。海洋生态安全问题可能会破坏依赖海洋资源发展形成的社会结构，诸如海平面上升等问题可能导致某些社会文明的消失。现实中的典型事例是生态难民的产生。太平洋岛国图瓦卢的举国搬迁，这是由于环境问题引起的大规模移民的典型案例。

生态难民是指由于全球的生态状况严重恶化，生物多样性减少，土地荒漠化，森林植被被破坏，水资源危机和海洋环境破坏等，严重影响到人类的生存，从而导致受这些状况影响的人们被迫离开自己长久的居住地而四处迁徙。新难民多出现在发展中国家，形成的原因也是多方面的：有的是土地沙化，全世界共有45亿公顷的土地出现不同程度的沙漠化，其中发展中国家的一些地方受害最深，许多农户被迫放弃土地，到城市谋生，从而产生了新的移民运动。有的是因人类活动而破坏自然造成的非自然灾害，如滥伐城市周围山丘的树林，导致泥石流频繁发生，危害人民生活。有的是军备竞争的恶化，导致毒物和核

① 刘中民，张德民：《海洋领域的非传统安全威胁及其对当代国际关系的影响》，载于《中国海洋大学学报（社会科学版）》2004年第4期，第62页。

② 刘中民，张德民：《海洋领域的非传统安全威胁及其对当代国际关系的影响》，载于《中国海洋大学学报（社会科学版）》2004年第4期，第61-62页。

③ 周忠海：《海洋法与国家海洋安全》，载于《河南省政法管理干部学院学报》2009年第2期，第60-67页。

污染的扩散；世界上有机化学制品以每7~8年翻1倍的速度增长，在生产过程中，大量的有毒废物处理不当导致许多地区受到了严重污染，当地的居民被迫迁徙；还有全球气候的变暖造成的海平面逐年上升也威胁着靠海居住的人类。“生态难民”问题已敲响生态保护的警钟。人类对待环境如果只是一味索取，那只会快速地埋葬自己。

海洋生态安全会产生大量生态难民。全球变暖导致海平面上升，是当前最受世界关注的全球性环境问题。随着经济的发展，人类大量使用各种石化能源，能源燃烧产生的温室气体影响着全球气候的变化。而地球温室效应直接恶果之一就是海平面的上升。特别是对于那些依赖沿海地缘优势优先发展起来的城市和国家来说，海平面上升所带来的威胁将是致命的，更可怕的是会产生大量生态难民。造成生态难民的根本原因就是人类自己破坏了家园的生态平衡而导致环境恶化。2001年11月，美国华盛顿地球政策研究所发表的一份报告中提到，由于温室效应导致的海平面上升，将迫使南太平洋岛国图卢瓦的1.1万国民移民新西兰，图卢瓦也将因此成为全球第一个因海平面上升而进行全民迁移的国家。上海作为我国的金融中心，在未来的30年中，温室效应将使该地区海平面将上升98~150毫米。近30年来，我国沿海海平面总体上升了约90毫米①。按照这样的海平面上升速度，世界范围沿海地区很多湿地、浅滩甚至城市将被淹没，海洋生物将失去理想的生存场所，受影响的人口将达到全球人口的1/3。据估计，至下一个世纪中期，全世界海平面将升高1米，为此将有5 000多万生态难民无家可归。

海洋生态安全问题直接影响人的安全。由于食物链的作用，人类工业产生的排海化学污染物、石油泄漏等进入到海洋生物体体内，最终进入到人体内，对人的生命造成直接威胁。例如日本在20世纪50年代出现的水俣病，就是由于日本氮生产工厂将含汞剧毒污水直接排入海中，致使海洋中的动植物体内大量积累重金属汞，而人类长时间食用这些海产品，最终引发水俣病，导致脑中枢神经和末梢神经被侵害。生态环境退化会对人类的生存造成一定威胁。面对“沿海和海洋的环境退化，尽管采取了相应的国家和国际行动，但自1970年就已意识到的海洋污染、海洋生物资源的过度捕捞及沿海生态环境的丧失等主要威胁依然存在”②。据估计，1994年有37%的全球人口居住在距离海岸线60千米以内的沿海区域，而世界沿海地区的1/3处于退化的高度危险之中③。所以说维护海洋生态的安全状态，保证海洋资源的可持续开发对维护社会安全同样有重要影响。

海洋生态环境恶化也引发了一系列的社会安全问题，如加剧了贫困的威胁，由于我们长期实行粗放型、外延型、数量型的经济增长方式，牺牲了自然资源和生态环境，由此造成了人与资源、环境之间协调关系的严重失衡。再比如海洋生态的恶化导致海洋渔业的衰退，本来以渔业为生的渔民要转向其他行业，这就给社会带来了就业等一系列的压力。特别是在沿海省份，失业可能会导致社会不稳定、引发社会冲突。此外，海洋生态问题可能影响国防建设。

前面所提及的生态移民的产生和大气变暖所导致海平面上升问题也均说明，减轻和降

① 《未来30年，上海海平面上升约10厘米》，载于《新民晚报》2009年12月30日。

② 《联合国环境规划署：全球环境展望》，第176页。

③ 《联合国环境规划署：全球环境展望》，第17页。

低人们对于海洋生态环境所带来的负面影响已经迫在眉睫，刻不容缓。

四、海洋生态安全对国际关系的影响

海洋生态安全威胁加剧，在地区和全球层面不断催生国际制度与多边合作的健全与完善，同时也因为各种涉海权益矛盾的日趋尖锐而导致国际斗争的日趋复杂化。

McNelis 认为环境安全是国家安全的一个重要组成部分，并认为环境问题是产生暴力冲突的直接原因。张海滨认为，环境恶化的后果会使一个国家更富有进攻性，环境破坏可能导致越来越多源于资源的战争[①]。此外，由于对海洋生态安全的关注，那些在生产过程中对生态环境产生危害的产品受到很多国家和公民的抵制。“地球是一个整体，全人类是一个命运共同体”。只要生态环境遭到破坏，全人类都是受害者。“生态系统的相互依存性为实现共同利益提供了机会，使得各种争端可能转化为有益的环境合作[②]”。因此，海洋生态安全问题的解决和处理需要世界各国的协同合作和国际社会的全面参与。正如杨金森先生所认为：“合作是海洋国际事务中使用最多的词汇，包括封闭和半封闭海沿岸国之间的合作，国际海底勘探开发的国际合作，公海生物资源保护的合作，海洋科学研究的国际合作……世界的海洋是连在一起的，开发和保护海洋必须有各种国际合作。”单纯一个国家或一个地区进行海洋生态环境的治理是不现实的，所取得的结果也是微乎其微的。只有全世界国家协作参与，共同长久治理才能取得一定的成效。

跨界污染和危害转移造成的国家间冲突。早在 20 世纪 70—80 年代，美国与加拿大之间，瑞典、挪威等北欧国家与德国、法国之间就曾因酸雨问题而长期争吵不休。近来日本、韩国也抱怨中国生成的酸雨飘落到它们国家。核电站安全和核废料污染问题也经常造成国家间的关系紧张。这种由于跨界污染造成的国家间冲突的现象正在不断发生，并且案例日益增多。在冷战期间，苏联曾秘密向日本海倾倒了大量核废料。1993 年该事件曝光后，日本向俄罗斯提出了抗议，美国和其他国家也警告俄罗斯停止类似行为。西方很多国家以投资为名将一些污染企业转移到技术落后的发展中国家，而且我国东南沿海一带，有些地区打着废物循环利用的旗号大量进口洋垃圾，造成了当地环境的严重破坏[③]。中国与周边国家的环境摩擦可能增多，这会对双边及地区关系产生不良影响。

污染转移是指一定区域内的人类行为（作为或不作为）直接或间接地对该区域外的环境造成污染损害，或将自己造成的环境污染的治理责任推给他人而使自己不承担或少承担污染损害治理责任的社会行为，其研究对象是两个或两个以上主体之间关于环境污染的产生、损害治理责任以及其他相互关系[④]。海水的流动性使得污染转移在所难免，污染转移主要有几种途径：（1）通过海水这一流动介质把污染物带入他国，造成海洋生态环境污染。（2）跨国投资。发达国家把污染性产业转移到发展中国家，实施生态侵略。（3）对外贸易活动中，把含有生态环境危害的产品出口到他国。（4）海洋倾废。把核废料、工业

---

① 张海滨：《环境与国际关系》，上海人民出版社，2008 年，第 174 页。

② 黄全胜：《环境外交综论》，中国环境科学出版社，2008 年，第 158 页。

③ 刘东国：《国际安全的新领域：环境安全》，载于《教学与研究》2002 年第 10 期，第 51 页。

④ 罗丽敏：《论我国面临的跨国污染转移问题及其对策》，天津财经学院，2005 年。

和生活垃圾倾倒到发展中国家的海域。

20世纪90年代以来，电子垃圾的大量产生及其越境转移成为一个新的全球性环境问题。美国是世界电子垃圾的最大生产国，1998年，美国产生电子垃圾500万~700万吨，其中50%~80%被转运到包括中国、印度、巴基斯坦等在内的亚洲国家。中国广东的部分地区，如汕头贵屿等已经成为发达国家电子垃圾污染的重灾区①。发达国家的这些危险废物一旦排入海洋，就会对海水质量造成巨大的污染，对当地居民和环境都产生了毒性危害，破坏了可持续发展。随着全球经济一体化的加大，发达国家不断在中国沿海一带建立工厂，其中外商投资于污染密集产业（PIIs）的企业已占全国三资企业数的30%左右，严重污染密集产业（MPIIs）的企业占污染密集产业的13%，但其占PIIs中相应指标的40%以上。这些工厂使用大量从发达国家引进的淘汰下来的设备，对沿海生态环境造成了巨大的破坏②。

从另一个角度来看，海洋生态安全会加强国际合作。海洋是一个统一的整体和系统，任何一个海区或者一个国家的海洋生态与环境出现问题都会危及其他海域或周边国家海域。所以，保护海洋环境需要各个国家的全面合作，特别是海洋环境恶劣、复杂以及未知数多、技术难度大的海域，认识海洋、开发海洋和保护海洋是全世界各国人民义不容辞的责任。

海洋环境保护的国际合作从形式上来说可以分为政府间合作和民间合作。所谓政府间合作就是国家之间正式或非正式进行的合作方式，根据参加合作国家的数量，又可分为两国间合作（双边合作）和多国间合作（多边合作）。国家间的合作一般需要签署一定的协议和条约以实现对合作双方的约束以及对合作目标的把控。民间合作，合作的主体是民间的个人或团体，国家的作用只是在法律、制度和资金等方面给予支持，不参与合作的过程。其次从海洋环境保护国际合作的内容上来说，又可以分为立法合作、行政合作、资金合作、技术合作、研究合作和人员交流合作等。这两种合作方式的划分侧重点不同，前者是以合作的主体为标准进行划分的，后者是以合作的内容为标准进行划分的。

海洋环境保护的国际合作是伴随国际社会开始海洋环境保护立法工作起步的。半个多世纪来，海洋环境保护的国际合作进展迅速，规模不断扩大，合作形式多样化，取得了显著成效，已形成了全方位、多渠道、深层次、多方式的交流与合作格局，为更好地解决海洋环境问题奠定了基础。随着国际社会对海洋环境保护的认识不断提高，各国政府对海洋环境保护工作日益重视，国际社会和各沿海国家不断健全和完善海洋环境保护的法律法规，深入提高海洋环境科学研究水平、海洋技术开发水平、海洋环境调查和监测能力、海洋环境管理和海洋环境服务水平。国际合作为海洋环境保护工作的开展发挥了相当重要的作用。

当前海洋生态环境问题具有综合性、复杂性、广泛性、累积性、流动性、多样性和公害性等特点。它与许多领域都有关系，既是一个生态问题、地理问题、技术问题，也是一

① BAN，2002，/ExportingHarm：TheHigh-TechTrashingofAsia，0http：//ban. org/E-waste/technotrashfinalcomp. pd. f.

② 刘淑琪：《我国引进外资过程中的污染转移问题研究》，载于《山东财政学院学报》2001年第1期，第47页。

个经济问题，如果处理不好还有可能成为国际政治问题。

随着经济全球化的进一步发展，世界贸易更加繁荣，海洋环境问题的国际性也越来越突显，从《国际防止油类污染海洋公约》的通过到现在，各国政府和国际社会对海洋环境问题越来越重视，环境保护的意识日益增强，为国际海洋环境保护法律机制的建立和完善创造了一个良好的思想平台和国际大环境。《联合国海洋法公约》对海洋污染和油类污染问题的全面规定从法律的角度对海洋环境保护进行了明确的界定，减少和相对杜绝了海洋违规作业以及对海洋环境存在潜在污染危害行为的发生；由原来的事后污染处理到开始重视事先预防，彻底从根源上杜绝污染行为的发生；不再从单纯的防治污染角度进行海洋环境保护，开始对海洋资源、海洋生态进行全面监督和管理。近年来关于海洋环境保护与保全的国际公约虽然越来越多，但这并没有从根本上遏制海洋环境的进一步恶化。如何通过国际社会的合作来合理开发利用海洋资源，切实保护海洋生态环境，实现海洋资源的可持续利用和海洋事业的协调发展成为全球面临的重大问题①。

① 石欣：《海洋环境监测法研究》，中国海洋大学，2010年，第23页。

第三章　海洋生态安全治理基本理论

第一节　国家安全理论

世界经济发展的同时，人类对于自身生存的安全问题的关注越来越多。而当前的安全观念也不再仅仅局限于军事安全，其在逐步向更加综合的层次发展。海洋生态安全作为当前国家安全甚至是人类安全的一部分，与传统观念相比表现出一定的非传统性，与传统的安全观念有一定程度的不同。在国家安全观的演变和发展的大背景下，国家的安全防务重点也在不断向非传统安全拓展。由此，我们可以把国家安全观分为传统军事安全（国家的核心安全观）和非传统安全观两个方面。

一、国家安全观念的发展

军事安全一直是传统国家安全观的核心所在。纵观古今，军事战争作为解决问题争端和维护国家安全的首要方法是最为普遍的，即便今日，军事实力仍是一个主权国家保障其安全的重要前提。军事实力决定国家强弱，保障国家安全，这种安全观念深入人心。在相当长的历史时期内国家安全就等于国家的军事安全。因而某种意义上可以说，以军事安全为中心的国家安全观的形成，是与人类社会生产力的发展和国际社会大环境的演变分不开的。国家安全在本质上又属于对外防范的范畴，更多的涉及军事事务。只有强大的军事实力作为后盾，国家才有安全可谈。由此将国家的安全同军事安全紧密关联。但是，随着时间推移，历史与现实的变化使国家安全中其他方面日渐突出，要真正使国家获得安全，单有军事安全是不够的。特别是在冷战结束后，国际态势发生了极大的变化，区域性的、非军事性的对立逐渐显示出来，人们在关注传统军事安全的同时也开始关注军事之外的国家安全问题，国家安全观念得到拓展。

1983 年，国际政治经济学家理查德·乌尔曼（Richard Ullman）发表了《重新界定安全》。他在文中指出，国家安全仅仅或主要定义在军事含义上，表明了对现实的错误设想和虚构，它导致国家注重军事威胁而忽视其他也许更为有害的危险，同时使国际关系出现军事化倾向。在这一年中，英国学者巴里·布赞（Barry Buzan）也在其《人民、国家和恐惧》中也明确地提出要把安全向水平与垂直两个方向延伸，并认为人类安全比国家安全更重要。

国家安全观念的拓展令我们不得不重新思考对安全的定义。通过思考我们将对“国家安全是谁的安全”重新解答。而以往把国家主权安全作为核心的传统安全模式则受到了非传统安全理论的冲击。丁德文认为国家安全不仅包括国家的完整、稳定以及不受侵犯，而且包括个体公民生存的安全、社会经济发展的安全、地球持续繁荣的安全。① 刘学成认为非传统安全威胁是相对传统安全威胁而言的，非传统安全主要涉及社会经济和生态环境领域内的安全威胁，包括资源安全、经济安全、金融安全、粮食安全、水安全、生态环境安全、信息安全、传染疾病蔓延、跨国有组织犯罪、贩卖毒品、小武器走私、海盗、非法移民、洗钱等。并总结了非传统安全问题跨国性、行为体的非政府性、相对性、可转化性、动态性等特点。

由此我们认为非传统安全问题按照性质可以一分为二：人与自然之间的问题、人类社会内部的问题。而两者中人与自然之间的问题就涉及人类活动对自然环境造成的影响，隶属于生态环境安全范畴。

二、新国家安全观背景下的海洋生态安全

非传统安全是相对传统安全而言的，内容包括了诸如生态、经济、社会、公共、技术等多种类型的“新型安全”。生态安全作为各种安全的基础，具有载体的作用。

生态安全本质上是由“生态安全威胁”引起的。而所谓的“生态安全威胁”是因人类文明现代化发展中遇到超越国家地域范围的、触及现代文明内核的内源性、深层次危机或挑战，任何一个主动或被动介入这一历史进程的人类生活共同体都有着自己的现实责任。② 一个国家的生态威胁有可能来自两个方面：一是本土内部形成的环境污染及破坏所引发的各种问题。二是由于外部因素所引起的生态问题。后者又可具体分为全球性、地区性、多边和双边的生态安全问题。传统的安全观与主权观在生态环境问题的挑战面前所遭受的冲击与变化，是目前国际政治研究者无法回避的重大课题。从全球范围来看，生态安全也成为影响国家安全的重要因素之一。

“生态环境安全”最早是由莱斯特·R·布朗（Lester R Brown）于1977年在《建设一个可持续发展的社会》一书中提出的。作者认为“国家安全的关键是可持续发展性”，生态安全的实质源于可持续发展，“生态环境成为世界各国关注的国家安全的首要问题”。而在1987年，世界环境与发展委员会的正式报告——《我们共同的未来》中，“环境安全”这一术语正式使用。作为一个经济发达国家，美国最早认识到了环境安全的重要性。在1991年8月美国《国家安全战略报告》中首次将环境安全视为其国家利益的组成部分；1994年通过《环境安全技术检验规则》，美国国会将环境安全全部纳入到防务任务之中。相比较而言，我国政府对生态安全的重视则相对较晚。直到2000年国务院颁布的《全国生态环境保护纲要》才明确了“维护国家生态环境安全”这一目标，并首次提出“国家生态安全”的概念。该概念认为：水、土、大气、森林、草原、生物、海洋组成的自然生态系统是人类赖以生存和发展的物质基础。因此国家生态安全是指国家生存和发展所需的生态环境处于不受破坏和威胁的状态，自然生态系统的状态能够维持经济社会的可持续发展。

① 杨振姣等：《海洋生态安全研究综述》，载于《海洋环境科学》2011年第2期，第289-290页。
② 杨振姣等：《海洋生态安全研究综述》，载于《海洋环境科学》2011年第2期，第291页。

综上所述，海洋生态安全作为一种非传统安全越来越受到人们的重视，而且是在海洋生态环境受人类活动影响出现危机的背景下提出的。

三、非传统安全与海洋生态安全

非传统安全观是对传统国家安全观在安全领域和安全主体两方面的拓展。有学者认为国家安全不仅包括国家完整、稳定以及不受侵犯，而且包括个体公民生存的安全、社会经济发展的安全、地球持续繁荣的安全。还有学者认为非传统安全主要涉及社会经济和生态环境领域内的安全威胁，包括金融安全、经济安全、资源安全、粮食安全、水安全、生态环境安全、信息安全、传染疾病蔓延、跨国有组织犯罪、贩卖毒品、非法移民、海盗、洗钱、小武器走私等。目前比较公认的非传统安全的概念是：来自非国家行为体的对国家的主权和利益以及个人群体和全人类的生存和发展的非军事威胁和侵害，具有跨国性、多元性、社会性和相互关联性。非传统安全的目标是对国家以及人类的生存和发展等根本利益的维护，涉及军事以外的政治、经济、社会、文化和环境等诸多领域中的问题。非传统安全问题给人类带来的威胁虽然不能排除用传统的军事方式解决的可能性，但是更多的还是需要依靠合作来解决。通过对非传统安全进行界定减少人们因安全问题泛化引起的困惑。由其定义可知，只有那些对国家和人类生存和发展的根本利益构成的威胁才归于非传统安全问题的范围。而海洋生态安全作为非传统国家安全体系之基础是国家生态安全的重要组成部分，可与国家经济安全、政治安全、社会安全等具有同样重要意义。非传统国家安全体系作为一个不可分割的整体，与其他构成国家安全的几种安全要素之间具有密不可分的联系：一方面社会经济方面的安全是维护海洋生态安全的基本条件和重要保障；另一方面，而海洋生态安全又是社会经济安全的重要基础。

虽然生态安全受到社会及学者的普遍关注，但迄今为止学界尚无统一的概念。有关学者的论述认为，生态安全可认为是“环境安全”或者“绿色安全”。具体是指，与人类生存息息相关的生态环境及自然资源基础（特别是可更新资源）处于良好的状态或不遭受不可恢复的破坏。蔡守秋认为，生态安全包括劳动环境、生活环境和生态环境的安全以及环境问题在传统的国家安全和军事活动领域的反映。① 广义的生态安全是指人类赖以生存发展的环境处于一种不受污染和破坏的安全状态，它反映了自然生态环境和人类生态意义上生存和发展的风险大小。生态安全是国家安全的重要组成部分，它既是国家经济安全的一个重要条件，又是国家安全诸因素中与军事安全、政治安全和经济安全同等重要又相对独立的基本因素。事实上，作为国家生态安全链条上极为重要的一环，海洋生态安全不仅是构成整个自然生态环境的基础性要素，也是事关国家安全和长远发展的关键因素。随着人类利用和改造自然能力的不断强化，向海洋进军索取新的能源和资源已经成为维持人类社会高速发展的最为强大的推动力，海洋的时代已经到来，维持海洋生态安全对人类和世界的发展具有至关重要的作用。国际视野下的海洋生态安全也相应地带有全球性、关联性、整体性、政治化和不可逆转性等特征，同样对国际政治也会产生前所未有的影响。

① 杨振姣等：《海洋生态安全研究综述》，载于《海洋环境科学》2011年第2期，第288页。

四、非传统安全体系中海洋生态安全的地位与意义

党的十八大报告指出："提高海洋资源开发能力，发展海洋经济，保护海洋生态环境，坚决维护国家海洋权益，建设海洋强国。"这是我们党准确判断重要战略机遇期内涵和条件变化提出的战略目标，体现了党中央对海洋事业的高度重视和充分肯定。海洋生态安全建设作为建设社会主义生态文明的一部分，我们必须意识到海洋生态文明的战略地位和海洋生态安全的重要性。正确认识海洋生态安全的地位和作用，对于海洋资源的可持续利用、海洋经济的健康可持续发展、人与海洋生态系统的和谐相处都具有重要意义。

（一）海洋生态安全保障海洋经济发展

开发海洋资源和依赖海洋空间而进行的生产活动是现代海洋经济的重要组成部分，此外还包括直接或间接为开发海洋资源及海洋空间的相关服务性产业活动。这些产业活动形成的经济集合皆被列为现代海洋经济范畴，可以概括为海洋油气业、滨海旅游业、海洋渔业、海洋交通运输业、海洋船舶工业、海盐业等产业。近年来我国海洋经济产值在国民生产总值中所占的比重约在9%左右，海洋为我国经济社会发展做出了巨大贡献。但是人类在开发和利用海洋资源的同时，也造成了海洋的生态破坏及污染。海洋生态安全状态的打破不仅极大地制约海洋经济发展与海洋生态平衡的协调发展，还制约海洋生态服务价值的升值，最终将危及到人类生存和发展。

21世纪作为海洋世纪，海洋资源开发和利用在世界范围内都受到了极大关注。海洋经济成为支撑一个国家或地区社会经济发展极其重要一极。而海洋经济的发展必然不能脱离海洋资源的开发和利用，因而只有在海洋生态系统的安全得到保障的状态下，海洋生态服务功能的质量和可持续性才能够得以继续。因此从某种意义上可以说海洋生态安全是海洋经济可持续发展的重要保障和海洋资源可持续发展的一项基本内容。在陆地资源日渐衰竭的情况下，人类欲实现可长远的发展，将目光转向海洋是必然选择，而对海洋这个巨大的资源宝库的依赖也将愈来愈烈。可以说加强海洋环境保护和生态环境的修复无疑是海洋经济可持续发展的重要内容。

相比较而言，发达国家的经济发展与海洋经济关系更为密切。就美国而言，其每年五分之四的国民经济收入出于海洋。此外，海洋经济的发展还带来了大量的工作岗位，解决了就业难的问题，不论对经济发展还是国内社会稳定都做出了巨大贡献。更值得我们借鉴的是日韩等国，虽然日、韩地域狭小，无论在人口还是国土面积都远远无法与我国相比，但是2008年他们的国民生产总值却分别是我国的一倍多和五分之一多，在这之中海洋经济同样成为了国民经济收入的主要来源。除去美、日、韩不说，世界上以海洋经济作为国民经济重要组成部分的海洋国家比比皆是，而且海洋经济将成为推动国家经济发展的主要推动力。世界经济的走向势必会以蓝色经济为主导，海洋事业的强弱将直接与国家在未来国际竞争中的竞争力挂钩。

（二）海洋生态安全问题影响国家间关系

部分学者认为环境安全是国家安全的一个重要组成部分，是产生暴力冲突的直接原

因。部分国内学者也总结到：环境破坏越来越多地导致了源于资源的冲突与战争。资源作为人类生存和发展的基础，其稀缺性致使它必将成为人类争夺的对象。陆地资源作为最先开发的资源已经被人类极大地消耗，并有许多资源变得稀缺，资源稀缺将成为多数国家面临的共同危机。在这种情况下，海洋所蕴藏的丰富资源必将成为各国的焦点。尤其是在人口与环境的矛盾日益突出、资源短缺和环境污染问题越来越严重的今天，海洋资源的开发和利用更加受到世界各国重视，围绕海洋资源和权益产生的争夺战必将成为未来国际冲突的主要内容。海洋的开放性和连通性使全球的海洋生态系统成为一个不可分割的整体。因而海洋生态安全具有全球性、跨界性，一国的海洋生态安全遭受破坏及威胁，其相邻海域的生态安全势必也会受到波及，由此引发的国家冲突也不胜枚举。

海洋生态安全除了对国家政治关系具有影响外，在经济关系上，海洋生态安全还可能造成国际贸易中比较常见的绿色贸易壁垒。随着对海洋生态安全的日益关注，多数国家都开始抵制那些在生产过程中会对海洋生态环境产生危害的产品。冲突协作理论认为冲突的存在为合作提供了切入点。正如池田大作所说："地球是一个整体，全人类是一个命运共同体。"① 生态系统的相互依存性为实现共同利益提供了机会，使得各种争端可能转化为有益的环境合作。海洋生态安全的维护需要相关各国的协同合作，这已成为当前世界各国的共识。由此，国际事务中的合作不应该局限于海洋资源开发和利用方面的技术、科研等方面，更应该推广到海洋生态安全的维护方面。因为世界的海洋的连通性要求开发和保护海洋必须有各种国际合作，否则保护和开发海洋的目标也无法很好地实现。

（三）海洋生态安全关系政治社会稳定

诺曼·迈尔斯认为，当种种环境因素的影响达到一定程度时，就会引起经济破坏、社会紧张和政治对抗，从而成为冲突之源。海洋生态环境恶化很可能会破坏原有的社会秩序，对社会的安全稳定造成影响。② 部分研究者认为自然资源的耗竭、海洋环境的恶化以及自然灾害与安全议程直接相关，因为以上这些问题能够破坏数百万人赖以为生的自然基础。尤其在沿海地区，海洋生态环境的恶化及资源的衰退枯竭将直接关系到渔民的生计，由此产生的部分渔民失业与社会动荡等都对国家安全和社会发展极其不利。此外，海洋生态安全问题也会直接导致人的健康出现问题，例如海洋环境污染会引发一系列疾病等，尤其是海洋污染物进入海洋生物链之后在一些海洋生物中积累，而人类一旦食用了这些海产品将对其身体健康直接造成损害。海洋生态安全问题对以海洋资源为依赖的社会结构还可能会造成破坏，比如现实中环境难民的产生。埃萨姆埃尔欣那威（Essam. EI-hinnawi）在联合国环保署文献中为"环境难民"所作的定义是：由于显著的环境破坏（含天灾与人祸）有碍其生存并（或）严重影响生活品质，人民被迫暂时或永远地搬离其原来居处，从而形成环境难民。③ 沿海地区一般人口密度比较大，海洋资源和海洋生态功能极大地影响居民的社会经济生活。对以依赖海洋为牛的渔民来说，海洋突发环境事件在很大程度上

① 杨振姣等：《海洋生态安全研究综述》，载于《海洋环境科学》2011 年第 2 期，第 288 页。
② 杨振姣等：《海洋生态安全研究综述》，载于《海洋环境科学》2011 年第 2 期，第 289-290 页。
③ 杨振姣，王娟等：《非传统安全体系中海洋生态安全的地位与意义》，载于《中国渔业经济》2012 年第 8 期，第 34 页。

威胁着他们的生存安全。总之，海洋生态安全与社会民生息息相关，维护海洋生态系统的安全，保证海洋资源的可持续开发利用与维护社会安全密切相关。然而不尽如人意的是当前我国社会的海洋意识还较为薄弱。鉴于对海洋生态系统生态服务功能的共识，还有出于自身利益的考虑，政府、公众和非政府组织都对诸如海洋生态安全问题特别敏感。简单地说，在当今社会海洋生态安全与社会安全关系越来越紧密。而在社会公众对自身环境权诉求越来越强烈、要求越来越高的背景条件下，海洋生态安全的公众参与也必然会越来越完善。

（四）海洋生态安全关系到国家资源能源安全

中国面临严重的能源短缺危机。我国是一个能源生产大国和消费大国，拥有丰富的石化资源。但是中国的人均能源资源拥有量较低，煤炭和水力资源人均拥有量仅相当于世界平均水平的50%，石油、天然气人均资源拥有量仅为世界平均水平的1/15左右。能源资源赋存不均衡，开发难度较大，已探明石油、天然气等优质能源储量严重不足。再加上能源利用技术落后，利用低下，在经济高速增长的条件下，我国能源的消耗速度比其他国家更快，能源枯竭的威胁可能来得更早、更严重。因而，日益增长的对外能源需求造成的能源压力迫使我们不得不寻找解决能源危机的突围之路。不合理的能源结构引发严重的环境危机，我国是世界上少数几个以煤为主要能源的国家，一次性能源生产和消费的65%左右为煤炭，大量使用煤炭，使66%的中国城市大气中颗粒物含量以及22%的城市空气二氧化硫含量超过国家空气质量二级标准。长期以来这种以煤炭为主的能源结构和单一的能源消费模式带来了严重的环境污染。伴随着经济的快速发展和能源需求量的持续增长，石化燃料燃烧所产生的温室气体排放给环境造成了越来越沉重的压力。面对当前石化能源消耗带来的严重环境危机，调整能源结构已迫在眉睫。海洋这座巨大的资源宝库中蕴藏有丰富的油气资源，海洋油气资源的储量巨大，约占全球油气资源总量的34%，海洋油气资源的开发还处在早期的勘探和开采阶段，目前仅有30%的油气资源被探明。在陆地油气资源面临着衰竭的背景下，海洋油气资源吸引了全世界的目光。

作为油气资源的主要聚集区之一的中国东部沿海地区位于环太平洋油气带上，蕴藏着丰富的石油天然气资源。据保守估计，中国所属海域海洋油气资源储量达数百亿吨之多。我们认为，在中国对外原油依存度不断攀升的大趋势下，通过海洋油气资源的开发可以在一定程度上缓解国家能源安全的危机。然而就目前情况来看，一方面我国仍存在海洋能源开发技术等方面的不足，另一方面我国油气资源开发大多重开采轻保护，重点大多放在油气资源的获取，却不注重开采的方法与技巧，对由于开发造成的生态破坏也不能进行很好的修复。就拿当前海洋石油开采运用的方法来说，目前使用方法极易对海床的稳定性产生损害，并很可能导致严重的海洋生态事故。海洋生态事故一旦发生将付出极其惨重的代价。所以在海洋生态安全治理中需要将海洋生态系统作为一个整体来看，只有从海洋生态安全的角度审视海洋相关资源开发利用的可持续性，才能保证海洋服务功能的持续性，以达到海洋资源对国家能源资源安全的保障作用。

综上所述，在新形势下，海洋经济已然成为世界经济的主要增长极，海洋事务必将成为国家间关系的重要内容之一，海洋资源的开发和利用也成为满足人类生存和发展需求的主要来源，而海洋权益也正逐渐挤入国家利益的核心组成部分。因此，应将海洋作为国家安全的基本来看待，在国家和民族的生存和发展中应将其置于重要地位。但是，海洋生态环境问题的逐渐尖锐，并成为一项安全议题被提出，表明我国海洋事业的发展道路不会平坦，海洋安全问题极易成为海洋事业发展的瓶颈。总之，在海洋意识得以提高并充分认识到海洋生态安全的重要性的同时，对影响海洋生态安全的主要因素做出剖析，在充分的科学研究指导下进行海洋生态安全的实践，这是我国实现由海洋大国到海洋强国转变的重要一环。

五、海洋生态安全对国家安全的影响

国家安全不仅包括国家的完整、稳定以及不受侵犯，而且包括个体公民生存的安全、社会经济发展的安全、地球持续繁荣的安全。海洋生态安全的全人类性和跨国性直接涉及世界各国的经济发展和社会进步，关系到全人类当前的和长远的利益，不仅影响国内经济发展和社会生活，还有可能成为未来国际冲突的热点。因此，从海洋生态安全的角度审视国际关系和国家安全是非常重要的。海洋生态安全问题对我国的国家安全的影响是客观存在的，且有加剧趋势，海洋生态安全的影响主要表现在以下方面。

（一）海洋生态环境恶化影响人们的生活质量，危害人们的身体健康

由于垃圾污染、石油泄漏等海洋污染致使污染海域的海水质量严重下降，并且污染物通过海陆循环或食物链直接进入人们的生活从而对人类的生产生活产生了极其恶劣的影响。长期以来，在我国许多近海海域，过度开采、非法捕捞、破坏性的捕捞方式、海洋污染，特别是从陆地排放到海洋中的污染物以及外来物种的入侵，使包括渔业资源在内的海洋生态系统正遭受严重破坏。此外，大量的填海造地，把许多自然滩涂要么变成养殖场，要么变成化工园区，大量生物丧失了栖身之所，鸟类无处觅食，贝类无淤泥可潜藏，海洋生态链遭破坏。而在海域污染的加重及水质的下降使沿海的水产养殖业深受其害，人们在承受着经济上损失（环境治理成本增加）的同时，更是遭受着身体健康方面的危害，例如由于海洋污染造成的死亡率上升等。

（二）海洋生态安全问题对国家政治安全的威胁

环境外交的兴起使国家生态形象产生了战略意义。西方霸权主义更是抓住机遇，从环境角度来诋毁中国的形象。面对这种状况我们需要做些什么呢？环境破坏能够引发越来越多的源于资源的冲突。然而不断加剧的海洋生态形势却使世界各国因海洋资源和海洋权益引发的冲突不断加剧升级，使其成为当前国际环境外交的一项重要内容。世界范围来看因海洋生态安全问题导致的军事冲突和政治斡旋逐步常态化，同样，无论是中国还是其他海洋国家，争议海域都是普遍存在的，或是由于海洋划界、或是因为跨国捕捞、海底资源开发、石油钻探、海洋污染等问题。而由此引发的新一轮的国家政治博弈也愈演愈烈。这些因海洋生态安全引发的政治安全问题不但影响国防建设，而且对全球海洋生态安全产生威胁，因此全球合作和区域合作的进一步发展和完善迫在眉睫。

（三）“环境殖民主义”下的污染转移和国际性环境问题造成国家间的冲突加剧

当环境问题在全球范围内趋于尖锐化时，发达国家便开始以环境问题为手段来推行一种生态殖民主义。实质上，生态殖民主义就是殖民主义在生态环境问题上的具体体现和发展。生态殖民主义是在新的国际形势下出现的没有殖民地的殖民主义。它虽没有旧殖民主义血与火的武力征服或制造分裂的殖民活动，但它所造成的后果几乎与旧殖民主义毫无二致。它主要是通过“强奸”发展中国家的环境意识，在政治上采取环境外交，以保护环境为借口，干涉他国内政；在经济上利用发展中国家在经济增长与环境保护上的“两难境地”，凭借其资金和技术上的优势，利用发展中国家的统治阶级来达到其剥削的目的。简单地说就是发达国家将污染严重的产业、企业转移到发展中国家，或是通过将具有严重污染的垃圾运送到发展中国家进行处理、堆置而减轻本国的环境污染和生态破坏。尤其是在那些地区人口密度大、环境质量需求高的沿海地区，环境殖民现象在影响沿海地区的环境质量和生活质量的同时，也将影响被输入国的国际信誉及国际影响力。国际性环境问题的增多和加剧也将造成国与国之间关系的恶化，地区冲突的加剧。例如由于周边国家海洋垃圾污染、石油泄漏等环境问题而引起的冲突极为普遍。“环境殖民主义”下的环境殖民现象和国际性环境问题是导致国家间冲突加剧、威胁国家安全的重要因素。

早在20世纪70—80年代，美国与加拿大，瑞典、挪威等北欧国家与德国、法国之间因酸雨问题而长期互相指责。前些年日本也一度称中国的沙尘暴吹去他国，而近来日本、韩国也抱怨由于中国污染产生的酸雨飘落到它们国家。此外核电站安全和核废料污染问题也经常引起国家间关系的紧张。值得一提的是在冷战期间苏联曾秘密向日本海倾倒了大量核废料，而这件事在1993年得以曝光，这时日本向俄罗斯提出了抗议，就连美国等一些国家也对俄罗斯该行为进行了指责。西方国家一贯打着高尚的幌子对相对落后的国家进行“剥削”，他们以投资为名将一些污染严重的企业转移到相对落后的发展中国家。最近我国东南沿海一带便有些地区以“废物利用”为名大量进口洋垃圾，这种本末倒置的行为造成了当地环境的严重破坏。而在经济发展中，中国与周边国家的环境摩擦也不断增多，这也不利于双边及地区关系的健康发展。国外以破坏海洋生态环境为由，对中国实施贸易壁垒，还可能操纵资源价格大幅波动，扰乱中国经济发展。中国经济的快速发展毕竟是以资源的极大消耗为代价的。在中国海洋生态安全非常脆弱的情况下，较高的资源对外依赖度将使国内经济难以抵御外来冲击，而经济危机也会引发一连串的社会问题。由此可认为，海洋生态安全与经济安全是紧密联系在一起的，油气、水、渔业等海洋生态资源对于地区、国家的经济安全具有重大影响。

国内学者在论述我国海洋经济安全形势时指出，海洋生态环境问题对我国海洋经济安全的影响是巨大的。我国海洋经济安全受到来自多方因素的威胁，而这其中特别是海洋资源，渔业资源的衰退以及海洋生态系统的恶化是重要因素。这些问题产生的原因主要是过度捕捞、海滩围垦破坏、海洋污染、不合理的水利和海洋工程等，这些都属于海洋生态安全研究的范畴。此外在地区海洋经济方面，陈惠彬从天津市这一切入点分析了海洋经济发展如何受生态环境安全问题的限制。污染造成的海水浑浊严重影响海洋植物（浮游植物和海藻）的光合作用，从而影响海域的生产力，对鱼类也有危害。重金属和有毒有机化合物等有毒物质在海域中累积，并通过海洋生物的富集作用，对海洋动物和以此为食的其他动物造成毒害。石油进入海水后，使海水中大量的溶解氧被石油吸收；油膜覆盖于水面，使海水与大气隔离，也会造成海水缺氧。海水缺氧能导致海洋生物死亡。对幼鱼和鱼卵的损害更为突出，在石油污染的海水中孵化出来的幼鱼鱼体扭曲并且无生命力，油膜和油块能粘住大量的鱼卵和幼鱼使其死亡。油污使经济鱼类、贝类等海产品产生油臭味，成年鱼类、贝类长期生活在被污染的海水中其体内蓄积了某些有害物质，当进入市场被人食用后危害人类健康。由于有机物和氮、磷营养盐污染，能使海水中一些藻类等浮游生物迅速大量繁殖，不同藻类具有不同的颜色，致使海水呈现红色、粉红色、绿色等各种颜色，被称为赤潮。赤潮生物在生长繁殖的代谢过程中和死亡细胞被微生物分解过程中会大量消耗海水中的溶解氧，使海水严重缺氧，导致大量鱼、贝等类海洋动物因缺氧而窒息死亡。

沿海地区主要是依靠海域中的生物资源和在沿海滩涂进行水产养殖或其他海洋服务业为主要经济活动，也可以认为沿海蕴藏的生物资源是当地经济发展的有利因素，沿海滩涂则是经济发展的依托。我国海洋渔业资源、生物多样性的日益锐减极大地限制了沿海地区经济的发展，海洋生态环境破坏引发的治理成本大大降低了经济发展水平，这些成为经济发展的瓶颈。

（四）海洋生态安全对社会安全的影响

据气候学的纪录显示，近百年来全球的平均地面气温呈现明显的上升趋势。总体上20世纪80年代的全球平均气温比19世纪下半叶升高了约0.6℃。这种趋势很可能继续下去，除非采取有效的措施加以控制。坐落在维也纳附近的国际应用系统分析研究所于1991年所作的预测表明，到2050年，全球变暖的幅度可能在4.5℃~10℃之间，到21世纪末，则在12℃~15℃之间。这些预测还是初步的，因为其中没有考虑海洋热力学效应引起的时间滞后。比较合理的预测是，到2030年，全球平均气温将比现在上升0.5℃~2.5℃，到2050年，将上升3.6℃~4.5℃。

大气变暖使我国近些年来频频遭受台风和洪水袭击，给国民经济和人民生命财产造成了严重损失。据估算，在综合考虑海水热胀、由于极地降水增加导致南极冰帽增大、北极和高山冰雪融化等因素的前提下，当全球气温升高1.5℃~4.5℃时，海平面将可能上升20~165厘米。海平面的上升无疑会改变海岸线，给沿海地区带来巨大影响，目前海拔较低的沿海地区将面临被淹没的危险。海平面上升还会导致海水倒灌、排洪不畅、土地盐渍化等其他后果。大气变暖导致的海洋生态环境退化和生态系统承载力下降的严重后果造成生态难民的出现。太平洋岛国图瓦卢因海平面上升，他们将放弃国家主权，举国移民。大量环境难民的出现又会给生态安全带来新的威胁，引发的社会动乱。科学家告诫人们，如果再不保护生态环境，如果不采取有效的办法解决潜在的威胁，那么，全球性的环境难民危机将在今后几十年内发生。海洋生态安全恶化很可能会产生一系列的社会问题，破坏原有的社会秩序。海洋生态安全问题可能会破坏以海洋资源为依赖的社会结构，诸如海平面上升等问题还可能导致某些文明的消失。

（五）海洋生态安全与海洋经济安全

海洋生态破坏和环境恶化的直接后果就是经济损失。我国近年来频频发生的台风和洪水等海洋灾害和海洋环境突发事件，给国民经济和人民生命财产造成了严重的损失。海洋经济的发展离不开良好的海洋生态安全环境，海洋生态安全是经济安全的必要条件和基石。除此之外某些发达国家还打着海洋生态安全的旗号，干涉别国对其资源的开发利用，并且企图设置海洋贸易壁垒，进行不平等交易。

在全球化背景下，海洋生态系统健康受到严重损害，我国面临更加严峻的海洋生态安全形势，海洋生态安全治理已经到了刻不容缓的地步。海洋生态安全已构成国家安全和社会稳定的现实威胁，成为我国经济社会可持续发展、协调人与自然关系以及和平崛起的主要限制因素，还有可能成为导致我国卷入国际冲突的热点问题之一，甚至严重影响全球安全、地区安全并损害中国的国际形象。

鉴于上述情况，海洋生态安全维护既要遵循生态系统理论和海洋管理经验，又要区别对待其可能引发的环境安全问题，我们应该按照海洋生态安全的特点来规划、设计海洋生态安全管理的政策规划、发展思路。只有人类与海洋和谐相处，人类和海洋才能富有持久的生命力。一个国家未来的发展离不开海洋，全球人类的生存和发展离不开海洋，海洋生态安全是一个关键性问题，海洋对我国 21 世纪社会经济持续发展、实现民族伟大复兴的意义不言而喻。所以，我国作为一个海洋大国应当迅速行动起来，维护好自己的海洋生态安全，并在国际上发挥自己的作用，为成为一个海洋强国而努力。

第二节　生态政治理论

一、生态政治的内涵

生态环境与政治之间的关联在历史中是有迹可循的，亚里士多德、柏拉图及孟德斯鸠等许多思想家对此都有过论断，即使他们并没有将“生态政治”作为核心概念引入到政治学中来，因此也就没有形成生态政治运动。

首先要从什么是“生态”谈起。有人专门将“生态”的内涵演变概括为以下几个阶段：20 世纪 20 年代以前是指生物有机体与周围环境关系；20 世纪 20 年代至 60 年代是指人类与自然环境以及人文环境关系；20 世纪 80 年代末至今是指人类环境中各种关系的和谐。但在实际运用中主要存在着两种基本涵义。

（1）广义的“生态”概念。意指人与自然、人与社会、人与人等各种关系的和谐。这种理解实质上是将“生态”当作为一种具有哲学普遍性的方法论和价值观，意指一种整体的系统观与和谐的价值观。这里的“生态”基本上等同于“和谐”之意，基于这种“生态”内涵的生态学本质上是一种生态主义的理论与方法。

（2）狭义的“生态”概念。意指作为自然性的人类与自然环境的和谐，即人类与自然环境的自然性和谐，也包括人类在内的自然生态系统的平衡与稳定。[①] 它不完全指作为能动性的人类与自然环境的社会性和谐，还包括其背后存在的人与人、人与社会、人与自

① 黄爱宝：《生态善治目标下的生态型政府构建》，载于《理论探讨》2006 年第 4 期，第 11-12 页。

身之间的和谐，或经济、政治、社会、文化系统与自然系统之间的和谐；只要适用于或致力于实现人类与自然环境的自然性和谐的任何其他关系或方面都可以称之为“生态”、“生态型”或“生态化”的关系或方面。狭义的生态概念应具有较强的实践指向性，它鲜明地体现这一概念提出的最初本意，即服务于应对日益严重的自然生态环境危机。

二、生态政治理论产生的背景

20 世纪 60—70 年代全球性生态危机的产生与发展是生态政治理论兴起的动因和基础。自工业革命以来，尤其是 20 世纪后 50 年全球环境遭到空间严重的破坏和污染，并被一些生态学家、政治家称为 20 世纪人类犯下的三大愚蠢行为之一和“第三次世界大战”。20 世纪 50 年代世界环境相继出现大气臭氧层破坏、“温室效应”、酸雨污染、有毒化学物质扩散、生物多样性锐减等全球性的环境问题。生态学家指出地球生态系统正在遭受地球有史以来最严重的污染和破坏，全球十大环境问题已直接威胁着全人类的生存和文明的持续发展。针对上述全球环境问题和生态危机的出现，从 60 年代末开始，许多国家尤其是西方发达国家掀起了一场轰轰烈烈、风起云涌的生态政治运动，到 20 世纪 70 年代以后更是以“地球日”、“世界环境日”等为契机而不断壮大，时至今日仍然如火如荼。

正是在关注和反思的过程中，全球环境问题在西方发达国家中日益成为一个敏感而重要的政治问题，生态政治理论也应运而生，而且随着实践的推进逐渐丰富和发展，越来越成为西方社会乃至世界范围内颇具冲击力和影响力的政治思潮。

三、生态政治理论及其发展阶段

从生态学的观点出发成为研究社会政治现象的一个理论和方法。一般而言传统的生态理论以生物的生存条件以及生物与其生存环境之间的相互关系作为研究对象，寻求有机体与其环境之间相互作用的形式和规律。生态政治理论借助于生态理论的方法，从政治与生态环境的相互关系中研究政治现象的产生和发展。如今我们站在 21 世纪初年回顾现代生态学可以发现其自诞生以来在研究主题和理论取向上大致经历了三个阶段，我们也可以说是其理论自诞生到现在经历了三次高潮。

第一阶段，20 世纪 60 年代末至 80 年代初：“生存主义理论”阶段。以雷切尔·卡逊发表的《寂静的春天》和“罗马俱乐部”的经典之作《增长的极限》为代表。这一阶段的理论探索主要体现在对悲观模式（增长有限模式）政治根源上的追问方面，在同一时期出现了各种各样的绿色政治思潮的滥觞，比如多如牛毛的生态社会主义、生态自由主义、生态女权主义、生态学马克思主义……庆幸的是这些思潮给生态政治学的理论发展提供了丰富的理论支撑。

第二阶段，20 世纪 80 年代中后期兴起的“可持续发展理论”阶段。以“1987 年联合国环境与发展委员会发表的报告《我们共同的未来》和 1992 年举行的联合国环境与发展大会为标志”。在这个阶段，生态政治学沿着生态社会主义和生态自治主义进入了理论化、系统化阶段。“这一阶段的生态政治理论是以反思环境问题背后的社会关系和文化价值基础为特征的，认为环境危机实质上是人类工业资本主义的社会制度与文化价值危机，它的真正解决也就只能是一场社会结构与文化价值的全面反思和重建”。

第三阶段，20世纪90年代中后期以来逐渐盛行的“生态现代化理论”或生态现实主义阶段。以2002年召开的约翰内斯堡可持续发展首脑会议为标志。这一时期。生态政治理论转向了民主、公正、民权这样的政治学基本主题。生态环境问题的认知与解决思路日益与绿色经济（工商企业）和科技结合在一起，并且“在实践运用中，生态政治学所指导的政策主张，也逐渐洗脱‘乌托邦式’的指责，更加面向现实，这表明生态政治学正在走向成熟”。

四、当代西方生态政治理论的主要内容

当代西方较有影响的生态政治理论有三种：绿色政治学理论、环境安全理论和生态学马克思主义理论。这些理论既相互联系，又相互区别，各自从不同角度反映了生态环境问题对政治的影响和要求。

（一）绿色政治学理论

绿色政治学理论作为西方生态政治理论中主题最鲜明、结构最为系统的理论，同时也是欧洲绿党的理论基础。它的基本观念主要为以下几个方面。

1. 生态观念

生态政治理论认为维护全球生态是一项重要的政治使命，认为保护环境、生态平衡不仅是一种政策，而且是一种思维方式，一种价值观念，一种文化形态。绿党在其政治纲领中也数次声明反对破坏生态环境系统的稳定性，反对掠夺自然资源，倡导生态优先。

2. 社会责任观念

生态政治理论认为，社会责任感同等于社会正义，与社会问题和政治问题紧密相连，生态平衡原则必然会作用于社会平衡原则。生态政治学提出的社会责任意味着：如果要维护人与自然、人与人之间的平等关系，如果要保持社会正义，就必须去努力消除人与自然、人与人之间的剥削和压迫的关系。

3. 基层民主观念

生态政治理论在批判传统政治民主的基础上，非常强调基层民主，其基层民主观念主要包括：(1) 提倡政治权力分散化、基层化，提倡建立自治性的基层权力组织；(2) 实行直接民主，让公民直接参与决策和公共管理；(3) 实行政治轮换原则，以避免权力和信息过于集中而产生弊端。

4. 分散化观念

生态政治学者主张公共管理分散化、管理单位分散化，认为“小即是好”。生态政治学反对民族国家，提倡国家小型化，建立生态和文化共同区。建立较小的“居民单位”利于创造一种既符合生态要求又符合人类生活的灵活又安全的环境，其建立标准可以由生态化的差异来决定。据此，欧洲的绿党提出将欧洲分为许多个不结盟的生态和文化地区，并

希望其最终能成为“全球模式”。

5. 非暴力观念

生态政治学认为非暴力是社会的一种基本组成成分，非暴力概念有三层含：一是通过和平的政治行动来完成和实现绿色革命；二是反对国家暴力；三是反对战争，维护世界和平。它甚至还认为，军队的正义性很难体现，所以应消除军队，核军备竞赛更是遭到其坚决反对。

6. 女权观念

生态政治学指出，必须建立一种没性别歧视，女权受到高度重视的新制度。他们主张通过女权主义运动、教育、同工同酬、孩子养育、财产继承、流产权来保护妇女的权利。

（二）环境安全理论

20世纪80年代起，在西方国家具有相当政治影响的社会党，认真研究了人类所面临的环境挑战，进而提出了环境安全政治理论。他们认为，生态环境问题是首要的政治问题，当代最主要的政治矛盾就是环境退化与人类生存和发展之间的矛盾。

环境安全威胁主要表现在以下几个方面：一是环境退化可能导致冲突。环境退化在全球生态平衡、物质资源基础、生物资料基础和人类健康等方面产生的影响尤为突出。二是争夺原料及其他自然资源将导致冲突；三是最大的环境安全威胁来自战争，尤其是核战争。国际核军备竞赛增加了核战争的风险，而核战争恰恰是对环境最全面的威胁，其结果将极大地破坏地球的生命支持系统，导致全球性的安全危机。这样，环境危机、发展危机和安全危机就会相互影响和相互强化。鉴于生态环境问题的日益严重性以及国家间发展的不平衡性，社会党或民主社会主义严厉指责富国不惜损害穷国环境利益而谋求自身发展的行为，认为这种行为实际上是一种“环境殖民主义”。

（三）生态学马克思主义理论

生态学马克思主义的主要理论观点包括：首先要主张立足当代现实，“超越”马克思的经济危机理论，生态危机已取代经济危机而成为资本主义的主要危机，生态问题已成为当代资本主义世界最为突出的问题。其次是资本主义生产的无政府状态必然造成生态危机，生态危机的根源在于资本主义社会的经济社会结构和价值取向，具体表现在消费异化和技术统治的发展模式。再次，提出要用“异化消费”论去“补充”马克思主义。要战胜生态危机首要解决的问题是克服“异化消费”，确立社会生态价值观，把消费限制在一个合理的范围之内；要改变资本主义“物欲至上”的财富观，实现由物质财富占有向精神财富占有的转变。其四，要求重新评价工业文明及其生活方式，主张劳动闲暇一元论，使生产过程分散化、民主化，把人和自然从技术统治中解放出来。第五，认为摆脱生态危机的根本道路是建立“稳态”的社会主义经济模式，维护生态平衡，维持人类的长存和经济的持续发展的状态。最后，认为发达资本主义国家采取社会主义道路的设想，唯有共产主义和社会主义制度才能彻底根治生态危机。

第三节 全球治理理论

全球治理是一个发展中的概念，至今对全球治理并没有一致的、明确的定义。全球治理是国家层面的治理和善治在国际层面的延伸，类似的概念还有“世界政治的治理”、“世界范围的治理”、“国际秩序的治理”、“全球秩序的治理”。我国学术界最早对全球治理理论进行评价的学者俞可平认为，“大体上说，所谓全球治理，指的是通过具有约束力的国际规制解决全球性的冲突，生态，人权，移民，毒品，走私，传染病等问题，以维持正常的国际政治经济秩序”。这里既揭示了全球治理的对象、途径和方式，也指出了全球治理所要达到的目标。在各种关于治理和全球治理的定义中，全球治理委员会的定义具有很大的代表性和权威性。该委员会在“天涯若比邻”的研究报告中对治理做出了如下的定义：治理是各种公共的或私人的机构和个人管理其共同事务的诸多方式的总和。它是使相互冲突的或不同的利益得以调和并且采取联合行动的持续过程。它既包括有权迫使人们服从的正式制度的规则，也包括各种人们同意或以为符合其利益的非正式的制度安排。

全球治理在海洋生态安全治理方面的理论内涵可以从以下五个方面来理解：首先，全球规则，即维护全球海洋生态安全方面的正常秩序，解决环境问题，实现人类普适价值的规则体系。其次，全球环境治理的价值，即海洋生态安全治理在全球范围内所要达到的理想目标。全球治理委员会认为：“要提高全球治理的质量，最为需要的，一是可以在全球之家中指导我们行动的全球公民道德，一是具备这种道德的领导阶层。我们呼吁共同信守全体人类都接受的核心价值，包括对生命、自由、正义和公平的尊重，相互的尊重、爱心和正直。”第三，全球治理的对象，将主要是目前威胁人类的全球性环境问题，如：大气和空间的环境恶化问题、土壤退化问题、海洋环境污染问题、森林消失和生物多样性的破坏问题、固体废物和核污染问题等。其中海洋生态安全治理问题是其中重要的一环。第四，全球环治理的效果，即对全球治理绩效的评估。全球环境治理的绩效，集中体现为国际规则的有效性。在现实层面，有两类因素影响国际规则的绩效，一类是国际规则本身的制度安排，一类是实现这些制度安排的社会条件和其他环境条件。第五，全球治理的主体，即制定和实施全球环境制度的组织机构。概而言之，全球治理的主体有三类：各国政府、正式的国际组织和全球市民社会组织。其中，正式的国际组织如联合国将日益发挥具有战略性的全球性作用。

全球治理为海洋生态安全治理提供了契机。首先，海洋生态安全治理是一个多元主体参与的过程，各个主体均保持着紧密的联系，其巨大的容纳力和并非高高在上的姿态使得全球治理成为主体间协调的最佳选择。其次，海洋生态安全治理在一定程度上也涉及治理机制重构的过程，全球治理能够为海洋生态安全治理提供合适的制度框架，推动海洋生态安全治理的制度化。第三，海洋生态安全治理追求可持续发展、人与自然和谐发展的价值理念，而这些理念和价值观正是全球治理理论所认同和倡导的。这些理念在海洋生态安全治理的过程中具有不可替代的作用，认同和理念的变迁直接导致了旧的治理制度的消解、变迁和新的治理格局的建立。加强对全球治理理论的概念及其运行机制的研究探讨，以期对人们重新审视并解决海洋生态环境问题，指导海洋生态环境治理的实践，对建构海洋生态安全治理模式有巨大的借鉴和指导意义。

第四节　海洋综合管理理论

从20世纪70年代开始人类海洋管理实践和海洋事业进入快速发展时期，各种矛盾逐渐暴露。国家之间的海洋划界和海权争端增加；海洋开发的各行业、各单位之间的矛盾、冲突不断；海洋环境污染、海洋生态破坏日趋严重；某些海洋资源步入衰竭等，这些新问题对海洋管理提出新的要求。原有的海洋管理体制虽然在海洋实践发展的过程中发挥了积极作用，但对于日益增多的海洋管理问题，已经显得力不从心。仅靠单个部门和个别行业的资源及力量远远无法实现对海洋的有效管理了，必须建立一个超越部门利益的、宏观的协调机制和一个新的海洋管理模式来应对这些新的状况。这种更新的、更高层次的海洋管理模式就是海洋综合管理。

一、海洋综合管理的提出和实践

（一）海洋综合管理的提出

早于20世纪30年代，海洋综合管理的概念已经提出。当时是为了充分开发海洋石油和天然气资源、保护好有衰退迹象的渔业资源并注意潜艇、舰船对沿海国家的威胁等问题而提出的。人们至此开始关注国家整体的海洋利益并探索对毗邻海区的综合管理。首先，美国开始谋划采取综合管理的方式，开发并延伸到大陆架外部边缘的海域。但因当时缺乏令人信服的开发理由并受美国在海洋权益上相关主张的限制，没能得到实行。到20世纪70年代末，各国海洋事业与国际海洋事务都有了重大的变化，海洋的价值更加得到重视，海洋开发进展迅速。同时，近海资源衰退、污染加重、海洋灾害频发等负面问题也日益严重。人们开始意识到过去长期实行的行业分据式的管理方式已经无法保障国家的整体海洋利益。

自1982年开始，联合国就海洋综合管理理念和制度的推广做出了巨大贡献。一是《联合国海洋法公约》的通过，该公约为沿海国家综合管理海洋提供了依据和基础，成为人类在建立海洋综合管理制度方面的一大进步。而20世纪80年代开始，人们愈加强烈地认识到海洋综合管理的必要性。同一时期可持续发展战略的提出和实施，进一步促进各国加快转变海洋管理的观念和方式。1989年11月16日召开的第44届联合国大会上，联合国秘书长做了一个“实现依《海洋法公约》而有的利益：各国在开发和管理海洋资源方面的需要”的专题报告。在报告中全面阐述了海洋综合管理的意义、作用及海洋管理目标，以期号召各沿海国采取积极的措施，促进海洋综合管理制度的实施。

（二）海洋综合管理在我国的实践

在1996年我国颁布的《中国海洋21世纪议程》中，我国政府明确了要坚持海洋可持续发展、实施海洋综合管理的态度与决心。本议程在第七章对沿海、管辖海域的综合管理还进行了专门论述，为我国实施海洋综合管理提供了指导性的文件，为我国的海洋综合管理提供了政策和科技支撑。对外而言，联合国要求沿海国建立海洋综合管理的各种公约和文件，我国政府也均同意签署。

在20世纪80年代国务院机构的两次改革中我国就注意了海洋综合管理部门建立的必要性，将原国家海洋局调整为管理全国海洋事务的综合职能部门，以维护我国统一的海洋利益。这一变革标志着我国海洋管理中统一管理与分级、分部门管理相结合体制的确立。此外，我国在亚洲银行、亚洲开发银行以及其他相关国际组织的帮助下，在我国沿海地区建立了广西、广东、海南、厦门等几个海洋综合管理制度的试点区。试点工作取得了良好的成效，对促进我国海洋综合管理的实践和推广产生了很好的成效。现在看来，海洋综合管理对于我国来讲不再仅仅是理论探讨层面的问题，更是应该考虑如何结合中国的海洋国情更好地实施海洋综合管理制度的实践问题。

2015年3月，国家颁布了《2015年海域综合管理工作要点》（以下简称《要点》）。根据《要点》，2015年海域综合管理方面将重点开展28项制度研究和建设工作，制定海域综合管理审批事项服务指南和审查工作规则。《要点》指出，2015年将着力推动4方面发展，即着力推动海洋产业布局向绿色低碳型和海洋战略性新兴产业发展，着力推动海岸带地区城镇化改造建设向海洋文化型发展，着力推动海洋养殖业向海洋牧业现代化发展，着力推动海洋开发利用活动向集约节约和海洋生态文明方向转变。

二、海洋综合管理的概念解析

海洋综合管理的管理实践活动已经在世界各沿海国家实施，而更好地进行海洋综合管理、更好地维护和发掘国家统一的海洋利益，需要对海洋综合管理的概念进行准确界定和系统分析，从而力求更好地为沿海国家的海洋综合管理实践提供理论指导。

（一）现有的海洋综合管理概念

对于海洋综合管理的概念，有一些代表性的观点。鹿守本教授认为，海洋综合管理不能简单地理解为管理职能的拼盘或者“统管”，而在于创立一种以“协调”为核心的科学化的管理机制，做到管理“分工有序”、“综合有制”，把现有的部门管理科学地协调起来，形成管理的合力，克服现存的各部门管理间相互不协调因素。要做到这一点，必须进行认真、科学、合理运行机制的设计。① 一个健全的海洋综合管理体制应包括有一个高效的海洋管理职能部门，有一支统一的海上执法队伍，有完善的海洋综合性法律法规体系，有完整的、系统的海洋发展战略、规划、区划、政策和方针。

在国家海洋局海洋发展战略研究所课题组的海洋管理课题报告中指出，中国海洋事业发展到了新的阶段，应逐步改革和建立适应形势发展和我国国情的海洋管理体制。海洋管理体制改革的基本思路是调整传统的部门管理方式，加强海洋综合管理，把建立海洋协调机制、整合海上执法队伍和加强海洋行政管理三者结合起来。② 王琪在《海洋管理从理念

---

① 鹿守本：《海岸带综合管理》，海洋出版社，2001年，第146页。

② 国家海洋局海洋发展战略研究所课题组：《中国海洋发展报告》，海洋出版社，2007年，第276页

到制度》中对海洋综合管理的论述为：国家和地方海洋行政部门依据法律法规，综合运用行政、经济、法律、科技和教育等手段对海洋权益、海洋资源和海洋环境等事关全局的、影响到海洋可持续发展的公共问题进行决策、规划、组织、协调、控制的一系列活动及行为过程。海洋综合管理属于高层次的战略管理范畴，其管理主体是带有综合协调性质的政府行政管理机构，管理的客体是海洋事业发展中的综合性问题，管理方式主要是通过指导、引导、协商来协调各方矛盾，统一各方的行为及价值取向①。海洋综合管理的核心职能或任务主要为：综合规划海洋发展战略，促进海洋综合立法，对事关全局的海洋综合性事务进行协商决策，而协调好各涉海部门的关系是海洋综合管理的基本任务。②

（二）本书对海洋综合管理概念的解析

对海洋综合管理内涵的多样理解代表着不同的制度理念取向。综述以上各家说法，我们可以认识到，海洋综合管理首先是作为一种管理功能导向存在的，其次才是一种具体的制度设计，并且可以有多种存在模式。海洋行政职能的有机综合既包括职能定位、职权配置与机构设置的综合、体制运行协调综合，也涵盖着海洋立法、执法及监督的功能综合，同时也有管理主体的科学综合、管理目标的综合、管理手段的综合等内容。这种综合功能的管理结果的目标指向就是无论海洋行政综合管理部门还是行业管理部门，无论海洋行政的中央部门还是地方政府，无论是各行政主体在宏观职能定位还是在微观职能配置上，都必须保证海洋行政职能不会出现缺位、越位或错位，并且在出现职能冲突或空缺时，有一套健全的协调和仲裁机制。实现该种功能的海洋综合管理我们可以称其为良好的制度或模式。良好的综合管理制度除了具有以上功能特征之外，它同时也是依赖良好的信念建立起来的，良好的信念是抽象的，但良好的信念可以具化为具体的制度设计原则，而其原则是有共性的。良好的海洋综合管理制度之原则至少应该包括以下几点：有良好的法治环境，并存在权威性海洋综合性立法；海洋行政职能的科学定位和合理的职权设计；肯定行业管理存在的合理性；健全的政策沟通与协调机制。

三、海洋综合管理的概念拓展

（一）海洋综合管理是综合主体的一种宏观管理

海洋综合管理的目的在于“维护海洋的统一性和海洋环境、资源、权益的统一性及可持续性”，是一个复杂的、综合的、长期的整体性目标，其主体只能是政府的几个综合管理部门，因为只有它们才能代言国家的整体海洋利益，才能超越各个利益相关者之上，协调处理彼此之间的利益冲突。

同时，这些综合管理主体的管理活动应该是一种宏观的管理。其中，中央政府处在总管理的位置，而各级地方政府处于协助管理、综合落实的位置，海洋综合立法机构、综合信息机构等海洋综合管理主体则是处于综合协助、支持中央政府总宏观管理的位置。以往

① 王琪：《海洋管理从理念到制度》，海洋出版社，2007年，第90页。
② 王琪：《海洋管理从理念到制度》，海洋出版社，2007年，第90页。

的海洋管理是一种以个量为主的微观管理方式，政府直接控制涉海企业的微观经营指标和任务。而海洋综合管理则是一种总量式的宏观管理，它通过指导性的规划、计划，引导涉海行为，强调的是对海洋总体发展状态的把握和调控，属于高层的海洋事业管理。政府对海洋进行综合管理时，首先要充分调查、咨询，了解海洋各方面的信息、情况，再对整个海洋事业的长期发展做出宏观的规划，并制定海洋综合管理各方面的法律和规则，然后充分利用多种手段和监察反馈系统，对海洋事业的发展进行调控，保证更好地实现海洋事业长期发展的宏观规划。

（二）海洋综合管理是一种战略管理

海洋综合管理作为一种国家级的宏观管理方式，其一个显著的特点就是它的战略性。国家借助其所具有的权威、信息和资源等优势，高瞻远瞩，统筹全局，协调并规范着各种涉海活动，这一管理方式的行为过程，正是从战略的高度运用政策以及其他手段对各种海洋事业活动进行调整，以促进国家海洋事业的发展。

战略管理具有面向整体的全局性、面向未来的长远性、面向动态过程的适应性这三个特点。它们与海洋综合管理追求海洋的统一性、追求海洋事业的可持续性、海洋环境的复杂多变性等有良好的匹配和对应关系。战略管理与战略规划不同，它并不是仅停留在“规划”层面的战略，而是根据组织内、外部环境的分析结果来设定组织发展的战略目标，并在实施战略的动态过程中通过谋划、决策、调控来保证战略的正确实施和战略目标的达成。战略管理比战略规划更注重战略的贯彻执行和与环境更紧密的相互作用、更注重战略目标的导向。战略管理把环境看成一个不断变化的非连续过程，有丰富的变量和突变情况，它更强调预测、危机管理和应急战略，也强调对战略目标的思考和行动统一的全面管理过程。

（三）海洋综合管理是一种生态管理

生态管理又被称为“生态系统管理”，它是一种基于生态系统知识和生态平衡模式的评价和管理方法。这一方法将生态系统的结构、功能、过程与社会和经济目标的可持续发展融合在一起，试图把系统整体的生态观念运用到组织管理领域，用生态学的思维范式来指导组织管理行为的变革。

海洋作为地球上最大的生态系统，与之相关的海洋综合管理必须面对海洋的很多生态内容和生态特性。海洋综合管理能够更接近海洋的可持续发展的目标，它的一大要求就是海洋的生态管理是否有效。而生态管理也是将整个生态系统的结构和功能作为管理的主要对象，便于指导我们管理好海洋生态、维护海洋部分资源的可再生能力和海洋环境的自净机能。同时生态管理作为一种新的管理方式和管理理念，并不局限在某一个具体的领域，而是作为一种新的理念、新模式被用于各个领域的管理过程中。自 20 世纪 90 年代以来，生态管理已从早期的“一种为达到持续的自然资源利用的土地管理方法”，发展成为一种对自然界其他领域和对人类社会进行管理的有效方式。海洋综合管理作为高层次的海洋管理，也理应吸收世界先进的管理理念和方式。海洋综合管理关注海洋的可持续发展，因而与生态管理相关的理念和技术同样受到重视。

第四章　国际海洋生态安全治理

当前，世界上许多发达国家，如美国、英国、日本等，都建立了比较完整的海洋生态以及环境治理制度及管理体系，针对明确的管理目标，实施综合的海洋生态安全治理工作，涉及管理方式、管理机构、立法执法、海洋经济发展、科技教育、国民意识等众多方面。纵观这些国家海洋生态安全治理过程，可以看出，由于地理环境、历史发展、海洋生态形势等多方面的原因，他们的制度不尽相同，各有其优缺点，值得我们借鉴学习。

第一节　国际海洋生态安全形势

海洋是人类共同拥有的宝贵财富，大自然在给予这份馈赠的同时也给人类赋予了艰巨的责任。正如阿尔贝特·施韦泽所说，人的这种独特地位赋予他的，不是掠夺的权利，而是保护的义务。但长期以来人类以自然主宰的姿态自居，对于海洋也不例外，于是在开发利用海洋的过程中为了满足自身需求而不顾自然法则的存在，导致海洋环境受到严重破坏，海洋资源面临枯竭，海洋生态系统的修复功能也日益退化。海洋污染已经成为联合国环境规划署提出的威胁人类的十大环境祸患之一，海洋生态危机的出现必将极大地影响社会进步，最终威胁地球家园的生存和发展。在全球范围内，因人类活动造成的海洋生态环境恶化，已经到了十分严重的程度。伴随着经济全球化，海洋生态安全将因其纵深发展而形成“海洋生态全球化”。世界沿海国家以新的眼光关注海洋，国际海洋秩序发生了深刻变化，全球环境治理得到加强。但我们却不得不面对一个严峻的现实：全球海洋生态环境仍在持续恶化。

（1）海洋环境污染。海洋环境污染已成为威胁人类生存与发展潜在的重大隐患之一。人类对于海洋环境的污染可能是多种多样的，既有原油泄漏引起的石油污染，也有一些有害化学物质及其他放射性物质的污染，还包括人类大量生产、使用和排放的有机物对于海洋环境的破坏。由于海洋是地球上地势最低的区域，所以成为了全球污染物的最终归宿。随着人类社会现代化、城市化进程的推进，大量生活垃圾及其固体污染物被直接倾倒进海洋，给海洋环境更是带来了严重威胁。

据联合国相关部门的调查，因为人类生活垃圾倾倒而给海洋生态环境带来的影响，已在相当大程度上抵消了人类社会发展的现有成果。据估计，全世界每年向海洋的倾废量已达到 200 亿吨，每年流入海洋的石油为 1 000 万吨，中国每年沿海工厂和城市直接排海的污水就有 100 亿吨，主要有害物质 146 万吨。另据联合国相关部门的调查统计，在英国，Shetlan 的渔民们报告所遇到的问题中有 92% 是渔网内的垃圾，估计每条船因海洋废弃物每年损失 10 500~53 300 美元，当地该产业的总体损失达到了一年 4 300 000 美元。在秘鲁，Ventanillas 自治市计算它每年需要花费 400 000 美元清洗海岸线，而该市清洗所有公众区域的年度总预算也不过是上述数额的一半。由这些统计可以看出，海洋环境污染事实上已经在一定程度上抵消了人类社会发展的积极成果，并越来越成为影响人类社会发展的公害。海水是流动的，一国产生的海水污染可以通过海水的流动转移到其他国家，污染其他国家的海洋环境，任何国家都不可能在严重的海洋污染面前独善其身。

（2）随着人类大量使用各种石化能源，这些能源使用所带来的大规模温室气体排放已成为全球瞩目的焦点话题。而地球温室效应逐渐加剧的直接恶果之一就是海平面的上升。特别是对于那些依赖沿海地缘优势优先发展起来的城市和国家来说，海平面上升所带来的威胁将是致命的。英国著名科学家和环境保护主义者 C·齐克尔 1989 年在伦敦皇家学会演讲时指出："目前沿着世界各大河水系及海岸低地，人口高度集中。人类近 1/3 居住在离海岸 60 千米以内的地区。海平面只要升高 25 厘米，就会引起重大影响——数量不断增长的难民将向所有国家投来又浓又长的阴影。"

2001 年 11 月，美国华盛顿地球政策研究所发表的一份报告中提到，由于温室效应引起的海平面上升，将迫使南太平洋岛国图卢瓦的 1.1 万国民移民新西兰，图卢瓦也将因此成为全球第一个因海平面上升而进行全民迁移的国家。图卢瓦的例子并非个案。据国家海洋局的《2008 年中国海平面公报》预测，在未来的 30 年中，由温室效应带来的地处北纬 31 度的我国重要经济中心城市上海地区的海平面将上升 98~150 毫米。另据相关专家的估计，近 30 年来，我国沿海海平面总体上升了约 90 毫米。从这个意义上说，减轻人们对于海洋生态环境所带来的负面影响已经迫在眉睫，刻不容缓。

（3）海洋生物多样性锐减。生物多样性是指丰富多样的动物、植物和微生物物种，和由这些生物物种与其环境所形成的各种各样的生态系统以及各种生态系统所进行的千变万化的生态过程。海洋生物多样性不仅可以为人类提供生存所需要的食物、药品、工业原料和能源等，而且对调节、维持生态平衡，稳定环境也具有关键作用。生态系统的多样性越强，它支持生命、适应环境变化的能力就越强，但随着海洋开发活动不断增强，海洋生态环境和生物多样性受到了较大威胁，海洋生物多样性威胁主要来自以下方面：①过度利用引起物种遗传上的变化；②填海造地等人为改变局部海域自然环境的行为，使海洋生物承受巨大的环境压力；③海洋污染、盲目发展的单一海洋养殖品种及其饵料分解造成海域富营养化直至赤潮发生，进而造成大批海洋生物死亡；④远洋船只携带或盲目引进外来物种，导致本地海洋生态系统受到影响，许多原有物种因被排挤而消失；⑤全球气候变化导致海平面上升，引起海岸带生态系统向陆地后退，直接影响全球海洋生物多样性。

海洋生物多样性的减少首先表现为海洋渔业资源的减少。1970 年，全球渔业产量不到 6 000 万吨，此后世界海洋渔业产量的捕捞量以年平均 114%的速度增长。2005 年世界海洋产品的捕捞量达到 8 600 万吨[①]。进入 21 世纪以来，一种可怕的趋势是，世界鱼类中的 3/4 正被最大限度地捕捞，许多趋于枯竭[②]。世界粮农组织在一份报告中说，在目前的 200

① UNEP, GEOYearBook2007, http: //unep. org/geo/yearbook/yb2007 /PDF/GYB2007-English-Ful. l pd, f p. 78.

② 联合国环境规划署：《全球环境展望》，第 179 页。

种海产鱼类中，由于过度捕捞造成资源量下降的有60%。在世界15个主要捕鱼区中，有13个区捕捞量下降。粮农组织的专家认为，世界上53%的渔船是多余的①。其次，珊瑚礁、红树林、湿地等重要海洋生态系统遭到破坏。珊瑚礁是海洋中的重要生态系统，但是，由于近海开发、过度捕捞和海洋污染，许多珊瑚礁正在退化。美国资源研究所的一份报告认为，世界58%的珊瑚礁有退化的危险，东南亚的珊瑚礁80%处于危险之中，加勒比海67%的珊瑚礁岌岌可危。海洋生态系统是由近海各种生物群落以及非生命环境相互作用而形成的功能组合的动态整体，全球1/3以上人口的生计依赖近海生态系统。但是，过度捕捞和不可持续养殖、富营养化及其他污染、围海造地、外来物种入侵、人口增长等因素都严重影响着近海生态系统的产出和服务功能，使海洋生态系统的服务功能在近几十年里普遍退化并恶化②。

我们认识海洋的速度，远远赶不上海洋被改变的速度，对海洋生态安全的保障已是刻不容缓，对海洋生态安全的忽视将会带来灾难性的后果也绝非危言耸听。构建海洋生态安全治理体系，用法律、政策限制人们开发利用海洋的行为，用科技、经济提高人们利用海洋的能力，是应对和解决海洋生态安全问题现状的关键举措。美国、日本、加拿大、澳大利亚等国家政府已经把治理海洋生态问题作为国家环境保护的重中之重，高度重视海洋生态安全问题，把海洋生态问题的治理作为国家海洋战略的重要部分，采取全方位措施进行引导的调节，以此形成了各具特色的海洋生态安全治理模式。

第二节　美国的海洋生态安全治理

美国拥有漫长的海岸线和丰富的海洋资源，海洋经济在很早便开始发展，并成为促进国民经济增长的强大动力。美国沿海地区每天向海水中排放约63亿加仑（1加仑约为3.8升，后同）的生活废水和28亿加仑的工业污水，导致海湾和河流地区氮、磷超标，引发海水富营养化，并造成赤潮的频繁发生，导致近海海洋生物大量死亡，近岸海域生境破坏严重。经济发展带来的空气污染、噪音污染和船舶油污污染等对海洋生物造成致命打击，船舶产生的低频噪音干扰了鲸类的声导航系统，导致鲸类发生集体自杀事件。美国又是海洋灾害频发地区，飓风、海啸、地震、洪水等自然灾害造成了巨大的生命和财产损失。因此，美国政府高度重视海洋环境问题，开启了以生态系统为基础的海洋管理，采取一系列措施治理海洋污染，保护海洋生态安全。

一、美国的海洋管理体制

海洋管理是指各级政府中的海洋行政主管部门代表国家履行对本国领海、海岸带和专属经济区海洋权益管理、资源使用管理和海洋环境管理等基本职责。美国海洋管理制度在发展和演变中相继经历了行政区划管理、部门管理、综合管理等三种海洋管理模式。2004

① 国家海洋局网站：http：//www. soa. gov. cn/zhanlue/ld6. htm.

② 张素君：《海洋生态安全法律问题研究》，中国海洋大学，2009年。

年9月，小布什政府公布了《美国海洋行动计划》，酝酿启动海洋综合管理模式的构建。2009年9月，奥巴马政府公布了《政府部门间海洋政策特别工作组最终报告》，正式开始逐步建立以生态保护为核心的海洋综合管理机制。

（1）成立国家海洋委员会，统筹和协调联邦政府各部门的海洋管理工作。美国是联邦制国家，在海洋管理方面采取联邦政府和州政府分权管理的形式。美国海洋管理体系分为三级：联邦政府，州政府和市、县政府。美国联邦政府的海洋行政管理系统可分为三个方面：①协调与服务机构。1970年成立统一管理海洋的独立机构——国家海洋大气局，隶属商业部。下设五个二级局：国家海洋局、国家气象局、国家海洋渔业局、国家海洋环境卫星资料局和海洋与大气研究局；②行政管理机构；③海上执法机构，主要是海岸警卫队等。由于政府部门管理与区域行政管理的叠加导致职责分工不明确，职权交叉现象层出不穷。根据以行政边界划定管辖区域的管理模式，某一海洋区域的经济发展和海洋资源可能由若干个州、县、市政府共同管辖。而同一区域的污染控制和环境监测由联邦或若干个州机构执行。由于政府不同层级或不同部门的工作和利益取向不同，加之管理界线的人为分割，使得在同一区域内存在多个海洋管理主体，这些主体往往在行政划界的势力范围内各自为政、各行其是，结果使本来是有机整体的海洋区域变得支离破碎，从而损害了国家海洋管辖区域整体的发展。为了加强美国联邦政府高层对海洋政策实施、海洋综合管理的协调和领导，美国联邦政府开展新的海洋体制建设。2004年12月，时任美国总统小布什签署行政命令，决定成立一个内阁级的海洋政策委员会。2009年9月，奥巴马政府颁布《政府部门间海洋政策特别工作组最终报告》，决定对现行的海洋政策委员会的结构进行一系列整合，建立新的国家海洋委员会，以发挥更强有力的指导作用，实现更高水平的管理；明确国家海洋委员会的角色，强化决策与争端解决的程序；加强国家海洋委员会与国家安全委员会、国家经济委员会、能源与气候变化办公室、环境质量委员会、科技政策办公室、管理与预算办公室以及白宫其他机构之间的协调。

（2）建立以生态保护为核心的区域协调的综合管理机制。到20世纪90年代，美国当时关于海洋管理的法律框架已难以反映海洋资源的状况和对海洋资源价值的认识。外海养殖和海洋生物工程等海洋利用由于缺乏适当的管理机制引导，其发展受到抑制；海洋和海岸带区污染的压力继续增大；海平面上升、全球气候变化导致的风暴频率越来越高；致命的有害藻类等新型威胁不时出现。许多关键海洋问题都难以解决，凸显出当时法律和机制的重大缺陷。在这种背景下，美国从20世纪末开始酝酿海洋管理制度的改革。2001年7月，美国国会通过了《2000年海洋法令》，授权美国政府成立海洋政策委员会，制定新的政策。2004年，海洋政策委员会提交了《21世纪海洋蓝图》，同年9月，小布什政府公布《海洋行动计划》，2009年9月，奥巴马政府颁布《美国政府部门海洋政策工作组中期报告》，逐步建立以生态保护为核心的海洋综合管理机制。以生态系统为基础的综合管理模式主要包含两个要素：首先，以海洋科技的发展为基础。支持对海洋、海岸带的研究，其中包括基础的科学研究、基础设施和技术的发展、数据和信息管理的改善、预报和数据产品的改善、挽救生命和财产等具有重大社会利益的研究等。建立全球性的对海观测网络，其中包括海洋综合观测网络，建设和部署新型的研究和调查平台，建立国家海洋水质监测网络，协调海洋和海岸带测绘活动。其次，区域协调。突破行政区域界线，加强以生态系统为基础的区域协调。以前联邦机构在相同或不同的区域设有区域机构，同一件事情，几个地区组织都有类似或不同的管辖权，引发冲突。最典型的是区域项目逐个立项，很少考虑对流域生态系统以及其他方面的累积影响。因此从生态系统而非行政边界角度考虑和解决问题的方式越来越被接受。以切萨皮克湾为例，由于该海湾的环境状况恶化，引发了联邦机构、州、县、市政府携手，以海湾的生态系统为着眼点，共同解决整个海湾地区的水质问题和生物资源问题，产生了良好的效果。因此，新的国家海洋政策框架的一个重要组成部分就是这种以生态系统为基础的区域战略，鼓励区域各界的广泛参与，形成区域合作，解决实际的区域问题，实现共同确立的区域目标。这种区域组织还会起到促进联邦政府与州、县、市之间沟通与协调的作用。

（3）强化海岸警卫队的海上执法能力，实现海上力量的全面合作。美国是世界上最早成立海岸警卫队的国家。海岸警卫队是美国海上唯一的综合执法机构。2003 年 3 月，海岸警卫队转属新成立的国土安全部，它是美国第五大军事力量。美国海岸警卫队成立时间早，规模大，承担任务多，装备精良，实行集中统一的管理，海洋巡逻的机动性和监视执法能力都很强。2007 年 1 月。美国公布了《美国海岸警卫队战略》。这是美国海岸警卫队自成立以来公布的第一个战略。它客观地分析了美国海上安全和海洋管理所面临的新形势，按照美国国家安全战略的总体目标和要求，提出了维护海上安全、保护美国海上利益的“海上先发制人战略”。2007 年 10 月，在美国海军指挥学院举行的“国际海上力量”研讨会上，美国海军、海军陆战队、海岸警卫队三支海上力量联合制定了海上战略——《21 世纪海洋力量合作战略》。这是美国海上三大力量——海军、海军陆战队和海岸警卫队首度联合推出关于保卫美国本土和海外利益的共同战略。2010 年 5 月 25 日，奥巴马政府出台《2010 海军作战构想》，对美国海上武装力量（包括海军、海军陆战队、海岸警卫队）如何贯彻和实施《21 世纪海上力量合作战略》进行了详细阐述。美国海岸警卫队的三大基本任务是：海事安全、海域治安和海上管理。奥巴马政府特别强调海上力量的全面合作。要求由海军、海军陆战队、海岸警卫队构成的美国海上力量应该全球布局，提供海上服务。

美国海洋管理制度是美国维护其与海洋有关的国家利益，特别是海上权益的一套系统的管理制度。这一制度在美国建国以来经历了一个发展演变的长期过程。奥巴马政府加强了美国联邦政府最高层对海洋政策实施、海洋综合管理的领导和协调体系，建立了以生态保护为核心的区域协调的综合管理机制，强化了海上执法能力，适应了全球化背景下美国海洋综合管理的需要。这有助于美国应对全球变暖和在加强环境保护的同时，更好地利用海洋资源。美国作为世界超级大国，在与国际有关的海洋管理领域有时也采取一些单边主义做法。美国国会参议院在当前形势下很难以绝对多数批准《联合国海洋法公约》，因此，美国在国际海洋制度方面将继续采取选择性多边主义政策。

二、完善的海洋环境治理体制

美国政府历来重视海洋生态环境的保护。2004 年 9 月，美国小布什政府发布了《21

世纪海洋蓝图》，并制订了具体的行动计划《美国海洋行动计划》，把“以生态系统为基础的管理”作为重要内容，启动了海洋综合管理模式。2009年，奥巴马政府建立了以生态保护为核心的海洋综合管理体制。海洋综合管理结束了碎片化、低效率的海洋治理模式，有助于协调各部门、各地区的海洋环境管理。美国的海洋环境治理模式主要由三部分构成：（1）海洋环境法律体系。美国国会于1969年颁布了环境保护基本法《国家环境政策法规》，这部法律为海洋生态安全治理提供了法律基础；国会又先后制定了一系列针对海洋资源和环境的专项法律，如《海洋资源和工程发展法》、《海洋倾倒废弃物禁止法案》、《海岸带管理法》等[①]。（2）海洋环境监测与评价体系。按照奥巴马总统的指示，美国海岸警卫队确立了六项主要任务，其中之一就是提高海洋监测和收集海洋数据的能力。为了评估近岸的环境资源状况，美国的《净水法案》要求美国环保署（USEPA）定期提供全国近岸海域环境质量状况的综合报告，近岸各州须定期向USEPA提供近岸环境状况的资料。并分别于2003年、2005年和2007年发布了3期《全国近岸状况报告》，全面介绍了美国近岸海洋环境质量现状的综合评价方法和评价结果。2005年发布的《全国近岸状况报告Ⅱ》，建立了一套系统的近岸水域状况监测指标与评价体系，从保护水生生物和保护人类食用安全的角度去监测和评估近岸水域环境状况（详见表4.1）。（3）海洋环境治理体系。美国政府针对不同的海洋环境问题，制定不同的规划措施，对破坏的海洋生态环境进行恢复，对造成污染和破坏的行为进行严格检查和控制。例如，在水污染治理方面，政府加大资金投入，按照监测结果进行评价，对排污严重的企业进行严格处罚。在船舶排污治理方面，加强对国内外过往船舶的检查、监测力度，严格奖惩制度，加强执法力度。在海洋垃圾治理方面，制定海洋垃圾清除计划，并成立跨部门海洋垃圾委员会，对垃圾进行有效清理。

三、海洋资源开发与保护

美国海岸线长达22 680千米，有340万平方海里的专属经济区，海洋资源非常充足，有丰富的海洋生物资源、油气资源、能源资源和旅游资源。随着经济的发展，海洋资源的开发利用程度也逐渐加大，在一定范围内，海洋资源开发与海洋经济发展呈正相关的关系，过度开发将导致海洋资源枯竭，海洋资源也随之处于崩溃状态。以海洋渔业资源为例，海洋渔业捕捞量与海洋捕捞努力量之间有一个函数关系，即随着捕捞努力量的增加，捕捞量也会增加，当捕捞努力量达到T时，将达到一个最高点，即鱼类最佳捕捞量。当超过这一点，如捕捞努力量达到T2，尽管努力量增加，捕捞量还是下降的。渔业资源的开发不足（T1）和过度开发（T2）都将导致产量和捕捞量下降（图4.1）。

① 张素君：《海洋生态安全法律问题研究》，中国海洋大学，2009年。

表 4.1　美国近岸水域环境监测指标与评价体系

类别层	要素层	指标层	分级标准
保护水生生物	水质指标	氮	良好：5 项中没有一项的状况等级是较差，最多只有一项的状况等级是一般； 一般：5 项中有一项的状况等级是较差，或者两项或更多项的状况等级是一般； 较差：两项或更多项的状况等级是较差
		磷	
		叶绿素 a	
		水体透明度	
		溶解氧	
	沉积物质量指标	沉积物毒性	良好：3 项中没有一项的状况等级是较差，并且沉积污染指标为良好； 一般：3 项中没有一项的状况等级是较差，并且沉积污染指标为一般； 较差：一项或更多项的状况等级是较差
		沉积污染物	
		总有机碳	
	底栖生物指标		不同海域底栖生物指标分值不同，每个海域分别划分为良好、一般、较差
	近岸栖息地指标		良好：近岸栖息地指数小于 1.0； 一般：近岸栖息地指数为 1.0~1.25； 较差：近岸栖息地指数大于 1.25
保护人类食用安全	鱼/贝类体内污染物	无机砷	良好：按每月 2 次，每次 8oz（1oz≈28 克，后同）食用量计算，指标分值低于指南的标准范围； 一般：按每月 4 次，每次 8oz 食用量计算，指标分值位于指南的标准范围之内； 较差：按每月 4 次，每次 8oz 食用量计算，指标分值高于指南的标准范围
		镉	
		硒	
		氯丹	
		DDT	
		其他污染物	

资料来源：美国《全国近岸状况报告Ⅱ》，2005 年。

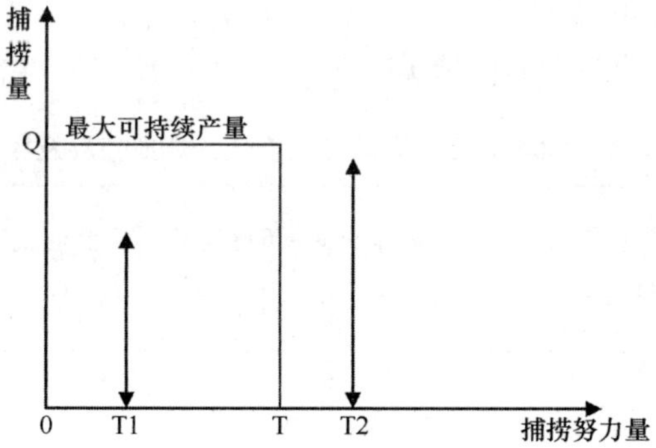

图 4.1　捕捞—努力量曲线

在最佳捕捞量范围内，渔业是有利可图的，而且鱼类也可以按照自然生长规律进行繁殖，满足捕捞的需要。随着捕渔业利润的增加，就会吸引越来越多的人参与进来，导致捕捞量不断加大。当鱼类捕捞量超过最大可持续产量时，鱼类就会供不应求，继续捕捞导致整个渔业行业利润下降。不过对部分渔民来说，即使捕捞量低于最大持续产量仍然是赚钱的，所以他们继续会加大捕捞力度，如果没有政府的干预，最终将导致渔业资源的枯竭。

美国的渔业管理分为两种：联邦和州政府对渔业的管理。各州对其领海内的渔业行使管辖权，领海之外的海域由联邦政府行使渔业管辖权。在美国联邦政府，海洋渔业主要由NOAA下属的国家海洋渔业服务中心进行管理。按照《渔业保护和管理法》的规定，美国渔业法规的执行机构主要为海岸警卫队。美国于1976年4月宣布建立200海里渔业专属经济区，同时制订了《渔业保护和管理法》，该法经过多次修订，不断适应变化的资源状况和渔业状况，对美国的渔业管理权限、外国在美国水域内的捕鱼活动、国家渔业管理计划和其他有关方面做了详细的规定。据此法规规定，美国建立了禁渔期、禁渔区，实行渔民登记、渔船登记、控制捕捞强度、限制渔具种类和规格，并限制外国渔业最终将所有外国渔船从美国管辖水域排除出去。美国形成了4种极具特色的渔业管理制度：观察员制度、捕捞统计制度、市场监管制度和总可捕捞量控制制度。美国政府重视发展海水养殖业，与海洋捕捞业形成替代作用，以满足人们不断增长的对海产品的需要，同时建立海洋生态保护区，对海鲸、海狮和珊瑚礁等海洋濒危生物资源予以特殊保护。为保护其他海洋生物资源，美国政府还制定了《海岸带管理法》、《珍贵稀有生物品种保护条例》、《海洋保护、研究和禁猎区条例》、《海洋哺乳动物保护法》、《濒危物种法》和《渔业保护和管理法》等法律条例，实行以“以生态系统为基础的海洋资源管理”。

四、以第三产业为核心的海洋经济

美国海洋经济发展水平处于世界前列。目前，美国海洋产业对美国经济的贡献是农业的2.5倍，美国海外贸易总量的95%和价值的37%通过海洋交通运输完成，80%的GDP受到了海岸地区的驱动，40%以上是受到了海岸线的驱动，而只有8%是来自于陆地领域的驱动①。美国政府于1999年启动了“国家海洋经济计划”，通过收集各类海洋经济数据，为政府海洋经济政策的制定提供依据。表4.2为美国2004年海洋产业发展情况。

表4.2　2004年美国海洋产业产值、就业情况及比重

海洋产业	产值（亿美元）	占海洋产业总值比重	就业人数	占海洋产业总就业人数比重
海洋生物资源	73.2	5.29%	64 486	2.77%
海洋工程建设	31.8	2.30%	31 871	1.37%
海洋矿产	196.1	14.18%	29 908	1.29%
海洋造船业	109	7.88%	163 164	7.02%

① 宋炳林：《美国海洋经济发展的经验及对我国的启示》．载于《吉林工商学院学报》，2012年第1期，第26页。

续表

海洋产业	产值（亿美元）	占海洋产业总值比重	就业人数	占海洋产业总就业人数比重
海洋旅游和休闲娱乐业	696.5	50.38%	1 737 156	74.75%
海洋运输	275.8	19.95%	297 319	12.79%
合计	1 382.5		2 323 904	

数据来源：《美国海洋和海岸带经济报告（2009）》，2009年。

由表2可知，美国海洋生物资源产业（主要是海洋渔业）是资源消耗型的产业，比重很低；海洋工程建设、海洋矿业、海洋造船业等第二产业比重相对较少，但人均生产率较高；海洋第三产业休闲旅游业和运输业比重很高，达到70%，是美国海洋经济中的支柱产业，海洋旅游和休闲娱乐业占到美国海洋总产值的一半，容纳了相当大比重的就业人口。由于第三产业是为海洋开发、流通和生活提供社会化服务的部门，对资源的消耗量低，对环境的污染较小，加之美国拥有丰富的海洋旅游资源，因此美国政府大力支持以海洋旅游业为主要部门的第三产业的发展，海洋旅游向“生态旅游”过度。海洋渔业等资源消耗型的第一产业关系到国计民生，国家海洋政策把发展“可持续海洋渔业”放在突出位置，促进渔业资源与海洋生态的可持续发展。美国海洋第二产业海洋工程建设、海洋矿产、造船业等在海洋经济中比重较低，但作用十分重要，对保障美国能源安全有重大作用，且未来在海洋经济中的作用不容小觑，美国政府对第二产业也高度重视，给予一定的财政支持，鼓励第二产业采用高精尖技术实现可持续发展。因此，美国形成了以第三产业发展为核心，第一产业保持可持续发展，第二产业加大海洋高科技应用力度的海洋经济发展模式。

五、优先发展海洋科技与教育

美国的高科技一直在世界上处于领先位置，在海洋高科技上也不甘示弱。美国政府上层人士认为：谁掌握了当代最先进的海洋科学技术，谁就取得了占有海洋、称霸海洋的权力，也取得了海洋财富和海洋资源的占有权和享有权①。美国海洋科技管理由海军研究署、国家科学基金会、国家海洋和大气管理局（NOAA）和能源部等联合管理，NOAA通过国家海洋补助金学院计划为各高校和研究机构提供资金支持。美国海洋科学在物理海洋学、海洋地质与地球物理学、化学海洋学、生物海洋学、极地研究、深海研究等各方面取得显著成就，海洋观测技术、深潜技术和海洋生物技术都处于世界领先水平。这与美国先进的海洋教育体制是分不开的。

约翰·纳斯在其报告中指出，美国高度发达的海洋事业得益于其强大的海洋科技实力和充足的海洋科技人才，美国海洋科学教育为其海洋科学发展起到了重大作用，同时政府和美国国家自然科学基金会的赞助，也对美国大学海洋科学领域重大科学计划设立和管理

① 石莉，林绍花，吴克勤等：《美国海洋问题研究》，海洋出版社，2011年，第181页。

发挥了重要作用[①]。美国23个沿海州的大学设有涉海专业，美国高校重视海洋科技人才的培养，近20年来美国高级海洋科技人才一直保持快速增长趋势，海洋高科技人才为美国海洋科技发展提供了强大的智力支持。此外，美国政府在重视培养海洋高科技人才的同时，也加大了海洋全民教育的推广，普及海洋知识，强化全民海洋意识。国内有不少致力于推广海洋教育的全国性、州立以及私人的非营利组织或协会。这些机构为各个层面的人提供各式各样的海洋科学教育计划，其对象跨度从幼儿园到高中生、大学生、研究生、博士后研究以及 一般成人。这些计划包括国家海洋学伙伴计划、国家海洋教育者协会和卓越海洋科学教育中心等。

中国的海洋科技近年来发展较快，但与美国相比仍有较大差距。美国海洋科技对海洋产业发展的贡献率达到70%，而中国海洋产业的发展主要依靠扩大规模，增加投入，科技贡献率只有30%左右，中国在海洋调查船、海洋光学浮标、海洋空间遥感技术、海洋数据管理系统以及海洋信息化等方面，与美国至少差距5~10年左右[②]。

六、小结

美国海洋生态安全得益于以政府管理为主导的海洋生态安全治理模式。美国在海洋环境治理、海洋资源开发与保护过程中采用政府主导的综合管理模式，形成了科学系统、相互支撑的海洋生态治理法律体系、海洋生态治理政策体系、海洋生态治理组织机构，构成了高效、协调的海洋生态安全治理的网络模式。同时，美国政府支持海洋第三产业发展，形成了以第三产业发展为核心，第一产业保持可持续发展，第二产业加大海洋高科技应用力度的海洋经济发展模式；大力促进海洋科技创新，重视培养海洋高科技人才和全民教育，这一系列政策措施都对海洋经济的可持续发展和海洋生态安全的维护起到强有力的保障作用。

第三节　日本的海洋生态安全治理

日本是一个典型的岛国，海洋对于日本的重要性不言而喻。1868年明治维新伊始，日本天皇就提出“欲开拓万里波涛，布国威于四方”[③]。“二战”后，日本的海洋战略向综合型海洋战略转变，即在高度重视海上军事力量和传统海上安全的同时，也开始关注海洋资源、海洋环境、海洋科技等因素。日本政府把海洋环境安全纳入海洋安全的视野，建立了较为严密的海洋污染预防和反应体系。同时，高度重视海洋高科技的发展，以支撑日本的海洋生态安全和海洋战略。

① 美国国家科学研究理事会海洋研究委员会著，王辉，王晓东，丘学林等译：《海洋解密50年：海洋科学基础研究进展》，海洋出版社，2006年，第3-10页。

② 任淑华：《海洋产业经济学》，北京大学出版社，2011年，第269页。

③ ［日］吉野作造编：《明治文化全集（第二卷）》，日本评论社，1928年版，第33-34页。

一、海洋高科技进展

日本政府非常注重对海洋资源的开发，提高海洋科技水平成为日本开发海洋的首要项目。2002年，日本政府制定了《新世纪日本海洋政策基本框架》，明确提出了21世纪要实现“海洋科技大国”的目标。日本在海洋环境监测、油气与矿产资源勘探开发、生物资源利用、深水资源的开发与应用等方面都处于世界顶尖水平。为避免盲目开发海洋对生态造成破坏，日本政府在海洋环境监测与海洋生态修复方面投入了大量的精力和财力，形成了世界先进的海洋生态环境监测与修复技术，在深层水资源开发、人工渔礁等海洋科技的发展方面也处于世界领先地位。

1. 海洋环境监测技术

海洋环境监测是指间断或连续地测定海洋环境中污染物的性质、浓度，观察、分析其变化及对海洋环境影响的过程①。李仲钦形象地描述了海洋环境监测在海洋生态保护中的重要性，他认为：海洋环境监测是海洋环境监督管理的先导和前奏，是海洋环境执法管理的基础和前提，是海洋资源开发的“尺度”和“信号”，是海洋环境保护的“耳目”和“哨兵”②。日本已经建立了完备的海洋环境监测体系。其优势可概括为三个方面：①明确法律支持。《公共对策基本法》授权国家环境部对海洋环境进行监测，《日本水污染控制法》对海洋环境监测有详细规定。②监测主体多元，监测内容全面。日本海洋环境监测由环境省负责，主体包括政府部门、科研机构和研究所。日本海洋环境监测内容全面，包括海洋环境监测调查、公共用水域水质调查、广域综合水质调查和化学物质环境实态调查、海洋污染调查和放射能调查等③。③监测技术先进。日本的污染传感器和污染监测技术发展迅速，污染监测自动化技术已经达到国际较高水平，研制出了测量范围广泛、测量精度精确的海洋生物环境监测浮标，对温度、pH值、DO、浊度等项目测量精确（见表4.3）。

2. 海洋生态修复技术

海洋生态修复是指利用大自然的自我修复能力，在适当的人力措施的辅助作用下，使受损的海洋生态系统恢复到原有或与原来相近的结构和功能状态，使生态系统的结构、功能不断恢复④。日本是世界上海洋生态修复技术最发达的国家之一，主要解决海岸带生态系统的恢复与建设。20世纪日本进行了大规模的填海造陆，造成了天然湿地减少、生物多样性锐减和严重的赤潮现象，破坏了海洋生态系统。为了改善海洋环境，日本政府设立了再生补助项目，进行了生态修复实验，海岸带生态环境得到了有效改善，取得了显著成效⑤。日本政府非常注重海洋生态修复技术的发展，日本的法律也对这一技术提供法律支

---

① 郭院，朱晓燕：《试论中国的海洋环境监测制度》，载于《海洋开发与管理》，2005年第2期，第56页。

② 李仲钦：《试论可持续发展与海洋环境监测（之一）》，载于《海洋开发与管理》，1998年第2期，第57页。

③ 陈平，李曌，李俊龙：《日本海洋环境监测实施情况及启示》，载于《环境与可持续发展》，2012年第3期，第86页。

④ 姜欢欢，温国义，周艳荣，吕刚和，谢冕：《我国海洋生态修复现状、存在的问题及展望》，载于《海洋开发与管理》，2013年第1期，第35页。

⑤ 《日本填海造陆的后遗症及修复》，http：//www. jsof. gov. cn/art/2010/4/6/art_ 79_ 48759. html. 2010-04-06.

持。日本的海洋生态修复技术逐渐成熟，主要分为两大类：一类是海洋生态建设技术，例如人工种植海藻、人工建设底栖环境、人工渔礁等；另一类是海洋生态恢复技术，例如通过人工手段在渔港内设置特殊构造物改变水动力条件，或在堤坝建设中将坝体改造成“亲水护岸”①。同时，日本也有专门企业从事海洋生态技术的开发与研究。

表 4.3　日本海洋生态环境监测浮标

名称	测量项目	测量范围	测量精度	
U-10 型水质监测仪	温度	(0~50)℃	标准型：±1℃	扩大型：±0.1℃
	pH 值	0~14	±0.1	±0.01
	DO	(0.1~9.9) mg/L	±0.1 mg/L	±0.01 mg/L
	盐度	(0~4)%	±0.1%	±0.01%
	电导率	(0~100) mS/cm	0—1：±0.01 mS/cm 1—10：±0.2 10—100：±1	0—1：±0.01 mS/cm 1—10：±0.01 10—100：±0.1
	浊度	(0~800) NTU	±10 NTU	±1NTU
海况自动观测浮标	温度	(0~35)℃	±0.2℃	
	pH 值	2~12	±0.1	
	DO	(0~20) $\times10^{-6}$	$\pm1\times10^{-6}$	
	浊度	(0~100) $\times10^{-6}$	$\pm1\times10^{-6}$	

资料来源：《海洋高科技进展 2009》，2010 年。

3. 深层水资源开发技术

在石油和陆地矿产资源日益衰竭的背景下，深海作为资源宝库受到人们的关注和重视，深层海水以其低温型、清洁型、营养性成为备受瞩目的重要绿色经济资源。海洋深层水是海洋中除矿物资源以外重要的非生物资源。海洋深层水（以下简称“深层水”），英语称为“deep ocean water”或者“deep seawater”，指水深 200 米以下的海水。但是海洋学中，水深 200 米以下的海水又分为中层水和深层水，两者以极细微的盐分指标来区别。本书讨论的深层水是将其作为资源的种类，因此将水深 200 米以下的海水统称为深层水。日本列岛周围的深层水，主要来自于北大西洋格林兰海和南极大陆旁边的威德尔海。美国是最早开发利用深层海水的国家。1974 年，美国在夏威夷建立了一个州立自然能源研究所，开始从理论上探讨对海洋深层水的利用。从 1980 年起，美国开始利用深层海水与表面海水的温差进行发电，后又进行了小规模的海藻类和深海鱼类养殖实验。日本对于海洋深层水的利用开发起步较晚，但发展很快，产业化做得最成功。在日本，开发深层海水的地区从北到南都有，截至 2009 年 5 月，日本共建设了 16 处深层海水取水分水设施。日本科学家从高知县、富山县、冲绳县等地铺设取水管道，应用到水产、食品、农业、健康美容医

① 王斌：《日本的海洋生态监测和保护》，载于《海洋信息》，2002 年第 2 期，第 22 页。

疗业和能源各个行业，形成具有日本特色的海洋深水产业。我国也是一个水资源短缺、水旱灾害频繁的国家，随着经济增长和城市化进程的发展，我国水资源短缺的现状将会更加严重，发展深层海水技术能够在很大程度上缓解我国的水资源短缺现状。

4. 人工鱼礁技术

日本的人工鱼礁技术也非常成熟。人工鱼礁是人为在海中设置的构造物，其目的是改善海域生态环境，营造海洋生物栖息的良好环境，为鱼类等提供繁殖、生长、索饵和庇敌的场所，达到保护、增殖和提高渔获量的目的。目前国内外已经广泛的开展人工鱼礁建设，进行近海海洋生物栖息地和渔场的修复，而且取得了较好的效果。人工渔礁可以减少渔场面积，弥补填围海对近岸渔业资源造成的破坏。日本政府有计划地投资建造人工鱼礁始于 1954 年，1975 年以前在其近海设置人工鱼礁就达 5 000 座，投资 304 亿日元；1976 年至 1981 年设置人工鱼礁 3 086 座，投资 705 亿元；2000 年以后，日本还计划投资数百亿日元建造数千座人工鱼礁。由于采取人工鱼礁建设，从 1959 年至 1982 年的 23 年中，日本沿岸和近海渔业产量从 473 万吨增加到 780 万吨。日本在世界渔业资源受到限制的情况下继续增加捕捞量，主要就是依靠人工鱼礁建设沿海渔场。日本国家和地方政府每年投入 600 亿日元用于鱼礁建设，建礁体积每年约 600 万立方米，在建礁决策、建址选择、礁体建造、效果调查等方面，政府、科研单位、高等院校、企业、渔协密切合作。日本的人工鱼礁建设对于海洋渔业的可持续发展和近岸生态的恢复发挥着非常有益的作用。

二、海洋环境教育

岛国日本长期以来受惠于海洋，拥有四通八达的海上运输航道、巨大的海洋资源库以及攻守兼备的天然屏障等其他国家所难以比拟的区位优势，这些优势使得日本国民自上至下都对海洋持有感恩之心；但同时，岛国特有的地理特征所带来的多变气候、频发灾害，又促使其在组织、群体及个人等社会各层面形成了其他国罕见的民族危机感。感恩心结合危机感，促使日本对来自海洋的环境问题持有特别的警戒与关注，而城市建设、海洋填埋、海砂石开采、巨大化港口、湾岸道路、离岛机场建设等海洋开发利用活动所导致的海岸线侵蚀变形，海藻、渔场和湿地逐渐消失，赤潮泛滥、海洋垃圾等日益严重的海洋环境问题又促使这一关注日益升温。以海洋环境保护的名义推行海洋战略，需要形成区别于传统海军、海权、海上安全的全新综合海洋战略构想，在探求新的海洋开发可能性、研究地球环境变化、探索海洋奥秘、推进海洋开发长期计划、确保及创造优美海洋景观环境、推进全球海洋开发、充实海洋基础开发等方面亟待国民的技术、知识、创造力等海洋开发保护的智慧及其实践能力。岛国日本显然已经清醒意识到，海洋环境保护战略的成功建构与实施，离不开国民海洋环境意识的自觉、对战略思路的认同与相应的实践；而国民的自觉、认同与主动实践，唯有依靠全国性的海洋环境教育。因此日本政府通过多种途径对国民进行海洋环境教育。

首先，立法支持。日本海洋环境教育方面立法的主要成果包括《海洋基本法》、《环境基本法》、《环境教育推进法》等法律法规。《海洋基本法》作为日本海洋战略在立法上的最高智慧结晶，不仅体现了该国海洋环境教育的基本精神，更在其条文中直接阐释了如何“增进国民对海洋理解”的原则与方针。作为环境保全的根本法，《环境基本法》在其第25条中做出了环境教育与学习的规定：由于环境问题是因日常经济活动及生活而起，因此有必要广泛重塑国民生活样式，以降低其环境负荷，国民应学习与环境相关的基本知识，保持环境保全的意欲，国家应振兴环境保全的教育及学习，充分开展广告宣传活动。为了促进环境教育的发展，日本政府还颁布了环境教育的专项法律《环境教育推进法》，为海洋环境教育提供具体措施和法律依据。《环境教育推进法》前3条为基本理念；第4条至第6条为各主体的责任所在，不仅要求学校，也要求行政机关和企业等职场实施环境教育；第11至15条规定了人才等认定；第20条为国民、民间团体等土地提供的相关措施；第22条为财政措施等。在附则中还明确规定了5年的修改期限。《环境教育推进法》的基本方针可概括如下：第一，强调个人与团体对环境保全的重要性，重视通过自发方式由个人及团体、由家庭及社区、地域，形成具有广泛群众基础的环保社会网络。第二，重视具有环境保全实践能力的人才培养，使其主动参与、策划环境保全；第三，注重社会协力与分工合作，在市民、团体与政府之间形成良性互动，角色分化与合作。

其次，发展海洋环境学校教育。学校的海洋环境教育是国家战略和立法原则方针的细化与实践，也是检验国民意识自觉程度的晴雨表。日本的海洋环境学校教育分为高等教育、职业高中教育和中小学教育①，在不同阶段对日本青少年进行海洋环境启发与指导。第一，高等教育层面上，高等教育作为日本海洋环境教育在理论与科技领域的先驱，对海洋环境教育理念的塑形起着决定性作用。理念可概括为以“了解海洋”、“保护海洋”、“利用海洋”为三大支柱，进行与海洋相关的综合科学教育。第二，职业学校教育层面上，尤以水产类职高与海洋环境教育的关联最深。水产职业高中在日本全国沿岸每个都道府县的行政单位中几乎都有分布。第三，在中小学教育层面上，对不同阶段的学生进行不同的教育：小学三四年级以对海洋自然现象的接纳为目标；小学五六年级，以理解几个海洋现象之间的相关性以及与自身生活的内在联系为目标；初中则以理解海洋现象的多面性及与海洋和谐共生的行动为目标；高中的教育目标定为理解海洋现象的科学性与构造性，熟悉构建可持续发展社会的行动。

最后，重视海洋环境社会教育。在企业方面，虽然大多数企业都曾实施对其从业人员的环境教育，但定期实施环境教育的企业十分有限，特别是中小规模的企业，教育培训十分不够。此外，培训内容也不应停留在目前大多数企业的遵守环境法规所需知识层面上，还应包括培养业界的社会责任感，使其积极参与环境保全，重点培养从业人员所需知识、判断能力、意愿。为支援业界的环境教育，政府专门为业界提供环境通识教育课程体系，并提供制定课程所需信息。民间团体主导下的市民海洋环境教育也是社会教育的重要方面。较为典型的市民海洋环境教育事例，按其内容可分为“森林·河流·海洋”环境保全教育、“潮间带”环境保全教育、海洋垃圾环境保全教育三类。日本有许多海洋环保组织，

① 宋宁而，姜春洁：《日本海洋环境教育及其对我国的启示》，载于《教学研究》2011年第4期，第11页。

它们在海洋环境治理过程中发挥着积极作用。日本公众在“海和沙滩环境美化机构”指导下，开展了清除海洋沿岸垃圾运动。有关统计数字表明，自1992年以来，日本全国的志愿者清理的海岸线达30 884千米，参加清理的人数达138万人，回收垃圾达54万立方米①。日本的海洋环保组织对海洋环境保护的宣传和海洋环境治理的实际行动对国民具有广泛而深刻的教育意义，使得海洋环境保护意识深入人心②。

三、濑户内海综合治理案例

濑户内海是半封闭的内海，跟渤海一样，原本为天然的鱼仓，也是日本最富足的海湾。“二战”结束后，日本政府为复苏经济发展，在濑户内海沿岸建立了大量工业区，工业布局分布在沿海地区，使这里一度成为日本经济最发达的地区。但随着经济发展和大量废弃物肆意排放，海水中铜、铅、汞等金属含量高度超标，赤潮一年高达几百次，大量海洋生物死亡，鱼虾绝迹，并引发了震惊世界的水俣病事件。水俣镇是水俣湾东部的一个小镇，当时有4万户居民，周围村庄中有1万多农民和渔民。“不知火海”水产丰富，是小镇居民和渔民赖以生存的主要渔场。1925年，日本氮肥公司在当地开办工厂后来又开设了合成醋酸厂。1949年之后，这家公司又开始生产氯乙烯，但是这家工厂将没有经过任何处理的废水排放到水俣湾中。1956年，水俣湾附近出现了一种奇怪的病症，这种病症最初出现在猫身上，病猫步态不稳、麻痹、抽搐，被称为“猫舞蹈症”。随后不久，当地也发现了患有这种病症的人，患者中轻者口齿不清、步履蹒跚、面部僵硬、手足麻痹、感觉障碍、视觉丧失、震颤，重者精神失常、有些嗜睡、有些兴奋、身体弯弓高叫，直至死亡。当时出现这种病症，难以查明病因，因此被称为“怪病”。随后这个镇以及附近其他地方的居民中有1万人不同程度受到这种病症的折磨。这种怪病就是现在广为人知的“水俣病”，是最早出现的由工业废水排放造成的公害病。水俣病的罪魁祸首就是当时拥有世界尖端科技的日本氮生产企业，因为氮的生产过程中需要使用含汞的催化剂，工厂将含有汞的剧毒污水直接排放到海中。海洋中的动植物长期在含有汞的环境中生活，汞就在它们体内积累，而人类长时间食用这些海产品，最终引发水俣病，导致脑中枢神经和末梢神经被侵害。日本政府高度重视濑户内海污染问题，从1970年开始，用了长达30年的时间，采用全方位措施，对濑户内海进行综合整治。

日本政府对濑户内海治理的成功之处主要在以下几个方面：①以法治海。日本政府颁布实施了《水质污染防治法》、《海洋污染及海上灾害防治法》，并制定了《濑户内海环境保护临时措施令》③，对入海污染物排放总量进行限制。②设置专门机构，分工明确。日本设立了由沿岸13个府县、5个市的知事、市长参加的环境保护工作会议制度。全国海洋环境保护工作由环境厅协调，海上污染事宜由海上保安厅处理，其他各个省厅、各级地方

① 邢君：《我国海洋环境道德教育建设的探讨》，大连海事大学，2008年。

② 宋宁而，姜春洁：《日本海洋环境教育及其对我国的启示》，载于《教学研究》2011年第4期，第9-14页。

③ 马彩华，游奎，高金田：《濑户内海环境治理对中国的启迪》，载于《中国海洋大学学报（社会科学版）》2008年第4期，12-13页。

政府负责各自管辖海区的污染检测，责任分工明确[1]。③加强海洋环境监测。日本政府投入大量资金对濑户内海进行环境监测，共设立700个监测站，发展环境监测技术，对濑户内海环境状况进行实时监测，成立海洋科研机构，对濑户内海污染现状开展详细调查。④从源头入手。将污染严重的工厂企业迁到较远的地区，严格控制污染排放量。减少填围海工程建设，把濑户内海的大部分区域规划为国家公园，建立了800多个野生动物自然保护区，保护近岸生境和生态系统。

从濑户内海海洋生态治理过程来看，治理海洋生态危机，首先要立法先行，从制度上保障海洋生态治理工作的顺利进行。进行海洋生态治理时，要设立临时委员会，协调各部门工作，提高工作效率。要切实做好海洋环境监测工作，监测是治理的前提，提早发现污染，可以把污染扼制在初始状态，做好监测工作可以随时了解海洋生态变化的状况。在海洋环境治理过程中，首先要找出污染源，对源头进行控制，或将污染源进行移除，或严格控制污染排放，以防为主，防治结合，先源头后流域，以达到事半功倍的效果。

四、小结

日本海洋生态安全得益于以海洋高科技为支撑的海洋生态安全治理模式。日本的海洋环境监测技术有效地把对海洋生态环境的破坏遏制在萌芽状态；使用海洋生态修复技术对已经被破坏的海洋生态系统进行建设和修复；深层海水开发技术是一项清洁的海洋能源开发项目；人工鱼礁技术对于海洋渔业资源的保护和海洋生态系统的修复起到重要作用。此外，日本政府非常重视对国民的海洋环境教育，普及大、中、小学学生的海洋知识，鼓励全民进行海洋生态安全保护。濑户内海综合治理是日本海洋生态安全治理的成功案例，为我国渤海的生态安全治理和其他海域的生态保护提供了重要的经验借鉴。

第四节　澳大利亚的海洋生态安全治理

澳大利亚海岸线长约20 000千米，海洋面积约有1 600万平方千米，2008年4月根据《联合国海洋法公约》，澳大利亚的大陆架又向外扩展了250万平方千米，使澳大利亚成为管辖海域面积全球第三的国家[2]。正是由于海岸带和海域面积广大，为澳大利亚海洋经济发展提供了优越的先天条件。海洋产业历来是澳大利亚的支柱产业，澳大利亚政府长期支持海洋产业的发展，并出台了各项战略和计划，为海洋产业的发展提供优惠的政策支持。表4.4为澳大利亚近几年产业发展情况。

① 石破：《濑户内海治理记》，载于《南风窗》2006年第16期，第33页。

② 林香红，刘彬：《澳大利亚海洋产业的经济价值》，载于《经济资料译丛》2010年第1期，第104页。

表 4.4 澳大利亚各海洋产业产值

年度	产值（万美元）				
	2004—2005 年	2005—2006 年	2006—2007 年	2007—2008 年	2008—2009 年
渔业					
海水养殖	63410	74230	60570	86840	88750
商业渔业	149080	146100	144590	136270	139280
渔业总计	212490	220340	225160	223100	228030
船舶制造与维修及维护服务和基础设施					
船舶制造与维修	172100	179700	177700	195400	199720
游艇制造与维修	125100	148800	168800	182900	186940
海洋设备零售	170960	174380	180480	248680	255930
船舶服务合计	468160	502880	526980	626980	642590
石油与天然气业					
石油勘探	82980	93780	172730	254110	331840
石油生产	786660	757030	922980	1212360	979340
液化石油	86130	103710	103800	118200	104350
天然气	319900	441600	522000	585400	1007870
石油与天然气业总计	1275670	1396120	1721510	2170070	2423400
海洋旅游和休闲活动					
海洋旅游和休闲合计	932870	979470	1062400	1127880	1114330
总计	2889180	3098810	3536050	4148030	4408350

数据来源：《澳大利亚海洋产业发展报告》，2010 年。

澳大利亚海洋渔业和船舶制造业属于传统产业，石油和天然气业以及海洋旅游业属于新兴产业。由表 4.4 可知，2004—2008 年这五年传统产业与新兴产业所占比例分别为24：76、23：77、21：79、20：80 和 20：80，传统产业比重逐渐降低，新兴产业比重逐渐提高并占有绝对优势，尤其是石油与天然气业。其中天然气业增长最快，2005 年至 2009 年年平均增长率为 35%。海洋新兴产业具有知识技术密集、物质资源消耗少、成长潜力大、综合效益好的特点，有利于海洋生态环境的可持续发展。

澳大利亚政府在海洋经济可持续发展中起了重要作用，形成了一套系统全面的发展模式。

一、制定海洋产业发展战略

澳大利亚政府在 1997 年、1998 年分别公布了《澳大利亚海洋产业发展战略》、《澳大利亚海洋政策》和《澳大利亚海洋科技计划》三个政府文件，提出了澳大利亚 21 世纪的海洋战略及发展海洋经济的一系列战略和政策措施。1997 年发布了《澳大利亚海洋产业发展战略》，其目的是统一产业部门和政府管辖区内的海洋管理政策，为保证海洋的可持续利用提供一个框架，并为规划和管理海洋资源及其产业提供战略依据。该战略明确了综合管理作为协调海洋产业之间关系、管理机构和层次之间关系以及推进海洋产业发展的根本管理模式，提出了海洋产业的最佳化发展是以海洋环境保护为前提并具有有效可持续性。规划确定了重视海洋政策的结果考核（而非过程控制）、鼓励对海洋资源的多用途综合利用、商业和微观经济改革、生态可持续发展四条基本原则。规划还明确了发展海洋经济的具体政策，包括：现有海洋产业部门的长期发展、新兴海洋产业部门的形成和发展、促进出口、为海洋提供服务和供应的各个经济部门的发展和壮大、通过维持或恢复健康的海洋环境来实现海洋产业的正常运转。

二、实施海洋综合管理

综合管理模式是澳大利亚海洋产业发展的“护航舰”。澳大利亚运用的综合管理模式有助于实现不同涉海组织间、管理组织间的协作，避免造成多部门、多层次齐抓共管而致使管理结构混乱分散、管理权威丧失、管理效率低下、权责不清的现象。

想要了解联邦政府与各州、领地之间的海洋管辖权限，必须从地理位置着手。澳大利亚是联邦制国家，包括昆士兰州、新南威尔士州、维多利亚州、南澳大利亚州、西澳大利亚州、塔斯曼尼亚州6个州，澳大利亚首都特区、北领地、杰维斯湾地区3个大陆自治地区。目前在发展海洋经济中必须要处理的问题是，怎样能在联邦政府与各州、领地之间不冲突地划分海洋管理管辖权利，以实现海洋资源的有效、合理利用，预防出现责任权限纠纷。1979年，澳大利亚出台的海岸和解书里规定：州和领地的控制范围是从海岸向海延伸3海里，在这3海里内可以自由行使权力。在《联合国海洋法公约》中把国家的领海控制范围由3海里增加到6海里，但澳大利亚各州的领海控制范围仍然未改变，因此海岸和解书概括地划分了澳大利亚联邦政府与各州、领地之间的领海控制范围权，使政府在海洋管理中处于有效控制地位，使利用海洋获利的人之间相互信任，并最终实现海洋的统一管理。澳大利亚的海域管理权限划分详见表4.5。

其次，改变各部门职能，实现产业与产业之间、部门与部门间的互利共赢。澳大利亚1997年颁布的《海洋产业发展战略》清晰增加了海洋整顿的方法，使许多部门无联系地管理海洋产业的现状得到改变，使部门之间及上下级间的管理幅度和责任得以清晰。综合管理的目的是为了对海洋产业进行全方位多层次的监督并实现共赢，主要需要国家和地区采取多层次的互不干扰的管理办法，有秩序地使用海洋环境和资源，最终实现海洋产业的可持续发展。综合管理方法使机会最大程度上被人们把握，而最具有优越性的是那些超越了普通产业之间界限的机会，能够改善船舶工业、航空业、旅游业的相互关联；必然能够使其创造出最低限设施，通常，这些技术是可以融合的，因为多于一半的技术能够跳出限制服务于其他行业。澳大利亚“国家海洋办公室”的建立是一大创举。这是政府海洋部门的工作单位，其部门职责在于落实海洋发展，来改善各部门之间的关系并增强对海洋的管理。高速发展的海洋部门使澳大利亚的海洋问题变得尤为突出，澳大利亚国家以发展的眼光看待海洋问题，并于2003年成立了海洋管理委员会，通过拓宽广度、实施政策等方法彻底改变现状，使该国海洋产业变得越来越有竞争力，能够位于世界领先水平。

再次，借助法律武器，监督海洋管理办法的实施。澳大利亚依据法律条例，使联邦政府和州政府之间互相帮助，协同合作。凡涉及外交、国防、移民、监管等工作通常通过国家进行处理，其他的海洋工作则通过州政府或者地方政府进行管理。联邦政府通常只管理3海里以外的海域以及开发区，而各州政府需要管理3海里海域之内的海洋事务。在管理方式上，联邦政府需要管理整个国家有关海洋的法律的建立以及建立条例等工作，而州政府只需要对自己管理范围内的海域进行法律监督并实施海岸附近及近岸领海的管辖。在执法过程中，联邦政府和州政府之间有时候会存在各种各样的矛盾，举例如下，虽然在3海里以内的渔业资源通常在州政府管辖范围内，而金枪鱼资源由于较为稀缺通常由国家管理。如果联邦政府和州政府在日常事务中有了不可调和的矛盾，则由联邦政府总理会同每个州的州长共同参与讨论，来管理并解决问题并最终拿出方案。

最后，为解决海洋资源的不同种类的整合则需要通过各区域特点区别海洋生态系统的不同。通过对不同特点的海洋区域进行分析，最终将澳大利亚分为12个海洋生态区域。这种在海洋特性的基础上对整个海域进行区分的方法，能够更好地了解海洋生态区之间的共性和特殊点，而且可以更完全、更合理地利用海洋资源。

表4.5 澳大利亚的海域管理权限

海域	界限	责任者
内水	州内	州和领地
沿岸水域	3海里内	州和领地
领海	3~12海里	联邦
毗连区	12~24海里	联邦
专属经济区	12~200海里	联邦
大陆架	12海里，可达350海里	联邦

资料来源：澳大利亚海洋综合规划与管理①，2002年。

三、提高科技含量，促进海洋新兴产业发展

澳大利亚政府于1999年出台了“澳大利亚海洋科技计划”，2009年又出台了“海洋研究与创新战略框架”。这些政策使得澳大利亚的海洋科技发展处于世界领先地位，并为海洋新兴产业发展了提供强大的技术支持。澳大利亚海洋科技研究取得了丰硕的成果，包括建立了海洋综合观测系统（IMOS），开发了世界上最好的生态系统模型，发现了可能影响澳大利亚气候的海洋气温变化，绘制了世界第一张海底矿物资源分布图，建立了海洋渔业捕捞战略、海洋天气预报系统、保护海上大型工程的模型，开发海洋生物技术生产天然药品等②。澳大利亚海洋高科技的发展为海洋产业的可持续发展提供了强大的发展动力。

① 马英杰，胡增祥，解新颖：《澳大利亚海洋综合规划与管理》，载于《海外管理》2002年第1期，第51-53页。

② 高凯：《澳大利亚海洋科技进展综述》，载于《全球科技经济瞭望》2009年第9期，第66-72页。

澳大利亚有以下两个科技部门：联邦科学与工业研究组织（CSIRO）、澳大利亚海洋科学研究所（AIMS）。联邦科学与工业研究组织于1926年正式成立，目前共有6 400名工作人员，在世界各地共建立了55个科研院所。近年来，联邦科学与工业研究组织一共开展了9个国家重要科研项目，来实现国家重视的科研方向目标，并与澳大利亚卓越的科研院所、企业以及许多国外企业和国外友人共同合作，实现共赢。“从海洋中获利”是其中重要的目的之一，希望实现对海洋环境的保护以带动澳大利亚社会的发展。现阶段具有以下几个议题：了解海洋变化动态，建立海洋基础数据；开发蓝色GDP；海洋生态环境保护与海洋区域管理和开发；可持续的海洋渔业与生态系统；海洋保护与生物多样性管理。澳大利亚海洋科学研究所成立于1972年，创建目的是对海洋科学进行更深入细致的探究，以达到环境资源可持续利用的目标，并为政府解决专业问题以帮助政府政策裁决。为有需求的企业提供技术上的帮助。澳大利亚海洋科学研究所全部开销由国家资助，有时会帮助企业解决实际问题来获得报酬。共有员工180人，其中不乏许多世界知名人士。

澳大利亚的海洋管理及技术应用主要有以下几个特点：一是主要对海洋产业进行发展，不动摇地实施可持续发展战略；二是主要发展技术含量较高的研究，研究内容和方向要有实际价值和发展前景，最终结果要集结精华。在基础研究方面，各部门的研究内容更要注重深度而不是广度，在世界上处于领先地位；三是产、学、研结合，使科研结果最终能投入生产，造福人民。例如，为增加海洋资源与海洋养殖行业的联系，成立了水产养殖合作研究中心，由企业、高校和科研院所形成体系，国家进行宏观调控；此中心通过海洋产业中存在的问题，寻找科研方向，制定可行的解决方案，由各个学科专家组成课题组，有重点地进行研究；前期准备做到深入细致，真正实现跨部门、跨地域、跨学科交流，既有深度上的细致，也有广度上的配合。将各部门的精力集中起来，使自身优势得到最大程度的展现。企业、高校、科研机构三方将共同承担科研经费，再加上部分国家补贴，最终成果转移到产业部门。这样，能够有效地解决实际生产中出现的问题，避免研究成果不能产业化的问题出现。四是灵活的人才政策和广泛的国际交流与合作。灵活的人才政策能够带动团队的竞争力，使科研团队长期充满活力。在国际合作方面，他们与世界有关海洋生物技术方面的研究机构和人员有着广泛的交流与合作①。

四、重视海洋渔业资源的开发和养护

一个国际研究小组的研究显示，建立像澳大利亚大堡礁海洋公园这样的海洋自然保护区，对大型海洋生态系统进行科学保护和管理对渔业资源的保护大有裨益。澳大利亚政府致力于海洋环境保护、可持续应用和生物多样性保护，目前澳大利亚有194块海域属于保护范围，总面积近6 500万公顷，其中包括海洋公园、鱼类栖息保留地、禁渔区和鱼类保护区。此外，澳大利亚政府对渔业实行配额管理，建设人工鱼礁，保护海洋渔业资源；设立海洋生态保护区，对珊瑚礁、海草、湿地等海洋生态系统进行保护；重视发展水产养殖

① 谢子远，闫国庆：《澳大利亚发展海洋经济的经验及我国的战略选择》，载于《中国软科学》2011年第9期，第21-22页。

业，减少捕捞量，保护海洋渔业资源，为人们提供源源不断的海产品。

澳大利亚实行生物多样性保护策略，明确提出建立一批不同类型、具代表性的海洋生态保护区，如珊瑚礁保护区、海草保护区、海上禁渔区以及沿海湿地保护带等，而且在西澳大利亚及昆士兰两个州建设了人工鱼礁区。这些保护区要么执行严格的保护政策，要么就是实施可持续利用的合理化管理。这些举措对于维持海洋生态功能、保护海洋生态环境发挥了重要作用。比如2007年，澳大利亚实施了一项全新的大堡礁“分区保护计划”，让大堡礁成为世界上最大的享受高度保护的礁脉群。新的分区保护计划实施后，大堡礁有1/3的地区禁止捕鱼。同时大堡礁将被分成若干地区，进行不同方式和层次的管理和利用，有些地区受到十分严格的保护，不允许在大堡礁上行走、采集和钓鱼等①。

五、大力发展滨海旅游业

澳大利亚海洋旅游活动范围十分广泛，包括戴潜具的潜水，消遣性游乐鱼钓、冲浪、划船、海滩度假等。据澳大利亚旅游研究局估算，海洋旅游占国内旅游娱乐业的35%～40%，仅消遣性游乐鱼钓的直接从业人员达80000人，年产值在30亿澳元以上。整个海洋旅游业存在进一步发展的机会，除加强在堡礁海洋公园的开发和管理外，澳大利亚联邦政府正考虑开辟国际海上游览项目。

六、小结

澳大利亚的海洋生态安全得益于以海洋经济可持续发展为动力的海洋生态治理模式。澳大利亚海洋产业呈现强劲持续增长势头，是世界上海洋产业产值对国民经济贡献率最高的国家之一。澳大利亚海洋新兴产业与传统产业相比具有绝对优势，科技含量高、经济效益好、资源消耗低，有利于海洋环境的可持续发展。澳大利亚政府特别重视海洋产业的可持续发展，提出一定要在有效可持续性以及最佳化发展上使海洋产业成为具有国际竞争力的大产业，并制定海洋产业发展战略，实施海洋综合管理，提高科技含量、促进海洋新兴产业发展，重视海洋渔业资源的开发和养护，大力发展滨海旅游业，使得澳大利亚海洋经济能够与海洋生态环境协调得到可持续发展。

第五节　加拿大的海洋生态安全治理

加拿大是一个海洋大国，三面环海，东临大西洋，西濒太平洋，北靠北冰洋。不仅有998.467万平方千米陆地国土，还拥有占陆地国土面积37%的370万平方千米的专属经济区。加拿大海岸线长达243 792千米，占世界海岸线总长的25%，为世界之最。进入20世纪中后期，随着工业化发展及沿海地区经济水平的提升，加拿大近海，尤其是邻近沿海经济发达地区的大西洋及太平洋沿岸部分海域面临着海洋环境污染、近海生境与生态系统

① 谢子远，闫国庆：《澳大利亚发展海洋经济的经验及我国的战略选择》，载于《中国软科学》2011年第9期，第23页。

发生改变与破坏的威胁。面临诸多的海洋生态问题，加拿大建立了以海洋环境治理法律为基础、以海洋执法为手段、以预防性和可持续发展为原则的海洋生态安全治理模式，有效地推动了具有加拿大特色的海洋生态安全模式的发展，为国际海洋生态安全治理实践提供了有益的借鉴。

一、海洋发展战略

2002 年加拿大水产海洋管理机构下发了《加拿大海洋战略》，至此，加拿大海洋渔业制度得到很大程度的完善。并将海洋可持续发展战略放于首要地位。该战略共有以下几个目的：全民了解海洋；使海洋经济得到最大限度的开发，使加拿大在海洋运营，监管方面处于占据世界优势地位。

《加拿大海洋战略》为加拿大海域、江河湖泊的管理指明了方向。该战略的目标是：指定和实施加拿大海洋渔业的政策和发展方向；保证加拿大实现海洋经济的可持续稳定增长；为加拿大海洋发展处于世界领先水平的目标不懈努力。为达到预期目标，加拿大主要需要完善以下几个问题，鼓励海洋科研工作的发展，主要工作包括渔业、水产业、资源利用、环境改善等方面，政府应当加强对海洋研究的预算；将海洋写进中小学教科书；加大对海洋研究所及高校海洋学院的扶持力度，培养海洋高科技新型人才；专家对海洋研究资料无偿交于国家，国家对资料进行整合；注重对海洋生物的保护，保证生物多样性，主要研究方向有加强对海洋生态环境的恶化的预防、气候变暖对海洋生物的影响以及防护措施等；海洋生物多样性的保护；加强海洋情报的收集和评价以及对海水污染的监控与检测；指定海洋污染的等级；对海洋突发事件如石油泄漏的处理办法；海洋及海洋生物对人类生命健康的改善；对与海洋相关的产业进行协调整治，政府各部门之间工作的协调与明确，贯彻落实海洋相关的法律法规；对海上运输及海上交通进行监管，加强政府对海洋相关企业的扶持以发展海洋产业，增加对海洋资源开发和利用，加强观光渔业的发展以及海岸沙滩环境的治理，加强对公众，加强中小学生对海洋的了解和认识，从小树立保护海洋的意识。

而且加拿大针对海洋发展做了一系列的部署，主要有以下几个方面：2005 年的“加拿大海洋行动计划”，2005 年的“联邦海洋保护区战略”，2007 年的“健康海洋引导计划”，2009 年的“我们的海洋，我们的未来：联邦的计划和行动”。以上活动是在政府号召下有关海洋部门协同组织的，如“联邦海洋保护区战略”是由加拿大渔业和海洋部、环境部和公园局共同组织实施的，有以下几个方向：对海洋科学发展的研究、海洋区域的划分及管理以及面向大众解答问题等；“健康海洋引导计划”是由加拿大渔业和海洋部、交通部以及加拿大印第安和北方事务部、环境部和公园局共同组织实施的，该战略是加拿大海洋发展的主要计划，以改善目前恶劣的海洋气候与环境，政府对此实施了 5 年的扶持计划，到 2009 年年底，国家已对此项目注资 1 900 万加元，并计划 3 年之后追加 2 425 万加元。

二、系统的海洋环境治理法律体系

加拿大是一个注重海洋权益的海洋大国，海洋立法有着悠久的历史。加拿大在1868年和1869年先后颁布了《渔业法》和《沿海渔业保护法》，以此保护海洋渔业资源。1988年发布了《环境保护法》，是海洋环境保护的核心内容之一。1996年底，加拿大颁布实施了世界上第一部综合性海洋法律《海洋法》。《海洋法》是一部管理海洋的基本法律，它的法律地位高于海洋方面的其他单行法律法规，为海洋生态保护提供了根本性的法律依据。2002年加拿大又发布了《海洋战略》。加拿大的《海洋法》是把《联合国海洋法公约》赋予各沿海国的权利以国内立法的形式具体化，将新形成的海洋战略和政策用法律的形式固定下来，以适应《联合国海洋法公约》生效后国际海洋形势的新变化，最大限度享有《联合国海洋法公约》给沿海国带来的利益。加拿大海洋生态安全相关法律制度主要有以下几个方面。

（1）海洋污染治理相关法律。目前《航运法》中包含了对海洋环境污染物的治理办法；《港口企业法》对国家所有港口货物进出及环境进行监管，如对港口设施损害及港口环境污染将进行严厉处罚；《渔业法》包含了海域内渔业的管理制度，主要规定坚决不允许人为向海洋中投掷有害物品危害海洋生物多样性的行为。

（2）海洋倾废管理相关法律。对于海洋倾倒废物问题由国家管理。国家对放射性物质对于海洋的危害问题尤为重视。主要废物有鱼虾类尸体、破船残骸等。为此，加拿大的《绿色计划》将《五年海洋倾废行动规划》纳入其中。主要有以下几个方面的问题：①提高基础设施建设，禁止工业废物的海洋倾倒，更好地控制疏浚物的海洋倾倒；②加强监测，以保证新规定的履行；③对全民进行爱护海洋的教育，改变海洋目前的状况。

（3）渔业管理相关法律。总体而言，加拿大渔业法律的目标主要是保护、恢复和发展渔业生态环境。而服务于这一目标的加拿大整个渔业法律体系具有多门类、多层次、多形式的特点。从层次和形式来看，除宪法中有关于渔业管理的内容外，主要有议会制定的原则性和全面性法律、法令和渔业与海洋部长发布的具体性、针对性的条例、规章以及省级权力机关颁布的补充性地方性法规。按其功能划分，可分为管理类、管辖权类、区域管理类和渔业经济类四个方面。属于管理类的法律法规有《渔业法》、《沿海渔业保护法》、《渔业管理规定》、《渔业检查规定》等，其中《渔业法》和《沿海渔业保护法》这两部法律于20世纪60年代就已开始实行，至今仍然是加拿大渔业管理的法律基础；管辖权类的有《领海和渔区法》、《加拿大渔区法令》等；区域管理类的有《大西洋渔业管理区规定》、《太平洋渔业管理规定》、《沿海省份渔业管理规定》等；渔业经济类的有《渔业发展法》、《渔业改进贷款法》、《渔业价格支持法》等。其他与渔业有关的法规主要有《加拿大航海法》、《加拿大水法》、《防止油类污染法》、《大陆架法》、《海洋倾废法》等。此外，加拿大还签署了一些与渔业有关的国际公约和渔业协定，与其他法律法规共同构成了有机联系、统一完整的加拿大渔业法律体系。

（4）海洋保护区管理相关法律。加拿大海洋保护区发展历史悠久，早期的海洋保护区主要是沿海各省环境和渔业管理部门依据各自不同的法律法规建立的地方性海洋保护区。

1911 年，不列颠哥伦比亚省建立了第一个包括海域的海岸保护区——斯特克纳省立公园。1923 年，第一个联邦级海洋保护区——维多利亚港候鸟禁猎区成立。1955 年，加拿大建立了第一个真正意义上的海洋保护区——马奎纳海洋公园，标志着加拿大海洋保护区建设新时代的开始。1986 年，加拿大联邦公园管理局批准了《国家海洋公园政策》，1994 年修订为《国家海洋保全区政策》，并于 2002 年正式颁布《国家海洋保全区法》，目的在于保护和保全海洋生物及其栖息地、维护海洋生态系统的可持续发展及海洋资源的可持续利用。

三、海洋执法体系

加拿大在涉海管理方面是多部门管海，因此决定了其海上执法也是分散型的，涉及多个海上执法队伍，各执法队伍之间建立了良好的分工合作机制。加拿大的海洋执法机构主要是加拿大海岸警卫队。

加拿大海岸警卫队。海岸警卫队隶属海洋渔业部，是加拿大海上执法的主要力量，2005 年 4 月升格为副部级，拥有很大的自主权。该国所有公务船舶基本上都集中由海岸警卫队统一管理。但各涉海部门在履行相应海洋管理职责时，根据需要有权调动海岸警卫队人员和装备。因此，海岸警卫队作为隶属于海洋渔业部的一个特别机构，为其他政府部门和社会公益组织提供辅助性服务，包括为海洋渔业执法提供服务，没有执法权。海上执法权分属联邦政府各有关部门，其只是为便民和海上执法提供装备和服务保障。海岸警卫队船舶飞机全天候在管辖海域巡逻，如发现有违法行为，即根据其性质和管理权限及时向相关职能部门通报并协助处理。

与美国海岸警卫队不同，加拿大海岸警卫队不是一个军事机构，加拿大海岸警卫队的队员也都不是军人或警员。它的主要职能包括导航服务、水道管理、破冰、海上交通通信服务、搜救、海上环境应急。海岸警卫队总部设在渥太华，按照负责的地域不同被划分为五个管区，分别为纽芬兰和拉布拉多管区、魁北克管区、Maritimes 管区、太平洋管区、中央和北极圈管区，各地区都设有办事处和基地。在加拿大海岸警卫队的组织结构中主要有以下几个业务部门：船队理事会、海上服务理事会、综合技术服务理事会、主要计划理事会。除此之外，海岸警卫队还设有负责人员培训的学院。警卫队配备有破冰船、救生船、观测导航救护三用船、工作母船、后勤供应船、环境调查船、气垫救生船和巡逻艇等各类大小船只 114 艘，直升机 22 架，配有 2 400 名专业航海人员。此外，海岸警卫队还有 5 000多人和 1 700 多条船组成的志愿者组织，直接参与海上救助等工作。

四、海洋保护区的建设与发展

加拿大联邦公园管理局计划制定一个国家海洋保护区发展政策框架，根据不同的地质特色、海岸带地形、海洋学过程和相关野生生物分布等，将加拿大三大沿海及大湖地区划分为 29 个“海洋区”，以建立一个具有代表性的国家海洋保护区网络体系。现阶段已完成安大略省佐治亚湾五寻（Fathom Five）国家海洋公园和魁北克省圣劳伦斯（Saguenay－

St. Lawrence）海洋公园建设，并与不列颠哥伦比亚省签署了共同建设哈纳斯（GwaiiHaanas）国家海洋保育区的协议。加拿大渔业与海洋部则依据《海洋法》，完成了西海岸恩迪沃（Endeavour）海底热泉和波维（Bowie）海山，东海岸穆斯考诗河口（Musquash Estuary）、大海沟（The Gully）、海德海盆（Basin Head）、吉尔伯托湾及东港7个海洋保护区的建设，总面积超过8 000公顷。另外还有5个候选地，包括位于太平洋的瑞斯礁（Race Rocks）、北冰洋的Tarium Niryutait和大西洋的圣劳伦斯河口等。到2005年，加拿大已经保护了9.9%的陆地面积，但加拿大海洋保护区建设远落后于陆地，只有不到0.5%的加拿大海域得到保护，而禁止产业开发活动，尤其是渔业活动的海洋保护区比重更低。

海洋保护区建设是加拿大海洋生态保护的核心内容，由联邦政府和地方政府共同负责。其中，联邦政府一般负责候鸟、海洋生物和大多数溯河洄游性鱼类以及低潮线以下由联邦政府管理的领海与专属经济区海域的生境保护。加拿大渔业与海洋部和环境部是联邦海洋保护区网络建设与管理的主导联邦机构，具有法定的海洋生态保护责任。加拿大《海洋法》赋予渔业与海洋部发展与实施国家海洋保护区系统，并整合三大联邦机构的海洋保护区计划的权力。目前，加拿大联邦海洋保护区网络由三大核心计划组成：一是依据《海洋法》建立的海洋保护区（marine protected areas），主要用来保护重要的鱼类与海洋哺乳动物栖息地、濒危海洋物种、独特的属性与生物生产力或生物多样性高的区域；二是海洋野生动物保护区（marine wildlife areas），重点保护和保全多种野生动物生境，包括迁徙鸟类与濒危物种；三是国家海洋保育区（national marine conservationareas），主要用来保护和保全有代表性的加拿大海洋自然与文化遗产，并提供公共教育与欣赏机会。除了上述核心保护区外，具有海洋成分的候鸟禁猎区、国家野生动物保护区和国家公园也是联邦海洋保护区网络的重要内容。此外，联邦海洋保护区的建立与管理还涉及其他多个联邦机构，其职责多与政策规制、项目服务有关。在很多情况下，环境部、渔业与海洋部及公园管理局需要与其他相关联邦部门，如交通部、国防部和自然资源部等密切合作，同时也涉及省级、领地及其他团体等的作用。

建立代表性海洋保护区网络系统是《加拿大联邦海洋保护区战略》的核心目标，也是《海洋法》和《国家海洋保育区法》实施的重要目的之一。通过建立部门间合作机制并加以制度化，合作开发与利用科学决策工具来确定和选择新的海洋保护区，共同确定海洋保护区网络建设目标与评估指标体系，建立代表加拿大三大洋海洋生态系统多样性的海洋保护区网络体系。此外，加拿大海洋保护区网络建设还与陆地保护区网络以及地区或全球海洋保护区网络紧密联系，有力地促进了国际化的区域海洋保护区行动计划实施，从而推动全球代表性海洋保护区网络体系建设。在代表性海洋保护区网络体系建设领域，加拿大已成为国际翘楚，为世界海洋保护区网络建设提供了很多有益的经验和方法借鉴。

五、小结

加拿大的海洋生态安全得益于以海洋立法执法为保障的海洋生态治理模式。加拿大拥有系统的海洋生态保护机构和完善的海洋生态法律保护体系，以《海洋法》为海洋保护基本法，包含海洋污染治理、海洋倾废管理、渔业管理、海洋保护区管理等的一系列相关法律。有法可依，是海洋生态安全治理的有效方式。加拿大的海洋执法也自成体系，包括加拿大海岸警卫队、加拿大海事局、渔业和水产管理局、边境服务署和皇家骑警。此外，加拿大政府以预防性和可持续发展为海洋生态管理的基本理念，明显提高了加拿大海洋生态安全治理的成效。

第六节　海洋生态安全的国际经验

一、我国海洋经济发展与生态安全现状分析

1. 海洋经济发展现状及分析

改革开放以来，我国海洋经济迅速发展，开始成为国民经济新的增长点。1980 年国内海洋产业产值为 80 亿元，1990 年为 438 亿元；2001 年国内海洋生产值为 9 550 亿元，截止到 2012 年底，海洋生产总值达到 50 087 亿元，海洋生产总值呈快速增长势头。20 世纪 90 年代以来，全国海洋产业年均增长率在 20%以上，每 5 年翻一番①。2003—2012 年最近 10 年中国海洋经济发展势头依然强劲，海洋生产总值及各产业产值比重情况如表 4.6 所示。

表 4.6　中国海洋产业产值及比重

年份	海洋生产总值（亿元）	第一产业	比重	第二产业	比重	第三产业	比重
2003	11 952.3	766.2	6.41%	5 367.6	44.91%	5 818.5	48.68%
2004	14 662	851	5.80%	6 662.8	45.44%	7 148.2	48.75%
2005	17 655.6	1 008.9	5.71%	8 046.9	45.58%	8 599.8	48.71%
2006	21 592.4	1 228.8	5.69%	10 217.8	47.32%	12 152	56.28%
2007	24 929	1 274	5.11%	11 503	46.14%	12 212.3	48.99%
2008	29 662	1 608	5.42%	14 026	47.29%	14 028	47.29%
2009	31 964	1 879	5.88%	15 062	47.12%	15 023	47.00%
2010	38 439	2 067	5.38%	18 114	47.12%	18 258	47.50%
2011	45 570	2 327	5.11%	21 835	47.92%	21 408	46.98%
2012	50 087	2 683	5.36%	22 982	45.88%	24 422	48.76%

数据来源：国家海洋局，中国海洋经济统计公报，2003—2012 年。

由表 4.6 可以看出，我国海洋产业发展势头强劲，海洋生产总值增长迅速，第一产业

① 任淑华：《海洋产业经济学》，北京大学出版社，2011 年，第 144 页。

比重逐渐下降，第二产业比重逐渐上升，第三产业发展较为平稳，第一、二、三产业比重趋于合理。按照每年的海洋生产总值可做成海洋生产总值发展趋势图（图 4.2）。

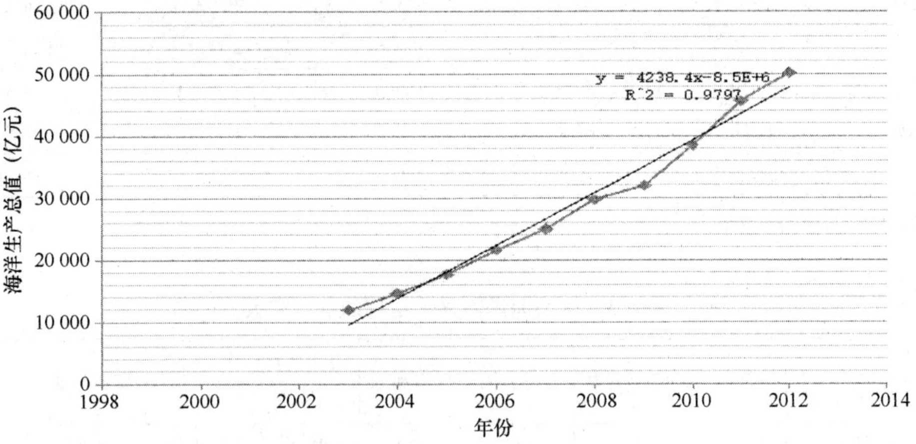

图 4.2　中国海洋生产总值发展趋势图

中国海洋经济增速较快，近 10 年海洋生产总值年平均增长率高达 15.63%，照这个速度发展下去，我国海洋生产总值将在 2017 年超过 10 万亿元。从目前阶段来看，中国海洋经济仍处在粗放型发展阶段，资源消耗量大，科技含量较低，如果不对海洋经济发展带来的污染物排放和资源浪费等“副产品”加以有效控制，按照每年 15%的速度继续发展下去，渤海湾将在 20 年内变成另一个濑户内海。具体来看，我国的海洋经济发展存在以下几个问题：①海洋产业结构尚不合理。第一产业中海洋捕捞业占据主导地位，第二产业中产业比重不协调，水产品加工占有较大分量，海洋油气业、海洋船舶业等产值比重较低。②传统产业比重过大。我国海洋传统产业包括海洋渔业、海洋盐业、海洋船舶业和交通运输业，新兴产业包括海洋油气、滨海旅游、海洋电力、海洋化工、海水利用、海洋生物医药业、海洋工程和海洋矿业①。除旅游业外，其余新兴产业对海洋经济的贡献率都很低。2005—2009 年传统产业与新兴产业比例分别为 58 : 42、56 : 44、56 : 44、53 : 47、52 : 48，与澳大利亚等发达国家相比有较大差距，传统产业仍占有一半以上比重，新兴产业比重较低且增长缓慢（详见表 4.7、表 4.8）。③海洋经济区域发展不平衡。现在我国海洋产业主要分布在长三角、珠三角、环渤海经济区，其余地区海洋产值很低，三区海洋经济贡献率达到全国的 80%。④海洋产业科技含量低。我国海洋高新技术起步晚，受资金和人才的限制，发展非常缓慢，对海洋产业的贡献率很低，海洋产业没有海洋科技的支撑，很难形成可持续优化发展的势头。

① 任淑华：《海洋产业经济学》，北京大学出版社，2011 年，第 130 页。

表 4.7　全国海洋传统产业增加值（亿元）

年份	海洋渔业	海洋盐业	海洋船舶业	海洋交通运输业	总计
2005	1 507.6	39.1	275.5	2 373.3	4 195.5
2006	1 708.1	40.9	380.6	2 842.1	4 971.7
2007	1 910.1	47.5	550.0	3 353.1	5 860.7
2008	2 228.6	43.6	742.6	3 499.3	6 514.1
2009	2 440.8	43.6	986.5	3 146.6	6 617.5

数据来源：《中国海洋统计年鉴 2010》。

表 4.8　全国海洋新兴产业增加值（亿元）

年份	海洋油气	滨海旅游	海洋电力	海洋化工	海水利用	海洋生物医药	海洋工程	海洋矿业	总计
2005	528.2	2 010.6	3.5	153.3	3.0	28.6	257.2	8.3	2 992.7
2006	668.9	2 619.6	4.4	187.2	3.5	28.3	327.2	6.6	3 845.7
2007	691.6	3 225.8	5.1	234.7	4.2	43.7	392.5	7.2	4 604.8
2008	1 020.5	3 766.4	11.3	416.8	7.4	56.6	347.8	35.2	5 662
2009	614.1	4 352.3	20.8	465.3	7.8	52.1	672.3	41.6	6 226.3

数据来源：《中国海洋统计年鉴 2010》。

2. 我国海洋环境现状及分析

《2012 年中国海洋环境质量公报》显示，我国海洋生态环境依然存在很多问题：①水体污染严重。经河流入海的营养盐含量超标，氨氮比 2011 年增加 0.8 万吨，总磷比 2011 年增加 12.3 万吨；入海排污口达标率较低，水体富营养化较为严重；海洋垃圾数量依然较多，以塑料类为主，主要来源于陆地活动。②生态受损现象严重。2012 年，对重点监测区的河口、海湾、滩涂湿地、珊瑚礁、红树林和海草床等典型海洋生态系统健康状况进行评价，处于亚健康和不健康的海洋生态系统分别占 71%和 10%①。③海洋灾害多发。赤潮现象严重，2012 年全年共发生赤潮 73 次，比 2011 年增加 18 次，累计面积 7 971 平方千米，同比多出 1 895 平方千米；风暴潮造成直接经济损失高达 126.79 亿元，海浪造成了严重的人员伤亡；蓬莱 19-3 油田溢油事故和大连新港“7.16”油污染事故的影响依然存在，渤海海域石油含量超标，对海洋生物造成一定影响②。

以渤海为例，渤海是我国海洋生态破坏最严重的区域，近岸海域污染严重。环渤海地区人口密集，产业众多，沿海地区分布有大型钢铁工业、石油工业和船舶制造业等对海洋

① 国家海洋局：《2012 年中国海洋环境状况公报》，http：//www.soa.gov.cn/zwgk/hygb/zghyhjzlgb/hyhjzlgbml/2012nzghyhjzkgb/201303/t20130327_ 24704.html.2013-03-27.

② 国家海洋局：《2012 年中国海洋环境状况公报》，http：//www.soa.gov.cn/zwgk/hygb/zghyhjzlgb/hyhjzlgbml/2012nzghyhjzkgb/201303/t20130327_ 24702.html.2013-03-27.

污染严重的产业，工业生产和居民生活每年产生大量的污染物，给渤海海域生态环境带来了巨大压力。2012 年，渤海符合第一类海水水质标准的海域面积比例已降至约 47%，第四类和劣于第四类海水水质标准的海域面积与 2006 年同期相比增加了近 3 倍，达到 1.8 万平方千米，约占渤海总面积的 23%；2006 年以来，渤海河口、海湾等重点海域生态系统均处于亚健康或不健康状态[①]。由于捕捞强度的加大和海洋污染的加剧，导致渤海生物物种数量减少，生物多样性指数降低。围填海、围塘养殖和海洋工程项目开发导致渤海滨海湿地减少，生境破坏，海洋荒漠化面积持续扩大。

3. 我国海洋资源现状及分析

我国拥有种类繁多、数量可观的海洋资源，包含几乎所有海洋生物资源和丰富的油气、矿产、旅游资源等。我国目前已经在渤海、南黄海和东海等海域发现大型油气田和丰富的金属矿产资源，同时我国拥有各种海洋可再生能源，如潮汐能、波浪能、海流能、风能等。

我国海洋资源在给人们带来巨大经济利益的同时，也遭到了严重的破坏：①海洋渔业资源的破坏。我国有许多优质的渔场和丰富的渔业资源，鱼类捕捞量 1995 年超过秘鲁，在世界上一直处于首位，造成了我国渔业资源的供不应求，鱼类呈现小型化和低龄化趋势。②珊瑚礁的破坏。1984 年以前我国一些海域的珊瑚覆盖率可以达到 70%，到 1991 年，大亚湾的珊瑚覆盖率下降到了 32%，2002 年海南三亚鹿回头的珊瑚覆盖率仅有 19%[②]。厄尔尼诺、台风等自然灾害对珊瑚礁造成了一定的损害，但根本原因是人们对珊瑚礁的过度破坏。人们在珊瑚礁区进行炸鱼、炸礁、抛锚等活动，采挖珊瑚用于制作工艺品，加之陆源污染物的排放，对珊瑚礁造成了毁灭性伤害。③其他海洋资源的破坏。红树林、滨海湿地都是我国重要的海洋资源，虽然政府已经采取措施进行保护，但是效果依然不理想。在过去的近 50 年里，海南东寨港红树林被毁掉 50 多公顷，红树林湿地被开发成农田、养殖塘、经济物种植林和基础设施建设用地等[③]。大量污染物排放、海上工程建设活动、外来生物入侵等都造成了海洋生态资源的破坏。

我国海洋资源总量大、种类丰富，但是存在粗放开发和开发不足的主要问题。在鱼类、贝类、珊瑚礁、滨海湿地等的开发利用方面，存在过度捕捞和过度利用的问题，对海洋生态破坏较为严重。海洋矿产资源、能源资源、深水资源等资源，由于开发技术水平较低，存在开发不到或开发不足的问题。因此，我国亟须转变海洋资源利用方式，对海洋生物资源进行保护型开发，对其他资源加强科技创新能力，提高开发利用的力度，并培植成为海洋经济的主力产业。

尽管我国政府已经采取了一系列措施治理海洋生态问题，但是由于海洋经济快速发展，对海洋经济产生的环境后果没有进行及时有效的管理，海洋生态状况仍处于不断恶化的趋势。以 2004—2012 年 9 年间的化学需氧量（COD）的含量为海洋生态环境的指标，

---

① 国家海洋局：《2012 年中国海洋环境状况公报》，http：//www.soa.gov.cn/zwgk/hygb/zghyhjzlgb/hyhjzlgbml/2012nzghyhjzkgb/201303/t20130329_ 24710.html. 2013-03-29.

② 李永祺：《中国区域海洋学——海洋生态学》，海洋出版社，2012 年，第 552 页。

③ 李永祺：《中国区域海洋学——海洋生态学》，海洋出版社，2012 年，第 552 页。

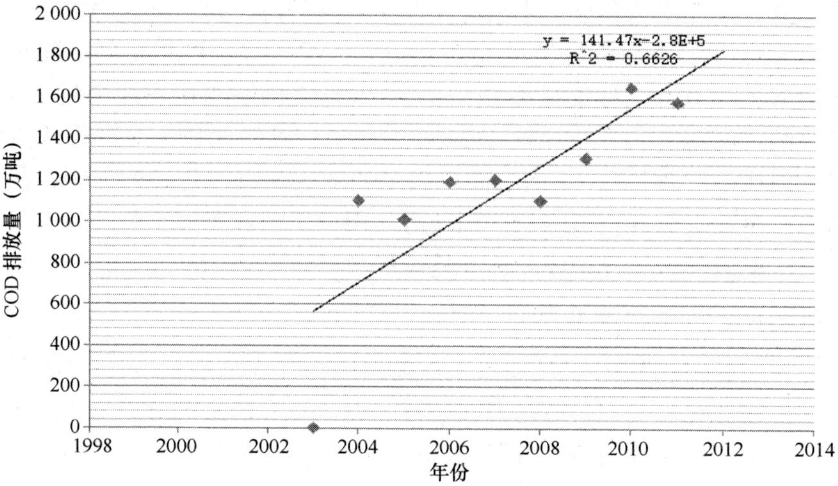

图 4.3　中国海洋生态环境发展趋势图（以 COD 为指标）

做一个散点图（图 4.3），可以看出我国海洋生态环境的发展趋势基本上是呈一个不断恶化的态势。结合图 4.2 可以看出，我国海洋生态环境发展趋势与海洋经济发展趋势是相似的，这说明我国海洋经济还处在粗放型发展阶段，对海洋经济发展过程中产生的环境污染问题治理尚不到位。如果采取强有力的措施调整海洋产业结构，治理海洋生态安全问题，在较短时间内 COD 含量可能会有所升高，但从长期来看，COD 排放量的走向一定是达到一个顶点之后出现逐渐下降的趋势，呈现一个抛物线的形状。这就意味着随着海洋经济结构的优化，海洋环境的改善，海洋生态安全状况一定会经历一个拐点，朝着良性的方向发展。因此，必须采取全方位措施，治理海洋生态安全，促进海洋经济可持续健康发展。

二、借鉴国际经验，加强我国海洋生态安全治理体系建设

海洋生态安全治理没有固定模式，我们要在总结美、日、澳等国海洋生态治理经验的基础上，结合我国在经济、法律、政策、科技、人才培养方面的特点，以政府管理促进海洋科技创新，以海洋科技创新带动海洋经济发展，以海洋经济发展优化海洋生态管理，形成综合性、高科技、可持续的海洋生态安全治理模式。目前我国已经开始实行海洋综合管理，重组国家海洋局，设立国家海洋委员会，中国海警开展海上执法，这都将为我国海洋生态安全提供强有力的保障。借鉴发达国家的先进经验，我国需要在以下六个方面进一步提升海洋生态安全治理能力。

1. 转变海洋经济发展方式，调整海洋产业结构

我国海洋经济近年来增长迅速，但结构尚不健全。澳大利亚的海洋经济一直奉行可持续发展的战略方针，重视对新兴产业的培养，提高海洋经济中的科技含量；日本和欧洲沿海国家也一直非常重视海洋循环经济的发展。因此我国应及时制定和调整海洋经济发展规划，健全相关经济政策，争取尽快建立以海洋生态为基础的海洋经济发展方式。①改善产

业结构，平衡区域发展。加大对海洋生态破坏较小的第三产业的资金支持，提高第二产业的科技含量，促进第一产业可持续发展，鼓励发展循环经济。协调沿海各省的海洋经济发展，鼓励根据当地特点，发展海洋特色产业。②改造海洋传统产业，加快新兴产业发展。传统产业对资源消耗量大，应降低资源消耗，提高科技含量和机械化水平，进行精加工和深加工。加大对海洋新兴产业的政策导向，不断提高海洋新兴产业比重。③建立金融政策支撑体系。投资可以引导产业的发展方向，恰当的金融政策可以对海洋产业的发展起到导向作用。逐步建立和健全沿海地区科技兴海银行贷款机制，利用国家倾向性政策，通过政府财政贷款、银行信贷或各种形式的合资，增加对海洋产业的投入，提高技术水平，改变海洋产业结构落后的局面①。

2. 制定政策，保护海洋生态环境

美国在海洋管理方面一直是采用自上而下的管理方式，政府政策导向在海洋经济与海洋生态管理中作用非常显著，我国也需要建立保障海洋生态安全的政策体系与机构。首先，建立海洋生态政策体系。进一步提升国家海洋战略，把海洋生态安全纳入到国家海洋战略重点部署的内容当中。制定海洋生态安全长期规划，并制定具体的行动计划。其次，完善国家海洋委员会职能，建立有效的横向和纵向协调机制。刚刚结束的十二届全国人大一次会议决定重新组建国家海洋局，设立高层次议事协调机构国家海洋委员会。新设立的国家海洋委员会将在处理海洋问题中起到协调统筹的作用，应进一步完善国家海洋委员会在海洋生态安全治理方面的职能，使其在海洋生态安全治理方面发挥重要作用。再次，鼓励非政府组织、社会团体和公众共同治理。让非政府组织、社会团体和公众参与到海洋生态治理方案的设计、执行与监督的过程中，加大政府对海洋生态保护团体的技术和资金支持力度，鼓励各界人士参与到海洋生态安全治理进程当中。

3. 完善立法，加强海洋执法力度

濑户内海治理最成功的经验在于以法治海，立法是海洋生态保护的根本保障。我国在海洋立法过程中应该从以下几个方面着手：首先，推海入宪。在宪法中加入海洋以及海洋生态的内容，为其他保护海洋生态法律的制定提供法律依据。其次，制定海洋生态基本法，完善配套法律。制定一部综合性的《海洋生态法》，作为海洋生态管理的基本法，并制定一系列配套法律，从各个角度保护海洋生态安全。第三，完善海洋生态安全保障的法律制度。制定有效的海洋生态安全评价制度、海洋生态安全监测制度、海洋生态补偿制度②。

加强海洋执法。十二届全国人大一次会议决定重新组建国家海洋局，推进海上统一执法。国家海洋局以中国海警局名义开展海上维权执法，接受公安部业务指导。这是加强我国海洋执法力量、提高海洋执法能力的重大举措。我国海洋执法队伍应在此基础上，加大对海洋环境的监测和检查，提高执法能力和效率，切实维护国家海洋生态安全。

---

① 任淑华：《海洋产业经济学》，北京大学出版社，2011 年，第 144 页。

② 张素君：《海洋生态安全法律问题研究》，中国海洋大学，2009 年。

4. 发展海洋高科技，培育全民海洋意识

我国海洋高科技对海洋经济的贡献率较低，在海洋生态保护方面的作用也较弱，同时我国还没有形成系统的海洋教育体制，国民海洋生态保护意识较低。因此需要政府从国家层面出台海洋科技和教育发展规划，加大对海洋科技和教育的投入。首先，优先发展海洋科技，构建海洋创新体制。设置鼓励海洋科技发展与创新的法律政策，建立海洋科技创新委员会，协调人、财、物、项目的合理布局。增设支撑海洋开发的国家级项目，加快建立以涉海企业为主体、以海洋高校和海洋科研院所为依托的海洋科技创新平台。其次，普及海洋教育，增强人们的海洋意识。完善小学、中学和大学的教育内容，加设与海洋有关的课程，普及海洋知识。鼓励海洋环保社团的建立与作用发挥，以便让更多的人参与海洋生态保护。

5. 实施“人才强海”战略，加大海洋人才培养力度

当今时代是人才竞争的时代，谁拥有海洋高科技人才优势，谁就能取得海洋竞争的领先地位。应该把“人才强海”战略作为海洋战略的重要内容，加大对海洋高素质人才的培养力度。首先，加大对大学涉海专业的设置，支持重点海洋高校的建设，优化学科结构，培养全面发展的高素质海洋人才。其次，发展海洋人才引进计划，以重大项目为载体吸引海洋科技人才，发展海洋高新技术开发团队，建设海洋科学创新人才队伍。最后，加大对海洋技术人才的培养，形成海洋产业高技能人才培养体系；加快海洋高科技产、学、研相结合，培育优秀的涉海企业家和海洋高科技管理人才①。

6. 加强国际合作，共同治理海洋生态安全

海洋不是一国的私有财产，一国海洋污染物会对其他沿海国家的海洋生态造成一定的影响，因此，在海洋生态治理过程中，应该加强国际合作，从全球和区域的视角对海洋生态进行治理和保护。借鉴波罗的海污染治理的成功经验，共同建立信息交流平台，实行对海洋环境监测信息和数据的共享，对污染海域进行共同治理。加强与发达国家的国际交流，鼓励涉海高校、科研机构与国外高水平的高校和科研机构建立长期的交流与合作，学习国外先进海洋高科技和海洋生态治理经验。鼓励中国政府管理人员、专家、学者参与国际海洋重大科学研究计划和生态安全治理项目，提高我国海洋科研创新能力和海洋生态安全治理能力。同时，我们要联合国际社会，以《联合国海洋法公约》为基础，以多边或双边海洋生态环境法律、协议为补充，共同参与海洋生态安全治理，提高海洋生态可持续发展能力。

① 倪国江：《基于海洋可持续发展的中国海洋科技创新战略研究》，中国海洋大学，2010 年。

第五章　中国海洋生态安全治理模式的构建

人类在开发海洋过程中，产生了严重的海洋生态安全问题，不仅影响海洋生态系统的平衡，更威胁到人类的生存和发展。在面对海洋生态安全问题时任何国家都不能独善其身，其将国家安全、区域安全和全球安全紧密联系起来，需要广泛的国际合作和对话。因此海洋生态安全受到国家、地方政府、社会各界的广泛关注。这时，海洋生态安全及其治理的研究显得尤为重要，而多元主体参与共治模式无疑是对我国目前实行的海洋生态安全治理模式的突破。该模式的构建需要静态和动态两方面的相互配合来得以有效运行。静态方面大致涉及政府、企业、社会组织、媒体和公众等多元主体间关系的界定来建构该模式的基本框架；动态方面则是为保障该框架的良性运行所采取的诸如法律、信息、资源以及监督等方面的网络化机制。

第一节　中国海洋生态安全治理现状

海洋是人类社会可持续发展的战略资源基地，海洋资源存储巨大，是海洋经济发展的物质基础。中国海域辽阔，海岸线漫长，海洋环境多样，各种海洋资源包括海洋生物资源、矿产资源、能量资源、生态资源和港口、旅游资源在世界上占有重要地位。改革开放以来，我们依靠丰富的海洋资源，大力发展海洋经济，取得了巨大成就。但在海洋经济快速发展的同时，我国海洋环境和海洋生态也遭到了严重破坏，就我国而言，海洋生态安全形势十分严峻，近岸海域生态系统大多数处于亚健康或不健康状态，海洋及海岸带生物栖息地受损，生物多样性减少，海洋生态灾害频发，海洋荒漠化，海洋渔业资源的减少，珊瑚礁、红树林、湿地等重要海洋生态系统遭到破坏。如此看来，海洋环境保护任务繁重而迫切①。

一、中国海洋生态安全存在的问题

我国是海洋大国，改革开放以来，中国海洋经济取得了举世瞩目的成就，但同时也付出了沉重的环境代价。总体上看，我国海域生态安全问题是比较严重的，成为制约我国海洋经济可持续发展的瓶颈，威胁着海洋生态安全。因此，尽快改变我国海洋生态系统恶化趋势将具有重要的现实意义和深远的战略意义。

（一）海洋污染形势依然严峻

2009年，我国全海域未达到清洁海域水质标准的面积为146 980平方千米，严重污染

---

① 于淑文：《我国海洋生态环境现状及对策》，载于《中国水运》2009年第12期，第33-34页。

海域主要分布在辽东湾、渤海湾、莱州湾、长江口、杭州湾、珠江口和部分大中城市近岸局部水域。渤海未达到清洁海域水质标准的面积为21 550平方千米，黄海未达到清洁海域水质标准的面积为26 490平方千米，东海未达到清洁海域水质标准的面积为68 190平方千米，南海未达到清洁海域水质标准的面积为30 750平方千米。20世纪80年代中期以来，我国近海水质营养盐污染逐年加重，四大海域海水中主要污染物均为无机氮、活性磷酸盐和石油类，其中渤海营养盐超标面积比例最高，面临严重的富营养化问题①。

近岸海域海水污染依然严重。《2013年中国海洋环境质量公报》显示近岸海域主要污染要素为无机氮、活性磷酸盐和石油类。入海排污口达标率较低，邻近海域环境质量状况总体较差，80%以上无法满足所在海域海洋功能区的环境保护要求。水体富营养化较为严重，主要是由海水中无机氮和活性磷酸盐含量超标所导致；海洋垃圾数量依然较多，以塑料类为主。据科学家研究分析发现多达88%的海洋表面都有塑料碎片，这些碎片主要来源于玩具、袋子、食物容器及其他器具，其伴随雨水径流进入海洋，这些垃圾是重要的化学污染源，甚至会通过食物链对人类产生危害。海洋垃圾密度较高的区域主要分布在旅游休闲娱乐区、农渔业区、港口航运区及邻近海域，主要来源于陆地活动。大量陆地工业废水与生活污水、各种垃圾、化肥农药残留、酸雨等，通过千万条江河，汇聚海洋。另一方面，海域自身的污染，也随着临港工业、海洋运输业、海洋养殖捕捞业、海洋矿产业、海洋旅游业的发展以及围海造地、填海造城等，给海洋生态安全带来威胁，甚至引发海洋生态危机。

（二）海洋生态系统退化

滨海湿地生境和生态功能因大规模围填海活动而大量永久性丧失。外来生物入侵导致生物多样性降低。我国主要河口和海湾生态系统的海洋生物群落结构发生明显改变，群落结构趋于简单化，生物多样性降低，处于不稳定状态。

海洋生物多样性锐减。2013年，实施监测的河口、海湾、滩涂湿地、珊瑚礁、红树林和海草床等海洋生态系统中，处于健康、亚健康和不健康状态的海洋生态系统分别占23%、67%和10%。② 澳大利亚研究理事会珊瑚礁研究中心和中国科学院南海海洋研究所在2012年公布的联合研究报告显示，过去30年，沿海珊瑚礁出现惊人的退化，锐减80%以上。③ 红树林和滨海湿地也由于大量污染物排放、海上工程建设活动、外来生物入侵等遭到了严重的破坏。在2013年夏季多样性检测中，接近一半地区的大型底栖动物多样性指数下跌，部分浮游生物多样性指数也有所下降。海洋塑料污染也导致了海龟、海豚和鲸类等海洋生物的死亡以及珊瑚礁破坏等，造成海洋生态系统的破坏。全球变暖造成部分海洋生物的死亡。全球二氧化碳排放量增加，可能导致海水酸度增大，从而改变海洋中的生态系统，由碳酸钙构成的贝类大量死亡。全球变暖导致海水温度升高，破坏了海洋生物原有的栖息环境，环境的变化造成某些濒危物种灭亡。人类的过度捕捞导致渔业资源枯竭。

---

① 国家海洋局：《2009年中国海洋环境质量公报》，http：/ /www. soa. gov. cn /hy jww /m l/new s / j iu /w eb info / 2010 /06 /1275549798327678. htm.

② 国家海洋局：《2013年中国海洋环境状况公报》，2014年。

③ 《中国珊瑚礁流失八成》，载于《环境与生活》2013年第1期，第10页。

我国鱼类捕捞量在世界上一直处于首位，大量的捕捞使鱼类呈现小型化和低龄化趋势。2010年全国海洋捕捞产量1 200多万吨，比2009年增加24万吨，[①] 部分沿海省市对管辖海域内的渔业资源进行过度捕捞，致使部分渔业资源总量迅速衰减，部分鱼种甚至达到濒临灭绝的境地，许多优质种类已形不成渔汛，如黄海、渤海的小黄鱼渔汛。[②]

（三）海洋灾害

海洋灾害频发。2013年全年共发生赤潮46次，累计面积4 070平方千米，风暴潮造成直接经济损失高达126.79亿元，海浪造成了严重的人员伤亡。2013年11月22日，青岛东黄输油管线发生爆燃事故，入海原油对胶州湾及邻近海域的海水、海洋沉积物、海洋生物、岸滩等造成一定影响；蓬莱19-3油田溢油事故和大连新港“7.16”油污染事故的影响依然存在，使渤海海域石油含量超标，对海洋生物造成一定影响。[③] 在全球气候变化背景下，中国沿海气温与海温升高，海平面升高，长期累积将直接造成滩涂损失、低地淹没、生态环境破坏和洪涝灾害加剧，并导致风暴潮、海岸侵蚀、咸潮、海水入侵与土壤盐渍化加重。

我国是世界上海洋灾害最严重的国家之一，海洋灾害表现为：海洋赤潮、沿海地面沉降、风暴潮、海啸、厄尔尼诺、突发性污染事件、海岸带侵蚀与淤积灾害、溢油、病虫害、外来物种入侵等。海岸侵蚀造成土地流失，损毁房屋、道路、沿岸工程和旅游设施，给沿海地区的社会经济带来较大损失。海水入侵可导致地下水咸化，饮用水质量下降；土壤产生不同程度的盐渍化，造成土壤板结，抑制作物生长，对农业生产影响明显。可以说，海洋灾害严重影响着我国的海洋生态安全。

二、中国海洋生态安全治理现状

海洋生态安全治理现状集中表现为对治理的客体处理不当、对治理的主体认识不清。客体层面即海洋现状，表现为海洋营养化、荒漠化严重；海洋生物多样性减少；工业生产排放污染加剧；赤潮、风暴潮等海洋灾害频发；海洋资源开发与利用的不可持续性、粗放性；海洋生态平衡受到威胁；海洋生态系统日趋恶化。主体层面即海洋治理的主体呈现出混乱局面，目前我国海上执法部门10余个，海监、海事、海警、海关和渔政五部门在职能权力方面存在很大的交叉，造成各部门之间利益博弈。同样的现象也出现在府际间，有利互不相让，无利互相推诿，权力运行上的弊端和寻租时有发生，这从侧面反映出我国的海洋治理存在严重的分散性，使得本已严峻的海洋生态环境不能得到及时有效的治理。[④]

（一）海洋治理主体单一化，权利混乱

目前我国海洋治理主体是政府。从管理体制来讲，我国政府海洋管理体制长期存在横

① 中国海洋年鉴编纂委员会：《2011中国海洋年鉴》，海洋出版社，2011年。

② 刘帅，瞿群臻：《海洋资源开发与管理现状及对策》，载于《安徽农业科学》2013年第16期，第7266-7268页。

③ 国家海洋局：《2013年中国海洋环境状况公报》，2014年。

④ 杨振姣，董海楠，姜自福：《中国海洋生态安全多元主体参与治理模式研究》，载于《海洋环境科学》2014年第1期，第203页。

向、纵向和斜向三个方面的关系难以理顺。长期以来我国海洋管理体制存在利益部门化以及权威碎片化现象，不同的部门和地方政府掌握了对特定资源和决策的控制权，在资源管理、行业管理、行业立法、执法、政策执行方面缺少统一协调部门，上下级部门之间信息沟通不畅，效率低下；从斜向来看，综合业务协调能力差，宏观调控能力不强。[①]

（二）缺乏相关法律规范

海洋生态安全问题的不断出现，已经引起人们对海洋生态系统的安全与稳定以及恢复与重塑高度的重视。[②] 美国加利福尼亚大学生物学家 G·哈丁教授在其《公有地的悲剧》一文中指出，“作为一个有理性的动物，每个牧民都会谋求自己利益的最大化……在没有道德约束或受法律制约的条件下，每个牧民都被锁进一个强迫自己无限制地增加牲口的陷阱当中——而这个世界是有限的”；“在一个人人都争先恐后地在公地上追求利益最大化的社会里，毁灭就是最终的宿命。在公地上毫无限制的自由将会毁灭一切”。[③] 在海洋环境的保护和海洋资源的利用上，公地的悲剧也正在上演。

海洋生态安全是对海洋环境利益的承认和保护，要实现海洋生态安全，必须对人类的利益，包括对海洋环境的无度利用和对海洋资源无限索取进行限制，同时，法律设计中要体现海洋生态安全的理念，这种理念的本质是追求人与海洋的和谐发展。实现这一目标的有效途径是制定和完善相关法律，因为在人类自身素质和观念还没有达到极大弥补道德规范之“软约束力”，而且，法律的运行不仅会促成两种利益的均衡，还会为海洋生态文明的建设提供有力的支持。我国现行的涉及海洋生态安全的法律体系是维护我国海洋生态安全的法律保障，但由于这一体系存在的缺陷和不足，使得我国的海洋生态安全问题仍处于日益增多的态势。现今的海洋环境和资源保护法律体系之所以不能有效地保障海洋生态安全，最重要的原因是没有将海洋生态安全的理念融合于法律体系的建设。[④] 如若不对海洋生态安全的法律保障体系进行完善，我国的海洋生态安全必然面临极大的威胁。

（1）在法律方面，缺少针对海洋生态安全的法律管制。在海洋生态安全立法方面，缺乏综合性的专门用于维护海洋生态安全的法律，《联合国海洋法公约》倾向于维护公海主权，《海洋环境保护法》也只针对海洋环境的保护，这些法律并没有起到海洋生态安全保护基本法的作用，各单行法律只是在某个方面涉及海洋生态安全保护，而且由于部门、行业利益不同，难以实现海洋生态安全的全面综合管理。另外，在海岸带、海洋生物多样性保护、海岛开发与保护、沿海地区防灾减灾等方面存在法律空白，亟须建立海洋生态安全法律体系，在保证海洋生态安全的基础上促进海洋产业的可持续发展。

（2）目前我国缺少海洋生态安全规划。我国在海洋规划方面，管理远远落后于陆地，海洋开发与海洋生态安全息息相关，只有对海洋资源的使用进行全面综合的规划，对海洋开发工程造成的影响进行合理的评估，不能只考虑到经济利益，忽视了生态利益。海洋生

① 于思浩：《海洋强国战略背景下我国海洋管理体制改革》，载于《山东大学学报（哲学社会科学版）》2013年第6期，第153-160页。

② 钭晓东：《论环境法功能之进化》，科学出版社，2008年，第19页。

③ Garrett Hardin：《The Tragedy of the Commons》，Science，1968（162）.

④ 张素君：《海洋生态安全法律问题研究》，中国海洋大学，2009年。

态系统的脆弱性要求我们要以海洋生态安全为中心，适当地发展海洋经济。大规模的填海工程，不可避免地会侵占大量的滨海湿地和浅海资源，改变自然海岸线，影响自然景观，破坏鸟类、鱼类和底栖生物的繁殖场所，改变区域的潮流运动特性，引起泥沙冲淤和污染物迁移规律的变化，进而间接地影响底栖生物等海洋生物资源的质量。[①] 围海造地虽然带来了巨大的经济效益，缓解了土地资源的紧张局势，但会对海洋生态安全造成无法挽回的损失，降低海洋生态系统的服务质量，导致严重的生态负效应。[②]

（三）我国在生态与环境科技发展方面的差距

我国具有独特的海洋生态和环境条件，可以发展出很有特色的海洋生态与环境科技体系。但是过去30年，我国海洋生态科研基本处于被动跟踪状态，缺乏系统的、基于国情的重大海洋生态环境问题的研究和关键技术开发，还没有摆脱末端治理为主的老路，海洋环境保护研究与转变经济发展方式相互分离，缺少系统性和经济评估。[③] 因此，海洋生态与环境科技的发展还不能满足经济社会快速发展的需求，对新的海洋生态环境问题缺少应对的理论和技术储备，科研不能有效地渗透到海洋生态的各个环节，缺少强有力的科学指导，对海洋生态环境与发展的决策支撑力度明显不足。这与我国海洋生态与环境问题的严重性不相适应，与大国的地位极不相符。

我国的原创性基础研究欠缺，手段相对落后。除少数研究外，我国在海洋生态环境领域的研究缺少基础性、战略性、原创性研究，缺乏为相关产业和产品的发展提供科技支撑的系统创新能力。生态科研队伍与国外存在整体的差距，同我国面临的复杂环境问题相比，科研水平尚不能满足多方面的需求。其次，缺少大跨度学科交叉的系统综合研究和全球视野。长期以来，我国的海洋生态科技研究对海洋环境问题的综合性、区域性特征重视不够，针对某个问题的单学科研究多；注重末端控制，忽视从驱动力角度寻找解决途径[④]；缺乏从区域、流域尺度进行系统性的跨学科研究，更没有从全球视野审视问题的深层背景，导致海洋生态保护措施单一，难以从根本上解决区域性、流域性和系统性的海洋环境问题。因此，我国必须加强海洋生态科学的基础性研究，系统地做好海洋生态研究工作，以科技支撑发展，以预防代替治理，只有这样才能从根本上解决海洋生态安全问题。

生态治理所需资金缺乏。不论是海域污染还是生态环境受损，都需要投入资金来对其治理，但是由于海洋资源的公共性，使得各方利益团体只是肆意开发和利用，并没有保护和治理的意识，企业和公民都不愿意投入资金进行治理。海洋高科技的开发也需要资金支持，资金不足严重阻碍了海洋新兴产业的发展，阻碍了对海洋生态破坏的治理。海洋高科技人才的培养同样需要高额资金来支持，由于我国海洋高科技人才的短缺，使得我国海洋高科技水平落后于发达国家，海洋经济的发展往往依赖于海洋不可再生资源，对于海洋可

① 李仕涛，王诺，张源凌，宋南奇：《30a来渤海填海造地对海洋生态环境的影响》，载于《海洋环境科学》2013年第6期，第926-929页。

② 杨振姣，刘雪霞：《海洋生态安全现代化治理体系的构建》，载于《太平洋学报》2014年第12期。

③ 欧阳志云：《生态系统服务功能、生态价值与可持续发展》，载于《世界科技研究与发展》2000年第5期，第45-50页。

④ 周珂，王权典：《论国家生态环境安全法律问题》，载于《江海学刊》2003年第1期。

再生资源和能源的利用很弱，对于海洋灾害的处理技术也很落后，比如核泄漏或者原油泄露，如果不开发出新技术来迅速控制并解决这些污染物的扩散，将严重危害海洋生态安全。

（四）海洋生态安全意识的缺失

生态安全意识是人们对客观存在的生态安全状况的主观反映，其核心是对生态安全及相关问题的认识、判断、态度、价值导向和行为取向。生态安全意识的提出是最近几十年的事，是在新的环境背景下提出来的，是现今生态问题提升到国家安全战略高度的产物。[①]长期以来中国就以“地大物博”自称，忽视了海洋资源的有限性和海洋生态系统的脆弱性，没有意识到海洋资源对于海洋生态安全的重要性，海洋经济的发展过度依赖于海洋资源，过度捕捞渔业资源，导致渔业资源枯竭。同时，海洋生态文化比较薄弱。海洋生态文化是指人类在利用海洋与海岸带资源的实践过程中保护生态环境、追求生态平衡所形成的一切文化成果。它以“尊重海洋，顺应海洋，保护海洋”为前提，以促进海洋生态环境得到改善，人与海洋和谐发展为目标。[②] 海洋生态文化关系到我国生态文明的建设成效，目前我国的海洋生态文化不能适应海洋生态文明建设所需。

大多数人认为海洋容量大，可以自身净化，排些废弃物没有关系；加之经济利益的诱惑，人们往往会忽略海洋环境，而对海洋环境的污染没有给予足够的重视，导致污染量超过海洋的自净能力，造成灾难性后果。比如说，随着海水养殖业的发展，人们肆意地让养殖废水流入海洋，这些有机污染物使得水体富营养化，造成某些毒藻类植物疯狂生产，严重破坏了生态系统，给海洋环境带来重大灾难。同时，我国对海洋资源的过度开采以及大量海岸工程的修建也造成了对海洋环境的破坏。过度捕捞使海洋物种急剧减少；海岸工程的修建改变了海岸及滩涂的自然属性，破坏了海岸附近海域的生态平衡。[③] 不仅如此，滥砍滥伐破坏了生态系统，也污染了海洋。黄土高原虽然距离海洋有数千里之遥，但是依然与海洋息息相关。近年来，人们出于自身经济利益的考虑，乱砍滥伐破坏了大江大河上游区域的植被，巨大的洪流在侵蚀土壤的同时，也将大量的农药、化肥及有机物质冲进河流，汇入大海，使海洋环境受到严重的污染，形成了农业发展与环境污染的恶性循环。

随着沿海经济的不断发展，海洋经济逐渐上升成为沿海经济的重要组成部分。但沿海地区城市虽然是工业化和城市化的先锋，同时它也是区域性海洋污染的重点区域；城市环境污染也对海洋生态环境造成了负面影响，因为污染以城市为中心而不断向外围和周围地区扩散，对海洋生态环境形成严重污染。[④] 近岸海域生态环境不容乐观，而且目前由于对这一问题的严峻性缺乏认识，我国对海洋的利用仍是无序和粗放型的，对海洋污染缺少必要的约束机制，对海域环境缺乏有效的管理。因此，提高对海洋环境保护的认识，加强对近海海域的管理，是我国目前亟待解决的问题。

---

① 苏美岩：《生态安全意识及其建构》，载于《安徽农业科学》2008 年第 11 期，第 4666 页。

② 欧玲：《海洋生态文化建设初探》，国家海洋局第三海洋研究所，2013 年。

③ 吴晓青：《加强生态保护 维护国家生态安全》，载于《环境保护》2006 年第 11 期。

④ 齐小乎：《生态安全，一个时代性命题》，载于《中国财经报》，2009 年 9 月 12 日。

（五）缺乏与国际社会的沟通互动

海洋生态问题超越国界和地区界限，具有全球规模。由于国际社会的倡导和推动，是否积极投身可持续发展行动实际上已经成为一个国家和地区树立良好国际形象的重要因素。目前，由于生产力水平的差异，发达国家与发展中国家在环境与发展问题上存在许多矛盾，如可持续发展需要资金和技术，从世界范围来看，发达国家聚集了全球大部分资金，掌握着先进技术；而发展中国家资金不足，技术落后。因此，发展中国家与发达国家在海洋生态安全问题上存在着较大的利益差别与观点分歧，[①] 在国际合作与竞争中存在着激烈的斗争，而斗争的实质就是国家利益。解决生态安全的困境需要世界各国的共同努力，建立新的国际秩序和合作关系。但是，对于不同地区和不同国家来说，甚至对同一个国家发展的不同时期来说，其所面临的问题和采取的措施又是不同的。我国是发展中国家，而且是一个发展中的大国，拥有 1 / 5 的世界人口，而人均资源占有量只相当于世界平均水平的 1 / 4。[②] 因此，在保护我国海洋生态安全方面，我们强调各国共同而又区别的责任。对于我国来说，加快经济发展，提高人均收入水平是保护海洋生态安全的客观条件。目前，严重的环境污染和生态破坏影响着我国的国际形象，如果处理不好同周边国家存在的环境问题，也会成为外交摩擦的隐患。无论是从国际合作与竞争的角度看，还是从国内人民生活需要出发，我们都要责无旁贷地保护海洋生态。因此，我国必须积极参与国际生态环境问题的交流与合作，投身于海洋生态安全保护，共同采取措施保护人类的海洋生态安全。同时与国际社会进行沟通互动，取得谅解，维护好自己国家的海洋生态安全，树立负责任的大国形象，为国际合作和竞争创造有利条件。

陆地资源的日趋衰竭，促使人类将注意力转移到海洋上，海洋生态系统的生态价值和服务功能成为人类赖以生存和发展的基础。但是日趋增多的海洋环境问题也让人们开始从生态系统的角度关注生态安全。因此，我们可以将海洋生态安全理解为海洋生态系统很少受到甚至不受破坏与威胁的状态，自身结构和生态服务功能保持稳定性和持续性，为人类生存发展提供服务功能。其包含两方面的内容：一方面是指海洋生态系统自身的平衡和稳定。海洋生态系统作为地球上最大的具有稳定性和独特结构的生态系统，吸纳了绝大多数的人类活动产生的垃圾，但是海洋生态系统也有自己的生态阈值，而一旦超过了这个阈值，海洋生态系统将不能够维持自身的平衡和稳定。而在当前，海洋环境污染和海洋生态破坏已经将海洋生态系统置于极度的不安全之中。另一方面是指海洋生态系统所具有的生态服务功能。海洋不仅诞生了海洋文明，同时也被认为是生命支持系统之一，不仅是地球生命的发源地，而且还为人类提供了生存所需的丰富资源。总之，海洋生态系统对人类的生态服务功能是巨大的。

工业化和市场化进程的快速发展，消耗了更多的资源，产生了更多的生活垃圾和污染物排放，加之我国不可持续性生产和消费活动以及粗放的生产经营方式，海洋环境面临着

① 曲格平：《关注生态安全之一：生态环境问题已经成为国家安全的热门话题》，载于《环境保护》2002 年第 5 期。

② ［英］戈登·怀特：《公民社会、民主化和发展：轮廓清晰的范围》，社会科学文献出版社，2000 年，第 59 页。

前所未有的压力。海洋生态安全现状集中表现为对治理的客体处理不当、对治理的主体认识不清。

客体层面即海洋现状，表现为海洋营养化、荒漠化严重；海洋生物多样性减少；工业生产排放污染加剧；赤潮、风暴潮等海洋灾害频发；海洋资源开发与利用的不可持续性、粗放性；海洋生态平衡受到威胁；海洋生态系统日趋恶化。主体层面即海洋治理的主体呈现出混乱局面，目前我国海上执法部门有 10 余个，海监、海事、海警、海关和渔政五部门在职能权力方面存在很大的交叉，造成各部门之间利益博弈。同样的现象也出现在府际间，导致了有利互不相让，无利互相推诿的现象，权力运行上的弊端和寻租时有发生，这从侧面反映出我国的海洋治理存在严重的分散性，使得本已严峻的海洋生态环境不能得到及时有效的治理。

综上所述，海洋生态安全严峻形势以及混乱的治理主体客观上强化了多元主体参与治理的必要性。多元主体参与的治理模式是通过政府、企业、公众、社会组织（非政府组织、知识组织）、大众媒体甚至国际力量组成的多元主体互动网络体系来共同管理公共事务，以提高效率和效益。它是一种公共事务管理的新形态。

第二节　中国海洋生态安全多元主体参与治理的必要性和可行性

海洋生态系统结构和功能的稳定性是海洋事业发展的重要前提和基础，一切与海洋相关的社会文化和产业经济活动都依赖于海洋生态安全去实现价值和效用。因此海洋生态安全的治理与维护是一项非常重要的工程，需要多元主体的共同参与。

一、必要性分析

（一）海洋所具有的特性决定海洋生态安全治理需要多元主体共同参与

海洋整体性决定了多元主体参与治理的必要性和整合性。众所周知，我国现行的海洋生态安全治理对海洋进行了行政分割，除了各省市对自己行政范围内的海域各自为政外，海洋环境治理还涉及海监、海事、海警、海关和渔政等多个部门，这些部门之间在职能管理上存在交叉，易发矛盾；这种模式不仅忽视了环境的整体性功能，也违背了海洋环境治理的科学规律。因此这种治理模式既造成对海洋环境的相关信息掌握不够，也造成了信息流通的不畅和治理资源的浪费，不可避免地走向“公地悲剧”。扩大主体多元性，发挥市场和社会的力量，势必能够缓解各自为政治理模式对于海洋环境信息掌握得不充分、信息渠道闭塞、治理资源浪费等问题，极大地提高海洋生态安全治理的实际效果。

（二）多元主体参与治理的现实需要

以往的治理体现了单一主体治理模式的弊端也强化了多元主体参与的现实需要。目前海洋生态安全治理呈现出主体繁多，类别单一的局面，即担任管理者角色的政府主体，重要的治理政策和机制由其制定，地方政府负责具体的执行功能，丧失了海洋环境治理的针对性、实效性，往往出现为了经济发展牺牲资源环境的行为。而被管理者则是企业和公众，权力的缺乏使得企业和公众在海洋环境治理中发挥积极力量的空间狭小，不能起到有益的监督协调补充作用。因此，多元主体的有效参与能够打破单一主体治理海洋的弊端，也是符合现实环境的实际需要。

（三）目前海洋生态安全的复杂现状

一方面，从目前我国的海洋安全来看，在海洋权益方面将面临严峻挑战，不仅存在着资源被掠夺，更有岛屿被侵占的危险。而划界有争议、海洋国土被分割、“海洋国土”多元化等方面的威胁更是普遍。我国与邻国在权益上争议最复杂的是南海。改革开放后中国经济快速发展，使部分产生危机感的西方大国“创造”出了“中国威胁论”，力图以此遏制中国的快速发展势头。台湾更是中国领土不可分割的一部分，西方大国无论制造多少阴谋论都不能动摇中国统一的决心，更不能改变一个中国的事实。这就要求我们必须从中国的实际出发来调动全社会的力量，维护我国的权利，以确保国家海防安全、海洋利益和现代化建设。

另一方面，随着经济社会发展，全球性的海洋污染、海洋生态破坏等现象频繁出现。更为明显的是温室效应导致的海平面上升与生物多样性的减少。有科学预测表明，海水温度升高和海平面上升可能是未来危及我国领土安全的重要因素。据联合国政府间气候变化专业委员会报告，20 世纪全球海平面平均每年上升 1~2 毫米。据温室气体的不同排放情况预测，全球海平面高度在 1990—2100 年期间将上升 9 厘米至 88 厘米，不同区域上升幅度大不相同。[①] 海水温度异常带来全球气候异常，2005 年冬我国烟台、威海两地发生的大暴雪现象，2006 年夏重庆地区出现连续高温酷暑现象，都与海洋变化有密切的联系，环境的微小变化而间接造成的灾害更是不可估量。[②] 全球部长级环境论坛第九届特别会议结论之一：社会和经济发展依赖于有限的自然资源和健康的环境。然而，生态系统及其产品和服务在国家、区域和全球一级社会和经济驱动力的压力下已趋于退化；气候变化的影响已在经常和大强度发生极端自然灾害的国家所在区域内呈现。据国家海洋局发布的《2007 年中国海洋灾害公报》报导，2007 年我国共发生风暴潮、海浪、海冰、赤潮和海啸等海洋灾害 163 次，造成直接经济损失 88.37 亿元。改变生态环境的恶化趋势单靠个别组织、个别群体的力量显然是无法实现的，这就要求在海洋生态安全治理主体中多元治理主体的共同参与，协作分工、相互补充，互相监督，以实现到海洋生态安全治理的具体要求。

二、可行性分析

（一）以海洋环境管理的部门联动机制为基础

目前我国在海洋环境管理工作中已经形成了一定的跨部门联动机制。比如海洋环境突发事件应急联动机制，在海洋环境领域发生的海上石油勘探开发溢油、海上船舶和港口污

① 刘家沂：《生态文明与海洋生态安全的战略认识》，载于《太平洋学报》，2009 年第 10 期，第 68-74 页。
② 刘家沂：《生态文明与海洋生态安全的战略认识》，载于《太平洋学报》，2009 年第 10 期，第 68-74 页。

染、浒苔和赤潮等突发事件中，国务院有关部门、地方政府及其相关部门、社会组织等多方应对主体，在统一领导下，反应迅速、互联互通、信息共享、协同应对的危机应对模式。① 这种模式在本质上看同样属于政府内部的网络治理模式，只不过主体性质的一元性限制了治理的效率。海洋生态安全的治理多元主体参与模式的基本特点就是主体多元、合作协商，从而突破了联动机制的限制，将社会多元主体纳入到联动的体系中，从而最大限度地整合社会资源。

（二）海洋生态安全多元主体参与治理的社会基础

消除海洋生态系统所受的威胁，维护海洋生态安全，仅靠政府部门的一己之力是不够的，更需要全体社会成员、力量的共同参与，整合资源，形成合力。气候变化、环境危机日益影响着生态系统的平衡、人类的安全和社会的发展。环境权作为人类生存与发展的一项基本权利，正是在这种背景下开始觉醒。社会公众对环境权的要求为其通过各种活动和组织方式，参与环保活动，获取环境利益的行动提供了驱动力。而且随着生态产业经济的不断发展，一些生态经济主体对良好环境的要求也与日俱增。这些都为多元主体的积极参与提供了前提保障。

维护海洋生态安全更需要全社会力量的整合，形成一股合力来消除海洋生态系统受到的威胁。从近年来的海洋生态安全治理现状来看，社会多元主体的参与正成为应对海洋生态安全问题的主要方式，特别是2008年的青岛浒苔事件充分体现了这一点。但是同时也表现出以政府为主的“分散式、部门化”的特点，许多的社会力量处于分散、彼此缺乏联系及沟通、搞“单干”的形式。② 所以还应该对社会多元主体进行丰富，并对其参与机制加以完善和引导，使其成为维护海洋生态安全的重要力量。

（三）多元主体参与的信息技术保障

传统媒体如电视、广播以及报纸等媒介的信息流动都是单向的，不能满足网络治理主体双向互动的要求。以互联网为基础的新兴媒体带来了机遇，满足了治理网络对信息的要求，为各主体之间的信息交流互动提供了一个技术平台。随着网民数量的不断增多，网络成为当前社会生活不可缺少的元素之一，也成为社会公民参政议政的重要手段。一方面可以发挥环境信息公开作用，政府及企业可以及时向社会发布海洋生态安全相关信息，为社会公众参与奠定基础。另一方面可以发挥舆论监督作用，政府部门论坛、微博已经成为政府和社会互动的有效途径，这种互动将直接推动海洋生态安全治理网络的有序运行。

三、海洋生态安全对国家安全的影响重大

国家安全不仅包括国家的完整、稳定以及不受侵犯，而且包括个体公民生存的安全、社会经济发展的安全、地球持续繁荣的安全。海洋生态安全以其全人类性和跨国性直接涉

① 吕建华：《完善我国海洋环境突发事件应急联动机制的对策建议》，载于《行政与法》，2010年第9期，第33-34页。

② 杨振姣：《关于我国海洋环境应急管理中的社会参与机制的思考——以青岛海域浒苔事件为例》，载于《海洋开发与管理》，2010年第5期，第26-30页。

及世界各国的经济发展和社会进步，关系到全人类当前的和长远的利益。其出现危机，不仅对国内经济发展和社会生活构成威胁，还有可能成为未来国际冲突的热点。因此，从海洋生态安全的角度审视国际关系和国家安全是非常重要的。[①] 海洋生态安全问题对我国国家安全的影响是客观存在的，且有加剧趋势，海洋生态安全的影响主要表现在以下方面。

（一）海洋生态安全问题对国家政治安全的威胁

环境外交兴起后，一个国家的生态形象具有了战略意义。从环境角度来诋毁中国的形象，这是西方霸权主义的新的表现形式，对此我们不得不有所应对。“环境破坏可能导致越来越多源于资源的战争”[②]。伴随着不断加剧的海洋生态形势，世界各国因海洋资源和海洋权益引发的冲突不断升级，成为世界海洋政治的新的议题，也是当前国际环境外交的重要内容。因海洋生态安全问题导致的军事冲突和政治斡旋常态化，世界范围来看，争议海域都是普遍存在的，无论是中国和其他海洋国家，或因海洋划界，或因跨国捕捞、石油钻探、海洋污染、海底资源开发等问题引发的新一轮的对国家政治的威胁和影响日益严重。这些因海洋生态安全引发的政治安全问题既影响国防建设，也对全球海洋生态安全构成威胁，敦促全球合作和区域合作的进一步发展和完善。

（二）跨界污染和危害转移造成的国家间冲突

早在20世纪70—80年代，美国与加拿大之间，瑞典、挪威等北欧国家与德国、法国之间就曾因酸雨问题而长期争吵不休。近来日本、韩国也抱怨中国生成的酸雨飘落到它们国家。核电站安全和核废料污染问题也经常造成国家间的关系紧张。在冷战期间，苏联曾秘密向日本海倾倒了大量核废料。1993年该事件曝光后，日本向俄罗斯提出了抗议，美国和其他国家也警告俄罗斯停止类似行为。西方国家以投资为名将一些污染企业转移到技术落后的发展中国家，我国东南沿海一带，有些地区打着废物循环利用的旗号大量进口洋垃圾，造成了当地环境的严重破坏。[③] 中国与周边国家的环境摩擦可能增多，对双边及地区关系产生不良影响。

（三）海洋生态安全与经济安全紧密联系

海洋生态破坏和环境恶化的直接后果就是经济损失。“环境问题的解决常常需要耗费巨额成本，分散珍贵的发展资源，甚至阻碍经济的发展”。[④] 在秘鲁，Ventanillas 自治市计算它每年需要花费400 000美元清洗海岸线，而该市清洗所有公众区域的年度总预算也不过是上述数额的一半。[⑤] 由这些统计可以看出，海洋环境污染事实上已经在一定程度上抵消了人类社会发展的积极成果，并越来越成为影响人类社会发展的公害。我国近年来频频发生的台风和洪水等海洋灾害和海洋环境突发事件给国民经济和人民生命财产造成了严重的损失。海洋经济的发展离不开良好的海洋生态安全环境，海洋生态安全是经济安全的必

---

① 丁德文：《海洋生态事关国家安全》，载于《绿叶》2006年第3期，第39页。

② 张海滨：《环境与国际关系》，上海人民出版社，2008年，第174页。

③ 刘东国：《国际安全的新领域：环境安全》，载于《教学与研究》2002年第10期，第51页。

④ 田源：《我们期盼绿色GDP》，载于《解放军报》，2006年9月10日。

⑤ http：//www. unep. org/Documents. Multilingual/Default. asp？ArticleID = 6214&DocumentID = 589&l = zh.

要条件和基石。

此外，某些发达国家以海洋生态安全为名，干涉其他国家对本国资源的开发利用，为海洋贸易壁垒的设置等不平等交易寻找借口。西方国家可能以中国破坏海洋生态环境为由，对中国实施贸易壁垒，还可能操纵资源价格大幅波动，扰乱中国经济发展。随着中国经济越来越开放，国际资源价格对中国的影响会越来越大。如果中国的海洋生态安全非常脆弱，资源对外依赖度较高，国内经济就难以抵御外来冲击，所造成的经济危机也会引发一系列社会问题。① 可以说，海洋生态安全与经济安全紧密联系，油气、水、渔业等海洋生态资源对于地区、国家的经济安全具有致命的控制。

（四）海洋生态安全恶化所引发的社会安全问题

面对“沿海和海洋的环境退化，尽管采取了相应的国家和国际行动，但自 1970 年就已意识到的海洋污染、海洋生物资源的过度捕捞及沿海生态环境的丧失等主要威胁依然存在”②。据估计，1994 年有 37%的全球人口居住在距离海岸线 60 千米以内的沿海区域，而世界沿海地区的 1/3 处于退化的高度危险之中。③

海洋生态环境恶化加剧了贫困的威胁，由于我们长期实行粗放型、外延型、数量型的经济增长方式，牺牲了自然资源和生态环境，由此造成了人与资源、环境之间协调关系的严重失衡。可能引发社会冲突，特别是在沿海省份，海洋生态问题可能影响国防建设。

大气变暖导致的海平面上升的严重后果是生态难民的出现，大量生态难民可能引发社会动乱。如果不采取有效的办法解决潜在的威胁，那么，全球性的环境难民危机将在今后几十年内发生。对于人类而言，海平面上升不仅仅意味着昂贵的经济代价，还意味着社会危机、生态灾难。从这个意义上说，减轻和降低人们对于海洋生态环境所带来的负面影响已经迫在眉睫，刻不容缓。

第三节　中国海洋生态安全治理模式的目标

从宏观上，海洋生态安全治理的目标首先要维护世界和平，保证国家海洋主权和权益，保护海洋生态环境，实现海洋强国的目标；从中观上，保证我国海洋区域发展平衡，推动海洋科技进步，保证海洋事业顺利发展；从微观上，维护沿海居民的合法利益，降低海洋灾害带来的损失，维护沿海居民的生命财产安全。

中国海洋生态安全治理模式是以海洋强国、生态文明为总体目标，由政府、企业、公民、大众传媒、社会组织等多元主体参与的治理模式，其中明确的治理目标是构建中国海洋生态安全治理模式的立足点。

---

① 黄仁伟：《生态环境与国家安全》，载于中国政策科学研究会国家安全政策委员会编：《生态文明建设与国家安全（第七届中国国家安全论坛论文集）》，时事出版社，2009 版，第 68、70 页。

② 联合国环境规划署：《全球环境展望 3》，第 176 页。

③ 联合国环境规划署：《全球环境展望》，第 17 页。

一、治理目标之一——海洋强国

中共十八大报告提出，提高海洋资源开发能力，发展海洋经济，保护海洋生态环境，坚决维护国家海洋权益，建设海洋强国。杨金森认为，海洋强国是一个综合性的概念，包括海洋经济强国、海洋科技强国和海洋综合力量强国三个方面①。陈颖辉认为“海洋强国”是指拥有健康的海洋生态系统、可持续发展的海洋资源环境、先进的海洋科技、发达的海洋经济、强大的海洋事务综合管理调控能力、强大的海洋军事实力的临海国家。

在本书中，我们认为，海洋强国是指在海洋的开发、利用、保护、管控方面都拥有强大综合实力的国家。具体来说，“海洋强国”是指海洋经济实力发达、海洋科技水平先进、海洋产业国际竞争力强、海洋资源环境循环可持续发展能力强、海洋事务管理调控有序规范、海洋生态环境健康可持续、海洋文化发达、海洋军事实力及海洋外交事务处理能力强大的临海国家。

（一）海洋强国的内容

（1）海洋经济综合实力。海洋经济强国应该全面开发利用海洋资源，海洋产业群不断扩大，海洋科技水平不断提高，新兴海洋产业不断壮大，海洋产业的产值在国民经济中的比重不断提高，达到10%左右，优势海洋产业进入世界先进行列。② 海洋经济综合实力的提高要求我们在保障海洋环境资源可持续利用的基础上坚持经济发展，努力实现经济与资源、环境保护并举。并积极利用科技进步对海洋经济发展的推动作用，加强海洋资源勘探与相关海洋调查，深入进行海洋科学研究、开发与管理、努力培养海洋产业发展所需要的各类人才，实现海洋经济、生态、文化的一体化综合全面发展。推进渔业经济结构的调整，发展海洋交通运输业及相关产业，开发利用海洋能源，大力发展新兴海洋产业，海洋旅游业要突出海洋生态和海洋文化特色，加强海岸带综合管理和生态环境保护。

（2）海洋科技综合水平。海洋科技综合水平是指以资源高效集约利用为目标，努力突破海洋油气勘探开发和积极研发海水综合利用等关键性技术；围绕海洋生物资源开发，着力突破远洋渔业捕捞技术，努力掌握海水增养殖技术、耐盐作物培育等相关海洋生物技术。

（3）海洋产业国际竞争力突出。围绕传统海洋产业改造升级、新兴海洋产业培育中遇到的技术瓶颈，加大产、学、研联合攻关力度，促进海洋经济又好又快发展。并努力提高海洋旅游等第三产业在海洋产业中的比重。

（4）海洋资源环境的可持续发展。海洋作为一个生物生存的空间及载体，其环境的好坏直接关系到整个海洋的可持续发展。海洋资源环境的可持续发展是指对海洋资源的利用要保持在一定的强度内，不影响后代人利用海洋满足其需要的能力；海洋环境要保持稳

① 杨金森．《中国海洋战略研究文集》，海洋出版社，2006年版，第210、306-307页。

② 刘洪滨等：《发展海洋经济建设海洋强国》，载于《太平洋学报》2006年第7期，第80-87页。

定，不影响生物的生存，尽可能地保护生物多样性；最终实现人与海洋协调的可持续发展。

（5）成熟的海洋事务综合调控管理。沿海国家海洋管理机制的发展，都经历了从海洋行业性管理阶段到海洋综合管理阶段的过程。1992年召开的联合国环境与发展大会上《联合国海洋法公约》生效，同时正式提出了可持续发展和海洋综合管理的理念。相关沿海国家逐步加强了海洋综合管理的力度和相应的海洋科学技术能力建设，加速本国海洋经济的发展。[①] 海洋事务综合调控管理主要包括：沿海区包括专属经济区的综合管理与可持续发展、海洋生态环境保护、国家管辖范围内海洋生物资源的可持续利用及循环利用、处理海洋环境管理和气候变化方向的重大不确定因素、加强各地区的国际合作和协作、小岛屿的可持续发展六个方面。

（6）较高的海洋军事实力和海洋外交事务处理能力。海洋强国不但能需要有较高的开发管理海洋的能力，还必须能够有足够的力量保护自己的海洋权力不受侵犯。加强海军训练，深化拓展军事斗争。要深入研究信息化条件下海上局部战争制胜机理，突出创新战法，不断检验完善方案预案。进一步研究解决制约战斗力建设的突出矛盾和问题。推进转型建设，优化完善海上作战体系。加紧研制新型作战平台和精确打击武器，构建科学有效的作战力量体系。加强信息系统建设，升级完善海上作战信息体系。抓好重大战场工程建设，搞好海洋地理、水文气象、电磁频谱等战场环境数据调查测量，不断优化海上战场保障体系。坚持紧贴实战，从难从严狠抓军事训练。服从、服务大局，积极创新海军兵力运用。充分发挥海军作为国际性军种优势，坚持“养兵千日、用兵千日”，不断拓展兵力运用范围领域。严密掌握周边海上动态，加强海空战备巡逻，有效维护海洋权益。持续深化远海训练和远洋护航，不断提高远海常态化用兵层次水平。加强海上安全合作，积极开展军舰互访、海上联合军演、海军专业技术交流，有效进行海外医疗服务、人道主义救援等非战争军事行动，充分利用多边平台参与国际海洋事务，积极维护地区和世界和平。[②]

（二）海洋生态安全与海洋强国的关系

海权论者认为，海权就是沿海国家凭借海上军事实力的优势，通过控制海洋，抢占别国领土、掠夺别国资源、进行不平等贸易等方式实现本国的发展。海权理论之父马汉认为：海权对世界历史具有决定性的影响，许多世纪以来，英国商业的发展，领土的安全，富裕帝国的存在和作为世界大国的地位，都可以直接追溯到英国海上力量的崛起。而法国“大陆扩张的错误政策吞噬了国家的资源并使其受到严重损害”，从而走向衰败。历史上强国地位的更替，实质是海权的易手。海洋强国梦的实现需要强有力的海洋生态安全体系的支撑，同时健康的海洋生态安全体系也有利于海洋强国的建设。

二、治理目标之二——海洋生态文明

海洋生态文明是生态文明的一部分。而对海洋生态文明的定义也是大同小异。郑冬梅

---

① 高战朝，曹英志：《联合国有关海洋综合管理的论述》，载于《海洋信息》2003年第3期，第29-30页。

② 田中：《为建设海洋强国提供战略支撑》，http：//www.81.cn/2014xxxzx/2014-04/02/content_ 5853571.htm.

认为“海洋生态文明，可以从两个方面理解：一是人类遵循人、海洋、社会和谐发展这一客观规律而取得的物质与精神成果的总和；二是人与海洋、人与人、人与社会和谐共生、良性循环、持续发展的文化伦理形态”。我们认为海洋生态文明定义为：以人与海洋和谐共生、良性循环、可持续发展为主题；以海洋资源的开发和海洋经济科学发展为核心；通过强化海洋国土意识和建设海洋生态文化，实现海洋生态环境的保护；以海洋生态科技和海洋综合管理制度创新为动力，整体推进海岛和海洋生产与生活方式转变的一种生态文明形态。

海洋生态文明建设是社会主义生态文明建设的重要组成部分，是缓解消除海洋生态环境危机的需要，是海洋经济发展的现实要求。海洋经济发展与海洋生态之间是互相作用的。一方面海洋生态环境安全质量提高可以为海洋经济发展提供更多的资源和更有力的环境，有利于海洋经济的快速发展；另一方面，雄厚的海洋经济实力也有利于海洋生态文明建设。在海洋开发利用的深度不断加强，开发广度不断拓展的情况下，其与海洋原有生态系统间的矛盾将愈加突显，这要求我们深入贯彻生态文明建设的理念，积极寻求平衡两者的方法，协调经济发展与生态环境间的矛盾，达到互利共赢目标。实现海洋生态文明的具体措施如下。

（1）强化海洋生态文明意识。在生态文明建设中，生态文明的意识是最根本的，也是最基本的。如果没有生态意识的支撑，文明观念淡薄，文明行为缺失，就无法扭转目前生态环境恶化的趋势。因此可以在一定程度上认为公民生态意识的缺乏是造成现代生态悲剧的一个深层次原因。在海洋生态文明建设中，要大力培植人们的海洋生态价值意识、海洋生态忧患意识、海洋生态道德意识和海洋生态责任意识，在全社会形成热爱海洋、珍惜海洋、保护海洋的浓烈氛围，推进海洋生态保护宣传教育，促使海洋生态文明建设成为全民的自觉行动。

（2）完善海洋生态文明制度建设。海洋生态制度，是指以保护和建设海洋生态环境为核心，调整人与海洋生态环境关系的规范。[①] 通过完善海洋生态文明制度建设，合理地限制人类的开发行为，保持和恢复生态环境，进一步完善环境法律体系。建设海洋生态制度文明，必须有完善的制度体系，这些制度必须得到较好的遵守，对违反制度的行为应给予有效的惩处，从而使海洋生态环境保护和建设走上法制化、规范化的轨道。法律、法规是海洋生态文明建设的保障和依据。

（3）加强海洋生态文明在主体层次上的建设。加强多主体对海洋生态文明建设的参与。政府各部门、用海者和社会公众都应该而且必需积极参与到海洋生态文明建设中来。他们之间的行为相互联系、相互制约、相互推动而又互为因果，构成了一个复杂的行为系统。在海洋生态文明建设中，行为主体各方应该用文明的意识、科学的理论指导自身的行为，协调人与自然、人与人、人与社会的矛盾，促进海洋生态文明建设，合理地调整海洋生态产业结构。海洋生态产业的本质是把海洋经济发展建立在海洋生态环境可承受的基础上，在保障海洋自然再生产的前提下，扩大经济再生产。

---

① 陈建华：《对海洋生态文明建设的思考》，载于《海洋开发与管理》2009年第4期，第40-42页。

（4）加强海洋生态文明建设的区域合作、国际合作。四通八达的海洋作为一个整体是相互联系，不可分割的。在现实生活中，海洋环境保护是一种责任，而这种责任在很多情况下不仅仅是“地方责任”，更是“区域责任”，甚至是“全球责任”。因为海洋生态环境是一个统一的整体，无法分割。仅从单要素和行政区划范围进行保护和管理，很难恢复海洋生态系统的良性循环。因此，海洋生态环境的保护和治理离不开广泛、有效的区域合作与国际合作。当然，中国的海洋生态文明建设，国内与国外、城市与农村之间的步伐和力度还不平衡；海洋生态环境的进一步恢复和海洋生态文化的不断提升亦是我国今后相当长的一段时期的重点。面对这些问题，还需要在制度、管理、组织、技术和宣传教育等方面不断探索、完善。

目前我国的海洋生态安全现状堪忧，不仅面临着全球性的海洋生态安全问题，还有因为特殊的地域、国情等原因而导致的区域性海洋生态安全问题。这严重影响着我国的海洋生态安全建设，不论是从建设海洋强国的角度还是实现海洋的可持续发展，加强国家海洋生态安全治理皆具有现实和长远意义。

第四节　中国海洋生态安全治理模式的框架结构

一、基本框架

海洋生态安全治理的主体大致包括政府、企业、公民、大众传媒、社会组织（非政府组织、知识组织）以及一定程度上的国际援助力量的介入。这些主体之间的相互关系构成了海洋生态安全治理的基本框架。海洋生态安全治理多元主体的参与，就是要由政府和非政府组织，包括民间组织、政社或政企之间的中介组织、志愿者团体、企业组织及公民个人，根据法律支撑体系和特定制度安排，采用合作的网络化组织体系，针对风险和危机，共同配合和协作实施预防、响应、恢复等应急管理过程。其核心就是在突发环境事件应对过程中引入多元主体，形成一个权力分割、责任分摊、风险共担并广泛介入到整个危机周期的网络协作系统。①

网络化治理的基本理论指出，“在一个急剧变革的时代，最好的解决之道不是重新设计组织章程，而是融化组织之间的僵化界限”，即进行关系重构和结构优化。② 多元主体参与模式的结构正是按照这种理论描述，将政府、企业、公众、社会组织、大众媒体等多元主体、组织、阶层所拥有的独特资源和界限，通过协商对话、互换资源、优势互补等方式形成价值认同，互利共赢的集体行动。如图 5.1 所示，图中涉及的主体包括政府、企业、社会组织（非政府组织、知识组织）、公众和大众媒体。实线代表引导和规范功能，虚线代表参与协助、监督功能，双箭头代表互相协作。从图中我们可以看出，政府位于中

① 刘霞，向良云：《公共危机治理》，上海交通大学出版社，2010 年。

② 张紧跟：《组织间网络：公共行政学的新视野》，载于《武汉大学学报（社会科学版）》2003 年第 4 期，第 23-25 页。

心位置，对其他主体起到调节、引导和规范的作用。企业，公众、社会组织、媒体等则对政府进行监督，在人力物力等方面参与辅助政府，并且在政府协调下进行双向协作。多元主体参与模式的特点为：①行动参与主体多元化；②充当管理者角色的政府在多元主体中处于核心主导地位；③主体各自拥有自身的资源优势并且平等地拥有治理的参与权；④明确的角色定位和详细的功能定位。

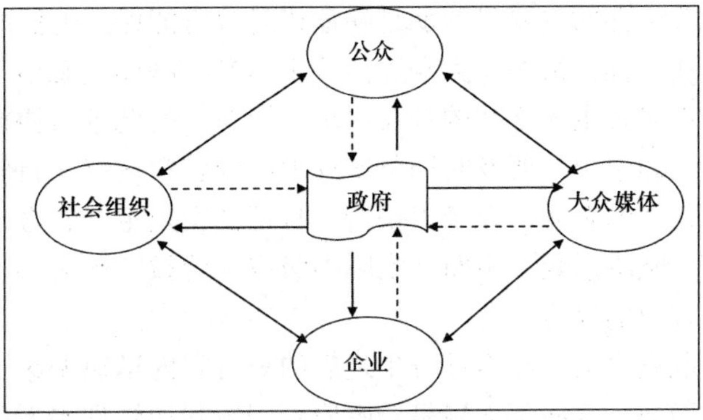

图 5.1　多元主体参与模式基本框架图

在该静态结构中，各主体之间存在着频繁的互动。特别是在政府部门的协调下，各主体之间进行着多向度的协作。当然各主体紧密关系的维系不仅仅只是依靠公共权力，彼此间的信任更为重要。这里需要说明的是，政府部门间关系的协调也是重要方面。

我国海洋生态安全治理起步较晚，相对于发达国家，在技术和经验方面存在明显的不足。因此，有必要加强和发达国家在信息交流与沟通、管理宣传教育、应急专业技术培训等层面的国家间交流合作，以便借鉴其经验为我所用。在海洋生态安全治理中，国际援助力量的介入有时是必要的，作为补充因素应该在多元主体参与模式的实际运作中给予关注。①

二、多元主体的结构及职责划分

多元主体参与的模式是集中政府、企业、社会、媒体和国际力量的五元新型结构，海洋生态安全治理不仅依靠多元主体的互动参与，更需要明确界定出各主体的职责和相互关系，其构成了海洋生态安全治理有序运行的基础。

1. 政府

在海洋生态安全治理中，政府不再是唯一管理者，而是将权力与责任适度地移交给其他主体，与其他多元主体进行协作共治。可以说政府在海洋生态安全治理中是主导力量，担负管理、引导协调、服务、扶持等职责。所以，建构海洋生态安全管理机制的关键就在于建构危机状态下以政府为中心的海洋生态安全管理权责机制。总体来说，就是在保证中

① 姜自福：《海洋突发环境事件应急管理多元主体参与模式研究》，中国海洋大学硕士学位论文，2012 年。

央政府在海洋管理中的指挥和决策核心地位的前提下，通过内部的权力划分以及对外的权力授予，形成若干大大小小的权力主体，分别课以相应的责任，对各个权力主体形成有效的监督和制约机制，并通过法律法规的制定和执行来确保这种权责机制。

一方面，政府要加大对海洋生态安全建设人力物力的投入力度，制定完善的法律法规，健全相关配套设施，切实维护好事关海洋事业的社会利益和秩序。这是因为人们联合成国家并承认政府的合法性的主要目的就是在危机时政府能保护他们的财产。① 另一方面，政府要赋予企业、公众、社会组织、大众媒体等主体参与海洋生态治理的权利，并制定制度予以保障，更要注重对各主体之间的利益诉求、博弈等问题进行协调，同时做好规范引导工作。面对社会公众和组织，要及时回复所反映的问题和建议，自觉接受媒体的监督和质疑。对于企业尤其是涉海企业，要予以扶持，督促其安全生产，合理排污。对生态安全治理工作中的违法行为坚决惩处，不断从实际中吸取经验教训来完善现有决策，以便对海洋生态环境做出及时有效的反应。

政府在逆境中的危机决策，在事件发生之后的短时间内迅速调集资源，并组织实施应急处置行动控制事件局面，这些都无疑是对政府管理体制和管理水平的全面考验，能够集中体现出“政府组织结构是否具有完整性与灵活性，公务人员是否具备良好的职业素质与管理能力以及行政系统应对突变、制度创新与开拓进取的能力”②。因此，政府在海洋生态安全治理中必须担负起应有职责，做好“管理者”、“协调者”、“总结人”。

首先，政府在海洋生态安全治理中应发挥主导作用，政府应该加大在海洋方面的投入力度，制定并严格执行相关法规制度，积极回应民众的信息需求，并采取必要的积极措施，切实有效地维护与海洋相关的社会利益和社会秩序。政府的任务就在于为所有的公民提供生存、稳定以及经济的和社会的福利。③ 因此，政府必然要承担起自身职责，采取有效的预防和应急措施，及时提供社会救助，维护正常社会经济秩序，这是政府管理的应有之义。

其次，协调各个海洋生态安全治理主体之间的关系，“政府需要协调与企业、公众的关系，将企业、公众的个体行为目标引向政府总体目标的发展方向。政府内部的协调、统一也是海洋环境政策的重要内容”。④ 不断从非常规决策中吸取经验教训来完善常规决策，逐渐实现“防灾—减灾—免灾”的进程。

最后，对海洋生态安全治理工作进行总结，发现不足并及时弥补，对海洋生态安全治理工作中的违法行为坚决惩处，并且在对海洋生态损害进行评估的基础上积极主张生态补偿权。对海洋生态安全的现状及发展态势进行追踪，对各项海洋事务做出最为及时有效的处理。

2. 企业

企业经营的环境风险来自于两方面：一是源自企业内部，产生于企业的生产过程之

① ［英］洛克著，叶启芳，瞿菊农译：政府论（下）［M］. 北京印书馆，1964 年。

② 胡宁生：《中国政府形象战略》，中共中央党校出版社，1999 年，第 1164 页。

③ ［美］迈克尔·罗金斯著，林震等译：《政治科学》［M］. 华夏出版社，2001 年，第 39 页。

④ 王琪，何广顺：《海洋环境治理的政策选择》，载于《海洋通报》2004 年第 3 期，第 73-80 页。

中；二是外部风险，即地址、生态环境、物理环境的人口学特征。① 很多海洋生态安全问题往往都源于企业组织自身的非理性行为，发生的地点往往就是在企业作业地点的一定范围内，同时也是直接的利益相关者。② 也就是说，海洋生态安全问题与企业生产经营活动密切相关，企业既是环境问题的责任者，又是受害者。企业的环境意识和社会责任在海洋生态安全中起着至关重要的作用。

一方面，企业要强化环保意识，清洁生产，降低对海洋生态环境的污染。在生产经营活动中，积极接受政府的指导和规范。另一方面，企业还要履行社会责任。在海洋生态安全治理中，协助政府及其他治理主体，并在资金、技术等方面予以援助。③

首先，企业应提高海洋危机意识，积极在政府及相关职能部门的指导和协作下尽力降低事件发生的概率，降低事件发生导致的威胁。可以说，企业自身的危机意识和环境风险管理素质直接关系到事件的有效预防和处置。

其次，企业应该充分履行其社会责任，在必要的时候积极通过各种方式提供事件预防和应急处置所需的物资和技术。

最后，企业严格自律杜绝不法行为的出现。如严厉禁止企业在提供救灾物资时以次充好，假冒伪劣，规定救灾物资的最高限价；再如对负责灾害赔偿的保险公司，禁止其推诿责任，发生不愿理赔的行为。通过法律法规的制定和实施，加大对不法企业的打击力度，增加惩罚性成本，从而规范企业的行为。同样，除了运用法律来进行制约以外，也要加强媒体、公众对企业的监督。疏通对不法企业进行举报和曝光的渠道。

3. 公民

海洋生态安全治理需要全社会力量的整合，形成一股合力来消除海洋生态系统受到的威胁。从个人和组织两个层次来讲，公民和非政府组织扮演着不同的角色。

公众作为环境价值主体，与海洋生态环境有着切实的价值关系，环境的恶化最终直接或间接地影响公众的利益。作为环境价值主体的公民对环境事件有着"切肤之痛"。④ 而随着我国公民社会的不断发展，公民参与公共事务管理的意识和积极性不断提高。公众在政府的引导和法律法规等行为准则的保障约束下，通过多种渠道和途径参与海洋生态安全的治理、对政府行为进行监督。具体到海洋生态安全治理上的职责包括：利用传统方式，包括个人参与、集体推动、游说等方式了解海洋环境信息，表达利益诉求；借助新兴媒介，例如网络论坛、博客、微博等与政府进行沟通与互动，发表观点看法；在评估、直接处置以及舆论监督等方面发挥作用。

4. 社会组织（非政府组织、知识组织）

海洋生态安全治理需要全社会力量的整合，形成一股合力来消除海洋生态系统受到的

---

① Gyula vastag et. Evaluation of corporate environment management approaches A framework and application. Int. [J]. Production Economics，1996，(43)：193-221.

② 刘霞，向良云：《公共危机治理》，上海交通大学出版社，2010年。

③ 杨振姣，董海楠，姜自福：《中国海洋生态安全多元主体参与治理模式研究》，载于《海洋环境科学》2014年第1期，第130-137页。

④ 张辉：《加拿大环境评价及其对中国环境影响评价的启示》，载于《环境科学》1996年增刊，第24-31页。

威胁。非政府组织和知识组织扮演着不同的角色。

首先，非政府组织。在一些政府部门难以发挥效用的地方，具有公益性特点的非政府组织可以起到补充作用，提供技术、设备、资金等方面的支持。作为中介组织，又可以联系政府和群众，实现二者的沟通，并对政府的管理行为进行监督。他们“既是疏导社会不良情绪的减压阀，又是突发事件到来的预警器”。[①] 因此，在海洋生态安全治理方面，非政府组织所发挥的作用不容小觑。非政府组织在海洋生态安全治理中的功能和权责范围主要有：在独立自主的原则下，提高自身的筹资能力，扩大资金来源渠道，构建高水平的专业化组织管理结构。建立海洋突发事件应急反应机制。在海洋生态安全治理的具体实施方面，前期要协助政府进行有关海洋环境安全的宣传教育，实现海洋生态安全问题的预警及监控；中期应对威胁时，要整合所需的资源、信息并且动员社会力量参与到海洋生态安全治理中；后期进行评估及监督等。

其次，知识组织。海洋生态安全的治理和修复离不开科学技术的支撑，以高校、科研机构为主的专业知识组织和训练有素人才队伍的力量不可忽视。他们凭借在科技研发上的优势，能够在海洋环境治理系统中发挥重要作用。他们与政府、企业建立良好的合作关系，在需要技术协助时能够给予专家咨询和援助。

非政府组织在海洋生态安全治理中的功能和权责范围主要有：在海洋生态安全治理的预防阶段，协助政府对社会公众进行一定的宣传和培训，实现海洋生态安全治理的预警及监控、处置所需的资源、信息并且动员社会力量参与到治理当中；事件发生之后的评估及监督等。除此之外，还应该培养民间智库，积极鼓励民间科研机构进行针对海洋生态安全治理修复的技术研究。由此可见，在海洋生态安全治理方面，非政府组织所发挥的作用不容小觑。因此，通过制度规范来健全非政府组织的参与至关重要。

5. 媒体

媒体作为信息交流的桥梁和纽带，是信息公开的渠道和政社沟通的中介，是海洋生态安全治理中必不可少的主体，其凭借自身的优势，传输信息和导向舆论，建言献策，督促政府采取正确的决策，为有效处置突发公共事件提供监督的保证，为公众、非政府组织提供表达意见、参政议政的平台。

具体职责有：一是发挥信息传递功能。在政府制度化、规范化的要求下，宣传教育和传播普及危机知识；危机状态下进行信息的及时、公正的发布，社会救治的聚合、引导；对社会公众正当需求的关注与上行传递等。[②] 二是发挥预警作用。保持对海洋生态危机征兆的敏感度，经证实后及时把民众传递来的危机征兆反馈给政府，发挥媒体的危机预警作用。三是监督各主体的治理行为是否透明化、公开化和信息的真实性、可靠性。

媒体由于其自身的行业特征，一直充当着政府与社会的中介角色，作为信息收集和发布者，不仅在多元主体之间起到信息沟通的作用，而且由于其社会影响的广泛性而对海洋生态安全治理过程中的社会稳定产生至关重要的作用。媒体在海洋管理中的主要功能和权

① 郭济：《政府应急管理实务》，气象出版社，1997 年。

② 刘霞，向良云：《公共危机治理》，上海交通大学出版社，2010 年。

责有：常态下的危机知识宣传教育和传播普及；危机状态下进行信息的及时、公正的发布，社会救治的聚合、引导；对社会公众正当需求的关注与上行传递等。① 而且应该特别注意发挥新兴媒体即互联网的作用，当前网络技术的发展使得社会公众参政议政的途径和机会都大大增加，这同样可以运用到海洋生态安全治理中来，充分发挥网络媒体在海洋生态安全治理中的信息传递、建言献策、舆论监督等方面的作用。但是由于互联网的虚拟性较高、随意性较强的特点，应该加强监管力度，杜绝关于事件的错误信息流传。

6. 海洋生态安全治理的国际合作

随着全球化进程的不断深入，生态环境问题越来越成为全球性的问题。因为海洋大部分为公海，而且各大洋是相连在一起，海岸线则联系着世界绝大多数国家和地区，因此，防止海洋污染、保护海洋生态环境应是国际性的。② 特别是对海洋生态安全产生威胁的海洋突发环境事件，很可能造成跨国跨海域的生态损害。在受影响的国家和地区间构建合作机制，对减少海洋生态损害、维护海洋生态安全来说是必需的。环境安全已经突破了国界的限制而成为全人类的共同利益，即环境安全是“人类利益”或“地球利益”。③ 当前，世界各国都要面对海洋生态系统造成的威胁，并且都已认识到对海洋生态和生物多样性资源的保护。海洋生态安全不仅是沿海各国未来经济和社会发展的可靠保证，而且对全世界的可持续发展同样具有无可估量的战略意义。因此，加强海洋生态安全治理方面的国际合作具有必要性和可行性。

在海洋生态安全治理中，我国的国际合作机制主要是国外的援助力量，即国际力量扮演“援助者”的角色。国际援助力量主要包括物资和技术援助。国外的海洋科技比国内成熟得多，应加强海洋突发环境事件应对的相关技术交流，以提高我国的环境事件应对水平；在发生重大事故时，也可以寻求国外的技术援助和相关专家的协助。当然，听取建议的同时一定要紧密结合实际，不能盲目、一味听信于“洋专家”的说法，要结合本地区的实际情况，灵活变通。物资和设备的援助可以缓解当前我国海洋管理设备急缺的现状，比如我国当前仅有四艘溢油收集船，当发生重大溢油事故时大部分还要靠渔船甚至人工收集溢油，如果有国外收集船只的援助，将极大地提高收集效率，减少威胁。援助的渠道包括政府间的官方渠道，还包括非政府组织之间的非官方渠道。

海洋生态安全已经突破了国界的限制而成为全人类的共同利益，即生态安全是“人类利益”或“地球利益”。④ 防止海洋污染、保护海洋生态环境应是国际性的。⑤ 国际力量在海洋生态安全治理中扮演“援助者”的角色。可通过与政府间的官方渠道或与非政府组织的非官方渠道进行海洋生态安全相关的国际技术交流，结合我国海洋生态环境的具体情

① 刘霞，向良云：《公共危机治理》，上海交通大学出版社，2010 年。

② 黎松强，吴馥萍：《海洋资源与海洋生态保护》，载于《广东化工》2005 年第 3 期，第 60-62 页。

③ ［日］松下和夫：《论“人的安全”与“环境合作”》，载于《浙江大学学报（人文社会科学版）》，2008 年第 1 期，第 29-34 页。

④ ［日］松下和夫：《论“人的安全”与“环境合作”》，载于《浙江大学学报（人文社会科学版）》2008 年第 1 期，第 29-34 页。

⑤ 黎松强，吴馥萍：《海洋资源与海洋生态保护》，载于《广东化工》2005 年第 3 期，第 60-62 页。

况，灵活引进国外先进的海洋治理理念、技术、设备、经验等。

基于目前我国海洋生态环境严峻形势加之在海洋生态环境治理政策及机制的选择与实施等方面存在的问题，对海洋生态安全治理模式的研究显得尤为重要，而多元主体参与共治模式无疑是对我国目前实行的海洋生态安全治理模式的突破。该模式的构建需要静态和动态两方面的相互配合来得以有效运行。静态方面大致涉及政府、企业、社会组织、媒体和公众等多元主体间关系的界定，并以此来建构该模式的基本框架；动态方面则是为保障该框架的良性运行所采取的诸如法律、信息、资源以及监督等方面的网络化机制。[①] 海洋生态安全治理主体的多元性及其各主体之间关系的不确定性，极易引发机会主义倾向。因此，有必要建立规范化、制度化的管理体制、运行机制和保障机制对各主体在海洋生态安全治理中的行为进行指导和约束。

在中国海洋生态安全治理的过程中，政府内部应进行纵向的各级政府权责划分和横向的部门间权责划分；政府外部，要对非营利组织、营利组织（企业）、公众和国际组织等其他危机管理主体进行权力的授予和制约。同时要用法律来保障海洋生态安全治理中相应权责机制的正常运行。通过法律这一工具对政府内部权力划分和外部分权，可以构建一个权责层次分明的主体多元化的海洋生态安全管理体系。明确界定危机管理各主体的权力和责任的界限，以法律来规范和制约权力的运行，把海洋生态安全管理纳入法制轨道。

海洋生态安全是国家安全和社会稳定的重要组成部分，是实现海洋可持续发展的核心。海洋生态安全仍存在海域争端、近海污染、生物多样性锐减等诸多不安全因素，这些不安全因素体现出我国海洋生态安全治理体系存在一些漏洞，忽视了海洋生态意识、文化及价值观等软性手法在治理中的重要性，在海洋生态治理法律、规划等方面的制定缺乏针对性，难以取得预期效果。针对我国国情以及目前治理的不足的状况，我们应该构建一个软硬结合的现代化治理体系，将和谐海洋观融入到海洋生态安全治理的各项制度建设中，以和平手段解决与周边国家的海域争议，与周边国家共同治理全球海洋生态环境，以合作共赢方式发展海洋事业。将海洋生态安全治理理念从区域转到全球上，从经验型转到科学型，从单纯治理转到可持续发展上，将海洋生态安全治理落实到社会主义核心价值观上，实现国家、社会和个人的利益最大化。

总之，构建海洋生态安全治理体系是要在认清海洋生态安全现状的基础上，采取合理的治理手段，制定有针对性的政策法规。海洋生态安全治理体系离不开政府、社会和公民的共同治理，离不开软硬结合的治理手段，因此有必要构建一个包含文化、意识、价值观、法律、规划、财政相结合的治理体系。

① 杨振姣、董海楠等：《中国海洋生态安全多元主体共治模式研究》，载于《太平洋学报》2014 年第 3 期，第 113 页。

第六章　海洋生态安全管理体制

从西方国家的实践可以看出，海洋生态安全的治理模式是在体制机制较健全的基础上进行的，在海陆统筹、以海带陆的综合管理思路下开展的，而我国当前还处于从计划经济向市场经济转型的过程，面对全球化、气候变化等方面的挑战和机遇，我国还存在制度和机制诸多问题。因此，必须在实践中结合我国实际，积极借鉴国外先进经验，将海洋生态安全上升到战略的高度来考虑，及早采取措施加以防范和应对，在步骤设计、路径选择等方面探索，完善法律制度、健全管理体制、加强国际合作和国际谈判、加强宣传教育等，探索适合我国国情的海洋生态安全政策体系和治理模式，建立国际和国内利益相关者共同参与的可持续发展机制，构筑中国海洋生态安全新方略。

由于海洋生态具有多样性和多元化的内涵，海洋生态安全治理也是一项系统工程，需要从多角度全方位对生态安全管理体制进行顶层设计。世界主要的海洋强国，经过多年的积累实践，都制定了完善高效的海洋生态安全治理管理体制。我国现在是海洋大国，但不是海洋强国，因此应多吸取国外先进的管理经验，设计出适合中国特色的海洋生态安全治理管理体制。总体来说，主要包括五个方面：一是要建立海洋生态安全规划，包括短期和长期规划，制定海洋发展战略，制定海洋生态安全管理总规划、行业规划和专项规划等。二是要构建海洋生态安全法律体系，从法律的高度规范海洋生态保护中各个行为主体的权利和义务。三是要构建海洋生态安全制度体系，要求政府部门站在更高的层面对海洋生态安全管理相关制度进行顶层设计，提高安全管理的效率和质量。四是整合和创立海洋生态安全管理过程中必要的管理机构，并界定清楚他们各自的责任。五是做好海洋生态文明的宣传和教育工作，从而提升整个国民的海洋生态保护意识，促进海洋生态保护事业健康发展。

第一节　海洋生态安全规划

一、海洋发展战略

海洋占地球表面面积的71%，蕴藏着巨大的能量和资源，是资源的宝库、生命的源头，它是构成地球生态系统的重要因素之一。海洋在诸多方面起着全局性、中大型和长久性的作用，包括国家的安全与权益维护、全球气候变化、人类的生存与可持续发展、油气与金属矿产战略性资源保障等。

因此，基于海洋在经济、政治、军事上的重大战略地位，世界各临海国家开始争相开发利用海洋资源。美国的一些军事战略家认为，在19世纪，谁控制了欧亚大陆，谁就能称雄世界；20 世纪，谁控制了海洋，谁就能称霸世界；而 21 世纪，决定霸业的关键领域是海洋和太空，谁能够控制海洋与太空，谁就能够取得最大的财富并成为世界的霸主。[①] 2001 年，联合国正式文件中首次提出了“21 世纪是海洋世纪”，为此，各个临海国家纷纷调整了其海洋发展战略以及海洋行动计划，这意味着海洋强国战略再次被提上议事日程，在国际上出现了新一轮围绕海洋资源开发、海洋环境安全和海洋权益维护的海洋竞争，各临海国家纷纷试图在海洋领域，尤其是海洋高技术领域占据制高点。

自改革开放以来，在国际海洋形势变化和我国政府工作重心转移的大背景下，我国海洋产业和涉海行业得到了迅速发展，我国的海洋事业亦蒸蒸日上。20 世纪 70 年代末，我国开始真正提出具有自己特色的海洋战略。邓小平在 1979 年时说：“我们的战略是近海战，这一‘近海防御’至今仍是中国海军一贯坚持的战略。”1979 年 7 月，他在一次讲话中指出：“海军就这么一点，要搞大一点，要加强，要有一点力量才行。”此外，他还多次强调：“面临霸权主义的强大海军和严峻复杂的海洋战略环境，我们没有适当的海防力量不行，必须建立一支精干、顶用、具有现代作战能力的强大的海军。”[②] 邓小平还从维护国家的根本利益、争取和平稳定的海洋战略环境的大局出发，创造性地提出了以“坚持主权、搁置争议、共同开发”为基本原则的解决海洋权益的新思路，解决了我国与周边国家的海洋争端，维护了我国的海洋权益。此外，邓小平号召全党下决心建设“海洋大国”、“海洋强国”。他从开发利用海洋的角度提出了开放海洋的海洋经济战略，确立了开放沿海地区，建立经济特区，开发近海资源等为基本方针的海洋战略思想，明确了新时期我国海洋政治、经济和军事等方面的发展目标。邓小平提出的海洋战略逐渐使中国社会真正走向海洋，迈向世界，从而令中国的社会经济更好地融入了世界经济的发展大潮中，极大地推动了中国特色社会主义的建设和提高了我国的综合国力。

十四大以来，在迈向新世纪的征途中，我国领导人从战略的高度重视海洋，强调发展海洋事业，以推动国民经济和社会发展。江泽民等曾先后做出“振兴海洋，繁荣经济”、“管好用好海洋，振兴沿海经济”等重要指示。1995 年，江泽民提出：“中国是一个陆地大国，也是一个濒海大国。随着时间的推移，中国陆地资源短缺的情况变得突出起来，势必制约经济的发展。我们一方面要大力提倡节约和保护资源，另一方面要寻找和开发新的资源。可以肯定，开发和利用海洋，对于中国的长远发展将具有越来越重要的意义。”1996 年 3 月通过的《国民经济和社会发展“九五”计划和 2010 年远景目标纲要》，第一次在国家长远发展战略性文件中把海洋提到重要地位：“加强海洋资源调查，开发海洋产业，保护海洋环境。”1998 年 5 月，中国政府在首次发表的关于海洋事业的白皮书《中国海洋事业的发展》中指出，即将到来的 21 世纪是人类开发利用海洋的新世纪，作为一个发展中的沿海大国，国民经济要持续发展，必须把海洋的开发和保护作为一项长期的战略任务。

进入 21 世纪，海洋再度成为世界关注的焦点，海洋的国家战略地位空前提高。顺应

① 高峰：《世界主要海洋国家海洋发展战略分析》，载于《世界科技研究与发展》2009 年第 5 期，第 973-976 页。

② 王法良：《山东省海洋强省发展战略研究》，中国海洋大学，2009 年。

世界潮流，我国提出了“逐步建设成为海洋经济强国”的宏伟目标。如何对海洋强国的内涵再认识、再定位，坚持“以海兴国”的民族史观，使中国崛起于21世纪，是事关中华民族生存与发展、繁荣与进步、强盛与衰弱的重大战略问题。实现由海洋大国向海洋强国的历史跨越，是时代的召唤，也是中华民族走向繁荣昌盛的必由之路。2002年，中国共产党第十六次全国代表大会提出了“实施海洋开发”的战略部署。2003年5月，《全国海洋经济发展规划纲要》又提出了“建设海洋强国”的战略目标，这是我国海洋事业发展的长远战略决策，对于建设小康社会和推动中华民族伟大复兴具有十分重要的意义。发展海洋经济，科学技术是关键。2006年2月国务院发布了《国家中长期科学和技术发展规划纲要》，提出了现阶段我国的海洋科技战略，把海洋技术列为我国中长期科技发展的5个战略重点任务之一。中国有关部门还制定了《海洋技术政策（蓝皮书）》、《“九五”（1996—2000年）和2010年全国科技兴海实施纲要》等多项海洋科技发展规划，极大地促进了中国海洋科技的发展。①

十八大报告中提出，“提高海洋资源开发能力，坚决维护国家海洋权益，建设海洋强国”。王芳分析认为，此次报告中首次明确提出的“建设海洋强国”的战略目标，意味着海洋上升到了前所未有的战略高度。“建设海洋强国”概念进入十八大报告，在国内外形势复杂的当前具有重要现实意义、战略意义，是中华民族永续发展、走向世界强国的必由之路。海洋强国是指在开发海洋、利用海洋、保护海洋、管控海洋方面拥有强大综合实力的国家。当前，我国经济已发展成为高度依赖海洋的外向型经济，对海洋资源、空间的依赖程度大幅提高，在管辖海域外的海洋权益也需要不断加以维护和拓展。这些都需要通过建设海洋强国加以保障。海洋经济已成为拉动我国国民经济发展的有力引擎。

二、海洋生态安全规划体系

海洋生态安全规划是一个全方位、多层次的体系，是一项系统工程。由于海洋生态系统结构和功能的稳定性是海洋事业发展的重要前提和基础，一切与海洋相关的社会文化和产业经济活动都依赖于海洋生态安全，以实现价值和效用。因此海洋生态安全的治理与维护是一项非常重要的工程，需要多元主体的共同参与。多元主体参与的治理模式是通过政府、企业、公众、社会组织（非政府组织、知识组织）、大众媒体甚至国际力量组成的多元主体互动网络体系来共同管理公共事务，以提高效率和效益的一种新模式，是一种公共事务管理的新形态。以下是我国海洋生态规划的最新成果。

（一）《全国生态保护与建设规划（2013—2020年）》

2013年3月，国家发展和改革委员会等12个部委联合印发了《全国生态保护与建设规划（2013—2020年）》（以下简称《规划》）。作为全国生态保护与建设工作的行动纲领和指南，《规划》将海洋生态保护与建设纳入其中，确定了“一带四海十二区”的海洋生态保护与建设的总体布局，并明确了5项海洋生态保护与建设重点工程。首次将海洋区

① 王法良：《山东省海洋强省发展战略研究》，中国海洋大学，2009年。

纳入国家生态保护与建设总体格局。

《全国生态保护与建设规划（2013—2020年）》是国家“十二五”重要专项规划，也是在党的十八大之后出台的重要生态文明建设的专项规划，体现了新形势下生态文明理念对生态保护与建设工作的要求。本次规划首次将海洋区纳入国家生态保护与建设总体格局，将规划范围扩展至全国陆域、内水、领海及管辖海域，同时将面积约28万平方千米的近岸近海生态区作为生态保护建设的重点区域，使得陆海统筹的理念在规划层面得到了有效体现，进一步突出了海洋在全国生态保护与建设整体中的重要位置。

同时，全国自然岸线保有率等4项海洋方面指标也纳入《规划》的控制指标，实现了与《全国海洋事业发展“十二五”规划》、《全国海洋功能区划（2011—2020年）》的有效衔接。确定“一带四海十二区”总体布局：《规划》针对我国岸线、滩涂、海岛、海洋保护区等重点生态区域，确定了“一带四海十二区”的海洋生态保护与建设的总体布局。“一带”指的是海岸带，“四海”指的是渤海、黄海、东海和南海，“十二区”则是指渤海的辽东湾、黄河口及邻近海域，黄海的北黄海、苏北沿海（南黄海区），东海的长江口—杭州湾、浙中南、台湾海峡，南海的珠江口及毗邻海域、北部湾、环海南岛、西沙、南沙12个重点生态区。“一带四海十二区”的总体格局从我国海洋生态环境状况实际出发，根据12个区域的不同特点，提出了生态系统灾害防范和应急管理、生态修复、污染防治等不同措施，体现了一区一策的政策导向，有利于海洋生态保护与建设工作的深入开展。

针对海洋生态保护与建设工作，《规划》提出5项重点工程：一是在海洋生态灾害防治与应急管理方面，加强海洋生态监测站建设，建立完善海洋生态立体监控网络体系，加强对海水入侵、海洋赤潮、绿潮、水母、外来入侵物种、病毒病害、敌害生物等监控和研究，建立完善防治体系，实施治理示范工程，强化海上溢油、化学品泄漏、核辐射突发事故的防范和应急管理。二是在海洋生态系统修复方面，开展滨海湿地、珊瑚礁、海草床、海湾、海岛等海洋生态系统修复，开展岸线整治与生态景观修复、近岸海域污染治理与修复；建设滨海湿地固碳示范区和海洋生态文明示范区。三是在海洋生物资源养护方面，开展重点海域珍稀海洋物种保护，建设水产种质资源保护区，开展增殖放流，恢复海洋生物资源，建设海洋牧场示范区。四是在海洋生态保护监管方面，开展海洋保护区、重点排污口和海洋工程的海洋生态执法与监管能力建设，开展卫星航空遥感、远程视频及在线自动监测能力建设，开展海洋生态保护配套制度建设。五是开展海洋生物多样性普查，建设海洋生物物种保护基地，建设海洋生物样品库、重要海洋生物种质资源库、海洋生物资源信息库。这5项重点工程既有样品库、资源库等基础设施建设，又有监测监控体系等监管支撑保障体系建设，还有海洋生态修复、资源养护等工程项目建设，有助于夯实基础、强化保障，实现对重点生态区域的全面保护与修复。①

（二）《国家海洋事业发展“十二五”规划》

2013年4月11日，国家海洋局公布了《国家海洋事业发展“十二五”规划》，此规划指出，要加大海洋生态保护和修复力度，建设海岸带蓝色生态屏障，恢复海洋生态功

① 卢晓燕：《海洋区首次纳入全国生态保护与建设规划》，载于《海洋与渔业》2014年第4期，第48页。

能，提高海洋生态承载力等。

此规划提出要加强海洋生物多样性保护。开展海洋生物多样性普查，重点对98个海洋生物多样性优先保护区域开展调查与评估。加强海洋濒危物种保护和外来入侵物种防范的管理，建设海洋水生生物自然保护区和海洋水产种质资源保护区。加强各类海洋保护区规划和管理，完善海洋保护区基础设施和标准体系建设。到2015年，新建国家级海洋自然保护区3个、海洋特别保护区44个，推进形成海洋保护区网络。研究建立海洋生态补偿机制，选择典型海域开展海洋生态补偿试点。

此规划要求推进海洋生态系统修复。保护与修复滨海湿地、盐沼、红树林、珊瑚礁和海草床等重要海洋生态系统。加强海洋生态修复技术研究，实施海洋生态修复工程，建设25处海洋生物资源修复区，开展35处滨海湿地生态修复，新增滩涂湿地植被面积200平方千米，其中种植红树林100平方千米，恢复芦苇湿地100平方千米。在广东大亚湾及雷州半岛、广西涠洲岛、海南周边及西沙等海域开展珊瑚礁人工繁育和生态修复。在滨海地区规划建设海洋生态文明示范区。

此规划强调需强化海洋生态监测和生态灾害管理。提高海洋生态监测能力，完善海洋生态监控体系，加强海洋生态灾害预警和防治工作。提高卫星航空遥感、远程视频及在线自动监测能力，新建18个海洋生态监测站。建设海洋绿潮、水母、外来入侵物种、敌害生物、病毒病害等监控网络，强化海洋赤潮监控，形成20个重点生态监控区。开展海洋生态灾害防治技术应用示范，加强海洋生态灾害防治体系及治理示范工程建设。

三、海洋生态安全行业规划

（一）海洋渔业生态保护规划

我国海洋面积广阔，河流众多，渔业水域生态环境多种多样，给中国渔业发展奠定了较好的条件。到2013年为止，我国渔业经济产值达17 321.88亿元。不过，随着渔业进一步的发展，我国渔业生态环境恶化却演变成为当前渔业稳定持续发展的重要制约因素。所以，重新认识我国渔业水域环境和生态环境状况，提高渔业水域环境和生态环境的保护力度及合理利用，是我国渔业发展需要解决的重大问题之一。

渔业是环境资源约束性产业。近年来，随着我国经济社会加快发展，各地现代渔业建设都不同程度地遇到空间被压缩、水域环境遭破坏等问题。为克服各种不利影响，使现代渔业与当地经济社会协调发展，国务院于2011年颁布了《全国渔业发展第十二个五年规划》。

《全国渔业发展第十二个五年规划》分析了“十二五”期间渔业发展面临的形势，认为“十二五”时期渔业发展有着农业基础地位更加突出，需求拉动作用更加明显，空间拓展条件更加有利，产业发展基础更加扎实，新的发展机遇开始显现等有利条件，但同时也面临着资源环境的刚性约束更加突出，支撑保障不足的局面更加凸显，产业升级拓展的要求更加紧迫，渔民权益维护的任务更加艰巨，国际和周边的渔业形势更加复杂等制约因素。综合国内外渔业发展形势和产业发展规律，“十二五”时期渔业发展要以安为先，坚定不移地保安全、调结构、转方式、促发展、增收入，更加注重产业发展的安全保障，更加注重水产品质量安全和生态安全，更加注重资源节约、环境友好，更加注重渔民民生，更加注重科技创新和推广应用，更加注重渔业功能和空间的拓展，更加注重国际竞争力提升，加快推进现代渔业建设。

此份渔业规划中强调了“以加快推进现代渔业建设为主攻方向，以加快转变渔业发展方式为主线，以强化水产品质量安全、产业发展与渔民发展并重”的基本原则，同时提出了渔业发展的基本目标：到“十二五”末，渔业经济保持平稳健康发展，水产品供给充足，水产品质量安全、渔业安全生产在较高的水平上稳步提高，生产区域布局更趋合理，产业结构进一步优化，水生生物资源养护事业全面深入推进，现代渔业的产业体系和支撑保障体系初步建成，实现生产发展、产品安全、渔民增收、生态文明、平安和谐的现代渔业发展新格局，部分渔业发达地区率先实现渔业现代化。

与此同时，在“十二五”时期渔业发展的十大重点任务中，“大力发展生态健康的水产养殖业，积极发展环境友好的增殖渔业，统筹发展可持续的捕捞业，不断完善现代渔业科技支撑体系，建立健全资源环境保护管理体系，着力推进渔业安全保障体系，大力强化现代渔政管理执法保障体系”都与渔业生态安全息息相关。

（二）海洋矿产资源勘探与开发规划

《国家海洋事业发展“十二五”规划》中明确提出了未来的海洋矿产资源勘探与开发规划，主要包括：一是加强黄海、东海、南海等海域油气资源战略调查与评价，完成重点海域油气资源普查。加大黄海、南海、东海油气勘探，加强深水区油气资源潜力的科学研究，加大深水勘探开发科技与装备的攻关力度，力争实现商业性油气开采。实施海域天然气水合物资源普查，积极研发勘探开采技术和装备，开展试采工程。二是加快制定促进海水直接利用、海水淡化与综合利用的政策措施，扩大沿海城市海水利用规模。在沿海地区的电力、化工、石化、冶金等行业中实行海水直流冷却和循环冷却，2015 年海水年直接利用量达到 750 亿~1 000 亿立方米。积极创建国家级海水淡化与综合利用示范城市，继续支持天津、大连、青岛、上海、深圳、厦门、宁波等城市因地制宜地实施海水淡化工程。三是加快海洋可再生能源勘查与评估，编制发展规划，利用国家海洋可再生能源专项资金加强海洋能开发应用。开展万千瓦级潮汐水轮发电、兆瓦级潮流发电、百千瓦级新型波浪能项目示范。探索开展温差能和海洋生物质能利用；因地制宜地发展海上风电，引导风电场布局逐步向深水远岸推进。

四、海洋生态安全专项规划

（一）海洋科技发展规划

2006 年国务院发布了《国家中长期科学和技术发展规划纲要（2006—2020 年）》（简称《规划纲要》），其中海洋科学和技术是我国科学和技术不可或缺的重要组成部分，它的发展对于我国建设创新型国家，提高国家综合国力和人民生活水平，实现《规划纲要》提出的目标任务具有十分重要的意义。在海水和矿产资源这一重点领域中，海水淡化和海洋资源高效利用被作为优先发展的主题。其中，海水淡化将重点研究开发的技术包括，海水预处理技术，核能耦合和电水联产热法、膜法低成本淡化技术及关键材料，浓盐水综合利用技术等；开发可规模化应用的海水淡化热能设备、海水淡化装备和多联体耦合关键设备。而相应的，在海洋资源高效利用方面，则把开发浅海隐蔽油气藏勘探技术和稠油油田提高采收率综合技术，开发海洋生物资源保护和高效利用技术，海水直接利用技术和海水化学资源综合利用技术作为研究重点。在环境领域，把海洋生态与环境保护作为主题，重点开发海洋生态与环境监测技术和设备，加强海洋生态与环境保护技术研究，发展近海海域生态与环境保护、修复及海上突发事件应急处理技术，开发高精度海洋动态环境数值预报技术。在制造业领域，加强大型海洋工程技术与装备研究开发。在拟发展的前沿技术方面，将海洋技术单独列出，并提出了 4 项海洋前沿技术。它们是：①海洋环境立体监测技术。重点研究海洋遥感技术、声学探测技术、浮标技术、岸基远程雷达技术，发展海洋信息处理与应用技术。②大洋海底多参数快速探测技术。重点研究极端环境条件下的传感器技术，传感器自动标定技术，海底信息传输技术等。③天然气水合物开发技术。重点研究天然气水合物的勘探理论与开发技术，天然气水合物地球物理与地球化学勘探和评价技术，突破天然气水合物钻井技术和安全开采技术。④深海作业技术。重点研究大深度水下运载技术，生命维持系统技术，高比能量动力装置技术，高保真采样和信息远程传输技术，深海作业装备制造技术和深海空间站技术。这些技术的发展和相关目标的实现必将使我国的海洋科学技术自主创新能力有一个大的飞跃，使海洋科技为我国经济社会的发展、综合国力的提高做出新的、更大的贡献。①

2008 年，我国制定了《全国科技兴海规划纲要（2008—2015 年）》。此纲要指出要以建设海洋强国为目标，以促进海洋科技成果转化和产业化为主线，以推动沿海地区海洋经济发展为重点，坚持“加快转化，引导产业，支撑经济，协调发展”的方针，增强海洋资源与生态环境的可持续利用能力，提高海洋管理与安全保障水平，促进海洋产业结构优化和发展方式的转变，提升海洋经济的发展水平。其中提到要把“要加快海洋公益技术应用，推进海洋经济发展方式转变”作为重点任务，重点实施节能减排、海洋生态环境保护与修复、基于生态系统的海洋管理等技术集成开发与应用推广，形成海洋管理与生态环境保护技术应用体系，不断提高海洋保护和管理水平。

2013 年来，我国还多次开展了《海洋科技创新总体规划》战略研究工作，就规划战略研究总体设想进行交流与探讨。制定《海洋科技创新总体规划》是我国海洋科技工作的首要任务，一是要深刻领会海洋强国的新内涵，即努力建设海洋经济发达、海洋科技先进、海洋生态健康、海洋安全稳定、海洋管控有力的新型“强而不霸”的海洋强国。二是要围绕“总体”和“创新”做好战略研究。“总体”就是抓全局性、纲领性、战略性、标志性和长期性的关键科技问题；“创新”是创新体制机制，提出符合中国国情的海洋科技创新路径、创新方式和重点任务、政策措施，加强自主创新。三是要以全球视野、汇聚资源做好战略研究。要吸取国外先进经验，最大限度地利用国际、国内科技资源，使战略研

---

① 卢布：《我国“十一五”海洋资源科技发展的战略选择》，载于《中国软科学》2006 年第 7 期，第 42-47 页。

究既有全球视野又符合中国国情。

（二）构建绿色经济核算评价体系

绿色经济核算是一种综合环境与经济数据的核算体系或分析框架，它为可持续发展的测度和可持续发展战略决策的制定提供了一个基础性的分析框架。20 世纪 80 年代后期，各国政府的经济发展战略都发生了很大的变化，即由传统的片面强调经济增长的战略，向强调经济、社会、人口、资源和环境的全面协调发展的“可持续发展战略”转变。传统的国民经济核算体系忽略了经济活动与环境之间的关系，没有把人类的活动产生的环境成本计入在内，所以传统的国民经济核算体系是片面的，狭义的。雷明指出，确保我国经济社会可持续发展战略这一目标的实现，我们所面临的首要的一个基础性任务就是，必须从可持续发展的角度，迅速建立可持续发展绿色核算评价体系，重新审视、衡量和把握我们的发展路径。建立健全环境与发展的综合决策机制，用“绿色核算体系”来重新审视和把握海洋经济发展中的得失，能够更加科学地促进我国海洋经济的发展，进而有效地维护海洋生态安全。

（三）构建全国海洋生态环境监测网络

在海洋生态保护与管理工作中，必须及时了解海洋生态系统的演变趋势和人类活动的影响，从而科学地实现海洋生态环境管理。目前，世界各沿海发达国家，已纷纷建立或正在建立各类海洋生态环境监测站，初步形成了全球性的海洋生态环境监测网络，例如在日本，许多从事海洋科学研究的大学和研究所组成了一个海洋监测网络，在日本沿海建立了 18 个海洋生态监测研究定位站。一些国际组织也组织发起了若干海洋生态环境监测的计划或项目，如政府间海洋学委员会发起了全球海洋观测系统（GOOS）项目，其中包括了几个重要的海洋生态监测方面的计划——海洋健康（HOTO）、海洋生物资源（LMR）和海岸带海洋观测系统（COOS）等。①

当前，由于我国的海洋生态环境监测工作基础还比较薄弱，处于刚刚起步阶段，因此应积极借鉴国外的经验，构建起全国海洋生态环境监测网络。之所以称为“全国海洋生态环境监测网络”，主要体现在组成该网络的各项监测工作遵循统一的方法、标准和规范，合理布局、功能互补、各负其责、信息共享、统一管理。对于海洋生态环境监测的统一方法、标准及规范，由国家海洋行政主管部门组织全国范围内相关领域的专家共同制定，通过实践检验和专家评审后，由国家海洋行政主管部门批准发布执行，其中属于国家标准的，需由国家质量监督检验检疫行政主管部门批准发布。在地理布局上，遵循统筹规划、合理布局、一站多能、功能互补的原则，尽可能在现有海洋环境监测台站及海洋自然保护区的基础上，在我国沿海近岸海域及几个重要远海区域，改扩建或新建 30 个左右海洋生态环境监测站。海洋生态环境监测站要建立科学的质量管理制度，定期进行质量控制检查，监测数据要经统计学检验得到较高可信度。全国海洋生态环境监测网络要建立统一的数据发布和信息共享制度，通过高效快捷的手段使海洋生态环境监测站之间得以有效联

① 王斌：《海洋生态环境监测体系建设的初步研究》，载于《海洋通报》2002 年第 6 期，第 52-59 页。

系。海洋生态环境监测数据经专家分析整理后，定期发布海洋生态环境公报，报送有关海洋环境保护管理部门和单位，供其研究和决策参考。同时，向全社会公布，以满足沿海地区经济发展和人民生活的需要。① 通过对全国海洋生态环境监测站实行统一标准和方法，各海洋生态环境监测机构根据自身职责，确定监测项目并组织实施，从而实现科学合理的布局与分工。

（四）海洋防灾减灾规划

关于海洋防灾减灾规划，主要包括以下四个方面，首先，要强化海洋灾害风险防范能力，开展全国海洋灾害风险评估与区划工作，为沿海地区经济发展布局和涉海工程防护规范标准制定提供科学指导。通过建立起对沿海重大工程建设的海洋灾害风险评价制度，制定完善风险评价技术规范，从而有效地实现对已建和在建的沿海核电站、化工企业、大型产业园区和城镇发展区的风险排查，及时消除安全隐患。在海洋灾害重点防御区内设立产业园区、进行重大项目建设的，应当在项目可行性论证阶段，通过开展海洋灾害风险评估，预测和评估海啸、风暴潮等海洋灾害的影响，真正做到风险的预防。其次，要提升海洋预报服务水平。为了实现这一规划目标，需要不断加强海洋、气象、地震、环保、水利、海事、民政、渔业等主管部门的通力合作与配合，进一步完善海洋预报体系，建立起分级分区、面向目标、互为补充的海洋预报服务工作格局。加强海洋预报技术的自主研发，重点推进沿海重大设施、产业密集区和人口密集区的精细化预报工作。拓展海洋预报服务领域，丰富服务内容，建立渔业生产、大洋航路保障、海上搜寻与救助、海洋油气生产等专题服务系统。用较短的时间，实现风暴潮、海浪、海流数值预报时效从目前的 3 天提高到 5 天以上，近岸空间分辨率从 4 000 米提高到 100 米以内，实现海洋灾害发生前 3~6 小时的短时临近预报的目标。加强海洋预警信息发布，通过各类媒介及时发布灾害预警信息，增强海洋预报的社会服务功能。再次，是增强应对海洋气候变化能力、提升海洋对气候变化影响的分析预测能力，开展厄尔尼诺、拉尼娜等对我国气候影响的预测工作，定期发布各类分析预测产品。建立气候变化影响调查评估体系，开展海平面上升、海洋生态系统退化等对我国沿海经济社会影响的监测调查和趋势分析工作。加强沿海湿地的保护和防护林带、防潮工程建设，提高沿海各类重大工程项目和城镇市政排水设施的设计标准，增强沿海地区应对气候变化的能力。最后，要加强规划，优化布局，加大海洋灾害观测覆盖密度，增强离岸观测能力，完善沿岸、海底、海上平台、浮标、潜标、船舶、航空遥感和卫星遥感等多种手段相结合的海洋灾害立体观测网，提高观测网的运行保障能力。在海上重要通道、国际航线等重点海域的观测能力也需要加强建设。大力推进志愿船和应急移动观测，加大海啸监测力度。进一步加强海洋断面调查，增加数量和频次，提高调查装备水平。

（五）海洋污染防控规划

实施污染物排海总量控制，编制实施近岸海域污染防治规划。加强对渤海、长江口、

① 王斌：《海洋生态环境监测体系建设的初步研究》，载于《海洋通报》，2002 年第 6 期，第 52-59 页。

珠江口等重点海域海洋环境容量和污染物排海总量的监测评估，重点加强对直排海污染源的监管，加强近岸重点海域环境综合整治，实施流域—海域污染物排海总量控制示范工程。强化对海洋石油勘探开发、海洋工程建设项目、海洋倾废活动的全过程监督管理，加大海洋环境执法查处力度。实施船舶及其相关活动的油污染物零排放计划，建立船舶油污水、压载水、生活污水和固体废弃物跟踪系统，加强船舶污染物接收和港口污染处理设施建设。修订相关法规，建立健全海洋污染损害赔偿机制，实施船舶油污损害赔偿基金制度，开展石油勘探开发等海洋工程和大型临海企业海洋污染赔偿制度研究。沿海地区要依据海洋功能区划、近岸海域环境功能区划等，确定氮磷营养盐、化学需氧量、石油类等特征污染物的总量控制目标，制定并实施重点河口、海域各类污染物排海总量分配方案和削减计划，改善近岸海域环境质量。

第二节　海洋生态安全法律体系

海洋生态安全是对海洋环境利益的承认和保护，要实现海洋生态安全，必须对人类的利益，包括对海洋环境的无度利用和对海洋资源无限索取进行限制。环境法学科上的海洋生态安全，是作为海洋环境立法所要达成的一种目的而存在的，即通过法律对人类开发利用海洋的活动进行限制和约束，使人们权利义务的分配更加合理，以均衡人类社会与海洋环境之间的利益，进而实现海洋生态安全，使人类自身的生存安全也得到有效的保障。[①]实现这一目标的有效途径是制定和完善相关法律，因为在人类自身素质和观念还没有达到极大文明的阶段，只能通过法律展现其强制力与监督力来发挥法律的他律功能，以弥补道德规范之“软约束力”的不足。

一、我国现行涉及海洋生态安全的法律保障体系缺陷分析

我国《中华人民共和国宪法》（简称《宪法》）、《中华人民共和国环境保护法》（简称《环境保护法》）和《中华人民共和国海洋环境保护法》（简称《海洋环境保护法》）及行政法规和部门规章中涉及海洋生态安全方面的规定，对海洋生态安全的维护起到了一定的作用。但国家海洋局最近几年的海洋环境质量公报显示：我国海洋环境面临越来越大的压力，海洋环境质量恶化的趋势仍未得到遏制，海洋资源依旧走向衰竭，海洋生态系统的结构和功能正经历着不利于人类社会生存的一系列变化。造成这种后果的重要原因之一即是我国现行的涉及海洋生态安全保障的法律体系存在缺陷。

（一）海洋生态安全理念在法律体系中的缺失

现今的海洋环境和资源保护法律体系之所以不能有效地保障海洋生态安全，最重要的原因是没有将海洋生态安全的理念融合于法律体系的建设。海洋生态安全的理念是《联合国海洋法公约》中“维护海洋生态，保持海洋可持续发展”立法理念的表现形式，是指

① 张素君：《海洋生态安全法律问题研究》，中国海洋大学，2009 年。

导海洋环境立法的重要思想。我国《宪法》中至今没有海洋的表述，内海和领海没有作为国土资源写进《宪法》，亦没有专属经济区和大陆架的开发、利用及其保护方面的规定，更不用说海洋生态安全这一理念的确立了。海洋是国家的“蓝色国土”，作为国家根本大法的《宪法》理应将对海洋的保护明文规定，而我国《宪法》只是原则性地规定了国家保护环境和自然资源的基本职责，海洋环境和海洋资源只作为环境和资源的构成之一被纳入国家保护的范围之中。在作为环保基本法的《环境保护法》中，只能在规定对海洋环境污染防治、海洋环境和资源保护的条文中依稀探寻海洋生态安全保障的影子，并非明显地将海洋生态安全的理念加以提出从而使之法律化，这样的法律规定不能有效地尽到对海洋生态安全的保障功能。《海洋环境保护法》作为我国比较全面的综合性海洋环境保护法律，对海洋环境污染引发的海洋生态安全问题有重要的预防和治理作用，但对海洋资源的保护却处于相对弱势的地位，不利于整体上海洋生态安全的维护。之所以出现这种情况，是因为《海洋环境保护法》的出台源于解决海洋污染导致的严重的海洋环境危机，是基于保护海洋环境的目的，而非从整体上对海洋生态系统进行维护，归根结底，是海洋生态安全理念的缺失造成的。在海洋生态安全出现问题的今天，《宪法》、《环境保护法》和《海洋环境保护法》中海洋生态安全理念的缺失已导致某些法律规定不能适应人类对海洋角色的要求，即海洋是人类的家园。人类维持生存，家园必须“安全”；人类求取发展，家园应保持“安全”。因此，不仅要在《宪法》和《环境保护法》中确立海洋的地位和价值，还要将海洋生态安全的理念写入其中，同时构建综合性的海洋资源保护法律，使海洋生态安全得到完整全面的保障。这不只是要人们在开发利用海洋的过程中遵循这一理念，还要用于指导综合性的海洋生态安全保护法律的制定及其他配套法律法规的完善，以使海洋生态安全的理念贯穿于整个海洋生态安全法律保障体系。

（二）综合性的专门保护海洋生态安全法律的缺乏

海洋生态安全是海洋生态系统的整体性安全，在对海洋生态系统整体性保护的基本法中设计专章保护海洋生态安全，是实现保障海洋生态安全的比较可行的路径。有效的海洋生态安全法律保障需要综合性的有专门保护海洋生态安全的基本法的存在，这一基本法对海洋生态安全的界定、法律原则和法律制度等都应有比较系统完备的规定，在这一基本法的指导下进行海洋生态安全保障配套法律法规的建设，才会有更明确的原则指导和更明晰的单行法建设方向。它的存在可以指导海洋环境保护和海洋资源保护单行法律实现融洽的配合，共同维护海洋生态安全。海洋生态安全的实现要求海洋资源保护法律和海洋环境保护法律的协调一致，而我国的现状却是两者相互脱节，这主要源于综合性的保护海洋生态安全的基本法的缺乏，进而直接导致法律对海洋生态安全整体性保护的无力。海洋资源概念强调使用价值、开发利用性，资源是财富；海洋环境概念强调整体性、生态联系性，环境是资源生存的基础，各资源又是环境的基本构成要素。海洋资源与海洋环境是海洋自然要素和空间，是维系海洋生态安全不可或缺的组成部分，但我国现行的海洋环境资源法体制在这方面体现不足。《海洋环境保护法》虽然在第 1 条开宗明义地提出了立法目的是“为了保护和改善海洋环境，保护海洋资源，防治污染损害，维护生态平衡，保障人体健康，促进经济和社会的可持续发展”，但也只是对海洋资源保护只做了简单的原则性规定，没有一个整体的海洋生态系统保护的概念。

我国《海洋环境保护法》在保障海洋生态安全方面起着重要的作用，但海洋生态安全的现状提醒我们若将《海洋环境保护法》作为基本法会存在诸多不足，如对海洋资源保护和对渔业资源污染防治的规定不足。据估算全国每年发生污染渔业事故近千起，造成渔产损失 20 万吨，折合经济损失 3 亿多元；更为严重的是，由于污染的慢性影响，造成渔业生态破坏的损失比突发性死鱼事故严重得多，每年可达几十亿元。面对如此严重的威胁海洋生态安全的渔业污染问题，现行《海洋环境保护法》却未能做出有效的防治渔业污染的规定。《海洋环境保护法》在海洋污染防治方面又倾向于第二层次立法的模式，缺乏宏观性、总体性的归纳；在循环利用资源、减少污染物排放方面未有规定；在法律主体规定方面欠缺科研机构的设置规定，对行政管理协调规定不力；在法律制度方面未建立资源有偿使用制度、循环利用制度、生态恢复制度、许可制度等共有制度；在法律责任方面未健全责任体系；在海洋权属方面未涉及海洋权属问题等。在海洋权属问题上，《中华人民共和国海域使用管理法》（简称《海域使用管理法》）又是值得思考的法律，它偏重于海域立法，但其着眼点又是整个海域，特别是其关于海域使用权的一般性规定又是综合性的海洋生态法所必不可少的，但它又不可能是统领整个海洋生态法律体系的法律，因为现行《海域使用管理法》只对海域使用管理、海域有偿使用、海洋功能区划进行了规定，对其他海洋生态法律问题涉及不多。综上所述，《海洋环境保护法》无法起到海洋生态安全保护基本法的作用，各单行法律只是在某个方面涉及海洋生态安全保护，海洋生态安全保障所应该具备的法律原则和法律制度难以在这些法律中得到系统的规定。

（三）海洋生态安全保障配套法律法规存在较多空白

海洋生态安全涉及海洋生态系统方方面面的安全，仅靠一部基本法是难以对其进行有效保障的，相关配套法律法规的建设在海洋生态安全的维护中起着不可或缺的作用。我国现行海洋生态安全保障的配套法律法规还有较多空白，这些空白的存在将导致法律因为对海洋生态安全的某一要素或某一环节保护的疏漏而使整个海洋生态系统的安全受到威胁。这些空白主要表现在以下方面。

（1）缺乏综合性的海洋资源保护法律。自 20 世纪 80 年代以来，我国的海洋环境资源保护法得到了很大发展，但总的说来海洋环境保护法与海洋资源保护法的发展是不平衡的。无论是国际还是国内，海洋环境保护方面的法律都是占主导地位的，海洋资源法律发展却相对滞后，其主因是各国十分重视海洋污染，特别是海洋石油污染，但对海洋资源的保护关注的较少。我国于 1982 年制定的《海洋环境保护法》是比较全面的综合性环境保护法律，但是我国尚未有一部直接以海洋资源保护为对象的法律，更没有综合性的海洋资源保护法律。而且现行有关海洋资源保护的单行法律，如《中华人民共和国野生动物保护法》（简称《野生动物保护法》）、《中华人民共和国渔业法》（简称《渔业法》）、《中华人民共和国土地管理法》（简称《土地管理法》）和《中华人民共和国矿产资源法》（简称《矿产资源法》）都不是直接以海洋资源整体为保护对象的；《渔业法》把淡水渔业和海洋渔业做了统一规定；《野生动物保护法》规定珍贵、濒危的水生动物以外的其他水生野生动物的保护；《土地管理法》只有简单条文涉及养殖水面和渔业生产，条款也大都是原则性规定；《矿产资源法》第2条、第16条谈到海洋矿产资源，也都是原则性规定。显然，各单行资源法难以把海洋资源作为一个整体进行统筹规划和考虑，各资源法律之间也缺乏沟通协商，有关海洋资源保护的规定不够明确而且严重不足，海洋资源没有得到应有的特别关注。海洋资源的保护关系着海洋生物多样性的存续和人类的生存发展，是实现海洋生态安全所必需的要件，综合性海洋资源法律的缺乏，必然大大降低海洋资源保护的全面性和有效性，不利于海洋生态安全的保障。

（2）针对某些海洋环境资源要素的立法存在空白。在我国，传统海洋资源和已经得到充分开发的海洋资源的立法比较健全，在海洋资源法律法规体系中有关海洋渔业资源的规定占到了一半以上，海洋石油资源的法律保护也相对完善；而对一些处于起步阶段的海洋资源开发活动以及对尚未开发的海洋资源的法律则非常薄弱甚至存在法律空白，海岸带法、海洋生物多样性保护法、沿海地区防灾减灾法等亟须制定的法律久未出台。例如：我国海岸带管理尚未立法，因而也未有法定的海岸带界限，在与海岸带有关的一些法律法规中已涉及海岸带的某些范围，如《海域使用管理法》所称的海域，是指中华人民共和国内水、领海的水面、水体、海床和底土，这对海岸带的近岸浅水区部分有所涉及；《土地管理法》对滩涂的规定涉及海岸带的潮间带部分。但是，海岸带作为海陆之间的过渡带，它涉及种类繁多的海洋资源，如滩涂资源、港口资源、红树林资源、珊瑚礁资源及海岛资源等，仅仅在其他法律中零星的规定对海岸带资源的保护是难以真正维护海岸带的生态安全的。海岸带独特的地区条件和资源优势使人类对海岸带的开发愈加深入，但由于人类不合理开发海岸带资源的行为，如人类盲目围垦滩涂资源的行为、过度开采珊瑚礁资源的行为等致使海岸带资源的可持续利用受到影响，在如何计算围填海工程对海洋生态造成的破坏上，法律也未能有效地加以规范。另外，海洋环境的破坏和海洋资源的过度利用，使海洋生物多样性呈现不断下降的态势。对于海洋生物多样性的保护，《渔业法》只字未提。海洋渔业资源衰竭、海洋生物多样性下降，海洋生态系统退化就在所难免，海洋生态安全就有受到冲击的危险。同样，《中华人民共和国森林法》（简称《森林法》）适用于保护红树林，也未能有效阻止红树林消失的进程，我国红树林的面积曾经达到25万公顷，目前只剩下1.4万公顷，更为重要的是，红树林本是“海底森林”，是海洋生物资源的宝库之一，是海水鱼类和贝壳类重要种类育苗场，也是热带、亚热带地区许多河口性种类的索饵场，许多软体动物如牡蛎、乌蛤等的生境与红树林呈密切关系，对虾科的若干经济种类的早期发育阶段也离不开红树林生境。很明显，红树林属于海洋生态系统，如何将红树林作为海洋生态系统来保护，《森林法》不可能有相关规定，用《森林法》来保护红树林生态系统是难以有效防止其退化的，红树林生态系统的退化对整个海洋生态系统平衡性的延续是有害而无利的。因此，对海洋生物多样性的立法是必须且紧迫的任务，这不仅关系到海洋生态系统的安全与稳定，对人类社会的进步也将有巨大的推动作用。①

① 张素君：《海洋生态安全法律问题研究》，中国海洋大学，2009年。

二、我国海洋生态安全法律保障体系的构建

全球性的生态危机使生态安全包括海洋生态安全问题成为国家安全的重要内容。海洋生态安全是海洋可持续发展的核心。关于我国海洋生态安全法律保障体系的构建可从以下几个方面着手：首先，通过修订基本法，确立我国海洋生态安全保护法律制度，完善相关的法规体系；其次，是建立海域开发利用和保护的综合管理制度；再次，是加快我国海洋生物多样性保护方面的立法，建立和完善海洋生物资源保护法规体系；最后，是制定沿海地区防灾减灾法，建立海洋生态安全预警系统。

（一）完善海洋生态安全保护法规体系

按照《联合国海洋法公约》，全球海洋可划分为领海、专属经济区、大陆架、公海和国际海底区域等五个法律地位不同的政治地理区域。其中，划归沿海国家管辖的1.09亿平方千米，成为各国的“蓝色国土”；国际社会共有的公海和国际海底区域约2.5亿平方千米，是全人类的“共同继承财产”。我国有近300万平方千米的国家管辖海域，其中属我国完全主权的内海、领海为38万平方千米，这是完全排他性的国家主权区域，与陆地领土具有同等的法律地位，是真正的“海洋国土”。另外，领海之外的专属经济区和大陆架，是国家行使资源主权权利的区域，同时对这些区域的环境保护、海洋科研、人工构造物建设等具有管辖权，这一部分可视为国家的“准国土”。现行的法律缺乏专门针对海洋生态安全保护这一方面的法律法规，既有的法律法规不全面、不系统，保护力度不够，多是从开发利用的角度提出对海洋资源的保护。鉴于此，我国应加强完善海洋生态安全保护法律制度建设，具体来说包括以下几个方面：①修订有关法律。修改《宪法》，充实海洋资源的开发、利用与保护的内容，将海洋生态安全保护、海洋资源开发利用与社会经济发展紧密结合起来。修订《环境保护法》和《海洋环境保护法》，或制定一部综合性的《国家（海洋）生态安全法》，通过明确海洋生态安全保护的概念、基本原则、法律制度等内容，从而对海洋生态安全保护的方针政策、体制与制度提出统一规范的要求。②进一步健全各种单项资源与环境保护法。通过法律实施细则、法规等形式实现对《海域使用管理法》、《渔业法》、《中华人民共和国水法》（简称《水法》）、《矿产资源法》等与海洋生态安全保护有关的规定进一步明确和细分。③制定海洋生态建设的相关法规。将各级政府、公民在海洋生态建设中的责任和义务以法律或法规的形式固定下来。另外，也应制定海洋生态建设和开发者的利益保护和保障的相应法律法规。④加强对海洋生态犯罪的处罚力度。在《中华人民共和国刑法》中补充有关生态犯罪的具体内容和量刑标准。对于各种破坏海洋生态环境、造成海洋生态安全问题的行为，不仅要给予破坏者经济处罚，也要给予有关行政人员以行政处罚，而对于造成严重的海洋生态安全问题的行为还必须承担刑事责任。[①] 因此，通过修订基本法确立我国海洋生态安全保护法律制度，完善海洋生态安全保护法规体系。

---

① 蔡先凤等：《我国海洋生态安全法律保障体系的建构》，载于《宁波经济》2006年第3期，第40-42页。

（二）建立海域开发利用和保护的综合管理制度

2000年修订的《海洋环境保护法》虽然已经实施多年，但未能有效地阻止海洋环境进一步恶化的状况。这种现象与我国经济迅速发展，排海污染物持续增加的情况有一定关系，也与由于人口过度增长使陆地资源锐减而导致无序、无度开发海洋有关，但究其根本，主要还是由于我国海洋生态安全保护的法律法规欠缺，海洋综合管理缺乏法律规范所致。因此应尽早出台《海洋资源使用管理法》、《海岸带管理法》（或称《海岸带和海涂保护法》）等关于海域的开发、利用、保护方面的法律法规，以形成完备的海洋综合管理法律制度，改变部门分散管理方式，逐步建立起不同部门通力合作，社会各界参与的海洋和海岸带综合管理制度，从而弥补我国在海岸带管理方面的立法空白。我国1996年制定的《中国海洋21世纪议程》中提出了中国在海洋事业发展中遵循的基本政策和原则：统筹规划海洋的开发和整治；加强海岸带的综合开发和管理，合理开发保护近海，积极参与国际海底和大洋的开发利用；沿海陆地区域和海洋区域一体化开发，逐步形成临海经济带和海洋经济区，推动沿海地区的进一步繁荣和发展。建立海洋综合管理制度。不断完善海洋功能区划和规划。因此，我国要制定的《海岸带管理法》至少应包括以下几方面内容：①确定海岸带的定义和范围。②海岸带开发利用和保护的基本原则和制度。③海岸带综合管理的机制。④规定特殊生态系统或生态环境的保护计划。如防止海岸侵蚀计划，河口保护以及红树林、珊瑚礁、海草床、沿海湿地等典型海洋生态系统的保护等。⑤规定渔业和水产养殖、矿物资源开发、港口和海湾、沿海开发和工程、旅游等人类生产活动与海洋生态安全的保护。在海岸带生态安全保护方面，应优先考虑解决近岸海域环境污染加速扩展、海岸侵蚀、近岸海域大面积赤潮灾害、近岸海域生态环境破坏等问题，加强海洋生态建设，形成区域性、国际性海洋自然保护区网。同时，建立重点海域排污总量控制制度，在控制陆源污染方面建立一系列制度，把防治陆源性污染作为海洋环保的重点。

（三）建立和完善海洋生物资源保护法规体系

加快我国海洋生物多样性保护方面的立法，建立和完善海洋生物资源保护法规体系，保护我国海洋生物安全。海洋生物安全是生物多样性保护的一个重要组成部分。威胁我国海洋生物多样性的因素主要包括：海洋生态环境的污染、海洋外来物种的入侵、生物资源的过度利用、海洋自然条件与生态环境的改变（主要是人为原因）、全球气候变化（如温室效应、臭氧层破坏）等。关于我国的海洋生物多样性保护立法，有学者认为应该从以下几个方面着手加以规范：①建立海洋生物多样性保护制度。如建立“引进物种示范”（introduced species demonstration）制度，建设遗传资源种质库、植物基因库，实行“移地保护”等。②制定中国海洋生物多样性评价标准和保护规范。③建立海洋自然保护区、保留区，形成区域性、国际性海洋自然保护区网，同时加强海洋自然保护区外的生态系统及物种的保护。④建设海洋生物多样性信息系统与监测系统。⑤在海洋生物多样性管理、科学研究、技术开发与转让、人员培训等领域加强国际与区域间的交流与合作。[①]

① 张素君：《海洋生态安全法律问题研究》，中国海洋大学，2009年。

(四) 制定沿海地区防灾减灾法，建立海洋生态安全预警系统

我国是世界上发生海洋灾害最严重的国家之一。我国沿海的风暴潮、海浪、海冰、地震海啸、海岸侵蚀、台风和海雾以及赤潮生物灾害等海洋灾害造成的经济损失，约占各类自然灾害总经济损失的10%。海洋灾害严重影响海洋生态安全，沿海地区防灾减灾必须依托海洋环境预报服务和业务系统的建设，建立安全衡量指标体系和监测预警系统，通过制定防灾减灾法，将技术标准法定化，加强海洋监测和灾害预警系统，建设观测网、数据采集和通讯网，这是实施防灾减灾的必要保证。通过实施标准，将海洋生态系统维持在既能够满足当前需要又不削弱子孙后代需要的状态，用可量化的指标衡量资源与环境的安全度，对存在的不安全趋势发出预警报告，使之得以适时适度地调整。海洋生态安全预警系统的范围应包括海洋赤潮、沿海地面沉降、风暴潮、海啸、厄尔尼诺、突发性污染事件、海岸带侵蚀与淤积灾害、外来物种入侵等，还应包括对重点海域的污染监控，对主要污染物高时空密度的监督性监测，对近岸主要经济活动点源污染排放以及溢油、赤潮、病虫害、外来物种等实施专项监测，适时发布预报和警报。[①]

第三节　海洋生态安全制度体系

2000年修订的《海洋环境保护法》虽然已经实施多年，但并没能有效阻止海洋环境状况进一步的恶化。这种现象固然有我国经济迅速发展，排海污染物持续增加的原因，也有人口增长过快使陆源资源锐减，而导致无序、无度开发海洋的原因。但主要的原因还是我国海洋生态保护的法律法规不够健全，海洋综合管理缺乏法律规范所致。[②] 我们应该从海洋环境保护、海洋资源保护以及海洋生态系统保护三个方面来构建海洋生态安全制度体系，逐步建立多部门合作、社会各界参与的海洋和海岸带综合管理制度。

一、海洋环境保护制度的建设

沿海地区经济高速发展产生巨大的环境压力。当前，中国沿海地区人口增长迅速，经济发展十分迅猛，大量的工业废水和生活污水排放到海洋，农业面源污染和径流也将各类污染物和营养盐输送到海洋。与此同时，各种海洋开发活动如围填海、海上油气开发、船舶运输等，都增加了海洋环境压力。而资源过度利用，特别是过度渔业捕捞，进一步加剧了海洋生态破坏。海洋环境保护缺乏宏观规划和法规标准，重点海域环境保护缺乏宏观指导、协调和规划，导致重点海域的环境保护和整治无法有效开展，许多海洋环境保护措施无法有效落实。[③] 同时，由于缺乏具体可操作性的海洋环境保护法规及技术标准，在海洋环境保护上管理依据不足，监测和评估规范化不强，缺乏有效的海洋环境监管、监测和评价体系。近几年虽然国家在海洋环境保护工作中的资金投入逐年增加，但是与海洋环境保

① 张素君：《海洋生态安全法律问题研究》，中国海洋大学，2009年。

② 何静：《浅论我国海洋生态安全法制建设》，中国法学会环境资源法学研究会2011年年会，2011年。

③ 郝艳萍：《中国海洋环境管理现状与对策》，载于《海洋开发与管理》2008年第7期，第74-80页。

护实际需求相比差距还很大，导致重点海域整治修复滞后，海洋环境监测管理体系能力薄弱，用于海洋生态建设的投资比例更少。同时，在专业技术人才方面仍比较缺乏，从事海洋环境保护、监测和评估的专业技术人员十分短缺。另外，监督管理机制有待完善，海洋环境保护缺乏综合协调和联合执法的机制和手段，致使许多跨行政区域、跨行政部门的海洋环境保护问题难以解决。在海洋环境管理中，区域利益、地方利益和部门利益还无法有效协调，进一步加剧了环境保护监管的难度。与此同时，行政管理手段、经济手段、市场化手段的多种措施并举的程度和层次还有待提高，基层公众和非政府组织参与海洋环境保护的作用尚未有效发挥，整个国家的海洋环境意识仍然处在模糊的状态。我们应该立足具体国情，从以下几个方面建设海洋环境保护制度。

（一）海洋环境管理制度体系

我国海洋立法工作已经取得了巨大成就，众多法律、法规的制定和执行，为推动我国海洋事业的发展起到了保驾护航的作用。但是，由于海洋区域种种问题是密切相关的，而我国海洋法制建设还存在种种问题，因此有必要作为一个整体在立法中加以考虑，无论是从借鉴国外的环境立法实践、还是从海洋环境在国家社会、经济发展中的重要程度出发，我国都有必要制定一部高位阶的基本法来指导和统领单项海洋环境保护法律，建立并完善我国在海洋环境管理方面的制度体系。

（二）健全海洋环境管理的公众参与制度

海洋环境是与公众的切身利益和生存质量联系在一起的。公众出于对自身利益的权衡和对自我生存质量的关注，会积极地、主动地参与到海洋环境保护相关的活动中，也可有效改善单一依赖政府防治海洋环境问题的低效局面。海洋环境突发事件因其性质的特殊性，更需要公众的积极参与，以便突发事件的信息沟通更及时，更有利于突发事件的解决和处理。我国《环境保护法》中出现对环境权利的确认，“一切单位和个人都有保护环境的义务，并有权对污染和破坏环境的单位和个人进行检举和控告”和“有关行政机关应定期发布环境状况公报”；修订后的《水污染防治法》增加了一个新条款，“环境影响报告书中，应当有该建设项目所在地单位和居民的意见”，对公众参与的法律地位做出确认。

（三）健全海洋功能区划制度

海洋功能区划是国家海洋行政主管部门在20世纪末提出并组织开展的一项海洋管理基础性工作。在海洋功能区划制度推行初期，国家采取自上而下的制定程序是可行的，然而在海洋功能区划制度全面推行的过程中，暴露出自上而下制定海洋功能区划存在的弊端，国家或省级制定的区划可能到市、县很难推行，造成国家和地方区划的矛盾。而自下而上来制定和划分功能区，可以充分反映地方海域使用的实际和具体海域的功能，从而实现地方和国家海洋功能区划的统一。我们应该转变思路，由地方海洋管理部门来权衡，而不是靠海洋功能区划来制约，增加海域使用的灵活性和合理性；把功能区划由功能型向制约型转变，在综合考虑社会、经济、自然、环境等要素的基础上确定海域的适宜功能，并严格限制海域不适宜功能。

（四）完善我国海洋倾废制度

海洋环境排污标准体现了一个国家海洋环境管理和对海洋污染的治理力度。目前，我国海洋倾废排污标准仍是多年前制定的。由于当时的社会经济条件和国家的政策导向，在收费标准上偏低，这样就导致了现实的实施上不能有效地刺激排污者治理污染物，此收费标准使得征收上来的海洋倾倒费也低于用于管理海洋倾倒的费用。在实际意义上这其实是对倾废污染的一种间接的纵容，长此下去，就起不到保护海洋环境的目的。因此，采取科学的方法制定新的海洋倾废排污收费标准已经迫在眉睫。同时，为了使海洋倾废排污收费标准能够不断适应新的发展形势，应当定期对我国的海洋倾废收费标准进行一次修订，具体期间可以根据既往的经验或者参照国外的经验。在修订的过程中，笔者强烈建议，我国海洋倾废排污收费标准制定应采取以下原则。①简便易行和具有较低的操作成本。制定新收费标准应根据我国的国情充分考虑科学合理和简便易行的原则。我国海域辽阔，各个沿海地方经济发展不同，人员素质相差较大，因此，收费标准应具有一定的弹性。在设立一个整个国家统一收费标准的基础上，允许地方上有一定的灵活性。②标准应主要体现实际需要的功能。我国海洋环境污染来自陆源污染，其次则是海运和海洋倾废。对于陆源污染的排污收费标准的制定应主要体现利用经济刺激来控制污染。而对于海洋倾废排污标准的制定，应在利用经济刺激来控制污染的同时，主要体现筹集资金。③动态性原则。我国海洋倾废排污收费标准是一定时期制定的，它仅仅适用于我国在一定时期的海洋事业发展的需要。随着国家的整体形势的变化和海洋开发的逐步深入，一定的时期制定的海洋倾废排污收费标准，就会失去其适用性。因此，应每隔一段时间对我国海洋倾废排污收费标准进行一次修订。从长远发展看，我国还应建立起更大范围的海洋污染损害赔偿基金制度，使之适用于各种海洋环境污染源造成的污染损害。目前，主管部门依据《海洋环境保护法》、《水污染防治法》等法律收取的排污费、倾倒费等，能够为今后建立海洋污染损害赔偿基金提供一定的资金保障。①

（五）加强海洋生态监控区和赤潮监测工作

为有效遏制海洋生态环境恶化的趋势，在统筹考虑海洋开发活动的需要和监测调查各海洋生态监控区的基础上，科学评价生态监控区生态状况，并进一步提出切实可行的管理调控措施，加大对海洋环境的监督管理力度，保证海洋生态功能的持续利用。另外，要加大赤潮监测监视和防灾减灾力度。在赤潮监控区工作的基础上，各部门要继续协同做好赤潮的预防、控制和治理工作，扩大赤潮监控范围，加大监视监测力度，及时发布赤潮预警报信息，准确评价监控区环境状况。加强各级政府跨部门协调，建立起赤潮灾害的应急响应机制，确保最大限度减轻灾害损失，保证人民安全和利益不受损。针对当前海洋环境存在的主要问题，进一步加大入海排污口、滨海旅游度假区和典型海洋生态脆弱区的监测力度。加强信息化建设，建立信息共享机制，增强环境监控和综合管理决策能力。按照统筹协调、信息共享的原则，建立国家海岸带和海洋环境监测信息网络和环境监测信息共享及

① 刘明等：《我国海洋倾倒排污收费标准存在的问题及对策》，载于《技术经济》2003年第7期，第14-16页。

统一发布机制，加强环境监测计划的协调，盘活信息资产，节省国家投资，提高国家宏观决策水平。①

二、海洋资源保护制度的建设

海洋是资源的宝库，是人类赖以生存和发展的自然环境的一个重要的组成部分。海洋资源是指海洋空间所存在的一切资源，是海洋中各种类型资源的一种总的称呼，属于复合型的资源系统，是一个集合概念。海洋资源具有自然性、稀缺性或有限性、整体性、多用性或多宜性、区域性等特点。海洋资源保护必要性表现在：一方面这是吸取陆地资源已经被严重破坏、生态难以恢复的历史教训产生的必然选择；另一方面，海洋资源开发利用的现状使得我们有必要重新审视现行海洋资源保护与管理的制度体系，更加重视海洋资源的保护问题。我国在海洋资源管理方面进行了许多探索和尝试，但也显现出许多迫切需要解决的问题，主要有：①海洋生物资源开发过度，致使部分海域生物资源出现衰退甚至枯竭的现象；②海岸及其近海海域环境污染加重，水域环境质量急剧下降，因污染引发的灾害（如赤潮）大量增加；③海底挖砂和海岸工程建设等活动导致大量海岸侵蚀现象出现；④围填海造地等活动对海岸带生态系统造成破坏，尤其对红树林、珊瑚礁及河口湿地等生态系统的破坏最为严重；⑤海洋资源多头管理和争抢资源的现象严重，导致海洋资源管理效率下降。② 与发达国家相比，我国海洋资源开发和利用的总体水平还比较落后，在思想意识、技术装备、经济效益和科学管理等方面都还存在着较大的差距和不足，这已经成为我国海洋资源进一步开发利用的阻碍，因此，加强对海洋资源的科学化管理是摆在我们面前的一项重要任务。

（一）完善海岸带管理制度

海岸带是海陆交界的特殊地带，海岸带的特殊之处在于它拥有具有特殊价值的海洋生态系统，如红树林、珊瑚礁、海滩、河口、沿岸湿地等，这里又同时深受来自陆地和海洋的影响，如陆源排污、海洋工程建设、人工海水养殖、海上石油开发等，而成为海洋生态系统最为脆弱的地带。如前文所述，海岸带拥有丰富的各类资源，如海涂资源、渔业资源、海洋化学资源、石油天然气等矿产资源以及潮汐能等海洋能源和旅游资源等，而为沿海各国所重视。海洋管理最困难的部分在专属经济区和海岸带。因为前者远离陆岸，用于管理的成本高，同时此处的矛盾纠纷往往是涉外的，把握分寸的难度大。后者与前者相反，距离管理部门近，成本相对不高，但海岸带是海洋经济高度发达地区，利用率越来越高，矛盾日趋尖锐，管理难度也随之增加。由于对海岸带的开发利用具有不同的目的，管理部门之间往往相互牵制甚至发生矛盾。这些矛盾需要统一的立法来协调。虽然我国已经颁布了《海域使用管理法》，但是其对海岸带这一特殊区域的法律规定不甚明确，海岸带是归于海域管理还是陆域管理，实践中也不是很清楚，可以说，我国海岸带这一特殊地带，目前还处于法律调整的空白地带。因此，我国应制定一部有针对性的《海岸带管理

① 郝艳萍：《中国海洋环境管理现状与对策》，载于《海洋开发与管理》2008 年第 7 期，第 74-80 页。

② 方平：《我国海洋资源现状与管理对策》，载于《海洋开发与管理》2010 年第 3 期，第 32-34 页。

法》，以形成完备的海洋综合管理法律制度，改变部门分散管理方式，逐步建立多部门合作、社会各界参与的海洋和海岸带综合管理制度。加之，从国内法的排列来看，由外向里分别是专属经济区和大陆架法、毗连区和领海法、海域使用管理法、海岸带法，这样就把整个国家管辖海域全部置于法律适用范围之内。从此方面讲，《海岸带管理法》的出台也是必要的。

（二）制定资源安全保障法，建立资源安全法律保障体系

从立法现状看，我国的资源安全保障立法存在以下问题：①我国没有专门的资源安全保障立法。资源安全保障方面的法律法规散见在相关环境资源保护法中，其规定比较零散，原则性较强，缺乏可操作性。还没有形成统一的资源安全保障法律体系。②我国的资源安全保障立法在指导思想上存在问题。相关环境资源保护法中没有把资源安全作为立法的初衷，这就使资源安全保障立法的指导思想较为落后。相关立法没有体现出可持续发展理念的指导和开放、动态、持续及系统的资源安全观的指导。③一些有关资源安全的重要法律法规缺位。比如我国还没有《资源综合利用法》，从而不能为资源的高效综合利用提供强有力的资源综合利用基本法支持，而资源的综合利用又是资源安全的一个十分重要的部分。我国还没有《石油储备法》和《战略性矿产资源储备法》，从而不能很好地建立矿产资源储备制度，也无法在矿产资源方面为资源安全提供有力支持。由于我国资源安全保障立法存在上述问题，亟待我国立法加以重构和进一步完善。从国家高度来分析，要保障国家资源安全必须构建资源完全系列的安全保障体系，即从资源保护、流通、消费、回收、利用、创新、管理等全系列经济活动过程中进行综合考察。作为资源安全保障的法律体系同样是一个系统的整体。在资源全球化的背景下，国家资源安全将面临更多的风险与挑战，如何保障我国的资源安全，在资源全球化中占据主动，避免资源危机。有学者认为，我们应当尽快制定《资源安全保障法》，确立包括战略资源的储备制度、资源供应的预警机制以及资源国际合作制度等在内的资源安全管理与保障的法律制度体系，构建以可持续发展的资源保育体系、适度消费的资源节约体系、协调资源系统运行的资源管理体系和追求科技进步与创新的资源安全科技体系为内容的资源安全法律保障体系。

三、海洋生态系统保护制度的建设

（一）海洋生态红线制度

海洋生态红线制度是指为维护海洋生态健康与生态安全，将重要海洋生态功能区、生态敏感区和生态脆弱区划定为重点管控区域并实施严格分类管控的制度安排。国家海洋局印发了《关于建立渤海海洋生态红线制度的若干意见》（以下简称《意见》）。《意见》提出，要将渤海海洋保护区、重要滨海湿地、重要河口、特殊保护海岛和沙源保护海域、重要砂质岸线、自然景观与文化历史遗迹、重要旅游区和重要渔业海域等区域划定为海洋生态红线区，并进一步细分为禁止开发区和限制开发区，依据生态特点和管理需求，分区分类制定红线管控措施。环渤海三省一市政府须切实增强对建立渤海海洋生态红线制度重要性、紧迫性和必要性的认识，充分认识到建立渤海海洋生态红线制度是实施最严格渤海

环境保护政策的重要内容，是加强渤海环境保护的重要工作，对于维护渤海海洋生态安全、保障环渤海地区社会经济可持续发展都具有重要的现实意义。为了确保渤海海洋生态红线制度取得实际成效，《意见》提出了4项目标：①渤海总体自然岸线保有率不低于30%，辽宁省、河北省、天津市、山东省自然岸线保有率分别不低于30%、20%、5%、40%。②海洋生态红线区面积占渤海近岸海域面积的比例不低于1/3，辽宁省、河北省、天津市、山东省海洋生态红线区面积占其管辖海域面积的比例分别不低于40%、25%、10%、40%。③到2020年，海洋生态红线区陆源入海直排口污染物排放达标率达到100%，陆源污染物入海总量减少10%~15%。④到2020年，海洋生态红线区内海水水质达标率不低于80%。

（二）海洋生物多样性保护制度

海洋生物多样性是全球生物多样性重要的组成部分，对于促进人类可持续发展，建设生态文明具有重要意义。监督管理海洋生态和生物多样性是各级海洋管理部门的重要职能。近年来，海洋生物多样性保护日益受到海洋部门的重视，在相关政策规划中逐步将海洋生物多样性因素纳入，通过加强海洋生态系统管理，保护海洋生物多样性。①将生物多样性因素纳入海洋相关规划立法政策等方面。国家已经开始制订“全国主体功能区规划”，也将海洋生物多样性因素纳入，即根据海洋资源环境承载能力和已有开发密度及发展潜力，在海洋功能区划基础上，对我国管辖海域进行分析评价，明确各类海洋主体功能区的数量、位置、范围以及每个主体功能区的定位、发展方向、开发时序、管制原则和政策措施等。这些主体功能区中包括海洋自然保护区、特别保护区等以海洋生物多样性保护为核心的功能区类型。目前，全国10个沿海省份已经编制完成海洋功能区划并得到国务院批准后开始实施，沿海市县两级海洋功能区划已经基本完成编制。通过海洋功能区划对近海及海岸带资源开发和生态保护进行详尽的空间布局，规定出每一类海洋生物多样性保护区域，如典型海洋生态系统集中分布区、珍稀濒危海洋生物的重要栖息地、各类海洋保护区的空间范围，并禁止其他海洋开发活动在这些区域擅自实施。目前，国家海洋局已经开始积极引导和有序管理，着手制定海岸保护与利用规划，加强了对围填海这类对海洋生物多样性影响最大的海洋开发活动管理。通过海域使用和海洋工程环境影响评价审批，在项目选址、用海面积、填海方式、平面布局、环保对策等方面提出优化和改进意见。

（三）通过加强海洋生态系统管理促进生物多样性保护

在海洋保护区方面，几年来全国沿海地区新选划建立了50多处地方级海洋自然保护区，其中山东、广东3处保护区经国务院批准升级为国家级自然保护区。同时，海洋特别保护区建设获得“零”的突破，全国沿海地区已选划建立了11处海洋特别保护区。在加强现有海洋保护区管理方面，组织开展海洋保护区调研评估和培训交流，制定出台了一系列海洋保护区海监队伍设置、海洋保护区海域使用管理、海洋保护区内开发活动审批管理等方面的规章制度以及《海洋自然保护区建设管理技术规范》等国家标准。海洋特别保护区方面出台了《海洋特别保护区管理暂行办法》等规章制度。目前，海洋保护区选划建设和监督管理已成为各级海洋行政主管部门的重要职责，各类海洋保护区管理机构深入开展了规划编制、执法巡护、基础建设、科研调查、生态监测、灾害防治、教育宣传、公众参与、对外合作等各项管理工作。①

第四节 海洋生态安全管理机构

一、我国生态保护管理机构架构的弊端

党的十八届三中全会提出改革生态环境保护管理体制，而目前的生态环境保护管理体制存在不少矛盾。第一，缺乏生态文明建设的顶层设计和决策部门。生态文明建设要求把生态文明的理念体现到经济社会发展的全过程中去，但是现在的生态环境管理体制很难实现这一条，生态环境管理体制与建设生态文明的要求差距甚远。同时，各部门在生态文明建设中的职责定位不明确，任务不清楚，往往各自为战，从自身角度提出有关生态文明建设的指导意见及模式，缺乏统一和协调。第二，生态环保职能分散交叉，环境保护统筹协调、统一监督仍需进一步加强。现在对自然生态系统保护的管理比较分散，造成“生态”与“环境”两张皮，水质与水量分头管理，割裂了生态保护与污染治理的关系，割裂了环境要素综合保护与自然生态系统管理的关系。另外，面对日趋严峻的区域、流域复合污染，区域、流域环境管理体制还没有理顺，陆海污染防治缺乏统筹，污染防治区域联动机制刚刚起步，区域、流域环境合作缺乏法律依据，致使解决跨区域环境问题困难很大。第三，环境保护部门责任和权力不匹配。虽然要求地方政府对环境质量负责，但地方保护主义尚未得到有效根治，国家环境保护的政策法规在少数地方得不到坚决有效执行。环保部门缺乏有效的监督制约机制，行政上对造成环境污染问题的根源无能为力。因为环保部门是地方政府的一个职能部门，财权和人事任免权主要取决于地方政府，其工作受制于地方政府的态度，这就造成环保部门的领导“顶得住的站不住，站得住的顶不住”。另外，环保监管力量与日益繁重的环保任务不适应，基层环保部门普遍存在“小马拉大车”的现象。第四，生态环境保护责任关系不明确，政府、企业和公众的生态文明建设义务和责任机制不清。

二、海洋生态安全管理机构

在海洋生态安全治理过程中，必须革新和发展海洋生态安全管理及执法理念，采用多元主体参与管理的方式，只有这样，海洋事业才能逐步走上可持续发展的道路，海洋才能真正成为“全球生态系统的一个基本组成部分”。

（一）必要性分析

一方面是海洋所具有的特性，即海洋整体性决定了多元主体参与治理的必要性和整合

① 陈克亮：《我国海洋区域功能恢复的基本对策和措施》，载于《海洋开发与管理》2010 年第 1 期，第 47-51 页。

性。众所周知，我国现行的海洋生态安全治理对海洋进行了行政分割，除了各省市对自己行政范围内的海域各自为政外，海洋环境治理还涉及海监、海事、海警、海关和渔政等多个部门，这些部门之间在职能管理上存在交叉，易发矛盾，不仅忽视了环境的整体性功能，也违背了海洋环境治理的科学规律。因此这种治理模式既造成对海洋环境的相关信息掌握不够，又造成信息流通的不畅和治理资源的浪费，又不可避免地走向“公地悲剧”。扩大主体多元性，发挥市场和社会的力量，势必能够缓解各自为政治理模式对于海洋环境信息掌握得不充分、信息渠道闭塞、治理资源浪费等问题，极大地提高海洋生态安全治理的实际效果。另一方面是单一主体治理模式的弊端也强化了多元主体参与的现实需要。目前海洋生态安全治理呈现出主体繁多，类别单一的局面，即担任管理者角色的政府主体，重要的治理政策和机制由其制定，地方政府负责具体的执行功能，丧失了海洋环境治理的针对性、实效性，往往出现为了经济发展牺牲资源环境的行为。而被管理者则是企业和公众，权力的缺乏使得企业和公众在海洋环境治理中发挥积极力量的空间狭小，不能起到有益的监督协调补充作用。因此，多元主体的有效参与能够打破单一主体的治理弊端，也是符合现实环境的实际需要。

（二）可行性分析

目前我国在海洋环境管理工作中已经形成了一定的跨部门联动机制。比如海洋环境突发事件应急联动机制是指在海洋环境领域发生的海上石油勘探开发溢油、海上船舶和港口污染、浒苔和赤潮等突发事件中，国务院有关部门和地方政府及其相关部门、社会组织等多方应对主体，在统一领导下，反应迅速、互联互通、信息共享、协同应对的危机应对模式。这种模式在本质上看同样属于政府内部的网络治理模式，只不过主体性质的一元性限制了治理的效率。海洋生态安全的治理多元主体参与模式的基本特点就是主体多元、合作协商，从而突破了联动机制的限制，将社会多元主体纳入到联动的体系中，从而最大限度地整合社会资源。

消除海洋生态系统所受的威胁，维护海洋生态安全，仅靠政府部门的一己之力是不够的，更需要全体社会成员、力量的共同参与，整合资源，形成合力。气候变化，环境危机日益影响着生态系统的平衡、人类的安全和社会的发展。环境权作为人类生存与发展的一项基本权利，正是在这种背景下开始觉醒。社会公众对环境权的要求为其通过各种活动和组织方式，参与环保活动，获取环境利益的行动提供了驱动力。而且随着生态产业经济的不断发展，一些生态经济主体对良好环境的要求也与日俱增。这些都为多元主体的积极参与提供了前提保障。维护海洋生态安全更需要全社会力量的整合。从近年来的海洋生态安全治理现状来看，社会多元主体的参与正成为应对海洋生态安全问题的主要方式，特别是2008年的青岛浒苔事件充分体现了这一点。但是同时也表现出以政府为主的“分散式、部门化”的特点，许多的社会力量处于分散状态，彼此缺乏联系及沟通，搞“单干”形式。所以还应该对社会多元主体进行丰富并对其参与机制加以完善和引导，使其成为维护海洋生态安全的重要力量。

（三）我国主要海洋生态管理机构

总体来说，我国海洋生态管理机构呈分散式发展，主要的管理机构是国家海洋局，而其他管理机构在各自的职能范围内各司其职。然而，和我国的其他管理架构一样，海洋生态管理这种分散式架构，有一定的缺陷：一方面，很容易出现权责不明或者权责交叉的弊端，部门分工并不够明晰，导致工作效率低下；另一方面，由于我国是海洋大国，如此分散的管理模式很容易造成各地区海洋生态管理的不均衡发展。因此，应当用更加创新的思维积极整合现有的管理机构，提高海洋生态管理综合水平。

1. 国土资源部

主要职能：承担保护与合理利用土地资源、矿产资源、海洋资源等自然资源的责任。承担及时准确提供全国土地利用各种数据的责任。承担节约集约利用土地资源的责任。承担规范国土资源市场秩序的责任。负责矿产资源开发的管理。负责管理地质勘查行业和矿产资源储量。承担地质环境保护的责任。承担地质灾害预防和治理的责任。

2. 国家海洋局

国家海洋局（SOA）：于1964年经国务院批准正式成立，是国家海洋规划、立法、管理的政府行政管理机构。属国土资源部的国家局。国家海洋局是国土资源部管理的监督管理海域使用和海洋环境保护、依法维护海洋权益、组织海洋科技研究的行政机构。2013年国务院重新组建国家海洋局，以中国海警局名义开展海上维权执法，接受公安部业务指导。

主要职能：承担综合协调海洋监测、科研、倾废、开发利用的责任；负责建立和完善海洋管理有关制度；承担海洋经济运行监测、评估及信息发布的责任；承担规范管辖海域使用秩序的责任；承担海岛生态保护和无居民海岛合法使用的责任；承担保护海洋环境的责任；组织海洋调查研究，推进海洋科技创新，组织实施海洋基础与综合调查，承担海水利用和海洋可再生能源的研究、应用与管理；承担海洋环境观测预报和海洋灾害预警报的责任；依法维护国家海洋权益。①

国家海洋局与海洋生态安全管理有关的隶属单位：国家海洋局机关、国家海洋信息中心、国家海洋局第三海洋研究所、中国海监总队、国家海洋环境监测中心、国家海洋局天津海水淡化与综合利用研究所、国家海洋局极地考察办公室、国家海洋环境预报中心、国家海洋局海洋发展战略研究所、中国大洋矿产资源研究开发协会、中国极地研究中心、国家海洋局第一海洋研究所、国家海洋局第二海洋研究所、国家海洋局海口海洋环境监测中心站等。

3. 中华人民共和国农业部农业局

主要职能：负责渔业行业管理；拟订渔业发展战略、政策、规划；提出渔业科研、技术推广项目建议；组织水生动植物病害防控工作；负责渔业资源、水生生物湿地、水生野生动植物和水产种质资源的保护；负责渔业水域生态环境保护；组织和监督重大渔业污染事故的调查处理工作；指导渔业安全生产，负责渔业防灾减灾工作，提出渔业救灾计划及资金安排建议，指导渔业紧急救灾和灾后生产恢复等。

---

① 董琳：《海域使用管理实践研究与理论探讨——以厦金海域为例》，厦门大学，2008年。

4. 环境保护部

根据第十一届全国人民代表大会第一次会议批准的国务院机构改革方案和《国务院关于机构设置的通知》（国发200811号），设立环境保护部（简称环保部），为国务院组成部门。环保部仍负责拟订并实施环境保护规划、政策和标准，组织编制环境功能区划，监督管理环境污染防治，协调解决重大环境保护问题，还有环境政策的制订和落实、法律的监督与执行、跨行政地区环境事务协调等任务。

主要职能：负责建立健全环境保护基本制度；负责重大环境问题的统筹协调和监督管理；承担落实国家减排目标的责任；承担从源头上预防、控制环境污染和环境破坏的责任；负责环境污染防治的监督管理。制定水体、大气、土壤、噪声、光、恶臭、固体废物、化学品、机动车等的污染防治管理制度并组织实施，会同有关部门监督管理饮用水水源地环境保护工作，组织指导城镇和农村的环境综合整治工作；负责环境监测和信息发布。制定环境监测制度和规范，组织实施环境质量监测和污染源监督性监测；组织、指导和协调环境保护宣传教育工作，制定并组织实施环境保护宣传教育纲要，开展生态文明建设和环境友好型社会建设的有关宣传教育工作，推动社会公众和社会组织参与环境保护等。①

5. 中国气象局

中国气象局是中华人民共和国国务院直属事业单位，主要承担全国气象工作的政府行政管理职能，负责全国气象工作的组织管理。全国气象部门实行统一领导，分级管理，气象部门与地方人民政府双重领导，以气象部门领导为主的管理体制。中国气象事业是科技型、基础性社会公益事业，坚持"公共气象、安全气象、资源气象"的发展理念，坚持"以人为本，无微不至、无所不在"的服务宗旨。

主要职能：拟定气象工作的方针政策、法律法规、发展战略和长远规划；组织拟订和实施气象灾害防御规划，参与政府气象防灾减灾决策，组织指导气象防灾减灾工作；统一规划全国陆地、江河湖泊及海上气象观测、气象台站网、气象基础设施和大型气象技术装备的发展和布局；管理全国陆地、江河湖泊及海上气象情报预报警报、短期气候预测、空间天气灾害监测预报预警。②

6. 国家能源局

负责海上石油、天然气、电力、新能源和可再生能源等能源的行业管理，组织制定能源行业标准，监测能源发展情况，衔接能源生产建设和供需平衡，指导协调农村能源发展工作；负责能源行业节能和资源综合利用，组织推进能源重大设备研发，指导能源科技进步；拟订国家石油储备规划、政策并实施管理等。

（四）美国的海洋生态安全管理机制对我国的启示

与我国分散型部门管理体制不同的是，美国实行的是综合型海洋管理模式，有统一管

① 周细平：《中美海岸带综合管理法律框架比较研究》，厦门大学，2012年。

② 姚西波：《气象部门战略财务管理探析》，天津大学，2009年。

理海洋环境和海洋生态的独立机构，国家海洋与大气局不仅要保护海洋资源和濒危的溯洄性鱼类，而且要全面负责所有海洋野生生物及其赖以生存的生态系统的保护，其他各相关管理机构在海洋生态安全保护和治理工作中职责分工明确，相互配合，这在很大程度上提高了海洋生态安全治理的效率。虽然在生态安全相关事务上主管部门相对分散，但美国海洋执法却采用统一管理。美国海岸警卫队具体针对海洋事务及生态安全保护实施海上执法，其管理地位相对较高，是只属于美国军方的参谋长联席会议的五大军种之一。例如，2010 年 4 月，美国钻井平台“深水地平线”发生严重漏油事故，事件发生后，美国环境保护署、美国司法部以及海岸警卫队通力合作，使问题得到了快速妥善的解决。美国合理、高效的综合型海洋生态安全管理模式对于实现不同涉海产业之间、相关海洋生态安全管理组织间的协作具有重要的实际意义，同时，对我国目前职能分散、缺乏协调的海洋生态安全管理体制具有启发和借鉴意义。2013 年，十二届全国人民代表大会一次会议审议《国务院机构改革和职能转变方案》，将国家海洋局及其中国海监、公安部边防海警、农业部中国渔政、海关总署海上缉私警察的队伍和职责整合，重新组建国家海洋局，由国土资源部管理。①

三、海洋生态安全协调机构

（一）我国在海洋生态安全协调机构设计方面存在缺陷

目前通行的海洋法是 1982 年通过的《联合国海洋法公约》，我国于 1996 年加入。但这个公约也有缺陷，它侧重于在会员国之间怎样去分配海洋资源，却没有关注污染发生后怎样规制，没有规定如果违反相关规定怎么样处罚。有法和没法一个样。国内现有的《海洋环境保护法》，是少数有关海域的法规里走在时代前端的。它对海域功能进行了划分，比如养殖业，鱼群鱼种富裕的区域在交配生产期休渔禁渔，立法理念非常前沿。但遗憾的是，这部法律只是划分了功能，缺乏一个协调的机构。遇到一个事件，涉及不同部门的时候，最终需要听哪一个部门的？例如康菲事件，这并不是单一事件，是一个复合性灾难，必然需要不同部门去协调。第一个海洋环境污染，渔政部门应当考虑要怎样把渔业资源的损失降到最低，那就需要把溢油的面积限制到最小，而有能力这么做的是海监部门。漏油事故后，港口的所有船只要进出，航道是不是要变？会不会有安全方面的忧虑，又需要由海事部门来协调。国内最缺乏的就是这个机制。

那么，对于类似的恶性事件，国外是怎么处理的？全世界范围内有两个国家有海岸管理法，加拿大和美国。加拿大 1996 年颁布，给海域执法的部门规定了非常清晰的权利义务。当各个部门的权利义务、管辖权责不清时，由加拿大的渔业海洋部做最后的决定。相当程度的授权给其中一个部门，最大程度保证了协调。美国在奥巴马上台之后，刚好也发生了石油公司漏油事件，政府马上成立一个直接向总统报告的国家海洋委员会，横向协调，各个部门首长商讨协调，事后将临时机构确立为常设机构。因此，可以看出，设立国

① 曾庆丽：《海洋生态安全治理的国际经验与启示》，载于《哈尔滨市委党校学报》2013 年第 4 期，第 80-86 页。

家海洋委员会，作为海洋生态安全的协调机构，是一个切实可行的措施。

（二）国家海洋委员会

2013 年 3 月 10 日，十二届全国人大一次会议在北京人民大会堂举行第三次全体会议。会议决定，为加强海洋事务的统筹规划和综合协调，国务院机构改革和职能转变方案提出，设立高层次议事协调机构——国家海洋委员会。国家海洋委员会的具体工作由国家海洋局承担。针对我国海洋权益争端的特点，应成立由党中央、国务院、中央军委直接领导，由中央各涉海部门组成的国家海洋委员会，建立起集中、权威、高效的海防领导管理机构。国家海洋委员会负责研究制定国家海洋发展战略，统筹协调海洋重大事项。这次涉海机构改革进一步完善了我国的海洋生态安全综合职能管理机构，为我国的海洋生态安全治理提供了更为有力的机构管理体制，各部门分工更加明确，各司其职，相互促进，面对要处理的海洋生态安全方面的事务，各涉海部门有了更细致的法律授权，协调配合一致，从而提高我国的海上执法效率，强化海洋生态安全管理力度。①

（三）其他协调机构

除了政府设立的专项管理机构和国家海洋委员会，我国还应该积极发展民间非营利协会，协助海洋生态安全管理。在国际上，已经有比较成熟的案例：世界自然保护联盟（World Conservation Union），简称自保联盟，常简称为 IUCNNR，是 International Union for Conservation of Nature and Natural Resources 的缩写，是一个国际组织，专职于世界的自然环境保护。海洋守护者协会（Sea Shepherd Conservation Society）是一个专门保护鲸类、鲨鱼、海狮、海豹等海洋动物的组织；创办人保罗·沃森（Paul Watso）；这是美国的一个非营利的、注册免税的组织，且是荷兰的一个已注册的基金会，主要在联合国世界自然宪章（1982 年）和其他保护海洋物种与环境的法律法规的指导下开展运动。国际海洋动物保护协会（The Oceanic Preservation Society）下属的鲸类海豚保护协会（WDCSI）成立于 1987 年，总部设在英国，同时在北美及澳大利亚等地设有分部。WDCSI 是一家在全球致力于保护鲸类及海豚等鲸目动物的慈善机构，同时也给其他政府及机构施压，以其改变目前的鲸目动物的生存状况。

我国海洋生态安全协会数量不多，还在发展阶段，比较成熟的协会主要是蓝丝带海洋保护协会（Blue Ribbon Ocean Conservation Society，缩写 BROCS，简称蓝丝带协会），其于 2007 年 6 月 1 日在三亚注册成立。蓝丝带协会是以海洋环境保护为主旨的民间公益社会团体，致力于海洋环境保护事业，既是海洋环境保护者的民间活动平台，又是联系海洋环境保护者的桥梁和纽带。其愿景是：组成全球海洋保护大联盟。其使命是：团结一切力量，保护美丽海洋。其口号是：保护海洋就是保护我们自己。在社会各界的广泛参与和大力支持下，协会组织开展了公益宣传、环保调查、专题项目、对外交流等一系列丰富多彩的海洋环保活动达 300 次，发放宣传册 20 万册，发放海洋环保腕带 30 万条，向 1 000 万以上的公众进行海洋保护宣传，有数百万人次的志愿者参加蓝丝带海洋保护活动，在社会上产

① 曾庆丽：《海洋生态安全治理的国际经验与启示》，载于《哈尔滨市委党校学报》2013 年第 4 期，第 80-86 页。

生了广泛的影响，海洋保护观念已深入人心。协会成立以来，发展会员单位44家，捐赠单位13家，主要分布在三亚、海口、重庆、上海、广州、北京、连云港、武汉等地。在三亚、海口、湛江、青岛、威海、大连、连云港等地的13所大学建有蓝丝带高校志愿者服务社，有超过万人的志愿者队伍。

第五节　海洋生态安全意识管理

2008年12月5日，第63届联合国大会通过第111号决议，将每年6月8日确定为“世界海洋日”，希望世界各国借此机会关注人类赖以生存的海洋，发现海洋所蕴含的丰富价值，同时也审视全球性污染、对鱼类资源过度消耗等问题给海洋环境和海洋生物带来的不利影响。

生态文明是不同于农业文明与工业文明的新文明形态，不仅包括生产方式和生活方式的重大变化，还包含思维方式及价值体系的深刻变革。在思维方式上，要摒弃为了工业发展忽略海洋生态问题的思维方式，在发展的同时要考虑到对海洋生态环境的影响；在价值观念上，要破除把经济价值凌驾于社会价值与生态价值之上的工业文明理念，形成爱海、护海的生态文明理念。还要通过各种途径，增强全民海洋生态保护意识。

一、提高公民海洋生态安全意识

海洋是自然生态系统中最大的生态系，海洋生态文明作为原生态文明的起源，是建立自然生态系生态文明的前提条件和基础，海洋生态安全的缺失，将带给人类自身不可逆转的灾难。作为建设社会主义生态文明的一部分，我们必须意识到海洋生态文明的重要性和生态安全的战略意义，不断提高公民的海洋生态安全意识。[①]

2004年4月4日，胡锦涛在中央人口资源环境工作座谈会上的讲话指出：“树立和落实科学发展观，必须着力提高经济增长的质量和效益，努力实现速度和结构、质量、效益相统一，经济发展和人口、资源、环境相协调，不断保护和增强发展的可持续性。这就要求我们在推进发展中充分考虑资源和环境的承受力，统筹考虑当前发展和未来发展的需要，既积极实现当前发展的目标，又为未来的发展创造有利条件，积极发展循环经济，实现自然生态系统和社会经济系统的良性循环，为子孙后代留下充足的发展条件和发展空间。”

意识的变化、观念的革新从一定程度上可以改变人类的生活，但是生态安全对人类的意义必须经过一个长时间发现和总结的过程才能得出结论。[②] 海洋资源是海洋经济发展的基础，只有实现海洋资源的可持续利用，才能实现海洋经济的可持续发展。要从根本上解决环境问题，维护国家生态环境安全，就必须转变人们的文化价值观念，对社会体制进行深层次的改造。通过完善公民参与机制，来唤醒人们的生态安全意识，促使公众认识人类

---

① 张素君：《海洋生态安全法律问题研究》，中国海洋大学，2009年。

② 刘家沂：《生态文明与海洋生态安全的战略认识》，载于《太平洋学报》2009年第10期，第68-74页。

开发活动对海洋生态的影响以及海洋生态系统中生物群落和生态环境的相互作用；意识到维持复杂而且具有适应性的自然系统多样性和恢复力的重要性，这样才能更好地实现海洋资源的可持续利用和海洋经济的可持续发展。

（一）以可持续发展为指导思想

党的十七大在强调坚持中国特色社会主义经济建设、政治建设、文化建设、社会建设的基础上，首次提出要推进社会主义生态文明建设。我国是一个陆海兼备的大国，在海洋上有着广泛的战略利益。国家“十二五”规划纲要和温家宝总理的《政府工作报告》，对海洋工作进行了全面部署，并对加强海洋环境保护提出了明确要求，海洋生态文明建设已成为促进海洋经济可持续发展和建设现代化海洋强国的必然选择。第一，加强海洋生态文明建设是贯彻落实科学发展观的本质要求。科学发展观，第一要务是发展，核心是以人为本，基本要求是全面协调可持续发展，根本方法是统筹兼顾。在海洋领域落实科学发展观，必然要求在开发利用海洋的过程中，加强海洋生态文明建设，充分尊重海洋的自然规律，以海洋环境承载能力为基础，不断提升资源集约节约和综合利用效率，促进人与海洋的长期和谐共处，最终实现海洋经济的全面、协调和可持续发展。第二，加强海洋生态文明建设是实现沿海经济社会可持续发展的根本出路。改革开放以来，东部沿海地区成为我国经济社会发展的龙头。但随着海洋开发的力度不断加大，海洋生态环境也面临着越来越大的压力。海洋污染造成部分近岸海洋生态系统退化，濒危珍稀海洋生物持续减少，海洋生态灾害时有发生。在这样的形势下，抓紧调整海洋经济结构，优化海洋产业布局，形成节约集约利用海洋资源和有效保护海洋环境的发展方式，就成为实现沿海经济社会可持续发展的一项重大而紧迫的任务。第三，加强海洋生态文明建设是满足人民群众过上美好生活的客观需求。经过改革开放30多年的不懈努力，目前，我国人民的生活总体上达到了小康水平。在全面建设小康社会的新阶段，人民群众对进一步改善生活质量、进一步美化生活环境有了新要求。为了满足人民群众过上更美好生活的新期待，必须切实加强海洋生态文明建设，尽快扭转海洋生态环境恶化的趋势，努力构建和谐的人海关系，使海洋真正成为人民群众喜爱的蓝色家园。①

（二）海洋生态保护意识

进入20世纪90年代，特别是90年代中期后，随着中国经济的飞速发展和城市化进程的加快，人民的小康生活水平和富裕程度显著提高，加上海洋环境保护和生态建设工作切实加强以及广泛的环境教育和宣传活动，公众的海洋环保意识、责任意识明显增强，大多数公众对海洋环境问题形成正确的、统一的认识，并且认识到了严重的海洋环境问题威胁到了人类健康，威胁着生态平衡，而且从思想上重视保护环境的重要性和紧迫性。②

海洋污染不仅直接危害人体健康，而且使公众对海洋环境产生不满。这说明，一方面海洋污染严重，生态环境问题突出；另一方面公众有自觉的生态意识和海洋环境价值观。各国政府和公众的环境意识，无论是在广度上还是在深度上都向前迈进了一步。但是，公

① 滕蕊：《加快建设海洋强国促进海洋生态文明》，载于《科技视界》，2013年。
② 马骏：《海洋环境保护意识和策略探析》，载于《科技风》2011年第4期，第256页。

众海洋环境意识的相关因素与其环境保护中应具备的态度、责任和行为准则之间仍有一定程度的差距和脱节，以至从社会生活中的行为准则看，公众实际的海洋环保关注度和海洋环保行为改变的程度实际上是不够的。1999 年 12 月 25 日，经国务院批准的《中华人民共和国海洋环境保护法》明确提出要增强全民海洋环境保护意识，保护和改善海洋环境，大力弘扬海洋文化，促进经济和社会的可持续发展。各级政府要充分认识海洋环境保护对促进持续发展具有关键性作用、决定性意义，努力把提高全民海洋环境保护意识与爱护海洋环境、保护海洋环境、建设海洋环境、拓展发展空间结合起来。这是我国社会主义现代化建设的总体规划，也将成为我国海洋法制建设史上又一座新的里程碑。

二、完善海洋生态安全宣传体系

（一）建立多元主体互动宣传体系

生态安全宣传应该由多元主体互动参与。生态文明教育应完善政府引导、多部门合作、全社会参与的宣传格局。其宣传主体应包括政府和工会、共青团、妇联等社会团体，志愿者组织、绿色非政府组织等民间组织等，充分发挥各自的职能和优势，共同推进生态保护的宣传和教育。宣传教育的多元主体互动参与能够有效提高生态文明教育的效果。在经费来源上，增加国家和地方政府的投资是解决保护区经费短缺矛盾的根本措施，国家财政应设立经常性科目用于国家级自然保护区的建设与管理，还应积极拓展保护区建设的资金渠道，主要包括发展保护区产业、征收生态环境补偿费、扩大科研合作，并争取社会和国家援助及合作项目。

（二）构建完善的海洋生态安全宣传平台

有关部门应明确规定各媒体的宣传义务，充分运用报纸、广播、电视、网络和手机等各种传媒手段，积极运用微博、微信、网络论坛等手段，以青少年喜欢的方式普及生态环保知识，倡导并推动形成全民环境保护意识、生态意识，营造爱护生态环境的良好风气。

1. 传统媒体

公众媒体作为信息公开的渠道和政社沟通的中介，是海洋生态安全治理中必不可少的主体，其凭借自身的优势，传输信息和导向舆论，建言献策、督促政府采取正确的决策，为有效处置突发公共事件提供监督的保证，为公众、非政府组织提供表达意见、参政议政的平台。其具体职责有：一是发挥信息传递功能。在政府制度化、规范化的要求下，宣传和传播普及危机知识；危机状态下进行信息的及时、公正的发布，社会救治的聚合、引导；对社会公众正当需求的关注与上行传递等。二是发挥预警作用。保持对海洋生态危机征兆的敏感度，经证实后及时把民众传递来的危机征兆反馈给政府，发挥媒体的危机预警作用。三是监督各主体的治理行为是否透明化、公开化和信息的真实性、可靠性。

2. 互联网

当今时代已经是互联网时代，互联网思维已经在人类生活的各个领域生根发芽。从某种程度上说，人们获取信息的首要来源已经从传统媒介（包括电视、报纸等）转变成以手机、电脑为载体的互联网。因此，转变生态安全的宣传方式是政府和有关部门的工作重点。较好的宣传工具包括：建立专门的海洋生态安全专题网站、网页公益广告、微信微博等客户端上的公众账号等。

3. 丰富其他宣传途径

传统的生态保护宣传途径主要包括大众媒体宣传、生态保护日等特殊节日的宣传等。未来应该创造出更多宣传途径，如设立更多的生态保护日（周），组织公益性生态文明宣传活动、义务捐款等，并通过召开表彰会等形式对做出突出贡献的个人和团体给予表彰和奖励。

一个比较典型的成功案例是青岛海洋节。中国青岛海洋节作为青岛市的重要节庆品牌，是中国唯一以海洋为主题的节日，创始于1999年，举办时间定在每年的7月。青岛海洋节创办伊始，就以“拥抱海洋世纪，共铸蓝色辉煌”为主题，以保护海洋、合理开发利用海洋资源和实现人类经济与社会可持续发展为目标，在倡导科技创新、发展海洋经济和国际间友好合作等方面做出了积极不懈的努力。

三、加大海洋生态安全教育力度

海洋生态安全的治理和修复离不开科学技术的支撑，以高校、科研机构为主的专业知识组织和训练有素的人才队伍的力量不可忽视。他们凭借在科技研发上的优势，能够在海洋环境治理系统中发挥重要作用。他们与政府、企业建立良好的合作关系，在需要技术协助时能够给予专家咨询和援助。在教育手段上，要充分运用新媒体、新技术，通过多渠道进行宣传教育。

（一）高等教育

高校作为国家的人才培养基地，对大学生进行生态文明观教育是尤为必要的，使其树立正确的生态文明观并提高生态文明认识，使其建立相应的未来发展生态文明理念，是提高大学生综合素质的重要任务也应该成为高校的教育目标之一，这将直接关系到我国海洋经济发展以及和谐社会建设及可持续发展目标的实现，更关系到人类社会的发展、人类自身生存等重大问题的解决。

要确保高校带头做好海洋生态安全工作，一是建立并完善高校大学生生态文明观教育体系，实施教改，把生态文明观纳入学生课程中，加强生态文明观教育的宣传和投入，培养一批具有专业才能、高素质的教师，将这种优秀的师资力量投入到各高校当中；而各学校也应当把生态文明观教育列为学生公共必修课之一进行进修，搭建起属于高校的生态文明教育体系框架。二是加增高校大学生生态文明观教育内容，结合当地地区环境，积极开展生态环境保护实践活动，积极整合和拓展高校大学生生态文明观教育资源。三是创设高校大学生自我生态文明观教育的环境，各高校应该把自身的优势利用起来，创建属于自己的特色文化和自身的格调，也是对学校本身的教育管理水平以及学校校风的一种综合体现，一个环境优美、生机盎然的校园文化环境则潜移默化地造就了生态文明观教育的外部环境。四是发展和谐校园学术文化，构建海洋生态文明教育的科技载体，发展并和谐校园学术文化，一方面，高校应该制定各种政策措施，激发教师对海洋生态文明的研究热情，努力建立一支学术功底深厚的教师队伍，鼓励教学一线教师及专家学者申报课题，针对生态文明这一主题设立独立的科研立项，更好地总结大学生生态文明教育的内容、经验、规律和方法，不断探索出更多的生态文明教育科研成果，并根据各学校学生的知识水平和身心特点，把所研发的科研成果运用到课堂实践中去。同时，鼓励大学生进行海洋生态文明研究。学校可以通过各种方式对大学生加以引导，比如主题征文、学术讨论、学术报告、班级社会实践调研等，并对研究成果突出的同学，给予加学分以及适当的物质奖励。[①]

（二）中小学教育

要建设生态文明社会，就必须加强生态文明教育，从小培养和树立生态文明意识和道德。广大中小学生作为未来的建设者和接班人，承载着国家的未来和民族的希望，他们的生态文明观念和意识直接关系到建设生态文明社会的目标能否实现。开展生态文明教育进课堂，使中小学生树立尊重自然、顺应自然、保护自然的生态文明理念，把生态文明建设放在突出地位，融入经济建设、政治建设、文化建设、社会建设各方面和全过程，努力建设美丽中国，实现中华民族永续发展。参考高校的相关措施，中小学海洋生态文明教育的主要措施有以下几点。

一是将海洋生态保护课程纳入教师进修培训体系。高素质的师资队伍决定着学校生态文明教育的效果和质量。教师进修培训的内容包括生态知识以及与生态相关的理论，特别是加强有关日常生活或者是学生感兴趣的生态知识的培训，对于这些知识学生能够顺利地掌握及容易转化为实践活动。还可以邀请专门从事环保工作的人员或者是热衷环保事业的志愿者，他们对生态环境有着深入的理解和切身的体会，所学习和积累的生态知识以及环境法律法规也更全面、更实际，他们发表的意见及提出的见解也易被学生接受。二是把课堂教学作为学生海洋生态文明教育的重要渠道。生态文明教育渗透到思想政治教育教学中，这是对学生进行生态文明教育的主要手段。三是营造和谐校园文化氛围，构建海洋生态文明教育隐性载体。在各种环境保护活动中，类似于对“湿地日”、“植树节”、“世界环境日”、“世界防治荒漠化和干旱日”、“世界粮食日”等节日进行相应的宣传都起到了不错的教育效果，应该将“世界海洋日”也纳入学校宣传活动中去。利用图片宣传和视频进行详细的讲解，根据我国的环境状况对学生做出警示，引起学生的关注与反思。

（三）社会教育

海洋生态安全的教育工作，除了在学校里开展，还应该面向全社会成员。一方面，这有助于培养全民海洋生态安全意识、构建生态文明社会；另一方面，对社会成年人的教育反过来对学生等未成年人有促进作用。在社会教育工作中，政府机关和企事业单位应带头宣传海洋生态安全，积极配合单位党政部门认真学习科学发展观等重要的党中央精神，定期开展研讨会等专题会议，把生态文明保护纳入日常工作中来。此外，政府和有关环保部门还应该带头在社会上开展丰富多彩的宣传教育活动，从而提升全民的海洋

---

① 刘华凤：《大学生生态文明教育研究》，江西理工大学，2013年。

生态保护意识。

此外，国外成功案例也值得我国加以借鉴。以日本为例，日本政府认为海洋生态保护的教育不应仅仅局限于授予相关的专业知识，而是要将对海洋环境及生态安全保护的意义融入到每一位公民的实际生活中，这样的教育理念才是海洋生态保护教育的目标。[①] 显然，海洋生态安全保护意识与公民对海洋环境保护的自觉性以及实践的智慧与能力存在着直接的关系。基于此，日本海洋生态安全教育从立法角度切入，将学校教育和社会教育综合进行。另外，1996 年，日本将每年的 7 月 20 日定为法定节假日——“海洋日”。“海洋日”表明了日本国民对大海的感恩之情和善待大海之心。同时 2001 年 6 月，《关于修改法定节假日的相关法律的部分内容》的出台表明了日本海洋管理部门对“海洋日”的重视。然而，我国在海洋生态安全教育方面仍未形成具体政策，更没有专门立法进行支持。由此可见，日本在海洋教育方面的多元化和普及的广泛性十分值得我们学习。

① 曾庆丽：《海洋生态安全治理的国际经验与启示》，载于《哈尔滨市委党校学报》2013 年第 4 期，第 88-86 页。

第七章　海洋生态安全运行机制

第一节　行政手段

一、沟通协调机制

在我国海洋生态管理中，各地方政府间、政府部门间的关系体现为合作与自然无关联状态并存。在重大突发性海洋环境问题面前，各地方政府能够快速采取行动，积极建立统一战线，合作治理。如 2008 年青岛市浒苔事件，“浒苔攻坚战打响后，烟台、威海、日照、潍坊、东营等临近城市纷纷伸出援手，在第一时间成立了由市长或分管副市长为总指挥的应急工作领导小组，全面展开对青岛的支援”。然而，在面对一般海洋环境问题时，区域内地方政府之间则处于“自然无关联状态”。严格上讲，地方政府之间尤其是地域相近的地方政府之间毫无关联、无任何交流的现象是没有的。不过，地区相近的地方政府也没有积极采取相互竞争、相互合作的策略，而仅与各自的上级政府或者共同的上级政府产生关系的自然无关联现象，在我国仍然存在这样的现象。① 在一般的海洋环境管理过程中，大部分地方政府行动滞后，区域内共同治理海洋环境难以实现。一方面，海洋环境复杂，投资风险高，管理成本大，与经济效益好，投资回报率高的海洋开发活动相比，地方政府常常更愿意选择后者，甚至不惜牺牲海洋环境为代价。另一方面，海洋环境作为一种跨区域的公共物品，无法回避“搭便车”及外部性原因引起的供给与维护等问题。因此，作为理性经济人，地方政府部门在权衡利弊后，就会选择海洋环境管理的不作为方式。正如美国经济学家曼库尔·奥尔森在《集体行动的逻辑》中指出：“除非一个集团中人数很少，或者除非存在强制或其他特殊手段以使个人按照他们的共同利益行事，有理性的、寻求自我利益的个人不会采取行动以实现他们的共同或集体利益。”② 同时，海洋环境的非排他性使得各地方政府不需要承担任何生产或供应成本就可以使用，地方政府也不必为自身海洋开发活动所造成的海洋环境污染或生态破坏承担责任。因此，各地方政府自身的海洋环境管理行为都存在一定的滞后性，故而合作治理的难度可见一斑。尤其是在经济发展水平大不相同的情况下，率先进行先进设备或技术投资的政府不愿同落后地区分享自己的投资成果，彼此之间的利益难以协调，各政府理性博弈的结果便出现了海洋环境区域管理中政府间的自然无关联状态。

---

① 曼库尔·奥尔森著，陈郁等译：《集体行动的逻辑》，上海人民民出版社，1995 年版，第 2 页。

② 安建增：《府际治理视野下的区域治理创新》，载于《四川行政学院学报》2009 年 2 月，经 42-45 页。

海洋环境区域管理的涉海部门间的关系包括环保部门与海洋环境保护部门以及海洋环境保护部门与其他涉海行业部门之间的两大类关系，基本上都处于矛盾的对立统一关系。在我国各地方涉海机构设置不同，其职责也存在差异。而且，有些地方出现组织机构不健全，职能交叉以及职责缺失等现象，增大了地方海洋环境区域管理中涉海部门间关系的复杂性和矛盾冲突发生的可能性。即便是涉海部门与职能构建完善的区域内部门之间也并不和谐。地方环保部门与专门的海洋环境管理部门，一方面两者共同治理地方环境，存在目标的一致性，但前者重点管理陆地环境，后者负责海洋环境管理，截然分开的管理模式显然与陆海一体的现实相悖，而且陆源污染是海洋环境污染的主要源头，这在一定程度上加大了双方的矛盾。另一方面，海洋环境管理部门与各涉海行业部门之间都肩负着不同领域的海洋环保职责，本应形成双方的同一立场，共同致力于区域海洋环境的维护，但在行业管理为主、条块分割的海洋环境管理体系下，各涉海行业部门自成体系，管理目标和管理手段各不相同，对于海洋环境保护指标的设置也存在不一致的情况。而且，涉海行业部门通常从本部门的根本利益出发，侧重于行业经济的发展而忽视由此造成的海洋环境破坏，进而导致专门的海洋环保部门与涉海行业部门的对立。以辽宁省海洋管理机构设置为例，辽宁省海洋与渔业厅是管理海洋与渔业事务的省政府组成部门，设置主要业务处室有环境保护处（海洋预报减灾处）、渔政处、渔业处、科技教育处等，渔业处有提出渔业产业化经营、渔民专业合作组织发展的政策措施，指导全省水产养殖业、捕捞业和加工业发展等方面的职责，主要注重的是渔业经济效益，而环境管理处则肩负组织渔业水域环境监督管理、质量评价和污染事故调查处理等方面的使命，出于对本部门利益的维护，两者必然产生难以调和的矛盾。因为按部门设置，对海洋环境产生影响的，应由环境管理部门进行制约，但环境管理处和其他业务部门处于平级地位，造成环境管理处难以对其他部门的环境破坏行为起到有效的监督管理作用①。

基于各地方政府与涉海部门之间的矛盾与问题，需要建立信息沟通与协商的协调机制：构建信息沟通机制要以电子政务为平台，加强区域信息共享交流。一方面建立起各省之间、各地方之间政府组织资源共享的数据资料库，另一方面加快公众使用的行政资讯参考系统的建立，以促进公民使用单一的方法，方便地进入不同的行政机关，获取政府的行政活动信息。区域政府应推行区域电子政务，凭借多种现代信息技术手段，与公民团体共同协商②。同时，建立区域内通用的海洋环境信息系统，加强信息共享、业务互动和联合监管，增加地方政府政务透明度、公共信息的共享性和地方政府间的政务协作能力③。

各政府主体在海洋环境区域管理过程中，陷入“囚徒困境”的一个重要因素是彼此信息的不对称。沟通交流过程，实质也就是地方政府之间发现共同利益的过程，是一个表

① 《辽宁省海洋与渔业厅主要职责内设机构和人员编制规定》，http：//www.ln.gov.cn/zfxx/zfjg/szfzcbm/200907/t20090710_ 397142.html.

② 吴光芸，李建华：《论区域公共治理中利益相关者的协商与合作》，载于《中共浙江省委党校学报》2009 年第 3 期，第 77 页。

③ 李应博：《长三角区域协调发展机制研究》，载于《华东经济管理》2009 年第 8 期，第 45 页。

达、讨论、宣传和说服的过程①。沟通需要一定的平台为依托，即协商机制，比如环渤海海洋生态跨界协调，可以从三个层面构建我国海洋生态区域管理的协商机制。

行政首长联席会议制度由区域内行政长官（省长、市长）组成，主要职责是在区域海洋环境管理委员会制定的总体合作规划指导下，有针对性地研究区域内各地方政府在海洋环境合作方面的年度计划；研究解决区域合作中需要协调的重大问题和分歧；讨论并决定区域合作的制度性文件；定期举行海洋环保论坛，邀请社会各界参与；研究决定下一届联席会议及海洋环保论坛的承办方。

政府秘书长协调制度由区域内各地方政府（省、市）秘书长或副秘书长组成。主要职责在于负责海洋环境区域管理中需要政府协调的具体事宜；负责协调本方参与行政首长联席会议制度及海洋环境保护论坛有关政府协调的具体工作事项；指导本地方政府各涉海部门落实合作的具体项目及其他有关工作，并进行检查督促。

部门衔接落实制度由区域内各地方海洋环境相关部门的负责人组成。主要职责在于针对政府行政首长联席会议决定的与本部门有关的事宜制定具体工作方案、合作协议、专题计划；不定期召开合作区域内对口部门衔接协调会议，落实有关合作事宜；定期向各方的海洋环境管理办公室反映合作事项的进展、工作建议和存在问题，必要时直接向政府秘书长或行政首长反映有关情况②。

二、执行机制

（一）海洋生态安全监测机制

海洋生态安全的动态性特点要求在海洋生态安全法律保障体系的构建中设置海洋生态安全监测制度。海洋环境监测是国家为加强海洋保护工作而建立的一项具有长期性、基础性和持续性的公益性事业。它是为了准确、及时和全面掌握海洋生态系统中各种环境要素的时空分布、变化及其规律，运用化学、生物学、物理学、沉积地质等方法在预定时间、站点和海域对包括来自系统的大气、海冰、沉积物、水体和生物体中各种环境基质按规范、标准进行长期和连续监测的活动。海洋环境监测是海洋保护工作的基础，同时海洋环境监测的定义为海洋环境保护的内容提供了标准。建立健全海洋生态安全监测制度，对更好地组织海洋生态安全监测，对海洋生态安全监测作用的有效发挥，都有着重要的意义。同时，海洋生态安全监测制度的设计是完善我国的海洋生态安全保障法律体系的制度要求，在海洋生态安全的保障中起着其他制度无法替代的作用。

由于我国海洋环境监测管理部门过多，职权重合，为统一协调海洋环境监测管理工作，避免因职能部门过多带来的工作混乱和利益冲突，应当设立海洋环境监测评价委员会。通过在一个统一协调机构的指导下，涉海各部门通过协调，制定海洋环境监测的管理和监测方案以及进一步的海洋环境监测任务的执行。通过该委员会的统一指导，各部门有

① 柳春慈：《区域公共物品供给中的地方政府合作思考》，载于《湖南社会科学》2010 年第 1 期，第 125 页。

② 陶希东：《跨界区域协调：内容、机制与政策研究——以三大跨省都市圈为例》，载于《上海经济研究》2010 年第 1 期。

区别、分重点地执行海洋环境监测任务。在管理体制上，国家海洋环境行政主管部门要依法强化对海洋环境监测的统一监督管理，领导全国的海洋环境监测工作。沿海各省市海洋局要在国家海洋局的领导下对属于自己管辖海域的海洋环境监测实施统一的管理。这样海洋环境监测工作就从国家和地方两个层面上相互衔接、层次明晰、协调一致，形成对全国海洋环境监测的规范化管理。

为了解决全海网技术设备及人员不足问题，我们应当在认识到海洋环境监测工作在海洋环境保护中重要性的基础上，加大全海网运行的资金投入和设备更新，将海洋环境保护中有限的资金有重点地投入。针对全国海洋环境监测网运行中多部门参与的情形，可以参考前面的海洋环境监测评价委员会的设置，进行工作方面的统一协调。

我们应当在海洋环境监测工作中对归档程序进行规定。随着海洋环境监测技术设备多样化发展的趋势，海洋环境监测数据归档首先应做到资料收集面要广。同时由于海域监测范围广，收集数据多，应当做到对监测收集的数据及时汇交。然后应当对归档的资料进行认真整理，对汇总资料进行分析，进而总结出相关海域数据资料的规律性，方便以后应用。同时通过归档机制，保障监测资料的使用和涉密管理有法可依，实现资料归档的法律化。在海洋环境监测资料归档完善的基础上，为了各部门更好地利用海洋数据资料和信息，我们还应当完善数据和信息资料的共享机制。海洋环境监测系统设计成功的基础保证就是科学地处理海洋环境监测资料的采集与利用二者之间的关系，并有一套相应的执行步骤。各个海洋环境监测部门相互提供资料，实现资料共享，使得收集来的海洋环境数据和信息可以应用到更广泛的领域内，有利于海洋环境监测工作总体水平的提高，进而推动海洋环境保护事业的发展。

海洋科技的发展活动离不开科技政策与法规的支持，同时政府的组织协调和总体的规划对于完善海洋科技创新体系有着重要作用。国家应当通过政策法规、发展战略与规划，使海洋环境科技各方面协调配合，发挥海洋科技政策对海洋科技工作的促进作用，增强我国的海洋科技创新能力，也为科技创新提供政策法规的支持平台。政府在对海洋环境科技总体规划方面，其最重要的作用是引导和推动，即政府应当依据市场经济的运行规律，以培育创新主体、完善创新环境、提供创新服务为基本政策指向，创建作用于海洋环境科技创新各环节、与政策法规方式相配合的有效的科技政策法规平台，理顺法律、科技与产业化的关系。

（二）海洋生态安全评价制度

生态安全评价是对生态系统完整性以及对各种风险下维持其健康的可持续能力的识别与判断研究。具体是指当生态环境或自然资源受到一个或多个威胁因素影响后，对其生态安全性及由此产生的不利的生态安全后果出现的可能性进行评估，以实现在维持生态安全的基础上为国家的经济社会发展战略提供科学依据，它具有高层次性、系统性、综合性和区域性等特征。在海洋生态安全保障法律体系的构建中设置海洋生态安全评价制度，有利于明确海洋生态系统的健康状况，确定海洋生态系统的安全系数，是海洋生态安全得到有效保障的重要考量标准。

（1）评价对象。海洋生态安全评价的对象是海洋环境及海洋生物组成的生命系统，海洋生态系统内部的状况以及人类与海洋生态系统之间的功能与结构。按地理范围的不同，可以分为全球海洋生态安全评价、国家海洋生态安全评价和局部海域生态安全评价。

（2）评价目的。评价海洋生态系统存在的风险可能性及其后果的严重程度，以便及时采取措施，防范风险，并寻求最优的系统安全状态，维护海洋生态系统的服务功能和可持续性。

（3）评价标准。即指海洋生态系统生态安全指标的目标值。但现阶段还没有专门的海洋生态安全标准，主要参考有：国家、行业、国际标准，如环境质量标准、污染物排放标准、环境监测方法标准等；并以未受人类严重干扰的生态安全性高的海域作为类比标准等。

（4）评价程序。主要包括影响预测、状态分析、预警规划和决策实施等。即通过对所评价系统潜在危险性的定性、定量预测，建立使系统安全的最优方案，包括生态系统的完整性和稳定性、生态系统健康与生态服务功能的可持续性等。

（5）评价指标体系。评价指标体系的建立应体现以下方面，即海洋环境的安全与可持续性、海洋生态系统的完整性与可行性、体现海域环境安全和经济系统安全的开发性、体现对海洋生态安全要求的前瞻性与超前性。从内涵上看，海洋生态安全评价指标体系应包括海洋环境安全、海洋生物安全及海洋生态系统安全的指标内容。

（6）生态足迹法（EFAA）①。生态足迹法是加拿大生态经济学家 William 及 Wacke magel 于 20 世纪 90 年代初提出的一种度量可持续发展程度的方法，目前广泛用来测量人类对自然界的影响，衡量人类现在究竟消耗了多少资源，还剩多少资源可以用于延续人类发展。生态足迹是指在一定的技术条件下，能够持续地提供资源或消纳废物的、具有生物生产力的地域空间。生态足迹法通过测度人类对自然生态资源的需求和自然生态资源所能提供的生态服务之间的差距来度量人类活动对自然生态系统的胁迫。当人类对资源的消耗处于自然生态系统的承载范围之内时，自然生态系统为安全的，人类社会的发展也是可持续的，反之则不然。

（三）海洋生态纠纷解决机制

多元化生态纠纷解决方式的合理性在于能很好地适应多中心环境治理模式中多元主体对环境纠纷解决方式需求的多样性，多种环境纠纷解决方式构成了一个完整的多元化环境纠纷解决机制。要使每一种方式都能够发挥其应有的作用，关键在于其制度安排是否合理，即需要建立一个完善的多元化环境纠纷解决机制。

（1）建立环境公益诉讼制度，完善公众环境权益诉求的司法救济权。在多中心环境治理模式下，环境公益诉讼的地位是至关重要的。它不但有利于司法机关作用的发挥，而且其可以应用在所有用诉讼手段解决环境冲突的场合。环境公益诉讼是环境治理多中心模式的保证和具体体现。建立环境公益诉讼制度，有利于改善政府环境管理行政行为或企业的污染行为，使公民的环境权益得到保障；环境公益诉讼制度的建立，有利于积极吸纳社会

① 国家发改委宏观经济研究院“宏观经济政策动态跟踪”课题组，丁丁：《对生态安全的全面解读》，载于《经济研究参考》2007 年第 13 期，第 51-60 页。

团体和公众参与环境管理，更有利于惩罚环境违法者，保护公众、社会组织等的环境权益。

（2）完善环境非诉讼机制，满足当事人更多的选择权和追求公平解决纠纷的需要。我国现行环境纠纷非诉讼解决机制中主要有以下几种方式和程序：协商、调解、仲裁、行政复议、信访，这些非诉讼纠纷解决机制具有程序上的简易性和灵活性、解决纠纷的成本低，还具有当事人的合意等优势，在一定程度上弥补诉讼方式的不足，它以常识化的运作程序消除了诉讼程序给当事人带来的理解困难；以通情达理和非对抗的对话缓和了当事人之间的对立，有利于他们保持长远关系和谐；以简易的事实认定代替了严格的举证责任，使当事人可以不借助律师自行解决纠纷；整体地考察事件背后复杂长远的社会关系，做出合理的判断，使当事人易于接受和执行。

（四）奖惩机制

海洋生态治理的激励机制可分为两个阶段，第一阶段机制的设计阶段包含两部分：一是政府作为采取激励的一方，需对激励机制进行评估，确定影响企业行为的因素并制定相应的策略；二是企业作为接受激励的一方，其治理过程需要政府进行监控和管理。第二阶段是激励机制的实施阶段，即运行机制。激励机制的实施一方面要发挥政府的作用，以国家为主导，各政府部门的参与为基础，发挥国家的社会功能对污染进行应对。另一方面，鼓励企业的积极参与。政府通过激励机制鼓励企业采取积极行动。激励机制有多重形式，如直接的补贴，资金政策的扶持等，通过增强企业的生产能力，提高企业治理的可得效益，促进企业加大行动力度。另外，激励机制的运行需要和相关机制配合，如政府对企业行动的监管，包括前期生产和后期治理各方面的监控管理，根据可观测到的结果将信息反馈，以确定对企业采取相应的措施。信息反馈机制、监管机制和激励机制协同作业，才能发挥激励机制的作用，最终达到促进各利益主体对海洋开发造成的污染进行治理的目的。

海洋生态损害的一个重要特征是各种污染物大量排入海洋，超过了海洋的自净能力，海洋生态系统渐渐失去平衡，生态环境逐步地恶化，进而人类以及整个海洋生物界的正常发展都将受到严重甚至是致命的影响。海洋生态损害最直接的后果是导致海洋生态食物链的断裂以及海洋生态系统服务功能的丧失。

世界各国的立法部门都对生态损害（其中当然包括了海洋生态损害）以及相关问题给予了足够的重视，因为生态损害不仅会造成人身及财产损失，更重要的是将会严重损害人类生存与发展的长期利益。作为地球生态系统的一个组成部分，人类自身的生存与发展都需要海洋生态系统的支持，海洋生态损害会危及到全人类长期以来依靠的根基。加强对海洋生态损害的研究，注重对生态损害的恢复，并对引发生态损害的行为进行依法惩处，是实现人类可持续发展的一个重要保障。

我国近年来也对海洋环境污染造成的生态损害问题高度重视，我国现行的《海洋环境保护法》第九十条第二款就规定了“海洋生态损害赔偿”的法律责任，从而形成了要求破坏海洋生态环境责任人进行赔偿的法律基础，但是，海洋环境污染生态损害理论的研究滞后直接影响了海洋环境生态保护的立法进度及完善程度，我国目前的《海洋环境保护法》对海洋生态损害赔偿的规定也仅仅是原则性的，粗放型的，在细节上和实践中存在着许多难以解决的问题，没有任何可操作性，导致我国海洋生态损害事故频发，但对受害人的损害无法得到充分的赔偿，致害人的违法成本太低，根本无法实现损害行为与赔偿责任的对等。例如，在2011年6月，中国蓬莱油田作业区B平台和C平台分别出现漏油。众所周知，进入海洋的石油会发生扩散、溶解、微生物氧化、沉降等一系列的复杂变化，进而对全球海平面及未来的气候形成潜在影响，对海洋微生物的生存环境产生致命的打击，严重影响漏油地区海洋水产业的发展。如果不进行合理的处理，漏油通过相关渠道进入食物链系统，甚至将对人类的正常生存产生危害。此次漏油事件使中国近5 500平方千米海域受到影响，共870平方千米水质降为劣质，我国辽宁、河北、山东、天津等省市的海洋养殖户也遭受了灭顶之灾。海洋水质受到油类的污染会严重损坏区域的海洋功能，此次漏油事故对我国渤海生态的破坏是无法估计的。然而，根据我国《海洋环境保护法》的规定，康菲公司此次严重的漏油事件最高仅会受到20万元的处罚。

面对我国海洋生态污染屡禁不止的情况，凸显了我国在海洋保护方面的软弱。加强对海洋环境污染的调查研究，建立与我国基本国情相适应的生态损害赔偿制度，有效地确保我国海洋生态系统的稳定，是实现我国社会主义事业持续发展的一个重要保障。

我国现行的海洋环境污染生态损害赔偿机制在解决海洋环境污染方面发挥了一定的作用，并在实践中逐步得到发展和完善。然而，近年来我国海洋环境污染引发的生态损害事故日益增多，污染事故在社会上引起的反响日益强烈，现行的损害赔偿体制暴露出严重的不足，一旦发生海洋环境污染损害事故后，如何确认致害者、致害者应承担何种责任、责任数额如何确定、受害主体及索赔主体如何确定、最终如果致害人无赔偿能力后如何使受害者或索赔主体能够实现自己的权利，这些都是我国目前的海洋生态损害赔偿制度所未能解决的，这也是我们对海洋生态损害赔偿制度建立过程中需要面对的课题，因此，本书在详细分析我国损害赔偿制度的基础上，从法学的角度提出了完善我国生态损害赔偿制度的相关建议。

（1）扩大海洋环境污染、生态损害赔偿的原告资格。我们可以从三个方面实施：首先，海洋、环境保护、渔业管理等行政机关作为国家财产的管理人，在国家财产利益或其所管辖区域内发生海洋环境污染而使海洋生态受到损害时应有权利依法提起诉讼。其次，对“直接利害关系”进行扩大解释，给予公民个人在其间接利益受到损害时可以及时提起诉讼，维护相关的法律权益。最后，针对海洋环境污染影响面广、受损者数量较大的情况，实行代表人诉讼制度。推行代表人诉讼制度，一方面可以解决受害者较多时诉讼效率低下的问题，同时也可以提升诉讼的成功率，有效保障海洋环境受损害者的利益。

（2）建立科学的必要的公益诉讼制度，适当放宽公益诉讼主体的起诉资格，实行更严格的公益诉讼举证责任倒置制度，有效地确保我国海洋公共利益受损能够得到及时、全面的赔偿。

（3）建立海洋环境污染、生态损害赔偿保险制度，可以促进企业加强风险管理并在一定程度上分散企业的经营风险，同时也可以确保受害者能及时得到补偿。

（4）海洋生态损害赔偿，是指违规建设项目用海所造成的生态破坏和海洋污染事故，必须对由其造成的国有资产损害做出赔偿。常见损害行为有海上溢油污染、违法围海填海、违法海洋倾废、违规海上施工和水下作业等。海洋生态损害补偿，是指合法建设项目用海造成的生态破坏必须得到补偿，遵循“凡用海，必补偿”原则。从偿付次数上说，赔偿依据污染或违规开发的次数来定，补偿则出于为了保证及时、足额缴纳的考虑，实行一次性征缴。由于海洋生态损害赔偿数额较大，因此需要拓展赔偿资金来源渠道。提前征收生态损害补偿金，将该补偿金按照一定比例划拨为生态损害应急专项基金，以确保及时有效处置生态损害发生的不利后果。此外，政府也可以效仿国债的形式发行环境债券向社会募集资金。由国家相关机构发行，将募集的资金用于环保产业开发、环保基础设施建设，提出固定比例资金作为损害赔偿的担保；企业则凭债券获得利息，在发生环境污染损害时，由环境债券主管部门从预留债券基金中向受害者支付赔偿金；在查明责任者后，收缴其持有的相应债券。建立专业评估机构和制定切实可行的海洋环境污染、生态损害评估标准。专业化的海洋环境污染评估机构的建立与发展并形成与之对应的海洋生态损害评估定损体系，不仅需要国家及地方各级政府在财政上大力支持，而且要在全社会形成一种对那些具备从事海洋环境污染评估资格的机构给予政策倾斜的氛围，全社会合力加速促进海洋生态环境、评估、法律等跨领域的合作，建立独立的具有权威性的第三方专业评估鉴定体系，最终使海洋环境污染和生态损害赔偿诉讼不仅做到有法可依，还要做到赔偿标准合理、公正。

第二节　经济手段

一、海洋生态补偿机制

生态补偿最初是来源于生态学的概念。海洋生态补偿是指人类对受到污染破坏的海洋环境和海洋资源进行的“减少、治理污染和破坏，使其恢复、维持自净能力、承载能力、生长能力等生态功能”的活动。海洋生态补偿的实质是人类对海洋环境和资源的补偿，其目的是通过人类的活动对海洋自净能力、承载能力和生长能力的恢复和维持，达到海洋生态安全的状态。由于海洋生态补偿的活动是由人进行的，所以海洋生态补偿在形式上表现为对从事恢复、维持海洋生态功能的活动的单位和个人的补偿，即在形式上表现为对人的补偿，但前提是这些单位和个人从事了恢复、维持海洋生态功能的活动，也就是说，海洋生态补偿最终落实到对海洋生态的补偿上，海洋生态是否获得了保护、恢复和治理是衡量生态补偿成功与否的标志。

目前，生态补偿在我国海洋资源管理中的应用还很有限，还未建立起完善的海洋生态补偿机制，只是在某些领域制定了相关的规定和实施了一些补偿工作，并且补偿工作大多是局限在渔业资源管理领域。例如，早在 20 世纪 80 年代，我国就开始采取人工增殖渔业资源的措施，先后在渤海、黄海等海域实施鱼类、虾类等的生产性增殖放流，取得了明显的经济效益和生态效益，并且《渔业法》规定可以向受益的单位和个人征收渔业资源增殖保护费，专门用于增殖和保护渔业资源；为了恢复和改善海洋生态环境、增殖和优化渔业资源，我国沿海各省纷纷投资建设人工鱼礁对渔业生境进行补偿，2001 年广东省投资 8 亿元建设100座人工鱼礁，山东省也决定每年财政提供支持资金1 500万元建设6大人工鱼礁项目等。21世纪初，为了支持海洋渔业减船转产，国家拨出专项资金实施渔船报废制度，并对渔民予以补助，国家出台有关政策和制度对从事海洋捕捞渔民的补贴标准以及资金的使用范围做出了详细规定；一些沿海省市还出台了补偿政策，对退渔还湿的渔民的实际损失给予一定的经济补偿等。这些制度的制定和实施在一定意义上属于海洋生态补偿的性质。近年来，人口增长和消费需求增加的压力使我国海洋经济活动的强度大幅增加，人类开发利用海洋资源的活动方式越来越丰富，除了传统的海水养殖、海洋捕捞、海洋运输、滨海旅游之外，还转向海洋油气开发、海洋工程建设开发等更深层次的用海方式。然而，海洋经济活动的发展却是以破坏海洋生态环境为代价的。由于我国目前的海洋管理未采纳生态系统方法，使政府在进行海洋资源管理决策时不能综合考虑海洋资源开发利用活动对海洋生态系统的实际和潜在影响，而仅仅是针对单个物种或单一问题进行分散管理，因此，在其他海洋资源管理领域中，生态补偿几乎是空白。

由于海洋生态补偿发生的原因和条件有两种情况：一是由于海洋生态保护和建设而产生正外部性；二是由于海洋生态破坏而产生的负外部性。因此，在设计补偿的流程时需要分别考虑。海洋生态补偿的流程可以分为以下五步：第一步，确定海洋生态系统服务功能发生变化的范围和程度。首先应采用生态学、环境学、物理学及化学等各种技术手段来确定特定海洋活动导致哪些服务功能的变化（增强或减弱），然后，根据相关的参考资料和历史数据进行对比，以确定功能变化的程度。第二步，评价海洋生态系统服务价值的变化量。根据具体的生态特征建立评价模型，运用环境影响经济评价方法评估海洋生态资源价值的变化量。第三步，进行利益相关者分析，确定海洋生态补偿的主体和对象。在分析利益相关者时，既要考虑政府、海洋资源开发主体等直接利益相关者，还要考虑公众及一些社会组织等间接利益相关者。第四步，制定海洋生态补偿标准。补偿双方以核算出的海洋生态价值变化量为基础计算补偿量，在此基础之上通过协商博弈确定补偿的标准。第五步，实施海洋生态补偿。在确定了海洋生态补偿标准的基础上，根据区域的实际情况，结合当地的经济发展水平（市场发育水平、财政税收等），选择适宜和可行的补偿方式与手段实施补偿。

海洋生态补偿机制建立以后，为了保证其顺利实施，还应做到以下几点：第一，在海洋生态补偿机制的实施中政府要发挥主导作用。由于目前海洋生态系统服务市场尚未建立，因此，单纯依靠市场机制来实施海洋生态补偿无法实现海洋生态资源与环境的保护目标。在海洋生态补偿机制建立和实施过程中，国家和沿海各级政府应充分发挥其主要实施者和组织者的作用。国家和政府不仅要制定完善的海洋生态补偿政策和制度，而且还要积极通过公共财政支出来实施海洋生态补偿。对于可以通过市场机制来实施的补偿，政府也要发挥其组织者的重要职能，创造各种有利条件，积极引导有关利益方通过协商谈判来实施补偿。第二，要充分发挥海洋生态补偿机制的预防作用。在实施海洋生态补偿时，政府工作的落脚点应放在预防海洋生态破坏行为的发生上面，而不应该仅仅通过海洋生态补偿机制来惩罚海洋生态破坏行为。只有这样才能真正从源头形成海洋生态破坏行为的抑制机制，从而促进海洋生态资源的增值保值。第三，海洋生态补偿机制的实施要具有连续性和相对稳定性。海洋生态补偿机制建立以后，在一定阶段内，必须要保持相对的稳定性，并且所制定和实施的相关补偿政策必须要具有连续性，否则将不利于各级部门补偿工作的顺利开展，给海洋生态补偿机制的实施带来障碍。

二、海洋资源资产化管理

海洋资源是指在海洋内外应力作用下形成并分布在海洋地理区域内，在现在和可预见的将来可供人类开发利用并产生经济价值，以提高人类当前和将来福利的物质、能量和空间。同时经济法上认定无论是自然的还是经过人类劳动投入的，只要可供人类利用，能带来收益的自然资源都是资源性资产。由以上海洋资源的定义和经济法上对资源性资产的法律界定，我们可以看出海洋资源应该属于资源性资产。而海洋资源这种资源性资产的两个重要属性就决定必须对其进行有效的资产化管理：①海洋资源能够给人类带来经济价值。由于利用海洋资源所带来的价值是可以具体以货币形式衡量的，所以这就为建立海洋资源资产性账户、进行资产化管理提供了可能。②海洋资源的稀缺性。对资源进行资产化管理的根本原因就是资源的稀缺性，而海洋资源在一定的时空条件下其数量是有限的，这一有限性不仅表现在资源的天然存量方面，而且对于可再生资源来说，稀缺性表现为资源生成速率是有限的；对不可再生资源来说则表现为发现新储量的速率与寻找可替代资源的速率也是有限的，稀缺性和可持续发展之间的矛盾就构成了实施资产化管理的直接动力。

按《联合国海洋法公约》有关规定和我国政府主张，我国领海面积达 38.8 万平方千米，近海初级生产力达 4 亿吨，从总量上看我国属海洋资源大国，但从相对量上来看，海洋资源人均占有量却不到世界平均水平的 25%，而长期以来我国却并未对海洋资源进行有效的资产化管理，致使海洋资源开发现状与海洋资源的可持续利用出现了尖锐的矛盾：①海洋资源无偿使用，经济效益评价失真。由于我国在海洋资源开发过程中长期受资源无价观念的影响，资源消耗成本并未记入总成本，同时由海洋资源数量、品位的差别所形成的差别成本也被忽略了。从微观角度看，由于海洋开发企业或个人经济效益与海洋资源消耗量的脱钩，造成产品价格扭曲，导致“资源无价、原料低价、产品高价”的不合理现象普遍存在；从宏观角度看，这也助长了海洋经济增长过程中资源消耗型、外延扩张型经济的发展，从而导致经济效益评价严重失真，不能有效衡量海洋经济的增长质量。②海洋资源产权关系混乱，国有资产大量流失。长期以来，由于国有所有权缺乏人格化的代表，实际上是“谁发现，谁开发，谁所有，谁受益”，海洋资源开发的巨大收益被转化为部门、集体或个人的利益，造成国有资产大量流失，从而严重制约了海洋资源开发资金的可持续投入水平。例如中华人民共和国成立以来我国单是在海洋地质勘探方面的投入就有 400 多亿元，但是这些大量资金投入所带来的本该归国家的那部分利益却转移为部门、单位或个人的财富，从而严重制约了国家资金的周转速度和再投入水平，形成高投入——低收益——低投入——更低收益的恶性循环。同时由于三权混淆（所有权、行政权、经营权）、所有权的条块分割，导致海洋资源产权流动受阻，企业与国家责权不清，部门之间、地区之间以及中央与地方之间相互掣肘、权益纠纷不断，使得海洋开发陷入盲目混乱状态，严重削弱了海洋宏观管理力度，致使海洋资源开发短期行为严重，资源浪费和破坏严重，破坏了海洋资源的可持续开发利用。

通过对海洋资源利用现状的理论和现实分析，可以看出，建立有效的海洋资源资产化管理体系已刻不容缓。

海洋资源资产化管理是实现海洋资源可持续开发利用、加强海洋综合管理的有效手段。我们可以从理念—制度—运行—保障四个层面构建海洋资源资产化管理框架体系。首先，从理论层面：①以海洋资源可持续发展为指导思想，维护我国海洋生态安全。②转变海洋资源无偿利用的传统观念，树立海洋资源资产化意识；增强保护海洋资源的责任意识。③加大对《中华人民共和国海域使用管理法》及配套制度的宣传和教育工作的力度，树立海洋国土及海洋资源价值观，提高全民对海洋资源资产化管理必要性和迫切性的认识以及社会各界依法用海和有偿用海的法律意识。其次，制度层面：①建立海洋资源规划体系，制定必要的配套的行业规划，如渔业规划、海洋油气资源开发规划等，制定海洋专项规划，如海洋科技发展规划等。②制定海洋资源资产化管理的专门法律，依法界定中央政府管辖的国有资产产权，确定各部门、各单位经营使用的国有资源性资产产权范围。③制定、修改或完善海洋资源资产有偿使用制度、海洋资源资产产权管理制度和海洋资源资产评估制度等，增强政策的实用性和可操作性。再次，运行层面：①由国家海洋局、国有资产管理监督委员会等相关单位分离出相应的部门重新组建国有海洋资源资产化管理部门来执行支配权和管理权，以解决国有产权主体缺位现象和多头管理的现象。②按照计划—执行—监督的顺序，简化工作程序；设立海洋资源综合管理部门，综合其他部门的涉海职能，以简化繁琐的审批手续，提高工作效率。③成立协调机构——海洋管理委员会，解决海洋资源行政管理部门与其他相关管理部门的矛盾和纠纷，协调处理各部门、各行业、各单位在国有资源性资产管理方面的关系。最后，保障层面：①加强执法力度，保障海洋资源有偿使用，严禁任何部门、企业或个人无偿使用国有资产，谋取私利。②建立有效的监督体系，包括人大监督、行政司法监督和社会监督，在海洋资源资产化管理的前、中、后三个阶段进行监督。③对海洋资源资产化管理水平进行评估，以此作为政府绩效考核的一部分，有效提高海洋资源资产化管理的主动性和管理效率。④加大科技投入，提高海洋资源开发能力和效率；完善海洋资源资产化管理信息系统，为科学管理提供技术保障。

三、约束和调节机制

（1）企业环境信用评价制度。2014 年 1 月 2 日从环保部获悉，环保部会同国家发改委、人民银行、银监会联合发布了《企业环境信用评价办法（试行）》，指导各地开展企业环境信用评价，督促企业履行环保法定义务和社会责任，约束和惩戒企业环境失信行为。企业环境信用评价，是指环保部门根据企业环境行为信息，按照规定的指标、方法和程序，对企业遵守环保法律法规、履行环保社会责任等方面的实际表现，进行环境信用评价，确定其信用等级，并向社会公开，供公众监督和有关部门、金融机构等应用的环境管理手段。此办法包括企业环境信用评价工作的职责分工；应当纳入环境信用评价的企业范围；企业环境信用评价的等级、方法、指标和程序。企业环境信用等级分为环保诚信企业、环保良好企业、环保警示企业、环保不良企业 4 个等级，依次以“绿牌”、“蓝牌”、

“黄牌”、“红牌”标示。评价指标主要包括污染防治、生态保护、环境监理、社会监督 4 方面 21 项。该办法还规定了实行“一票否决”的 14 种情形，即在上一年度，企业有未批先建、恶意偷排、构成环境犯罪等情形之一的，实行一票否决，直接评为环保不良企业（“红牌”）。

（2）排污收费制度。是指向环境排放污染物或超过规定的标准排放污染物的排污者，依照国家法律和有关规定按标准交纳费用的制度。征收排污费的目的，是为了促使排污者加强经营管理，节约和综合利用资源，治理污染，改善环境。排污收费制度是“污染者付费”原则的体现，可以使污染防治责任与排污者的经济利益直接挂钩，促进经济效益、社会效益和环境效益的统一。缴纳排污费的排污单位出于自身经济利益的考虑，必须加强经营管理，提高管理水平，以减少排污，并通过技术改造和资源能源综合利用以及开展节约活动，改变落后的生产工艺和技术，淘汰落后设备，大力开展综合利用和节约资源、能源的措施，推动企业事业单位的技术进步，提高经济和环境效益。征收的排污费纳入预算内，作为环境保护补助资金，按专款资金管理，由环境保护部门会同财政部门统筹安排使用，实行专款专用，先收后用，量入为出，不能超支、挪用。环境保护补助资金，应当主要用于补助重点排污单位治理污染源以及环境污染的综合性治理措施。

（3）海洋生态损害赔偿制度。生态损害赔偿制度是对违法造成海洋环境污染、生态损害的惩罚性处罚制度，而生态损害补偿制度是对合法使用海洋对海洋环境进行的一种常态性的维护性的补充。生态损害补偿制度是对生态损害赔偿制度的有益的前提和补充，只有合理的补偿制度才能更好地使海洋环境持续友好的发展，而一旦发生海洋环境生态实际损害的，则应由致害者承担惩罚性的赔偿。面对人口、环境、资源矛盾日益严重的情形，完善海洋环境生态损害补偿制度，有利于实现海陆协调发展、依法规范海洋开发中各经济主体之间复杂的利益关系，进而实现我国海洋生态的正常可持续发展。公平原则，是生态补偿制度在实施过程中必须坚持的首要原则。海洋生态环境是典型的公共物品，然而部分人占据资源较多，部分人则占据较少的资源。生态环境的破坏、海洋资源的消耗将导致不同人群利益分配的不同，在一定的情形下将会形成社会不公平，国家在实施海洋生态污染损害补偿时则应注意对这种状况做出平衡调整。坚持遵循市场机制补偿的原则。对因海洋环境污染的受害者进行生态赔偿时，政府可以制定相关的生态赔偿标准并预留一定的调整空间，由生态赔偿主体双方运用市场手段进行经济利益的再分配。成功地运用市场调节功能可以较好地刺激相关主体的主动性，提高生态补偿的运营效率，政府则为这些行为的运行进行监督，确保生态损害赔偿可以在公平的宏观环境下进行。任何一种形式的海洋环境和资源开发或使用形式均对海洋生态环境产生一定的影响，如果需要对生态环境进行合理恢复必然需要使用一定的补偿金，那么充足的环境污染补偿金是污染损害补偿制度正常运行的一个重要保障。一般的污染损害赔偿均由污染实施者承担，但是针对一些重大、特人的污染事故，一般的企业已没有足够的能力单独承担赔偿责任。因此，我国应从多种渠道筹措补偿资金，作为应对重大、特大污染事故的补偿资金。

四、利益分享与补偿机制

所谓利益分享和补偿机制是指“各地方政府在平等、互利、协作的前提下，通过规范的制度建设来实现地方与地方之间的利益转移，从而实现各种利益在地方政府间的合理分配”。虽然区域经济合作通过对区域资源的重新整合能带来地区整体效益的提高，但是，在区域资源整合过程中，区域内部不同行政区之间的利益格局将发生相应的改变，从中受益的部门和地区以及受益的程度都不相同，由此，为调整各方利益，区域经济合作利益分享与补偿机制就成为区域经济合作协调机制体系中不可或缺的制度构成，它镶嵌于区域经济合作制度结构中。

区域经济合作是不同地区经济活动主体依据一定的协议章程，在区域范围内对各种资源进行重新配置，以获取更大收益，它是一种信息交流、共担责任和市场规范的经济合作行为。但是，由于各地区对区域经济合作利益评价标准的不同，各方利益诉求的差异以及各方在区域经济合作收益大小及其所做的贡献难以计量，所以在区域经济合作过程中，搭便车和机会主义行为就难以避免。再者，区域经济合作是一项复杂的系统性经济活动，合作项目不仅包括基础设施共建，而且包括产业对接、制度共建、人员交流、生态环境互保、组织管理等内容，难度大、利益主体多、涉及跨行政区多个部门，在缺乏利益协调机制的制度保障下，容易受各方机会主义以及区域内外部环境变化的影响，区域经济合作往往充满着不确定性。区域经济合作利益分享与补偿机制作为一种平衡各方利益诉求，协调各方利益关系的正式制度安排，它具有强大的激励约束功能，通过它能够平衡各方利益关系、帮助各方形成理性预期、减缓区域经济合作过程中的不确定性、降低区域经济合作协调成本、为区域经济合作创造条件，以促进区域经济合作顺利进行，并成为利益分享与补偿机制供给的内在动力。

根据经济学中的区域利益补偿与协调机制，海洋生态的利益分享与补偿机制其目的在于最大限度追求各政府主体间的公平。因此在海洋生态的利益分享与补偿机制的建设过程中，应当建立区域海洋环境保护合作基金，通过统筹规范区域内政府转移支付制度提供，“地方政府应当将其纳入国民经济收支体系，以年度为周期定期拨付”，由“区域海洋环境保护委员会”进行管理，用于支持区域海洋环境维护项目，如用于环境污染综合整治、农业非点源污染治理、城镇污水处理设施建设、改善经济发展条件等方面的项目，还可直接用于因生态环境建设需要而停业减产的企业及其员工以及诸如在环境污染综合整治中需要搬迁的家庭。基金的构成要遵循“经济公平”的原则。以各方从合作中的受益情况为依据，受益较多的政府拨付数额较大；同时，不能忽视区域内各地方主体的经济社会发展水平以及相应的成本负担能力。

第三节 技术手段

一、生态监测

开发海洋资源、发展海洋经济是我国国民经济发展的重要组成部分，也是可持续发展战略的前沿阵地。而开发海洋资源，必须有良好的海洋作业环境保障能力和准确的海洋环境数据。海洋环境监测技术正是保护海洋资源，避免海洋环境、生态环境恶化的显微镜和望远镜，是发现海洋污染、恢复生态平衡的先导工作，是保证海洋可持续发展的重要手段。据报道，由于近海污染，我国每年损失近800亿元，其中海洋渔业和海洋养殖业等海洋经济产业占大半。如果海洋环境监测技术进入实用阶段，通过此项技术，不但能避免如此大的损失，而且能预测发展趋势，采取对策。可见海洋环境污染监测技术的发展和研究势在必行。

海洋环境监测技术研究的核心是现场环境污染监测传感器，因此污染传感技术是污染监测技术的关键技术，也是我们开发和研究的重点。开发和研究海洋环境污染监测技术不仅避免了现场采样和实验室分析的繁杂过程，同时也能满足环境污染要素监测的特别需要，能真正反映出海洋复杂多变的现状。

根据国际海洋环境监测技术的发展动态结合我国的现状，目前我们的总体目标是：改善我国海洋环境生态监测仪器、设备和技术，并进一步研究生物传感器、光纤传感器和微电极痕量金属传感器等；环境生态自动连续监测系统的研究；生态环境的预警、预报系统和技术的建立。具体表现是：一是在物理、化学传感器研究方面向模块化、智能化、网络化发展，向小型化和多功能化发展；提高分析和测量的精度；减少环境因素对测量仪器和参数的影响；与国际接轨共同开发新的分析原理和方法。二是发展现场、连续、自动监测系统；信息采集、传输、存储和处理的模块化和集成技术；自动浮标站的研制等。

我们应当集中力量突破海洋环境监测的技术难题。为了调动海洋科技人员的积极性，我们应当为海洋环境监测技术和设备建立一套完善的专利保护制度。权利人在付出努力研制相关设备后，通过专利转让或许可的方式获得一定的经济利益。同时由于我国在海洋环境监测核心技术上的劣势，因此在申请专利时应当为相应的核心技术的申请提供方便快捷的服务，完善核心技术的专利申请渠道。这样既加快了海洋环境监测技术的提高，同时又能保证海洋环境监测核心技术专利在紧急情况下强制许可使用。在我国专利法中出于对公众利益的考虑，设立专利使用权的强制实施许可制度，即第49条规定“在国家出现紧急状态或非常情况时，或者为公共利益的目的，国务院专利行政部门可以给予实施发明专利或实用新型专利的强制许可”。由于现在环境问题呈现国际化发展的趋势，当海洋环境问题涉及公众利益甚至国家利益以至全人类的利益时，我们就应当对相应专利核心技术实施强制许可。这样也是为维护公共利益或全人类的利益。

二、生态修复

海洋生态修复是指利用大自然的自我修复能力，在适当的人工措施的辅助下，使受损的生态系统恢复到原有或与原来相近的结构和功能状态，使生态系统的结构、功能不断恢复。按照生态修复措施的人工干扰程度，一般将海洋生态修复划分为三大类，即自然生态修复、人工促进生态修复及生态重建。自然生态修复是利用相应的措施消除压力，降低生态系统退化的速度，从而使生态系统恢复。人工促进生态修复是在生态系统自我修复能力的基础上，结合物理、化学、生物等人为干扰措施促进生态系统的恢复。当生态系统完全退化或丧失时，采用相应的措施重建新的生态系统的过程叫做生态重建，还包括重建某区域没有的生态系统的过程。生态修复是生态系统自我恢复、发展和提高的过程，在生态修复中，生态系统的结构及其群落由简单向复杂、由单功能向多功能转变。生态修复并不是对某个物种的简单修复，而是对生态系统的结构、功能、生物多样性和持续性等进行的全面有效恢复，因此生态修复过程应该尽可能地减少人为的干扰措施，让生态系统的自然调节、恢复和进化功能充分发挥。

我国海洋生态修复的研究主要集中于红树林修复、富营养水体污染生态修复及少量滨海湿地、海岸沙滩修复工程等。与发达国家相比，国内海洋生态修复的研究还比较薄弱，主要表现在以下两个方面：①从研究对象上看，主要集中在红树林种植、污染水体的修复，而对其他海洋生态系统类型、生态问题的修复研究比较少；②从生态修复的尺度来看，主要集中于对单个生态系统、群落或物种的修复，目前尚未开展区域或大尺度的海洋生态修复的研究与实践活动。

近年来，我国在海洋生态修复方面开展了一些研究工作，并取得了一定的成效，但在海洋生态修复及相关研究中存在以下 5 个问题：①主要集中在对生态修复技术措施的研究，而对于生态修复的其他环节，如退化诊断、生态修复监测、生态修复效果评估及修复管理等方面的研究相对较少。②海洋生态修复主要以人工修复为主，忽略了生态系统的自我修复能力，侧重于对生态系统结构的修复，忽视了对生态系统功能的修复。③生态修复研究大多停留在小尺度、局部区域范围内或集中于某一生物群落或物种，缺乏从整体生态系统水平、大尺度的生态修复研究。④生态修复侧重于对生态退化的末端治理，而从生态系统退化的源头出发进行生态修复的研究尚少。⑤生态修复目标不明确、不切合实际，缺乏明确的和定量的生态修复评价标准，对生态退化机理的了解不够。

海洋生态系统与陆域生态系统的修复存在着许多相似之处，但由于海洋生态系统的复杂性及特殊性，海陆生态修复呈现出明显的差异。因此，在制订海洋生态修复方案及实施过程中应着重注意以下几个方面：①系统地开展海洋生态修复实践与研究，即海洋生态调查、退化诊断与分析、生态修复措施、生态修复跟踪监测、成效评估和管理等整个修复过程的系统研究。②由于海洋生态系统与陆域生态系统的相互关联，对海洋生态的修复不能仅局限于海域范围，应将陆域和海域作为一个整体进行研究，消除生态退化的根源。③海洋生态修复的关键措施需要不同利益相关者的合作与理解，需要当地政府、科学工作者、民众等方面的充分合作。我国海洋生态修复的研究发展还面临较多的问题，目前我国海洋生态修复研究的工作重点应包括以下几个方面：①选取典型示范区，系统地开展海洋生态修复理论、实践、评估研究。②总结国内外典型海洋生态系统的修复经验，编制各典型海洋生态系统修复技术指南。③从全国、全省或区域尺度制订海洋生态修复战略方案。

任何技术机制的法定化才能将其作用发挥到最大化，我国首先必须完善与海洋生态恢复相关的法律法规，进而上升为海洋生态技术法律规范，逐步将海洋生态恢复与建设模式改为过程导向，依法保障海洋生态恢复技术的研发与交易①。

在技术研发方面，需加大科技经费的投入，不断依靠科技创新提高生态修复科技含量，重视科技特别是高新技术在生态修复中的作用。积极开发研究海洋领域的“3S”技术，使其成为现代海洋生态恢复监测的主要手段。卫星遥感技术（RS）以其迅速、同步与大面积测量的特点为大范围的海洋污染、恢复的监测提供了极大的便利。全球定位系统（GPS）可以提供小范围的具体的海洋环境信息。地理信息系统（GIS）对获得的数据进行动态的、全面的存储及高效的处理，可建立与海洋生态安全相关的规范化的数据库，极大地满足了海洋生态系统恢复空间数据的共享，保证了海洋生态恢复过程的高效、顺利的开展②。

三、海洋生态灾害预警系统

经过几十年的发展，尽管我国在海洋预报警报服务和预报技术研发等方面取得了长足的进步，但是海洋预报警报服务总体水平与沿海经济社会发展的需求仍有较大差距，海洋灾害预报警报服务能力亟待提高，海洋预报科技水平亟待增强。未来，围绕国家海洋局海洋预报减灾“四一二一”总体目标，我国的海洋预报服务方式将由单一要素预报警报向目标型综合预报保障转变，服务范围由近海近岸向全球、深远海及重要海洋通道拓展，服务领域由物理海洋学向环境海洋学及生态海洋学拓展，着力提升近海近岸海洋灾害精细化预报服务能力、海洋灾害风险评估及决策服务能力、我国海洋短期气候预测评估能力，基本满足我国海洋防灾减灾、海洋经济发展和国防安全等重大需求。

第一，加强我国海洋灾害的预报警报技术研究，提升我国重大海洋经济区的海洋灾害精细化预报保障能力。加强风暴潮、海浪、海冰、海啸等海洋灾害的发生机理和发展规律研究，加强海上溢油、水上搜救和危险化学品泄漏等海上突发事故的应急预报技术研究。不断提升海洋灾害应急预警能力，在重大海洋灾害影响我国近海期间开展 3~6 小时短时临近预报。着力提升海洋灾害精细化预报水平，在海洋灾害频发区、重要港湾、沿海重要基础设施、关键经济目标和典型人口密集区开展近海近岸精细化数值预报系统建设，针对近海渔业生产安全、人员搜救、油气资源开发开展专题预报保障系统建设。

第二，加强海洋灾害风险评估和区划研究，提升海洋灾害的风险管理能力。大力开展海洋灾害风险调查、分析和评估，研究海洋灾害风险管理模式和预防措施，为涉海工程建

---

① 韩秋影，黄小平，施平：《生态补偿在海洋生态资源管理中的应用》，载于《生态学》2007 年第 1 期，第 126-130 页。

② 施燕：《环境法视野下海洋生态补偿制度研究》，昆明理工大学，2009 年。

设、围填海工程、海岛开发与保护、近海渔船安全保障等提供决策服务，减少或避免海洋灾害风险和造成的损失。与沿海海洋预报和管理机构广泛开展合作交流，组织参与重大海洋灾害灾情调查评价和海岸防护工程防灾能力调查，掌握各类海洋灾害风险分布情况。加强海洋灾害承灾体的脆弱性研究和沿海警戒潮位核定工作。在我国沿海风暴潮等海洋灾害频发区开展风险评估区划工作，开展大比例尺风险区划图和淹没疏散图编制工作。加快海洋灾害辅助决策系统的建设步伐，为政府及相关部门提供应急决策服务。

第三，拓展服务方式和服务领域，提升海洋预报警报公共服务能力。拓展服务领域、改进产品形式、丰富产品内容、提高服务质量，构建面向社会公众的现代化、信息化公共服务平台。加强需求调研分析，围绕社会公众需求，大力提升海洋预报警报公共服务水平，开发具有鲜明特色的区域性、行业性和时令性预报服务产品。丰富预报产品信息发布手段和发布渠道，巩固并拓展电视、广播、网络、报纸等现有播发平台，积极探索网络电视台、移动媒体、微博等新型网络发布方式，促进预警信息在公众中的高速传播。开发界面友好的交互式海洋预报公共服务网站，扩大海洋预报警报公共服务覆盖面。开展海洋防灾减灾文化建设，结合全国防灾减灾日，组织开展多种形式的海洋防灾减灾宣传教育活动；建设海洋防灾减灾科普教育基地，大力普及海洋防灾减灾知识。

第四节　社会参与

一、非政府组织（NGO）参与机制

民间环保 NGO 作为有组织的公众形式，比个体具有更强的专业性和技术性，能够更加客观、科学地反映公众的利益诉求，在海洋环境治理中，环保 NGO 正发挥着越来越重要的作用，它们经常通过各种方式来普及环保知识、促进环境信息交流，唤起更多的人关注环境变化，通过咨询服务解决实际的环境问题，重视环境污染和破坏的危害，倡导有益健康的生活方式。成立于 2005 年的“大海环保公社”是我国第一家民间海洋环保社团，成立以来，积极地宣传海洋环保科普知识和信息，为公众提供了一个了解海洋信息的平台。此外，民间环保组织对政府和企业的环境行为进行监督。在英国有很多案例显示，使环境法得以有效实施的一个关键因素由环保主义者和环保团体所采用的非法律和法律战略。非法律战略包括：发起运动、游说、展示公众的抗议活动、支持地方社区表达自己的抱怨。因此。国家应该为环保 NGO 的发展提供更开放的空间和更有利的政策支持，使环保 NGO 在提高公众参与海洋环境治理的能力方面发挥应有的作用。

从政府角度来看，政府对非政府组织的态度会影响非政府组织的发展。政府如果对环保 NGO 的政策参与活动加以限制和干预，实际上是限制了广大人民群众的政治参与，这是与我国民主政治的发展背道而驰的。因此，我国政府首先要摆脱传统文化和意识形态的束缚，政府应肯定非政府组织在海洋环境政策及环境法律的制定中的作用，正确认识环保 NGO 的参与活动对政府实现海洋环境有效治理的价值和积极意义。其次，政府要从传统的社会管理模式中脱离出来，理顺与环保 NGO 的关系，改变以往对 NGO 大包大揽的管理

方式，而是应该居于环保NGO之上，真正成为社会公共利益和整体利益的代表者和维护者，代表社会对环保NGO进行管理，扮演环保NGO之间的规则制定者、矛盾调节仲裁者的角色，这是环保NGO有效进行利益表达、参与政策过程的需要，也是我国行政体制改革和政府职能转变的重要方向。

从环保NGO自身出发，我国的环保NGO应结合国情，确定自身发展方向。首先，要加强自身建设，注意培养环保精英，尽可能吸收一些著名专家、学者，增加参与政府海洋环境决策的可能性，提高参与政府海洋环境决策的科学性；完善自身的管理，健全组织内部的管理制度，只有不断地强化自己，才有可能得到政府、合作伙伴、企业和公众的信任，才能使环保工作更有成效。其次，加强与西方环保NGO的合作。国家要想在发展海洋经济的同时保护海洋环境，就要加强与西方非政府组织的合作，把吸引外资、引进技术作为与西方非政府组织合作的主要内容。再者，要加强与涉海企业、行业协会的合作。因为涉海企业是环境问题的第一制造者，加强与涉海企业的合作，督促企业关注环境，这样可以从源头上遏制海洋环境的继续恶化。环保NGO可以帮助企业进行咨询，改进工艺技术，寻求发展低碳产业；或是调研绿色产品市场，为企业与商业提供信息，引导企业与商业可持续发展。另外，海洋环保NGO发展的一大趋势是，必须要积极参与到国际海洋环境保护事务中。随着中国环保NGO数量和能力的不断发展，海洋环保NGO应当根据有关国际法的规定，积极参与国际环境事务，特别是参与有关海洋国际环境公约的缔结和履行，弥补中国政府在维护国家海洋环境利益上的不足。最后，海洋环保NGO应通过多种方式积极拓展经费来源渠道，例如为社会提供有偿服务来增加收益，包括为海洋环保产业提供商品开发、市场调查、基础调研等方面的咨询服务等；扩大募捐来源，提高募捐收入，包括可以通过义演、广告传媒（包括电视、互联网、报纸、杂志等）劝募，写信劝募等形式，引导国内外人士的捐赠；此外，要争取得到政府的财政支持。政府的财政支持不能全部以财政拨款和补贴的形式，而是主要采用以环境项目为导向的经费支持形式，这样有利于形成竞争机制，促进环境非政府组织提高效率，加快发展①。

二、公众参与机制

公众是参与海洋环境治理的重要力量，要想实现公众高效、有序地参与，必须加强公众参与能力的建设，并将能力建设活动纳入公众参与海洋环境治理活动中。公众参与海洋环境治理的能力主要体现在以下方面：第一，公众对海洋环境保护应具有的自我认知能力和专业技术能力，这表现在公众对自己在海洋环境治理中的角色、地位的定位，公众在海洋环境保护、海洋环境物品提供等方面采取的态度以及公众在参与海洋环境治理过程中应具备的一定的专业知识和技能；第二，公众参与海洋环境治理的影响力，这主要强调公众个体影响力不足，而社会团体或组织能带来规模效应，即公众可以不再是分散地、孤立地面对海洋环境问题，而是集组织的力量来对抗，因而具有了对相关政府机构和企业行为执行监督的能力；第三，公众保护和行使法律规定的权利的能力。法律上已规定了公众参与

① 顾世华：《环境资源保护中非政府组织的作用研究》，昆明理工大学，2008年。

权、监督权、知情权、议政权等，作为公民就应利用法律武器保护自己，主动行使自己的权利，公众不仅有参与海洋环境保护的义务，而且应该具备能力，通过自身的不懈努力，获得政府及相关国组织的认可、帮助，实现对海洋环境治理的积极有效参与；第四，公众参与海洋环境治理方式的更新与多样化，也是公众参与能力的一种体现。

首先，加强舆论宣传，提高公众对海洋环境保护的自我认知能力。在海洋环境保护中，公众对自己的角色、地位并不完全清楚。长久以来，公众在海洋环境保护、海洋环境物品提供等方面采取被动的态度，消极地接受专门生产者和提供者的海洋环境物品与服务。事实上，公众是海洋环境保护的主动消费者，若其对海洋环境和海洋环境保护这样的公益物品的提供与生产采取消极被动、事不关己的态度，提供者就有可能降低海洋环保的工作力度，而相关企业进行海洋环保的动力也会减弱，这样的结果将直接影响公众高质量海洋环境的获得。同时，公众还是海洋环境物品和服务的协作生产者，即一方面公众的积极介入是高质量海洋环境公益物品或服务生产的必要投入，另一方面公众自身也参与海洋环境物品或服务的生产过程。因此，加强舆论宣传和教育，使公众进一步明确自身在海洋环境保护中扮演的角色，有助于提高公众参与的自觉性和主动性，也有助于增强公众参与海洋环境保护的责任感。

其次，借助海洋环境教育，提高公众参与海洋环境治理的技术能力。环境教育能使人们掌握现代环境的基础知识、获得解决环境问题的基本技术能力，养成正确认识环境、理解环境、保护环境以及优化环境的意识，关系到公众参与海洋环境治理效果的好坏。海洋环境教育可以以多种方式进行，如举办定期、不定期、各种长期或短期的培训班。学校将海洋环保知识纳入课堂，编写环保教育读本，把环境教育作为青少年道德教育的重要内容，使学生从小树立牢固的海洋环境意识，并获得较为系统的海洋环境保护知识，并使其积极参与海洋环境保护的实际行动。

第三，知情权是现代社会民主权利的体现，是公众享有参与权的重要特征，是公众参与各项活动的前提条件。健全公众的知情权，必须加大力度实施政府的信息公开制度。目前，行政信息公开制度已经在美、英等国比较完善地建立起来。如美国从1946年的《联邦行政程序法》、《阳光下的政府法》、到1966年的《情报自由法》、1972年的《联邦咨询委员会法》等都对政府的行政公开制度做出了全面、系统的规定。海洋环境治理信息的公开是公众实现积极参与的起点和依据。为保障公众的知情权，海洋行政部门应确定明晰、有效的海洋信息公开制度，公开包括海洋环境保护、海洋资源开发利用、海域使用项目等各个方面的信息，为公众提供了解海洋环境的机会，为公众提供关于海洋环境保护见证检测，使公众随时都能获取所需要的关于海洋治理信息方面的资料，使公众能够根据这些信息来决定自身的参与行为。政府应通过法律明确规定海洋环境信息公开的义务主体、公布信息的范围和方式等，以确保信息的及时、准确。同时，建立公众依申请查询、获取海洋环境治理相关信息的制度。通过法律规定海洋环境主管部门有责任、有义务接受公众查询信息的申请，并制定相应的具体实施办法，使公众申请的范围、政府的回复期限、查询和获取费用的收取等问题做到有法可依，从而实现政府主动公开与依公众申请公开相结合的双管道海洋环境信息公开制度，保障公众的知情权。

第四，参与决策是公民的言论自由权在海洋环境治理领域的体现，也是公众参与能力建设的重要环节。公众是海洋环境污染和破坏的直接或最终受害者，也是海洋环境状况的变化和海洋环境决策的优劣的关注者，所以公众能通过切身感受给予公正的评价。参与决策逐渐成为公众参与海洋环境治理的主要方式，其主要包括：对海洋环境决策过程的参与，要求政府在制定政策过程中，给予公众充分表达自身建议的权利，在具体的海洋环境决策活动中，通过法律或者行政法规确立公众参与听证的程序，该程序应该是透明的、可靠的、有成效的；对海洋环境立法决策的参与。确保公众在适当的时候，以听证等方式直接或者间接地参与海洋环境法规和法律的设立，使海洋环境立法更加科学、更加合理。

最后，环境诉讼权体现了公众参与海洋环境治理的表达与反馈能力，是公众参与海洋环境治理的必要环节和重要保障。它是指公众对海洋环境治理机构损害公众个体或海洋公共权益的行为有权申诉、仲裁、复议、诉讼，要求政府海洋职能部门采取停止侵害、补救、赔偿损失等措施，承担民事、行政、刑事等责任。当遭遇到利益损害或破坏时，人人都有诉诸法律以求救济的权利。诉诸司法、获取救济成为公众权益实现的最后保障。公众除了在海洋利益损害问题上可以进行环境诉讼之外，在海洋环境治理事务中的知情权和参与决策权受到非法侵害时，也应可以进行相应诉讼，得到法律救济。

第五节　国际合作

环境与发展是当前国际社会普遍关注的重大问题，发展经济、保护环境和资源可持续利用关系到人类的前途与命运，海洋占地球表面积的71%，是地球环境的重要组成部分和调节器。认识海洋、开发利用海洋和保护海洋必须加强国际合作。现代海洋活动的一个显著特点是它的国际性。海洋是一个统一的整体，一个海区、一个国家海域生态与环境出现问题，会危及其他海域或周边国家海域。所以，保护海洋环境仅靠一个国家或几个国家的努力是不够的。

海洋生态保护的国际合作与其他领域的国际合作一样，其形式和内容是各种各样的。首先从形式上来说，海洋生态保护的国际合作分为政府间合作和民间合作。所谓政府间合作就是国家之间正式或非正式进行的合作方式，根据参加合作国家的数量，又可分为两国间合作（双边合作）和多国间合作（多边合作）。民间合作是以民间的个人或团体为主导推进的合作，国家的作用是从侧面在法律、制度和资金等方面给予支持。其次从海洋环境保护国际合作的内容上来说，又可以分为立法合作、行政合作、资金合作、技术合作、研究合作和人员交流合作等。

海洋生态保护的国际合作是20世纪伴随国际社会开始海洋环境保护立法工作起步的。半个多世纪来，海洋环境保护的国际合作进展迅速、规模扩大、形式多样、效果显著，已形成了全方位、多渠道、多层次、多方式的交流与合作的格局。国际社会对海洋环境保护的认识不断提高，各国政府对海洋环境保护工作日益重视，国际社会和各沿海国家海洋环境保护的法律制度不断完善，海洋环境科学研究水平、海洋技术开发水平、海洋环境调查和监测能力、海洋环境管理和海洋环境服务水平都有了很大的提高。这其中，海洋环境保护的国际合作发挥了重要的作用。

一、多国间合作

（一）通过联合国的合作

联合国是当今最具有普遍性、最有影响和最大的国际组织。它是一个在集体安全原则基础上维持国际和平与安全的、职能非常广泛的一般政治性组织。但联合国并不是凌驾于国家之上的机构，而是由一些独立的主权国家组成的组织，它没有自己的主权。它的职责是协调、促进和倡导。《联合国宪章》第 1 条规定联合国的宗旨为：①维持国际和平与安全；②发展各国间的友好关系；③促进国际合作；④构成一协调各国行动的中心。联合国是一个庞大的组织，它有六个主要机构，即大会、安全理事会、经济及社会理事会、托管理事会、国际法院和秘书处，另外还有根据《联合国宪章》有关规定与其订立关系协定的十八个专门机构。联合国特别强调经济、社会、文化和人道等问题。为了协调、解决这些问题，促进并达成国际合作，《联合国宪章》赋予了大会和经济社会理事会这方面的职责和权限。海洋环境保护的国际合作属于社会领域国际合作的一部分，通过联合国的合作主要表现在：在联合国会议讨论研究有关的海洋问题，协调各国的海洋环境保护立场，通过决议采取防止、减少和控制海洋环境污染的行动计划等。半个多世纪以来，特别是近 30 多年来，联合国在为促进和加强海洋环境保护国际合作方面的贡献和作用是巨大的。①联合国人类环境会议。联合国人类环境会议于 1972 年 6 月在瑞典斯德哥尔摩召开，来自世界 113 个国家和地区的代表汇聚一堂，共同讨论环境对人类的影响问题。这是人类第一次将环境问题纳入世界各国政府和国际政治的事务议程。会议的宗旨是：“取得共同的看法和制订共同的原则以鼓励和指导世界人民保持和改善人类环境”。会议的重要成果是通过了《人类环境宣言》和《行动计划》。②联合国第三次海洋法会议。联合国第三次海洋法会议的重要成果就是通过了《联合国海洋法公约》。这是一部综合性的海洋法典，除了对领海的法律地位、界限，领海的“无害通过”，国际海域的通航，专属经济区的特定法律制度、宽度，沿海国的权利和义务，大陆架的界线，沿海国对大陆架的权利，国际海底区域的资源开发制度，海洋科学研究、海洋技术的发展和转让，争端的解决等问题做出了全面规定之外，其第十二部分专门对海洋环境的保护与保全做出了具体的规定，使海洋环境的国际立法和国际合作进入了一个新的发展阶段。③联合国环境与发展大会。联合国环境与发展大会于 1992 年 6 月在巴西里约热内卢举行，有 183 个国家的代表团和联合国下属机构以及 70 多个国际组织的代表出席会议，102 位国家元首或政府首脑亲自与会。会议通过了《里约环境与发展宣言》和《21 世纪议程》两个纲领性文件。此外，各国政府代表还签署了《气候变化框架公约》和《生物多样性公约》等重要文件。

（二）通过全球性国际组织的合作

国际组织是指许多国家为了共同的目的和利益，根据条约或其他协定而成立的国际性组织。国际组织有广义和狭义之分，广义的国际组织，既包括国家之间的组织，也包括若干国家和民间团体或个人所组成的国际机构。狭义的国际组织，则只指国家参加的国际组织，亦即政府间国际组织。目前，在国际法上讲国际组织，基本上都被认为指的是狭义上的国际组织，即政府间国际组织。1969 年，《维也纳条约法公约》第 2 条第 1 项中关于条约用语规定：“国际组织”是指政府间之组织。国际组织分为全球性也称为普遍性国际组织和区域性国际组织，既有普遍性国际组织，又有专门国际组织。多年来，国际组织活跃在海洋环境保护国际合作的各个领域。他们根据各自组织的特点，积极促进海洋环境保护国际合作的发展。

①联合国环境规划署。自从其成立以来，它就始终是一个将环境专家召集起来分享经验并共同设法解决全球环境问题的主要工具。②国际海事组织。国际海事组织成立 50 多年来，在海洋环境保护的国际合作，特别是防止和控制海洋污染的国际立法方面做出了显著的贡献。③联合国粮食与农业组织。在海洋环境保护方面，基于海洋污染与全球捕鱼事业有着紧密的联系，其于 20 世纪 60 年代末就开始了海洋污染问题的研究工作，其中包括海洋污染对海洋生物资源的影响，对捕鱼装置和捕鱼作业的影响以及受污染的海产品对人类健康的危害和对海产品销售量的影响等。④联合国教育、科学及文化组织。其海洋环境保护国际合作方面的工作由其负责政府间海洋科技事务的职能自治组织——政府间海洋学委员会（IOC）承担。政府间海洋学委员会的宗旨是促进和协调国际海洋科学、海洋服务、海洋资源开发利用和海洋环境保护以及加强各国的海洋科研能力，促进国际交流与合作。⑤联合国开发计划署。在包括海洋环境保护在内的环境合作方面，作为 1992 年联合国环境与发展大会的一个后续行为，联合国开发计划署正在帮助发展中国家将环境关切纳入国家发展计划，并对联合国环境与发展大会的行动蓝图《21 世纪议程》所号召的加强环境管理和可持续发展规划的能力方面提供支持。⑥全球环境基金。全球环境基金提供资金设法解决生物多样性、气候变化、国际水域和臭氧层损耗四个方面的项目和其他活动。⑦世界银行。自从 1999 年联合国环境与发展大会以来，世界银行已经成功地将自己定位于环境项目的主要国际资助者，1994 年至 1998 年间世界银行每年提供 8 亿多美元，用于支持环境项目。

（三）通过区域性国际组织的合作

多年来，通过区域性国际组织开展的海洋环境保护国际合作活动很多，效果也比较明显。主要表现在：一是区域性海洋环境保护国际立法合作活动活跃，产生了不少有影响的区域性海洋环境保护公约。例如：1972 年 2 月通过的《防止船舶与飞行器倾倒废物污染海洋公约》（简称《奥斯陆倾倒公约》）、1974 年 2 月在法国签署的《防止陆源污染海洋公约》（简称《巴黎公约》）和 1981 年 11 月在利马通过的《保护东南太平洋海洋环境和沿海地区公约》等。二是区域性防止、减少和控制海洋污染的国际合作项目或合作计划开展得比较多，提高了区域内有关国家海洋环境科学研究、监测技术和海洋环境的管理水平和政策水平。但是，应该看到，通过区域性国际组织开展的海洋环境保护国际合作不如通过全球性国际组织开展的海洋环境保护国际合作活动多、内容广、影响大，而且区域性海洋环境保护国际合作项目很多是由全球性国际组织主持在区域内实施的，这可能是因为全球性国际组织在资金、技术等方面占有优势的原因所在，也是全球性国际组织向区域渗透的结果。

我国多年来积极参与多边海洋合作，使我国的海洋工作走上全球或区域大舞台；合作使我们获得了信息和资金并引进了技术和人才；合作使我们培养了人才，扩大了海洋工作思路；合作使我们提高了海洋环境管理和海洋环境科学技术水平；合作扩大了我国海洋环境保护工作的影响，提高了我国的国际地位，维护了我国的海洋权益。1971 年 10 月，第二十六届联合国大会通过决议，恢复了我国在联合国的合法席位。从 1973 年至 1982 年我国参加了联合国第三次海洋法会议，为制定《联合国海洋法公约》做出了贡献。1971 年联合国教科文组织恢复了我国在该组织的合法席位，使得我国能于 1977 年开始参加联合国教科文组织政府间海洋学委员会的有关活动，为该委员会主持的多项全球性和区域性海洋合作项目做出了积极的努力。我国是 1972《伦敦公约》的缔约国，从 1983 年起列席参加了公约组织的活动。1985 年经全国人大常委会正式批准加入了该公约，几十年来，我国忠实地履行了公约的有关规定，并积极地参与了公约的修改工作，对《1972 年伦敦公约/1996 年议定书》的制定做出了较大贡献。我国是亚太经济合作组织 APEC 的正式成员，从 1991 年开始参加该组织活动，为该组织先后成立的海洋环境保护、渔业等专题组的工作贡献了应有的力量。我国还先后与联合国开发计划署、联合国环境规划署、全球环境基金、世界银行、亚洲开发银行等合作，进行了“东西海域海洋污染预防和管理”、“中国东海渔业和沿岸海洋资源管理与开发”、“黄海大海洋生态系持续利用与保护”等多个海洋环境保护方面的项目合作，为海洋环境保护的国际合作贡献了力量。

二、国家间合作

双边合作是国际合作的重要形式之一，它与多边合作一样，包括就某一项目进行的合作以及根据条约和协定而经常地进行的合作两种类型，后者比较普遍，也更重要。在现代国际关系中一个国家不可能不与外界交往，要交往就需要接触，需要沟通，需要磋商，需要合作。国家与国家之间的交往要遵循一定的原则，这一原则就是国际法的基本原则。国际法的基本原则最主要的就是我国一贯倡导的和平共处五项原则。和平共处五项原则是受到《联合国宪章》的直接启示的，是我国对国际法的发展做出的主要贡献之一。双边合作能够直接反映当事国的立场和情况，最大限度地满足双方的需要和利益，这一点优越于多边合作。因为多边合作是多方利益的调整与妥协。但双边合作容易受两国关系的影响，这一点又不如多边合作灵活。1949 年后我国对外双边海洋合作的情况足可以说明这一特点以及开展双边合作的重要性。

中华人民共和国成立初期到 1976 年，由于受“文化大革命”的影响，我国基本没有对外的双边海洋合作，即使有一些对外的交流，也主要是出席国际会议等多边活动。自 1978 年党的十一届三中全会以后到现在这 30 多年间里，是我国对外双边海洋合作大发展的时期。通过与世界海洋大国、周边海洋邻国的合作，提高了我国的海洋科学研究水平和海洋管理水平，为我国海洋事业的发展做出了应有的贡献。

（1）中美海洋环境保护合作。美国是世界上的海洋大国，也是海洋强国。1979 年中美两国签订政府间科技合作协定。根据这一协定，国家海洋局和美国海洋大气局于同年签署中美海洋与渔业领域科技合作议定书。几十年来，双方在海洋资料、海洋环境、海洋气象、海洋地质、海洋生物资源、海岸带管理、海洋自然保护区、水产养殖、海洋技术、海洋渔业管理等方面进行了广泛的合作。主要的海洋环境保护合作项目有："长江口及其毗连陆架海洋沉积作用过程联合研究"、"热带西太平洋海气相互作用合作研究" 和 "热带西太平洋海气耦合响应试验" 等。

（2）中日海洋环境保护合作。中日两国是近邻，都是亚太地区重要的海洋国家。1972年两国关系正常化，1980 年两国政府签订科技合作协定，1994 年签订环境合作协定，根据这两个协定，中日两国先后开展了"黑潮合作调查研究"、"副热带环流的合作调查研究" 和 "东海特定海域河流入海环境负荷及其对海洋生态系带来的影响" 以及 "珠江口及其邻近海域海洋环境综合调查开发" 等合作。这些项目在国际海洋界受到了广泛的关注，提高了我国海洋工作的显示度。

（3）中韩海洋环境保护合作。1992 年中韩建交，为两国开展各个领域的合作奠定了基础。1994 年国家海洋局和韩国科技部签署了中韩海洋科技合作谅解备忘录。1996 年韩国成立海洋水产部，原由韩国科技部签署的中韩海洋科技合作谅解备忘录由海洋水产部继承。这些年来，双方不但成功地进行了"黄海水循环动力学的合作"、"黄海沉积动力学的合作"，还于 1995 年在青岛成立了"中韩海洋科学共同研究中心"。这是一种新型的双边合作形式和机构，有利于我国培养外向型的海洋科技和管理人才，有利于引进国外资金和先进的管理体制。中韩海洋科学共同研究中心成立以来，为推动和促进两国的海洋合作发挥了积极的桥梁和纽带作用。

（4）中法海洋环境保护合作。法国是世界上重要的海洋国家之一。1978 年中法两国政府签订了科技合作协定；1991 年国家海洋局和法国海洋开发研究院签署了两国海洋科技合作议定书。多年来，双方先后开展了"长江口污染物和营养盐生物地球化学研究"、"桑沟湾养殖容量" 等多个海洋环境保护项目的合作。

此外，我国还与德国、加拿大、朝鲜、菲律宾、越南、俄罗斯、印度、西班牙、澳大利亚、希腊、英国、芬兰等国家开展了多种形式的有关海洋环境保护方面的合作与交流。21 世纪是经济发展全球化、国际政治格局多极化和科学技术迅猛发展的时代。和平与发展仍然是国际社会的主流，人口、资源和环境三大问题只能在人类社会发展进程中解决。要发展就需要合作，为发展谋求合作。合作是国际交往的重要形式，合作是处理国际事务的主要途径，合作是走出国门、走向世界的主要通道。

第八章　海洋生态安全保障机制

第一节　财政保障

当前，中国经济的发展高度依赖海洋，对海洋空间、资源的开发利用的依赖增加，在公海区域的权益也需要不断加以维护和拓展。只有建设海洋强国才能保障我国在海洋的基本权益。从我国的现实国情出发，中国特色海洋强国的内涵应该包括认知海洋、利用海洋、生态海洋、管控海洋、和谐海洋五个方面。随着对海洋的不断利用，海洋生态问题也日益浮出水面。为了建设海洋强国，实现海洋生态文明，加强海洋生态安全治理迫在眉睫。而财政是落实党和国家大政方针的物质基础、政策工具、体制保障和监管手段，一定的财政体制总是与一定的发展战略相适应的，一定的发展目标对财政体制的安排起着决定作用。财政体制既是国家战略目标顺利实现的物质基础和财力保障，同时也是国家引导和实施发展战略的政策工具和手段。由于海洋生态安全的特性，尤其是它的公共性和高风险性，决定了仅靠私人企业和个人力量难以抵御风险的冲击，必须通过政府的财政政策进行引导。此外，海洋生态安全治理在整个国家可持续发展中具有重要的战略地位，也决定了国家必须综合运用财政支出、财政补贴、税收优惠等财政政策手段，促进海洋生态安全的治理，保证经济、社会和环境的持续、快速、健康发展，实现全面建成小康社会的发展目标。目前我国提出了建设“海洋强国”的战略目标，同时提出了生态文明的目标，海洋生态安全治理同样离不开财政保障。对于财政保障的具体措施，主要提出了三个：财政预算、多元投资以及海洋资源资产化。

一、财政预算

改革开放30多年来，我国的经济发展取得巨大成就，国家综合实力得到迅速提高。我国对环境保护和治理方面的财政投入与发达国家相比，依然有很大差距。海洋生态文明建设需要更为长期的政府投资，海洋生态安全的治理作为海洋生态文明建设的一部分，如果海洋生态安全问题得不到解决，海洋生态文明的进程将会受到阻碍。财政政策作为主要经济政策之一，在经济发展中发挥着重要的作用。

1999年，环保投资额占全国GDP比例首次突破1%；到2011年，这一比例达到近1.4%。尽管我国环保投资总额呈现增长，但是在GDP中比重仍较低。“十一五”期间，国家环保投资总额为21623.1亿元，仅占全国GDP的1.4%，占全社会固定资产投资的2.3%。比照国际经验，我国环保投资需求与实际投入的资金缺口仍较大。2006年，环境保护才正式纳入我国的财政预算。2007年1月1日，依据财政部制定的《政府收支分类改革方案》和《2007年政府收支分类科目》，我国开始全面实施政府收支分类改革，首次单独设立了“211环境保护”支出功能科目。2007年，我国财政用于环境保护的支出为995.82亿元。到2011年，这一数值增长至2640.98亿元，当年环境保护财政支出占全国环境保护投资的40%左右。到目前为止，我们仍然没有为海洋生态文明建设的发展设立独立的资金，海洋生态安全治理的资金就更无从谈起。由于海洋生态安全具有公共产品属性以及外部性，导致海洋生态安全治理存在市场失灵现象，因此政府在海洋生态安全治理的财政支出方面必须起带头引导作用，加大政府支出。另外，海洋生态安全治理在促进海洋生态文明建设中具有举足轻重的作用，决定了其将成为财政资源配置的重点领域。对海洋生态安全治理，政府应该起主导作用。海洋生态安全治理保障机制离不开财政保障，把海洋生态安全治理所需的资金纳入财政预算，由一种政策逐渐形成一种体制，将会极大地促进海洋生态安全治理。着眼于新时期新海洋生态安全治理的内在要求，构建一套系统的、有利于推动海洋生态安全建设的财政保障体制。未来构建海洋生态安全治理财政保障机制时应该遵循“重点突破、固化体制、均等安排、全面保障”的原则，点面结合、瞻前顾后。

政府可通过财政支出、税收优惠、财政补贴、财政贴息、政府采购等政策工具对生态治理行为进行调整，促进海洋生态安全治理。促进海洋生态安全治理的财政政策工具主要有：①财政支出政策。国家预算支出政策属于典型的利用公共资金支持事业发展的范畴，所支持的事业具有公共产品性质或具有准公共产品性质，这些领域的市场失灵现象导致仅仅依靠市场无法解决。另外，海洋科学研究、深海勘探开发、海洋观测与调查、海洋环境保护、海洋防灾减灾等诸多领域都具有公共性、高投入等特点，需要政府财政预算支出来保障和支持。②税收优惠政策。税收优惠政策是国家利用税收调节经济的具体手段。国家通过税收优惠政策可以扶持某些特殊地区、产业、企业和产品的发展，促进产业结构的调整和社会经济的协调发展。一般而言，税收优惠政策只适用于技术示范、降低成本阶段以及大规模商业化的初期，通过税收优惠政策支持特定产业，以帮助生产者降低成本，提高市场占有率，达到鼓励或限制个别产业发展的目的，以此配合政府的产业发展政策。海洋经济已成为国民经济的重要增长点，需要政府采取特定的税收优惠措施予以支持。③财政补贴政策。财政补贴政策是国际上使用较为普遍的一种支持技术研发和示范推广的政策手段。目前，世界各国财政补贴形式多样，兼具直接与间接形式，补贴对象和形式也不断变化。以财政贴息为例，它可以通过政府投入少量财政资金来引导社会资本投入到公共事业领域，一般适用于新建或技改项目，它代表了今后财政资金使用方式的改革方向，也是支持海洋经济发展和海洋生态安全治理的一种非常有效的政策手段。特别是对海岛基础设施建设的投入，如海岛交通、电力、水利等项目建设，通过财政贴息政策，能吸引非政府性资金的投入，合理开发利用海岛资源，避免个人或组织因利用海岛而对海岛造成破坏。④国债投入政策。国债政策是国家宏观经济政策的一个重要子系统，是财政政策的有机组成部分，是调节资源配置、经济利益及其整个经济运行的重要杠杆之一。国债投入一般重点投向基础性产业，需要投资项目用以后的收入来分期偿还。海洋经济中的部分产业，如海洋工程建筑业、海洋交通运输业等，属于关系国计民生的基础产业，具有资金投入巨大、建设和回收周期长等特性，应该启用国债投入手段，在国家国债资金中预留一定比例，以支持和保障这类产业的发展。⑤政府采购政策。政府采购是社会总需求的一个组成部分，它对社会经济的流通、生产、分配和消费环节均有重要影响，直接反映政府介入社会经济的规模和深度，具有广泛的社会意义和政治意义。发展海洋经济已成为世界各国经济战略的重要组成部分，这就从客观上决定了发展海洋经济成为国家宏观调控的一个重要政策目标。应当将海洋经济产品纳入政府采购范围，以加大对海洋经济的政策与资金的扶持力度①。

支持海洋经济发展的财政政策体系不断完善，尤其是新的财政体系加大了对新兴产业的扶持力度，这对海洋生态的治理和维护有重要作用。首先，国家对海洋经济试点省份出台了一系列的支持政策。从财政政策的角度看，主要包括：对试验区涉海基础设施建设项目予以支持；加大对试验区海洋新兴产业的财政扶持力度以及对远洋捕捞、可再生能源利用等领域的税收优惠政策等。其次，各试点省份结合自身实际，出台了支持海洋经济发展的具体政策措施。如福建省拟设立海洋经济发展专项资金和蓝色产业投资基金，并对相关企业给予相应的税收优惠；广东省则统筹各级政府财力，明确各类涉海专项资金，优先安排海洋经济综合试验区发展规划项目，海洋开发项目一律对民间资本开放；山东省在省、市级财政安排 20 亿元海洋经济发展专项资金的基础上，明确以后每年省、市两级财政专项资金都要有所增加，同时整合省级现有专项资金，重点支持列入规划的交通、能源、水利等重大基础设施项目建设和海洋产业发展。再次，各非海洋经济试点省份也都制定了相应的政策，支持海洋经济发展。以江苏为例，出台了《沿海开发五年推进计划》，“十二五”期间重点推动 180 个重点项目，总投资达 13 447 亿元，其中基础设施项目 70 个。最后，国家给予海洋战略性新兴产业专项支持。海洋战略性新兴产业主要包括海洋工程设备制造业、海洋生物医药业、海水综合利用业、海洋新能源业和现代海洋服务业等。《“十二五”国家战略性新兴产业发展规划》中确定了重点支持的 7 个重点领域和 23 个重要方向，大部分海洋战略性新兴产业包含其中。为配合海洋经济发展战略，国家制定了支持海洋战略性新兴产业的专项支持政策。以海水综合利用为例，国务院办公厅《关于加快发展海水淡化产业的意见》中提出：各级政府要加大对发展海水淡化产业的投入力度；中央预算内投资积极支持实施海水淡化重点示范工程和以市政供水为主要目的的海水淡化工程项目；对海水淡化水进入市政供水系统研究出台适当的支持政策。2012 年 5 月，财政部、国家海洋局联合下发《关于推进海洋经济创新发展区域示范的通知》，把 8 个省、市列为海洋经济创新发展区，通过 4 个专项资金对海洋战略性新兴产业发展予以支持。此项政策把促进海洋经济和战略性新兴产业发展结合起来，重点支持 4 个海洋经济试点省份以海洋生物医药为代表的海洋战略性新兴产业发展。将海洋生态安全治理所需的各项资金纳入财政预算，合理配置，减少浪费，提高资金利用效率，协调好各方利益，加强对科研、教育、治理等的投入。形成合理的财政预算分配机制，促进中央与地方政府以及公众对海洋生态安全治理的积极性。

---

① 季露：《我国海洋经济发展的财税政策研究》，暨南大学，2013 年。

要借鉴发达国家的经验，要尽快建立海洋环境污染损害赔偿制度，设立环境污染损害赔偿基金。《海洋环境保护法》第九章规定了各种破坏海洋环境行为应承担的法律责任。此外，近年来，浙江、山东、天津、广东等沿海地区在海洋生态损害补偿、赔偿方面做了大量有益的探索。山东省首次对海洋生态损害赔偿、损失补偿进行规范，在全国首次明确生态损害赔偿和损失补偿的具体评估办法。虽然在重大海洋环境污染事件的预防和应急方面，我国的法律制度已经初步成型，但在污染损害赔偿保障方面还存在严重不足。如海洋环境污染损害赔偿缺乏可操作性，尚未设立环境污染损害赔偿基金，缺乏科学的评估依据和标准，处罚明显过轻，等等。墨西哥湾漏油事件与渤海湾漏油事件之所以在损害赔偿上取得完全不同的两种结果，在于美国海洋环境污染损害赔偿制度更为完善。研究美国海洋环境污染损害赔偿制度，对于进一步完善我国海洋环境污染赔偿制度有很好的借鉴意义。对我国来说，要完善海洋环境污染损害赔偿制度，明确赔偿标准。我国可以借鉴美国的环境污染损害赔偿基金制度，制定适合我国国情的环境污染损害赔偿基金制度。

在海洋生态治理的财政政策实施上，要充分考虑地方与中央政府的利益冲突，协调并统筹兼顾各方利益。地方与中央政府在生态治理上存在着利益博弈，而利益博弈的结果必然对生态治理产生重大影响。在现行体制下，地方政府最大的效用偏好在于追求政绩最大化，其次则是与此相关的地方经济发展和地方财政收入增长的最大化以及特殊利益群体的利益最大化。而中央政府所提倡的海洋生态安全的公共利益则可能被放在次要位置。地方政府基于自身利益，对他人利益或环境公共利益持“不合作”态度，其结果导致生态安全治理陷入困境：一是虚高的生态安全治理成本；二是生态安全治理的非常态化和不可持续性。海洋生态环境作为一种公共物品，具有很高的外部性。生态安全治理投资大、见效非常滞后，地方政府生态安全治理的投入回报往往难以在短期内得以显现，相反有时还会给地方政府带来暂时性的利益损失。从目前的社会经济条件看，中央政府与地方政府的利益存在冲突。而这种利益冲突给生态安全治理的推进带来了一定的障碍。因此要充分考虑中央政府与地方政府对海洋生态安全财政力度的合理分配，在地方政府的政绩考核过程中不能只看财政上的功绩，应该结合地方政府对海洋生态安全治理功绩进行考评。

同时，海洋生态环境治理是促进经济社会可持续发展的重要途径之一，必须依靠中央政府、地方政府与公众的合作治理。因此，健全生态安全多级治理的合作与协调，有效整合各利益主体的利益，使得政策能够更加公平合理，顾全大局，保障现有机制作用的有效性，最终形成对生态保护的“善治”局面。①

二、多元投资

从生态治理的成效来看，治理局部有效、整体失效的局面依然存在。海洋生态安全的治理关系到人民福祉、国家安全，需要整合一切可利用的资源进行生态治理。市场是政府的重要补充力量，不能忽视市场力量的重要性。当生态危机出现后，政府首先觉醒，政府反映公众的需求，从人类社会发展的可持续角度，领导社会全面地进行生态治理，阻遏生

① 俞可平：《全球化：全球治理》，社会科学文献出版社，2003 年版。

态恶化的势头。我们要认识到，仅有政府的力量远远不够。因此要鼓励和引导企业和社会加大对海洋生态安全治理的投资力度，拓宽资金筹措渠道。

支持海洋循环经济的发展可以降低海洋生态安全治理成本，有利于预防海洋生态破坏。循环海洋经济，以“减量化、再利用、再循环”为原则，以海洋资源高效利用和循环利用为核心，更有效地利用海洋资源和保护海洋环境，实现海洋经济的“资源→产品→废弃物→再生资源”的增长模式，实现社会系统与自然系统的整合，以尽可能少的海洋资源消耗和海洋环境成本，获取尽可能大的海洋经济效益和海洋环境效益。通过发展海洋循环经济不仅可以获得可观的海洋收益，更重要的是可以废物利用，循环再生，减少海洋环境污染，进而降低海洋生态安全治理的投入和成本。而海洋循环经济的发展是分为多阶段的，由于各个阶段的投资需求特点不同，对投融资需求的方式和数量也不同。比如，在研究开发阶段多以科研经费形式投入、多以国家资助的方式投入；在由理论向技术转化的环节其投融资方式主要是以国家开发资金、企业研究开发资金或个人注资为主；在科技成果商品化的环节，则主要是以风险投融资方式为主；而在产业化中后期以及生产经营规模化阶段，是以商业信贷、有价证券买卖、资本市场融资为主。美国主要是通过增加政府拨款、建立海洋信托基金、加大海洋教育投资等方式来支持循环海洋经济。

加强各界机构合作，共享科技成果。以美国为例，美国重视海洋科技，扩大海洋科技投入资金来源渠道，建立高效的技术转让机制。政府与产业界、科研机构和大学等建立伙伴关系，形成风险共担、收益共享的利益体；由政府提供部分资金和政策支持，科研机构参与研发，公司拓宽后续研究经费渠道，开拓新的市场，提高高新技术产品的竞争力；美国设置海洋石油业合作研究计划，在密西西比河口区和夏威夷建立了两个科技园，从事海洋资源和海洋空间开发、海洋生物和海洋环境的保护、海洋矿产的勘探和开发等；同时为把科研成果转化为生产力，建立了由联邦政府实验室财团、全国技术转让中心、联邦政府部门“合作研究与发展协议”数据库构成的技术转让机制。我们可以借鉴美国的经验，由科研机构、大学以及政府、企业等共同投资，推进海洋生态治理的技术创新，拓宽融资渠道，加强合作和成果共享，从而降低开发成本和治理成本。

三、海洋资源资产化

随着陆地资源短缺、人口膨胀、环境恶化三大矛盾的日益突出，海洋资源已成为人类社会可持续发展的基础，但是由于受海洋资源“取之不尽、用之不竭、无偿占有、无偿使用”传统观念的影响，人类长期进行掠夺式的开发，严重影响了海洋资源的可持续开发利用和海洋经济的可持续发展。因此，通过海洋资源的资产化管理，改变目前海洋资源无价和价格不合理的现象，促使海洋资源由事业型运行机制向资产化、产权管理机制的转变就成为当前海洋资源综合管理的关键。海洋资源能够给人类带来经济价值。由于利用海洋资源所带来的价值是可以具体以货币形式衡量的，所以这就为建立海洋资源资产性账户，进行资产化管理提供了可能。对资源进行资产化管理的根本原因就是资源的稀缺性，而海洋资源在一定的时空条件下其数量是有限的，这一有限性不仅表现在资源的天然存量方面，而且对可再生资源来说，稀缺性表现为资源生成速率是有限的；对不可再生资源来说则表现为发现新储量的速率与寻找可替代资源的速率也是有限的，稀缺性和可持续发展之间的矛盾就构成了实施资产化管理的直接动力。

所谓海洋资源的资产化管理，就是把海洋资源从开发利用到生产、再生产，按照自然规律和经济规律进行投入产出管理，对海洋资源实行有偿使用制度，所得收益用于资源再生产，最后形成以资源养资源的良性循环，提高资源利用的经济效益、社会效益和生态效益。[①] 将海洋资源作为一种资产不仅具有可能性而且具有必要性。对海洋自然资源实行资产化管理，目前不仅是一个理论问题，更是一个实践问题。我国资源管理的经验和教训表明资源自发性利用的状况已造成严重的海洋生态安全问题。海洋资源作为国有资源产权虚置，造成国有资产大量流失；海洋资源无偿使用，造成经济评价失真；海洋资源浪费和破坏严重，严重制约可持续发展。

我国对海洋资源进行资源资产化管理非常必要：现行的产权管理与行政管理相结合、中央与地方相结合、行业管理与综合管理相结合的“三结合”资源管理体制，权利边界模糊，资源管理与部门利益相挂钩，造成产权界定混乱，海洋资源开发无序，国有资产大量流失；海洋资源无偿使用，资源消耗成本并未计入总成本，造成经济效益评价失真；海洋资源由多个部门进行管理，互相扯皮推诿，产生公地悲剧，导致海洋资源流失严重；海洋资源具有稀缺性，有必要实行资产化管理保证其良性循环。由于海洋资源具有明显的资产属性：经济性、稀缺性、收益性、权属性、有偿性，海洋资源不仅有使用价值，而且具有价值，只要可供人利用、能带来收益，经济法上就认定是资产的一种，即“海洋资源资产”，因此要对海洋资源进行资产化管理；我国市场经济体制的确立和不断完善，为海洋资源资产化管理提供了基础条件；海洋资源管理依据市场规律运作，是资源得以合理利用和保护、实现资源可持续利用的最好途径；我国对部分自然资源开展了资产化管理的实践，主要是森林资源、矿产资源、土地资源等，取得了一定的经验，为我国海洋资源的资产化管理提供了一定的管理经验。

我国海洋资源资产化管理处于探索阶段，海洋资源的市场化机制也在形成过程中，在这一阶段，我国海洋资源资产化管理的主要弊端是产权界定不明晰，三权混淆；此外政府、企业权能交叉，无偿开发导致海洋资源流失，法律、制度等管理体系不完善也是我国进行海洋资源资产化管理的重要障碍。(1）权属不清。所有权、行政权、经营权等产权关系没有明确的界定，产权虚置或弱化，利益主体之间缺乏协调机制，容易产生利益纠纷。(2）权能交叉。资源产权权利泛化，权能被条块分割，不能正常流转，优化组合。政府部门之间、政府与企业之间职能交叉，任何一项资源管理办法的制定、出台和实施都要耗费很大精力才能达成妥协。(3）海洋资源流失严重。海洋资源的所有者对海洋资源性资产的收益权未得到充分体现，缺乏合理的定价，没有有序、有偿开发和利用海洋资源，没有将海洋资源纳入国有资产管理范畴，从而使其一部分或全部应收的海洋资源性资产收益被其他单位或个人所取得，最终导致资源所有者所有权的损害和海洋资源的低效利用。

① 邓效慧，戴桂林，权锡鉴：《海洋资源资产化管理与海洋资源可持续开发利用》，载于《海洋科学》2001 年第 2 期，第 54 页。

海洋资源资产化管理是实现海洋资源可持续开发利用、加强海洋综合管理的有效手段。本书主要从理念—制度—运行—保障四个层面构建海洋资源资产化管理框架体系来保障海洋生态安全治理的顺利进行。理念层面重点研究指导思想、意识和宣传工作。制度层面重点研究规划体系、立法和政策规章。运行层面重点研究机构设置、工作程序和协调沟通。保障层面重点研究执法、监督、政府绩效考核和技术支持。

（一）从理念层面

（1）以海洋资源可持续发展为指导思想，维护我国海洋生态安全。（2）转变海洋资源无偿利用的传统观念，树立海洋资源资产化意识；增强保护海洋资源的责任意识。

（二）从制度层面

（1）建立海洋资源规划体系，制定必要的相配套的行业规划，如渔业规划、海洋油气资源开发规划等；制定海洋专项规划，如海洋科技发展规划等。（2）制定海洋资源资产化管理的专门法律，依法界定中央政府管辖的国有资产产权，确定各部门、各单位经营使用的国有资源性资产产权范围。（3）制定、修改或完善海洋资源资产有偿使用制度、海洋资源资产产权管理制度和海洋资源资产评估制度等，增强政策的实用性和可操作性。

（三）从运行层面

由国家海洋局等相关单位分离出相应的部门重新组建国有海洋资源资产化管理部门来执行支配权和管理权，以解决国有产权主体缺位现象和多头管理的现象。按照计划—执行—监督的顺序，简化工作程序；设立海洋资源综合管理部门，综合其他部门的涉海职能，以简化繁琐的审批手续，提高工作效率。成立协调机构——海洋管理委员会，解决海洋资源行政管理部门与其他相关管理部门的矛盾和纠纷，协调处理各部门、各行业、各单位在国有资源性资产管理方面的关系。

（四）从保障层面

（1）加强执法力度，保障海洋资源有偿使用，严禁任何部门、企业或个人无偿使用国有资产谋取私利。（2）建立有效的监督体系，包括人大监督、行政司法监督和社会监督，在海洋资源资产化管理的前、中、后三个阶段进行监督。（3）对海洋资源资产化管理水平进行评估，以此作为政府绩效考核的一部分，有效提高海洋资源资产化管理的主动性和管理效率。（4）加大科技投入，提高海洋资源开发能力和效率；完善海洋资源资产化管理信息系统，为科学管理提供技术保障。

海洋资源资产化管理的施行就是将属于国有资源的海洋资源作为生产要素投入市场进行国民经济核算，这就要求对资源核算制度、价格体系和利用方式等进行变革。任何资源资产化必须要有产权设置，因此产权管理是海洋资源资产化管理的核心内容。为了充分实现海洋资源国有产权权益，必须使海洋资源的产权关系得到明确，使国家所有权人格化，规范海洋资源资产的产权流动，实现所有权与经营权的分离，建立合适的国有产权代理制度。在完善产权体系的同时还要完善价值核算体系，促进海洋资源性国有资产价值的合理补偿。将海洋资源资产化，由无偿使用海洋资源到有偿使用，实现海洋资源的经济、社会和生态效益，转化为国有资产的一部分可以反过来投入到海洋生态安全治理的过程中，用于解决获取海洋资源效益过程中对海洋生态环境造成的破坏和污染问题，减弱企业或公民在治理海洋生态过程中的成本压力，促进各方利益团体治理海洋生态安全的积极性。

第二节　执法保障

一、执法机构

1964年，国家海洋局经国务院批准正式成立。但直到1989年的国务院机构改革中，国家海洋局才被明确为管理全国海洋事务的职能部门，同时原有分散的海洋行业管理得以保留。至此，“海洋综合管理与分部门分级管理相结合”的体制确立，并延续至今。但海洋局一直被认为是“弱势部门”，海洋的实际管理职能分散于海洋、渔政、海事、公安边防、海关、国土、文物、旅游以及石化、石油企业等各部门和行业。

（一）国家海洋局及其海上执法机构

1964年国家海洋局成立，专门负责海洋工作，是国务院直属机构，先后建立了北海、东海和南海分局以及各种海洋研究机构，开展各项海洋工作，负责监督管理海域使用和环境保护，依法维护海洋权益，组织海洋科学研究，同时还负责建设和管理中国海监队伍，依照法律规定，实施巡航监视、监督管理。在北海、南海、东海分局下各有一支“中国海监”船队以及相应的执法管理及业务机构，负责各海区的海上执法工作。2008年，中国海监依法在我国管辖海域开展巡航监视和海洋行政执法工作，及时处理海上侵权行为，查处海洋违法行为，通过定期巡航和专项执法检查加大监管力度，强化日常执法工作，使海洋生态安全得到有效保障。

（二）渔政管理机构及其执法主体

执行渔业法规，管理渔船渔港和保护海洋渔业资源，也是海洋行政管理工作的一项重要内容。渔政管理机构是负责这一日常管理工作的主管机构。渔政渔港监督管理体制是按照“统一领导，分级管理”的原则，采取条、块结合的方式建立起来的。目前我国渔政管理机构包括国家、海区以及地方渔政管理机构。国家渔政管理机构，是指国家设立在农业部的渔政渔港监督管理局（后改为渔业局），是全国海洋、内陆渔业水域渔政渔港监督管理的最高领导机关和仲裁单位。海区渔政管理机构，指黄渤海、东海和南海三个海区的渔政渔港监督管理局，为农业部派出机构。地方渔政管理机构，指全国各省、自治区、直辖市以及各渔业重点市、县地方渔政管理机构以及乡、镇和重点渔业水域所建立的地方渔政管理机构。2008年中国渔政指挥中心共派出4批7人次渔政员赴美国海岸警备队参加中美渔业海上联合执法，还在7月份分别派遣中国渔政118、202船前往北太平洋公海开展了为期一个月的巡航。在中美渔业海上联合执法中，中美渔业执法人员密切配合，在北太平洋公海先后联合查获了“鲁荣渔2880”、“浙普渔冷9”等两艘公海非法流网渔船，取得显著成果。自1994年始，我国每年派遣渔政员前往美国海岸警备队参加中美渔业海上联合执法，至今年底已累计派出 51 人次，通过联合执法共查获 17 艘次北太平洋公海非法流网作业渔船。通过我国渔政部门的严厉查处和中美渔业海上联合执法的有效合作，2008 年的北太平洋公海鱿钓作业秩序明显好转，公海非法流网作业得到切实遏制，维护了我国北太平洋合法作业渔民的权益，缓解了北太平洋公海渔业资源的捕捞压力，[①] 保护了海洋生态系统的安全与稳定。

（三）海事局[②]

我国负责水上交通安全管理的主管机构是中华人民共和国海事局。在清朝及北洋政府时代，航政业务由当时的海关代管。新中国成立后，将航政管理机构改为“港务监督”，对外称“中华人民共和国港务监督”，作为国家政权机关监督进港船舶。1985 年按照政企分开的原则，建立由中央和地方分工负责的水上安全监督管理体制，实行“一水一监，一港一监”的垂直管理，由交通部统一领导。1998 年，中华人民共和国船检局与中国船级社实行“局社、政事分开”，同中华人民共和国港务监督局合并组建中华人民共和国海事局作为交通部直属机构，主要负责行使国家水上安全监督管理和防止船舶污染、船舶及海上设施检验、航海保障的管理职权。

随着时间的推移，这一体制已经日渐成为中国海洋经济发展和海洋权益维护的掣肘。现实中高度分散的行业管理，使得国家海洋局无论是在海洋经济的发展或是海上突发事件的处置中，处境都颇为尴尬。从渤海溢油事件，到南海、东海主权之争，海洋管理的地位得到了从中央决策层面到民众层面的前所未有的重视。这也成为海洋管理体制改革的契机。

二、统一执法

为推进海上统一执法，提高执法效能，现国家海洋局及其中国海监、公安部边防海警、农业部中国渔政、海关总署海上缉私警察的队伍和职责进行整合，重新组建国家海洋执法队伍，由国土资源部管理。

十二届全国人大一次会议决定重新组建国家海洋局。推进海上统一执法。国家海洋局以中国海警局名义开展海上维权执法，接受公安部业务指导。2013 年出台的大部制改革方案引起社会高度关注，其中，重组海洋局成为议论的焦点之一。国人期盼、讨论、酝酿 30 多年的具有中国特色的海上执法管理体制终于尘埃落定。此次海上执法体制改革方案有以下三个特点。一是改革力度较大，超出人们预期设想。一般认为，原来国家海洋局下属的中国海监、农业部下属的中国渔政、公安部下属的中国海警以及海关总署下属的海上缉私局以及交通部下属的海事局等均属于专司海上执法的机构，它们已经各自运作几十年，多龙合为一体阻力大、困难大。曾有人提出“五龙合一”应分步推进，“两龙先行”比较可行。但此次改革方案提出将我国现有五个海上执法单位中的四个合为一体，这样可避免分

① 国家海洋局:《中国海洋行政执法公报》，2008 年。

② 王秀芬：《中国海洋行政执法主体研究》，载于《大连海事学报（社会科学版）》2005 年第 1 期，第 16-18 页。

散型海上执法体制长期存在成本高效率低、矛盾大纠纷多、立法繁琐执法难的弊端，有利于海上执法队伍的壮大，提高海洋维权执法效力。二是新体制将传统经验和国际惯例融为一体。新生的国家海洋局依然属于国务院下属的海洋行政主管部门，而方案又特别强调国家海洋局以中国海警局名义开展海上维权执法，接受公安部业务指导，这可以理解为新组建的国家海洋局领导下的海洋执法队伍具有双重身份。既保留过去属于海洋行政主管部门领导下的执法机构，又赋予国际上普遍采用的海洋警察权，形成具有中国特色的海上执法体制。三是在大视野下的改革方案有利于发挥整体效应。本次改革方案不仅限于现有海上执法体制的同类项合并。方案提出，设立高层次议事协调机构国家海洋委员会，负责研究制定国家海洋发展战略，统筹协调海洋重大事项。国家海洋委员会的具体工作由国家海洋局承担。单纯将过去各自为政的诸多执法队伍合为一体，是无法充分发挥统一执法队伍应有功能和功效的。设置高层协调机构无疑为此次海上执法体制的改革成功提供了可靠的保障。

根据党的十八大会议精神要求以及“大部制”改革方案及《国务院机构改革和职能转变方案（草案）》，组建中国海洋执法监察总队，整合了原来分散在海监、渔政、海关、海事、公安边防等多个部门的海洋执法权。国家海洋局负责海洋发展规划的拟定，海上维权的执法，海洋环境的保护、海域使用的监督管理等。国家海洋局以中国海警局名义开展海上维权执法，接受公安部业务指导。与此同时，为加强海洋事务的统筹规划和综合协调，设立高层次议事协调机构——国家海洋委员会，负责研究制定国家海洋发展战略，统筹协调海洋重大事项。国家海洋委员会的具体工作由国家海洋局承担。重组海洋局，把隶属于各个部门的海洋执法队伍和职能重组起来，显然从机构上解决了“九龙治海”的格局。组织海洋执法的“国家队”，以国家的力量和资源更能够胜任艰巨的海洋保护和维权重任。①

国务院对我国海洋管理体制改革目的明确，改革力度加大，改革思路清晰。相信该方案实施后将对我国海洋管理，尤其是海洋维权执法起到强有力的推动作用。不过，由于过去我国海上执法体制是各自为政分散型的，而且经过多年积淀，已经习惯成自然。在实施合并过程中肯定会出现各种困难和问题，甚至会有一定阻力。但这只是小问题，对整个改革方案的实施不会造成很大影响。此外，“四合一”的海上统一执法体制确定后，还有许多工作要做，需要有相应的配套措施跟上，譬如修订法律法规、进行人员培训等。② 加强海洋执法，积极参加国际海洋法的研究和制定。一是我们自己要制定和完善各种海洋法规；二要培养各种法律人才；三要加强海洋执法队伍和装备的建设；四要积极参与国际海洋法规的修改和制定。

三、完善海洋生态司法体系

在人类社会的管理实践中，法治被公认为是最有效率，也最有理性的手段，在海洋生

① 毛寿龙：《国家海洋局重组背后的逻辑》，载于《中国报道》2013 年第 4 期，第 32-33 页。

② http：//mil. news. sina. com. cn/2013-03-11/0950718207. html.

态安全问题上，完善的法律制度能够提供长久、稳定和有效的保障机制。

综观世界各国的海洋政策及海洋生态安全相关立法，无不清楚地表明了政府对海洋的重视。保护海洋环境是政府的重要职责，普及海洋意识也是国家利益的需要。

一些海洋国家的相关经验可以给我国带来有益的借鉴。近年来随着沿海地区人口的不断增加和经济的快速发展，使海洋资源的合理开发和海洋生态安全的保护承受着前所未有的压力。无度开发海洋资源、侵害海洋环境行为的存在和海洋环境遭受严重破坏的现状，都呼唤国家强有力的生态环境立法以保障海洋生态安全，在法治环境中治理、恢复生态秩序。

目前我国关于海洋生态安全保障的法律体系主要包括《宪法》、《环境保护法》、《海洋环境保护法》、《渔业法》、《矿产资源法》、《野生动物保护法》、《土地管理法》、《专属经济区和大陆架法》等海洋资源和海洋环境保护的专门法律，另外还包括我国参加并生效的关于海洋资源保护的国际条约，以及有关海洋资源保护的双边、多边协定等，这些构成了我国海洋生态安全治理的法律保障体系。但我国海洋环境面临越来越大的压力，海洋环境质量恶化的趋势仍未得到遏制，海洋生态系统仍遭受破坏，造成这种后果的重要原因之一即是我国现行的海洋生态安全保障的法律体系存在缺陷。

海洋综合管理理论发端于20世纪30年代，由海岸带管理演化而来。1972年，美国颁布了《海岸带管理法》，标志着海岸带综合管理正式成为国家实践。1993年《世界海岸大会宣言》指出："海岸带综合管理已被确定为解决海岸区域环境丧失、水质下降、水文循环中的变化、沿岸资源的枯竭、海平面上升的对策及全球恶化的影响等的有效方法，以及沿海国家实现可持续发展的一项重要手段。"欧盟在《海洋综合政策蓝皮书》也指出要运用综合方法管理海洋，确定的原则主要有发挥政府的积极性、竞争、生态系统方法、科学技术、利益相关者参与等。这是中国在海岸带立法中应该注意的问题。在海洋管理中引入公众参与机制，符合中国的民主制度。在海洋生态安全相关立法中，明确政府的职责所在，加强社会舆论和公众对政府的监督，以此确保相关立法的有效性。目前，我国海洋资源开发利用与保护的法律体系尚不健全。如已颁布实施的《海域使用管理法》中有不少立法缺陷，而海岸带综合管理的相关立法和综合性的海洋资源立法却迟迟未出台。

在海洋资源综合开发利用与保护、防治外来海洋生物入侵、海洋灾害预警以及国际海洋资源争端等方面的法律制度应继续完善。其一，为了更好地保护海洋资源，必须完善《海域使用管理法》，通过修订基本法确立我国海洋生态安全保护法律制度，完善海洋生态安全保护法规体系，健全海域使用管理配套法律制度，包括与《海岛保护法》适应的配套法律法规，填补海岸带法律存在的漏洞，加强对海域自然保护区和特殊保护区的管理。其二，为维护海洋生态安全、减少海洋资源过度利用导致的生态失衡和预防以及降低外来生物入侵的影响，必须完善避免外来海洋生物入侵的专项法规，增强风险评估和环境影响评价制度、外来海洋物种引进的许可和备案制度及监控制度、风险应急制度等的有效性，使其充分发挥作用，建立和完善海洋生物资源保护法规体系，保护我国海洋生物安全。其三，近年来我国海洋灾害现有预警制度不足，应加快海洋灾害预警法律体系建设，制定海洋灾害应急预案，健全海洋灾害监测预警体系，及时掌握海洋生态安全的现状及趋势，为海洋管理部门提供决策依据。其四，涉外海洋权益纷争频繁发生，政府有必要通过国际法院或者国际海洋法法庭，在国际法的框架下，用法律手段来维护我国的合法海洋权益。

另外，还有必要完善海洋生态安全保障的法律制度。(1) 海洋生态安全评价制度。在海洋生态安全保障法律体系的构建中设置海洋生态安全评价制度，有利于明确海洋生态系统的健康状况；确定海洋生态系统的安全系数，是海洋生态安全得到有效保障的重要考量标准。[①] (2) 海洋生态安全监测制度。海洋生态安全监测包括监测计划、组织、操作、编报、管理等活动，可以对海洋环境污染源、海水水质、海洋生态、海滩等进行监测，为使海洋生态安全监测活动更加制度化和法定化，通过立法对海洋生态安全监测制定一套规则，通过制定海洋生态安全监测制度，可以促进海洋生态安全监测作用的有效发挥。同时，海洋生态安全监测制度也完善了我国的海洋生态安全保障法律体系。[②] (3) 海洋生态补偿制度。海洋生态补偿法律制度是海洋生态安全实现的重要措施，是法律公平价值的具体体现。它有利于促进海洋生态系统的循环以及人海和谐。海洋生态补偿机制是海洋生态安全得以长期保障和最终实现的关键。具体来说，我们必须大力发展海洋养殖、海洋捕捞、海洋运输和海岛旅游，特别是开发海底资源，改变粗放的用海传统方式，解决依赖海洋与破坏海洋的矛盾。国家海洋局合理规划利用滩涂和浅海区，制定发展海洋经济的政策，监督海洋的使用，杜绝电渔、毒渔等破坏海洋行为。加大建设鱼礁区力度，使海洋资源产生良性循环。鼓励深海、远海捕捞。发展海洋经济，保护生态平衡，国家必须要明确完善海洋使用补偿机制，鼓励民用资本向海的深度和广度投资，实现海洋经济对人类社会有更大的贡献。按照“谁开发，谁保护，谁收益，谁补偿”的原则经营好海洋资源。

第三节　监督保障

海洋作为全球生命系统的重要组成部分，是生物资源、水资源、矿产资源以及海洋能源的战略性开发基地，同时也是人类追求可持续发展的新空间。海洋作为非传统安全体系不可缺少的一部分，已经成为影响国际政治、国家安全和人类生存的重大问题，引起了世界各国的广泛关注。近年来随着科学技术的不断发展和创新，人类社会对海洋资源和海洋生态环境的利用日益加剧，利用的广度和深度相对加强，人类与海洋资源环境之间的矛盾更加凸显。为了实现海洋环境资源经济效益、社会效益和生态效益的协调统一，建立健全合理的海洋生态安全治理保障体制已是当务之急。本章前两节已经提出了相应的财政保障和执法保障，为进一步开展海洋生态环境管理保护工作，我国必须建立海洋环境监督保障体制。海洋环境监督保障体制，是指国家机关以执法机关的角色来管理和监督海洋环境保护工作，执行《中华人民共和国海洋环境保护法》(简称《海洋环境保护法》) 的相关规定以及其他相关规定、制度和做法。它涉及各级各类行政机关的职责和权限的划分以及相互关系的确定。建立健全合理的海洋环境监督保障体制，是实施《海洋环境保护法》的重

---

① 丁丁：《对生态安全的全面解读》，载于《经济研究参考》2007 年第 13 期，第 51-60 页。

② 马英杰，田其云：《海洋资源法律研究》，中国海洋大学出版社，2006 年版，第 83-84 页。

要环节，也是完善国家行政管理体制的一项重要内容。[①] 本节分别从监督机构的设置及相关政策的颁布，事前、事中、事后监督以及多元主体参与三个方面对海洋生态安全治理保障体制做相应的阐述。

一、监督机构的设置及相关法律政策的颁布

（一）海洋生态安全治理监督机构的设置

海洋是个广阔的领域，其用途颇为广泛。不同行业、不同部门的单位和个人都在对海洋资源进行着不同性质和不同程度的利用，不同利用单位的所属管辖部门也各有不同，其职责和权利也有所区别。海洋生态安全治理监察机构的监督活动是代表国家意志和广大人民利益的行政行为。被监督和监督单位之间的关系是平等关系。目前我国没有独立统一的机构（如美国的海岸警卫队）来全面监督管理海洋环境保护工作，考虑到海洋管理体制的现状，实行“由国家环保局指导、协调和监督，国务院有关部门分工负责”的体制。现阶段我国海洋生态环境治理监督保障机构设置的基本内容如下。

（1）环境保护部指挥、协调和监督各项海洋工作的进行 。环境保护部对全国环境保护工作统一监督管理，负责指挥、协调和监督全国海洋生态环境保护工作。

（2）国家海洋局对海洋环境进行监督管理，组织海洋环境调查监督监测监视和科学研究，负责全国防治海洋工程建设项目和海洋倾倒垃圾废弃物对海洋生态污染损害的环境保护工作。

（3）交通部海事局负责管辖所辖港区水域内非军事船舶、港区水域外非渔业和非军事船舶污染海洋环境的监督监测，负责污染事故的调查处理，船舶污染事故给渔业造成损害的，应该吸收渔业行政主管部门参与调查处理。

（4）农业渔业局对渔港水域内非军事船舶和渔港水域外渔业船舶污染海洋环境的进行监督治理，进行保护渔业水域生态环境工作，并调查处理前述污染事故以外的渔业污染事故。

（5）军事环保部门负责军事船舶海洋环境的监督管理及污染事故的调查处理。

（6）县级以上地方人民政府对本辖区海洋环境的监督治理负有一定的责任，地方人民政府负责管理中央管理水域以外的内河、湖泊和水库等。[②]

现阶段，海洋生态环境监督机构设置存在的主要问题是，统管部门和分管部门地位上存在的平等性导致相互扯皮现象严重，政府工作效率低下。统管部门的统管地位不明确使其在行使职权上存在一定的滞后性。其次，按照区域划分的分管模式也有一定的不合理性。海洋生态环境是一个系统，具备系统的整体性原则，如果按照区域划分进行划片管理难免具有片面性和局限性；再者，分管部门是按照单要素设置，如海洋环境、海洋资源、海洋国土等，而生态环境的破坏不只是单个要素的损坏，而是整个生态系统的结构和功能

---

① 杜立夫：《论我国海洋环境监督保障机制的完善》，大连海事大学法学院。

② 李爱年：《论我国环境保护监督保障机制》，载于《可持续发展 · 环境保护 · 防灾减灾——2012 年全国环境资源法学研究会（年会）论文集》，湖南师范大学法学院，2012 年。

的破坏。

鉴于当前海洋生态环境监督保障机构设置存在的问题，我国政府应该着重扩大海洋生态环境监督保护部门的职权，建立一个真正的海洋生态环境保护的统一和综合管理部门，同时明确各行政部门的隶属关系，将机构的设置纳入海洋生态治理的制度建设，进一步完善海洋生态环境监督保障体制。

（二）海洋生态安全监督管理相关法律政策的颁布

1. 完善海洋生态安全监督管理的相关法律制度

目前，海洋生态安全立法不足是导致海洋生态恶化的趋势仍未得到遏制的原因之一。海洋生态安全立法不足主要表现在：（1）缺乏综合性的海洋生态安全保护法律，《海洋环境保护法》所确立的海洋环境监督保障体制存在很多弊端。比如环保、渔业、海事、各级地方人民政府分别都有一部分监督管理权和执法权，人为分割了政府对海洋环境保护工作的管理，并在实践中产生了相互关系纠缠不清以及相互牵制的矛盾。另一方面，中央国家机关在海洋环境保护管理工作上的分工没有完全体现在地方管理机构设置上，各地方根据自己的实际情况采用了不同的机构设置方式和政策措施。《海洋环境保护法》没有起到海洋生态安全保护基本法的作用，各单行法律只是在某个方面设计海洋生态安全保护，而且由于部门、行业利益不同，难以实现海洋生态安全的有效保护。（2）在海岸带、海洋生物多样性保护、海岛开发与保护、沿海地区防灾减灾等方面存在法律空白，亟须建立海洋生态安全法律体系，在保证海洋生态安全的基础上促进海洋产业的可持续发展。①

由于海洋生态环境管理的客观性和特殊性，建立统一的海洋行政管理机制，完善海洋生态环境保护监督管理法律体系是保障法治社会各行政机构有效运行的必然要求。针对当前海洋生态环境管理的现状以及各监督部门和执法部门在监督管理方面存在的弊端，中央政府和地方人民政府也应颁布或修订相关的法律政策。考虑到海洋生态环境监督管理工作的特殊性以及国家机构设置的稳定性，我们把海上“统一执法”作为远期的一个改革目标。从当前世界发展趋势看，海洋管理逐渐走向综合管理，统一协调性增强。目前我国海洋环境监督保障体制立法仍然有很多缺陷。首先，海洋环境监督保障体制立法层次结构不够完整，法律、制度、规章等一系列的法律层次结构存在空缺，从而导致立法结构发展不平衡；其次，是海洋环境监督管理法律体制内容上存在交叉和矛盾。最后，海上统一执法体制落后，执法力量分散，从而导致海洋综合执法能力薄弱。针对海洋环境监督保障体制立法存在的问题，我们必须做到以下几点。

（1）修改宪法，充实和完善有关海洋资源和海洋生态环境保护的内容。将海洋生态环境、海洋资源开发和社会经济发展紧密结合起来。②

（2）制定综合的海洋环境监督保障立法体制，通过法律形式来确定海洋环境监督管理部门的地位、机构组成、各部门的职能以及各部门相互协调、配合、监督的程序等，实现

① 蔡先凤，张式军：《我国海洋生态安全保障体系的建构》，宁波经济三江论坛，2006年3月20日。

② 何忠龙，任兴平，冯永利：《统一执法队伍是我国海上执法的最佳选择》，载于《海洋开发与管理》，2007年第2期，第54-57页。

监督机构责任法制化。

（3）修改《海洋生态环境保护法》和各单行法。修改海洋生态环境保护基本法，原则是规定海洋环境保护执法主体、资格与基本职责等重大问题。修改各单行法的目的是使各单行法中关于海洋环境监督管理体制的规定更加具体化。第一，首先应当细化海洋环境信息公开责任制度，《政府信息公开条例》第10条规定了政府重点公开的信息，其第11项包括“环境保护、公共卫生、安全财产、食品药品、产品质量的监督检查情况”，显然，海洋生态环境安全属于政府信息公开的范畴。[①] 第二，加强对污染海洋环境者的处罚，明确海洋生态环境损害的构成要件，详细规定海洋生态环境损害的项目补偿标准，清晰界定海洋生态环境损害程度的大小，不妨可以考虑设置损害等级，根据损害的等级明确判断损害单位的补偿价值。第三，针对不同的海洋生态环境损害制定与其相对应的海洋应急处理办法和事后处置措施。例如在发生海洋溢油事故时，一方面海洋环境部门要立刻采取及时有效的应急办法，对已污染地区以及周围受影响地区进行紧急治理，控制油区污染面积，使其对海洋环境造成的破坏降到最低；另一方面，海洋环境执法部门要及时调查事故原因和事故责任，对相关责任主体采取相应的处置措施。

（4）加强对海洋生态犯罪的处罚力度。在《刑法》中补充有关海洋生态犯罪的具体内容和量刑标准。对各种破坏海洋生态环境，产生各种海洋生态问题的行为，不仅要给予经济处罚使破坏海洋生态环境者承担一定的经济成本，而且要对有关行政人员以行政处罚，情节节严重的要予以刑事处罚。

（5）加强海上统一执法队伍建设，完善海上综合执法体制，建立海洋综合管理制度。在我国目前现行管理体制下，各有关海洋执法管理部门的职责分工看似是清楚的，但是在具体问题处理的权限上往往并不十分明确。《中华人民共和国海洋生态环境保护法》第八条规定：“跨区域的海洋环境保护工作，由有关沿海地方人民政府协调解决，或者由上级人民政府协调解决。跨部门的重大海洋环境保护工作，由国务院环境保护行政部门协调，协调未能解决的，由国务院做出决定。”这就要求海洋执法过程中要最大程度地坚持执法管理的协调一致性原则。

2. 颁布海洋生态安全监督管理的相关新政策

海洋政策是一个地域和历史的范畴，每一个国家在不同的历史发展阶段都有不同的海洋政策。针对目前国内国际海洋环境的形势，为确保我国“实施海洋强国战略”部署的顺利实现，积极顺应建设和发展海洋事业的时代要求，在原有海洋生态安全监督管理政策的基础上，总结以往的历史经验，制定和更新与海洋生态环境安全相关的政策制度，如海洋生态安全综合监督管理政策、海洋生态安全监督科技发展政策等。只有在政策上进行全方位、长视野的考量和改进，在国家战略层面上对海洋生态安全监督管理进行定位，才能从根本上解决海洋生态安全监督管理问题。[②]

---

① 刘霞，向良云：《公共危机治理》，上海交通大学出版社，2010年版，第14页。

② 张辉：《加拿大环境评价及其对中国环境影响评价的启示》，载于《环境科学》1996年增刊，第24-31页。

二、海洋生态安全治理的事前、事中、事后监督

（一）事前、事中、事后监督的概念

海洋生态环境监督是指海洋生态环境监督主体行使职权、对监督对象实施监督的一系列措施和方式。按照对监督对象实施监督活动时间的先后顺序可分为事前监督、事中监督、事后监督。

事前监督是指在监督对象某一行为发生之前所做的监督，目的在于预防海洋生态环境违法行为的发生。海洋生态环境的特殊性决定了人类对海洋的破坏是不可逆转的，仅仅依靠现有监督制度的事后惩戒和补救是远远不够的，中国现有的行政执法制度习惯于事后的追惩，严重缺乏对执法不作为以及执法过程的公平性和透明度的日常监督。加强对海洋生态环境破坏行为的事前监督，有效预防和控制破坏海洋生态环境行为的发生是开展海洋生态环境保护工作的重中之重，也是完善海洋生态环境监督管理制度的明智之举。

事中监督即日常监督，是指对监督对象实施某一行为的过程中所做的监督，其作用是通过随时随地的监察，及时发现并及早制止违法行为，避免造成重大损失和产生不良后果。事中监督的好处在于能够随时随地对一切从事海洋生产活动而导致海洋生态环境破坏的行为以及海洋生态环境监督管理部门的执法过程进行直接监督，容易发现管理过程中存在的问题。加强事中监督是提高单位管理水平的有效工具。

事后监督是指海洋生态环境违法行为发生后，依法对违法者进行惩处的活动，并对已发生的问题加以补救处理。事后监督往往被人们称之为“马后炮”，但是从海洋生态环境监督治理的过程来看，没有事后监督的促进和强化作用，整个监督体系是有缺失的，不能构成完整的监督体系。事后监督不仅保证整个监督过程的有效性，更能进一步保持海洋生态环境监督治理的稳定性和连续性。

（二）事前、事中、事后监督的必要性

建立事前防范、事中控制和事后监督三位一体的模式，形成层层防范机制是建立健全海洋生态安全治理机制的重要措施。事前、事中监督是对从事涉及海洋生态环境安全的生产活动单位和个人的生产经营过程进行的监督，属于程序化监督。如果我们能在被监督对象的行为实施过程中加以有效监督，就可以起到预防作用，避免和减少不可挽回的后果发生。另外由于事物在发展过程中目标的指向具有一定的不确定性，在行为过程中直接进行监督，可阻止其向坏的方向发展，当某种行为处在发展过程中尚未引起严重不良后果时，可以予以矫正。事后监督是对各种行政决策执行结果的监督，通过对海洋生态环境管理机制的事后监督，可以及时发现管理过程中存在的问题以及决策中的失误和考虑不周全的因素，避免管理决策的前后不一致，保持整个管理过程的持续性和稳定性。除外，海洋生态环境监督保护方式有普遍监督和专门监督、内部监督和外部监督、自力监督和他力监督、守法监督和执行监督等。中央及地方各级人民政府以及海洋生态环境监督管理机构必须结合一定的海洋环境生态问题和海洋生态环境安全现状采取相应的监督管理措施，对一切机关、团体、单位和个人遵守海洋生态环境管理法律、法规的情况进行监督检查，对违法者

实施行政制裁。

（三）海洋生态安全治理监督事前、事中、事后的衔接工作

事前、事中、事后监督只是形式、角色和监督时间的差异，在实际工作中，各监督管理部门应该做好事前、事中、事后监督的相互衔接。事前监督本质上是在海洋生态环境监督治理的立法层面上进行源头监督，能有效预防破坏海洋生态环境行为的发生，但其针对性不强。事中监督的特点是在活动进行过程中介入，针对的是具体的活动，其好处是控制性强，能够及时发现问题并采取有效的监督管理措施。事中监督看似比较被动，但实际上是主动的，因为其实质上是为事后监督服务的，是为事后监督收集信息、了解情况的过程。而事后监督是在事前、事中监督的基础上对政策实行以及法律法规实施效果的监督，同时也是对事前、事中监督效果的跟踪监督。因此，在海洋生态环境监督治理的过程中，避免过分强调某一个监督环节或监督形式，要善于具体问题具体分析，灵活运用、合理选择各种监督方法。①

三、海洋生态安全治理监督机制中的多元主体参与

（一）多元主体参与的必要性

海洋环境治理是一个自上而下的互动的管理过程。传统意义上的管理是政府通过制定和实施政策法规对社会公共事务实行自上而下单一向度的管理。而治理的实质是一种以公共利益为目标的社会合作过程，海洋生态环境治理也应是多元主体参与下的上下互动的合作过程。主要表现在海洋环境治理的主体日益多元化；海洋环境治理的客体不仅指海洋生态环境，还包括影响海洋环境的各种人的行为；海洋环境治理手段的多元化；海洋环境治理目标的战略性。

海洋生态环境治理的整体性特征要求多元化的主体参与，另外单一主体治理模式的弊端也强化了多元化主体治理的必要性。海洋的整体性和海水的流动性使得单要素的职能管理不可避免地涉及其他相关职能，因此，在海洋治理中很难做到泾渭分明的职能分割。注重单项、单要素的分散性职能管理模式割裂了海洋的整体性，难以实现海洋生态环境的有效治理。② 海洋生态环境监督治理的多元主体包括核心主体——政府、社会组织、公众等。

在市场经济条件下，市场能够解决的问题就应该放手通过市场去办；社会组织可以办的，就放权交给社会组织去办。只有市场和社会组织无法解决时，政府才应该插手，也就是要建成所谓的“有限政府”。③ 海洋生态环境保护立法机关和执法机关等非盈利性社会组织一方面能缓解政府单向管理的压力，另一方面能在一定程度上解决信息渠道闭塞、治理资源浪费等问题，极大提高了海洋生态安全治理的效率。第三部门和企业等社会组织及公众在海洋环境治理中也是一个非常活跃的力量。

---

① 宋旭明：《论我国海洋环境保护法律责任制度的缺陷及其完善》，载于《云南师范大学学报（哲学社会科学版）》第6期，第46-53页。

② 宁凌：《海洋综合管理与政策》，科学出版社，2009年，第354页。

③ 吕建华，高娜：《整体性治理对我国海洋环境管理体制改革的启示》，载于《中国行政管理》2012年第5期，第19-22页。

扩大海洋环境治理主体的多元性，发挥市场和社会的力量，势必能够缓解各自为政治理模式对于海洋生态环境信息掌握不充分、信息渠道闭塞、治理资源浪费等问题，极大地提高海洋生态环境治理的实际效果。因此，积极呼吁多元化主体参与海洋生态环境监督治理工作，一方面能极大提高海洋生态环境监督治理的效率，另一方面能提高公众的主人翁意识和社会责任感，同时能够保证公共权力的有效运行。

（二）多元主体参与海洋环境治理的职责划分

在多元化主体参与海洋生态安全治理的模式中各主体职责划分如下。

（1）政府：在海洋生态安全治理中，政府不再是唯一管理者，而是将权力与责任适度地移交给其他主体，与其他多元主体进行协作共治。可以说政府在海洋生态安全治理中是主导力量，担负管理、引导、协调。

（2）社会组织（非政府组织、知识组织）：海洋生态安全治理需要全社会力量的整合，形成一股合力来消除海洋生态系统遭受的威胁。非政府组织和知识组织扮演着不同的角色服务、扶持等职责。

（3）企业：企业经营的环境风险来自于两方面，一是源自企业内部，产生于企业的生产过程之中；二是外部风险，即地址、生态环境、物理环境的人口学特征等。[①] 很多海洋生态安全问题往往都源于企业组织自身的非理性行为，发生的地点往往就是在企业作业地点的一定范围内。也就是说，企业作为环境问题的责任者与受害者，与海洋生态安全的治理关系密不可分。环境意识和社会责任是企业在参与海洋生态安全治理的重要理念。因此企业不仅要强化环保意识，减少污染排放，发展高新产业，降低对海洋生态环境的破坏。同时要遵守政府出台的相关环保法律法规和制度，还要履行社会责任，协助政府及其他治理主体，为海洋生态安全治理提供相应的资金和技术支持。

（4）公众：公众与海洋生态环境有着切实的价值关系，环境的恶化最终直接或间接地影响损害公众的利益。作为环境保护价值主体的公民，对环境事件有着“切肤之痛”。随着网络信息技术以及社会教育程度的提高，公民参与环境保护的意识和积极性有很大提高。在政府的引导和法律法规等行为准则的保障约束下，公众可以通过多种渠道和途径参与海洋生态安全的治理，包括对政府行为的监督反馈。公民可以利用传统方式，包括个人参与、集体推动、游说等方式宣传海洋环境信息，表达利益诉求，还可以借助网络论坛、博客、微博等新兴媒体与政府进行沟通与互动，交流信息与知识。公众在评估、直接处置以及舆论监督等方面发挥不可忽视的作用。

---

① 杨振姣，董海南，姜自福：《我国海洋生态安全多元主体参与治理模式研究》，载于《海洋环境科学》，2014年第1期，第130-137页。

第四节　科技和人才保障

一、海洋科技创新体制的建立

“科技是第一生产力”一句话阐述了科学技术对于一个国家一个民族的重要性。胡锦涛曾说过，“科技是国民经济发展的重要支撑，科技创新是增强经济竞争力的关键，战略高科技能力的提升对长久的发展具有极大的推动作用”。习近平总书记在讲话中曾强调，“要发展海洋科学技术，着力推动海洋科技向创新引领型转变。建设海洋强国必须大力发展海洋高新技术。要依靠科技进步和创新，努力突破制约海洋经济发展和海洋生态保护的科技瓶颈”。随着改革开放力度的进一步加大，科技创新已经渗透到社会生产发展的各个领域。海洋科技创新更是日新月异。

保护海洋生态环境使海洋可持续发展这已成为当今世界海洋开发最耀眼的主题。要建设可持续发展的海洋，这就要求人们在发展和应用海洋科技谋求海洋经济利益的同时，必须对海洋科技创新进行生态和伦理视角下的系统思考，通过海洋科技政策的创新和变革，激励和引导海洋科技创新范式的生态化转向，以充分强化海洋科技创新的积极作用，弱化或规避其负面效应，支撑和推动海洋生态环境和经济的全面协调和可持续发展。

海洋科技创新是创新体制机制，提出符合中国国情的海洋科技创新路径、创新方式和重要任务、政策措施等。目前海洋科技创新已成为开发海洋、发展海洋经济的重要战略选择。在对海洋科技创新体制完善以及提供技术支持的基础上，着重将海洋科技法律、机构的设置，科技平台的完善，资金扶持力度，涉海高校和涉海专业重点培植等纳入海洋科技创新领域，使其为海洋科技政策、内容、方向的创新发展提供有力保障。整合海洋领域创新资源，最大限度发挥海洋资源效率，加强创新主体以及相关要素间的沟通交流，促进海洋科技创新网络的形成与发展，从而促进海洋经济与社会、科技的健康持续创新发展。①

（一）海洋科技创新法律制度的建立

法律是市场化条件下国家管理科技事务必要和最有效的手段之一，处在科技社会高速运行的大环境，法律对科技进步的宏观调控作用是显而易见的。在市场化愈演愈烈的今天，海洋科技创新问题也越来越被人类重视。海洋科技如何发展才能实现科技、利益与社会的协调统一也逐渐引起人们的关注。海洋科技法律制度的建立，其目的是为保证海洋科技事务的有效开展以及海洋科技管理机制的进一步完善。

市场经济从根本上讲就是法制经济，良好的法律环境、健全的法律制度是维持良好市场秩序的关键。同样，海洋科技在市场化经济条件下的运行也离不开法律及法律机构的促

① 刘曙光，李莹：《基于技术预见的海洋科技创新研究》，载于《海洋开发与管理》2008 年第 4 期，第 16-20 页。

进和保障作用。[①]

（1）法律能够保障海洋科学技术优先发展的战略地位。在科学技术大发展的今天，没有政府对科技发展的支持，其结果是难以想象的。法律是国家意志的体现，是由国家制定和强制执行的，世界各国普遍采取立法的形式实现对科学技术发展的支持和扶植。

（2）法律能够保障海洋科学技术的发展方向。科学技术的发展具有其自身发展规律，但是政府往往通过立法的形式对科技发展方向进行宏观调控。

（3）法律能够保障海洋科学、技术、社会的协调统一。为了使科学、技术、社会协调发展，防止滥用科学技术，各国政府积极立法，借助法律手段对科学技术的发展进行支持和一定程度的约束。

海洋科技法律制度的建立在根本上推动了海洋科技的进步和发展，其作用不仅体现在上述三个方面，在海洋科技成果的推广和应用上以及保障国际海洋科技合作与交流方面都起着越来越重要的作用。但是法律不是万能的，由于不同国家和地区的国情、观念以及立法基础不一样，海洋科技法律法规对海洋科技的进步和发展也具有一定的限制作用，从而阻碍科学技术的进步。

（二）科技创新机构的设置

机构是为保证国家法律政策更加有效实施和运行而设置的固定性部门和场所。海洋科技创新机构的设置在一定程度上促进了海洋科技创新活动的有效开展和运行，使得海洋科技成果和科研产品的出现更加有序，使海洋科技创新逐步走向产业化道路。但是，在海洋科技创新机构发展过程中也暴露出很多弊端和不成熟之处。

现阶段，海洋科技机构的设置导致科技管理行政化日益凸显，项目申报、审批过程过于繁琐，各级行政官对科研立项具有实质性决定权，专家评审机制流于形式。在整体科研环境下，科研经费投入以政府为主，其他如企业组织等因缺乏信息或担心投资风险，参与投资的积极性不高，科技资源落在政府或官员手中。科研管理行政化严重，从而制约海洋科学技术的发展。其次，海洋科技管理条块化现象十分明显。长期以来，我国的海洋科技资源分属于若干部门，包括土地部门、矿产部门等，各部门科技资源服务于自己的发展目标，效率低下，不利于科技资源优化配置，阻碍科研成果的相互转化；另一方面由于条块化分割的管理体制使得科研经费投入不足，科研力量分配不均，更使得海洋科研活动在布局设置、规划方向、资源配置等方面存在重复建设问题，成为制约海洋科技发展的瓶颈。与此同时，海洋科技管理机构设置不合理。我国海洋科技管理体制与实际管理需求不协调，导致科技管理部门因缺乏沟通和合作，形成各自为政，服务于各自目标的局面。由于科技管理机构信息不畅会导致科学数据无法实现共享，基础研究与应用研究相脱节，大型海洋科技设备闲置浪费等问题，从而阻碍海洋科技的发展。[②]

---

① 傅正华，苏子仪，杨长桂：《科技社会运行的法律环境研究》，载于《自然辩证法研究》1995 年第 6 期，第 38-65 页。

② 杨明：《我国政府海洋科技管理体制创新研究》，浙江海洋学院，2013 年。

（三）完善海洋科技创新平台

1. 海洋科技创新平台的构建框架

要完善海洋科技创新体制，建设海洋经济强国，必须建设和完善海洋科技创新平台，提高海洋科技创新能力，加快转变海洋经济发展方式。以增强海洋科技创新能力为主线，以实现海洋科技资源共享为核心，按照项目、基地、人才统筹安排的原则，强化总体布局，整合与优化科技资源配置，持续加大中央与地方财政投入，建设能满足我国海洋事业快速发展所需的海洋科技基础设施与条件平台。在着力构建功能区标志平台、特色园区创新平台、要素支撑平台等的同时，科学构建政府公共科技平台，这将成为政府促进海洋经济转型升级，实现我国海洋经济又好又快发展的重要举措。当前，我国主要海洋经济省份面临海洋经济的重大战略机遇期，要发展海洋经济就要以科技创新作为支撑，积极构建有关海洋经济发展的政府基本公共创新平台，完善海洋科技创新体制。

我国海洋经济政府基本公共平台由资源条件保障系统、管理决策支持两个系统和海洋产业科技创新平台、海洋科技创业孵化平台、海洋公众科技服务平台、海洋科技支撑四个平台组成。

（1）两个系统。

资源条件保障系统是政府基本公共平台的“硬件”系统，是指政府整合包括海域（或土地）、研发园区、财税、转移支付以及人才、制度保障等多方面社会资源要素，形成资源的调配系统。由政府统一分配和使用，以达到提高政府工作效率，节约社会成本，优化资源配置的目的，并保证平台的顺利实施和运行。

管理决策支持系统相对于资源条件保障系统是平台的“软件”系统，它是由各种决策制度、程序、子程序等构成，目的是提供一种程序化的路径，来具体执行对资源的有效配置。

（2）四个平台。

海洋产业科技创新平台，其定位主要是在海洋科技重大创新方面，通过产、学、研相结合，继承各方面的资源和能力，由具有显著海洋科技创新优势的科研单位、社会诚信度高的中介组织和科技资源丰富的相关机构等组成海洋科技创新平台的载体，开展一系列从科研到产业的创新活动。

海洋科技创业孵化平台是效仿美国的孵化经验，由处于孵化期的企业、风险资本和科研院所共同组成，它孵化出的是具有商业前景的新产品和小企业。通过向新企业提供便宜场所以及支持性服务获得与其他企业和专家的交流机会，从而使新企业成长和发展。

海洋公众科技服务平台，其定位是面向公众，为公众提供各种科普、高科技知识，提升国民的海洋科技知识，该平台向公众展示海洋科技成果的研发、应用、推广以及产业化的全过程，促进公众的海洋科技素质提升，从而使其了解政府基本公共科技平台。

海洋科技支撑平台，其主要任务是建立海洋科技信息共享、资源共享的互动交流机制，此平台定期举行科研文献和信息交流会，把海洋科技支撑平台真正打造成“海洋科技创新资源信息中转站”。①

2. 推进海洋科学技术创新平台建设

（1）推进海洋科学创新平台建设。

海洋经济是海洋强国建设的重要基础，建设海洋强国首先要提高海洋科技创新能力和产业化能力。通过海洋经济试点和海洋经济创新发展区域示范的推动，山东、浙江、福建、广东、天津等各海洋经济试点省市创新体制机制，与中央联动，积极创造有利条件，整合“产学研用金”力量，不断推动金融创新。目前，全国涉海科研机构和院校约130多个，科技人员1.3万余人，拥有了一批以科学院院士和工程院院士为核心的海洋科技队伍；建设了一批国家与省部级重点实验室，海洋信息共享平台和数据库，海洋微生物及极地资源保藏中心；装备了一批设备先进的海洋综合调查船和专业调查船。海洋科技在海洋事业发展中所起的作用越来越突出，海洋科技对海洋经济的贡献率在逐步增长，海洋科技改造了传统的海洋产业，引领了新兴海洋产业的形成和发展，支撑了海洋强国建设。与发达海洋国家相比，我国的海洋科技总体水平还比较低。关键技术自给率低，发明专利数量少，主要的海洋仪器依赖进口的局面没有得到根本性的改变；在一些领域特别是深海资源勘探和环境观测方面，技术装备仍然比较落后；科学研究水平有待提高，优秀拔尖人才比较匮乏；科技投入相对不足，体制机制还存在不少弊端。我国虽然是一个海洋大国，但还不是一个海洋强国，一个根本原因就在于科技创新能力较弱。因此要强化科技创新平台建设，为城市科技创新提供有力支撑，引进高科技人才，海水淡化、海洋生态与环境保护、海洋资源高效开发利用、大型海洋工程技术与装备等应用技术成为重点发展领域的优先主题；海洋技术被列为前沿技术，海洋科学成为基础研究中的重要内容。

（2）完善科技创新综合服务平台。

美国、日本等世界发达国家实施海洋技术创新的实践证明，产学研结合是以企业为主体的技术创新得以实现的基本途径。科技兴海是海洋与科技部共同推进20年的重大海洋战略，是培育和发展战略性新兴产业的重要抓手。为有效推动产学研政的紧密结合，国家应该积极统筹海洋公益性科研专项、海洋能专项、海洋经济创新发展区域示范等多项资金，巩固科技兴海长效机制，加快科技成果转化和产业化进程。促进《全国科技兴海规划纲要（2008—2015年）》的中期评估工作，为全面评估科技兴海实施成效、进一步深入推进海洋科技成果转化和产业化奠定基础。

（四）加大海洋科技创新资金扶持力度

海洋经济发展已经上升为我国的国家战略，当前我国海洋经济存在着基础设施建设滞后、科技支撑力量薄弱、产业化结构层次偏低、海洋保险业发展不足等诸多制约因素。从我国财政政策的角度出发，加大海洋基础设施建设投入，加大对海洋经济发展的资金扶持力度，提升海洋经济发展的科技支撑力量是促进海洋经济可持续发展的必然要求。

① 廖文剑，王威：《加快发展海洋经济下的政府基本公共科技平台构建研究》，东方行政论坛。

国家财政补贴政策是现阶段各国使用较为普遍的一种支持科技研发和示范推广的政策手段。以财政贴息为例，它可以通过少量财政资金投入，引导更多的社会资本投入到政府鼓励的领域（一般适用于新建和技改项目），它代表了今后财政资金投入方式的改革方向，是支持海洋经济发展的一种有效政策手段。海洋经济中如海洋工程建筑业、海洋交通运输业等部分产业属于关系国计民生的基础产业，具有资金投入大、建设和回收周期长等特性，应启用国债投入方式，在国债资金中预留一定比例，以支持和保障这类产业的发展。①

另外，建立科技投融资体系来加大对海洋科技创新的资金扶持力度。围绕产业链部署创新链，围绕创新链完善资金链，围绕市场链建设机制链。探索建立市场导向的科技资金配给机制。在产权交易和股权激励等方面先行先试，突破科技成果转化方面的体制障碍，激发高层次人才的创新创业活力。

（五）重点培植涉海高校和涉海专业

我国涉海高校经过多年的发展，在涉海专业和学科建设方面取得了一定的规模，但与海洋现代产业的发展要求相比，仍然存在设置数量不足、科类单一、专业低质同构、特色不突出、专业资源有待整合等问题。

为更好地培植涉海专业和建设涉海高校，我们应做到如下几方面。

（1）更新观念，建立与我国海洋经济发展示范区相适应的专业。各大高校要深入贯彻落实转变思想、更新观念、科学规划、集成发展的精神，突出海洋经济导向，形成与我国涉海人才培养需求相适应的现代涉海专业体系，实现涉海专业布局与我国现代海洋产业体系的全方位对接。

（2）全面谋划，科学布局全国涉海高校专业群。在遵循高等教育发展的客观规律基础上，结合海洋产业带的功能分布、产业链条以及用人需求，科学规划优质资源，合理布局涉海专业，提高人才培养的适应性，努力建设一批与我国海洋经济发展相适应的涉海专业群。

（3）改进人才培养方案，切实提高学生的社会竞争力。一方面涉海高校间可以设立校际师生互派、相互承认学分、相互开放课堂教学等联合培养机制；另一方面要在涉海高校内设置涉海专业公选课，针对非涉海专业学生普及海洋经济意识，同时，公共基础课、专业必修课、专业方向课设置要模块化，直接与现代海洋产业对接，强化专业能力的培养。

（4）加强海洋师资力量建设，为涉海人才的培养提供智力支持。一是通过聘用、培养和引进海内外高层次涉海人才，加强创新型涉海师资领军人队伍建设；二是通过柔性人才引进机制，多渠道多方位从全国涉海专业和企业中引进涉海应用型师资人才。

（5）立足长远，制定科学合理的涉海专业发展规划。在已有规划的基础上，制定长远宏观发展目标和主要任务，按照海洋产业的需求及时调整涉海专业，培养综合型涉海人才。②

---

① 刘巍伟，谢志远：《发展高校涉海专业，服务现代海洋产业》，载于《吉林省教育学院学报》2013 年第 4 期，第 15 页。

② 鲁力：《我国出台第一个海洋人才发展中长期规划》，载于《现代人才》2011 年第 5 期，第 17-18 页。

二、海洋人才培养机制

（一）我国海洋人才发展现状

近年来，我国海洋人才队伍规模不断扩大，海洋人才资源总量已初具规模，在开展重大科研项目攻关和重点工程建设方面取得了显著成绩，为我国海洋事业的发展做出了重大贡献。同时我国海洋人才发展环境正在逐步优化，随着国家人才强国战略的实施，各涉海机构努力从基础教育、体制创新、公共服务等多方面营造良好的人才成长环境，设立涉海人才专项工程，培养了大批海洋人才。国家对海洋科研教育投入不断加大，特别是海洋重大专项、重大工程和科研兴海计划的实施，为培养造就优秀海洋人才和海洋科研团队提供了广阔的发展平台。

但是，目前我国海洋科技创新人才严重缺乏，缺少“特殊人才”。中国的涉海大学培养了很多优秀海洋科技人才，很多服务于发达国家的海洋科研机构，人才队伍中缺乏领军人才，难以形成带动集聚效应，致使海洋领域难以形成更多的高水平优秀创新团队。

（二）我国海洋人才强海战略的实施计划

随着海洋在国际竞争中的地位日益突出，全球范围内的海洋人力资源竞争日益激烈。培养海洋人才，加强海洋开发，强化海洋管理，争夺海洋权益，鼓励公众保护海洋环境已经成为当今国际海洋事务发展的新动向。实行海洋人才发展战略，建立健全海洋人才发展机制是实现海洋人才强国、海洋科技强国的关键。

实施泛海人才战略，树立大海洋的人才理念。这是我国海洋人才发展指导思想的一项重要创新和重大突破。提出以统筹开发的理念开展海洋人才工作，建立跨地区、跨部门、跨行业的海洋人才队伍，建立国家和地方海洋人才联动机制。到 2020 年实现“形成一支规模适度、结构优化、布局合理、素质优良的人才发展队伍，不断提高海洋人才对海洋事业发展的贡献，使海洋人才总体发展水平达到主要海洋国家的中等发展水平，为建设海洋科技先进、海洋经济发达的海洋强国奠定人才基础”的总体目标。这不仅明确了今后一个时期海洋人才队伍建设的基本内容，也确立了海洋人才队伍建设的发展方向和战略重点，为未来海洋人才发展工作指明了方向。

（1）人才强海，培育海洋高素质人才。海洋高素质人才指的是在保护海洋环境，维护海洋权益，从事海洋科研教育等事业中具备管理、科研、教育以及各种专业技能的综合性人才。包括海洋管理人才、海洋科学研究人才、专业技术人才、海洋高技能人才、海洋军事人才、海洋教育人才等。国家海洋局要联合国家教育部、科学技术部、农业部等加大对海洋高素质人才培养的资金扶持力度，为海洋人才的培养创造良好的大环境。

（2）人才战略，培养海洋专业技术人才。海洋专业技术人才指的是经过海洋专业技能方面的专业培训和学习，掌握了高水平和高层次的海洋应用技术和理论知识，具有独立解决海洋技术关键问题并具有创造能力的人才。主要包括海洋技术人才中取得高级技工、高级技师职业资格以及相应职级的高操作技能的复合型人才。[①] 海洋专业技术人才不仅需要具备扎实的自然科学基础和本专业所需的技能知识，还要求具有严谨的科学态度和分析问题、解决问题的科学方法以及开拓创新的思维意识，更应该具备一定的工程设计和动手操作能力。

总之，实施海洋人才强海战略，应当加强对海洋高科技人才和专业技术人才等高素质人才的需求预测，倡导多角度、深层次地剖析现阶段我国海洋科技政策和人才政策的现实性和可行性。在现有海洋科技人才和资源的基础上，积极发挥各方面优势，制定出更适合我国海洋经济、海洋科技和海洋人才发展的政策制度。专家学者们要针对我国海洋发展的特点，有针对性地对海洋发展的现状和可预见的未来进行探究。涉海高校应该在着重培养海洋专业性技术人才的基础上，加强对海洋人才综合素质的培养。同时，要根据我国海洋科技发展的需求，有预见性地对各学科、各专业海洋人才进行重点培养，从而更好地适应我国海洋经济、科技等各方面的发展，加快建设现代化海洋强国的步伐。

---

① 朱庆林，郭佩芳，谭俊：《海洋人才开发战略研究》，载于中国海洋湖沼学会水文气象分会、中国海洋湖沼学会潮汐及海平面专业委员会、中国海洋湖沼学会计算海洋物理专业委员会、山东（暨青岛市）海洋湖沼学会2007年学术研讨会论文摘要集，2007年。

第九章　中国海洋生态安全治理模式初探

第一节　渤海海洋生态安全治理模式

渤海地区占国土面积5.4%，渤海属于上承海河、黄河、辽河三大流域，下接黄海、东海生态体系的半封闭内海，由于海域四通八达，故对国民经济有着巨大的贡献。2007年环渤海地区的GDP总和为64 797.68亿元，占全国的26.27%；财政收入51 304.03亿元，占全国的13.97%。从该地区各主要海洋产业对全国的贡献分析：2008年，环渤海经济区海洋生产总值为10 706亿元，占全国海洋生产总值比重的36.1%，超过了长三角和珠三角经济区。海洋化工业是该地区的特色海洋产业，全国的海洋盐化工和海洋化工业几乎全部集中于环渤海地区；其中海盐业是该地区的第二大海洋产业，占全国的60%以上。同时接近全国海洋医药业总产值的60%源自该地区；海洋油气工业的经济贡献50%以上出自该地区。

随着渤海沿岸经济的发展，海洋开发活动日益增多。经济发展与海洋生态环境保护的矛盾日益凸显。渤海近期规划填海面积在500平方千米以上，规划岸线约占渤海总岸线长度的2/3，大规模的区域开发给渤海海洋环境带来巨大压力，也带来更为严重的陆源污染物排放，造成近海海域甚至整个渤海海域的污染危机加重。由于陆域水资源、水环境质量状况下降等因素，引发渤海部分生态和经济服务功能丧失，可持续利用能力加速丧失，主要表现为：渔业资源衰退，生物多样性降低；海域污染、赤潮频发、虾贝病害严重；溢油、违章倾废等事件频繁发生；资源开发和环境利用长期处于无序、无度状态；渤海正在趋于“荒漠化”，某些海区已成“死海”。与此同时，环渤海临海地区产业规划布局和重大项目建设情况显示，沿渤海岸线的海洋资源利用不合理，重大项目布局雷同、重复等现象突出；海洋经济发展缺乏宏观指导、协调和规划，海洋资源开发管理体制不够完善；海洋产业结构性矛盾突出，传统海洋产业仍处于粗放型发展阶段，海洋科技总体水平较低，一些新兴海洋产业尚未形成规模；部分海域生态环境恶化的趋势还没有得到有效遏制，海洋调查勘探程度低，可开发的重要资源底数不清；海洋经济发展的基础设施和技术装备相对落后等。渤海的环境保护工作面临着严峻的形势。

渤海是我国沿海诸多海域中生态环境最为脆弱的海域，由人类活动导致的污染和破坏问题最为突出。加强这一海域生态环境的综合治理，是保护水体质量和生物多样性，维护渤海生态健康的需要，是提高该区域环境承载力、建设新的区域经济增长点的需要，是人与海洋和谐相处、实现工程治理区经济社会可持续发展的需要。保护好、治理好渤海，不仅对渤海具有重要意义，而且可以为我国其他海域的综合治理提供有益的经验和借鉴。

一、渤海海洋生态环境恶化的原因及其治理回顾

（一）渤海海洋生态环境恶化的表现

（1）污染程度日益加重，污染范围不断扩大。1980 年前，渤海海域基本上是清洁的。2011 年低于一类海水水质标准的面积达 31 640 平方千米，超过渤海面积的 40%。其中，劣四类水质海域面积比 2010 年增加了 990 平方千米。海域水体污染呈复合特征，富营养化、重金属和石油类、持久性有毒污染物污染同时出现。如再不采取果断措施加以遏止，十几年后渤海可能变成“死海”。

（2）渔业功能几乎丧失。渤海曾经是经济鱼虾类的产卵场、索饵场和大宗贝类产区，被誉为“渔业摇篮”和“天然鱼仓”。20 世纪 80 年代以来，海洋生物多样性明显减少，水产资源衰竭，经济鱼类也出现短周期、低质化和低龄化趋势。渤海水域渔业生产力水平不足 20 世纪 80 年代的 1/5，海湾作为渔场的功能已基本丧失。

（3）岸线遭破坏，近岸地区生态环境恶化。入渤海河道干枯，海岸防护林退化；河口区盐度升高、生物多样性下降；自然岸线大幅度减少，并被不断拉直；天然湿地面积不足 1949 年的 30%。环渤海地区地下水位下降、地面沉降加剧，海水入侵现象严重，海水入侵远至沿岸 10~30 千米。渤海滨海平原地区土壤盐渍化严重，距岸 10~30 千米范围内均有盐渍化现象。

（4）海洋灾害和突发事件频发。渤海一直是海洋赤潮高发区，近年来又增加了水母爆发这一新型海洋环境灾害。海上溢油呈上升趋势。2011 年 6 月，蓬莱 19—3 油田先后发生两起溢油事故，造成渤海环境严重污染。另外，渤海分布有五大活动构造带和 80 余条活动断裂带，区域地壳稳定性差。大量油井处于地质断裂带上，一旦发生大地震，后果不堪设想。

（二）渤海海洋生态环境恶化的主要原因

（1）环渤海地区的无序开发和过度开发。近 30 年来，环渤海地区工业增加值增加了 80 多倍，创造了近 1/4 的全国工业产值；重化工行业在全国所占比重超过 20%。近年来，天津、河北、辽宁、山东等地开发项目大规模上马，规划的近期填海面积在 500 平方千米以上，规划的岸线使用约占岸线长度的 2/3。大面积围垦滩涂，占用自然岸线和滩涂水域，导致海岸生态系统功能急剧退化。

（2）污染物排放量超过环境容量。钢铁、石化、装备制造等产业和人口快速向环渤海地区聚集，一些地方和企业将渤海看成是“排污池”和“纳污场”，每年排入渤海的污染物 70 多万吨，远超过其自净能力。据统计，渤海污染物 80%来自于陆源污染。周边地区的生活污水、工业废水和农药化肥为三大污染源，其中，50%以上的污染物来自农业，30%~40%来自居民生活，10%~20%来自工业。

（3）海洋油气开发和运输管理不善。“十五”期间，渤海海域发生溢油事故 16 起，约占全国同期的一半。“十一五”期间，海洋溢油事故不降反升。2011 年 6 月蓬莱 19—3 油田发生影响最为严重的一次溢油事故，5 500 平方千米的海域受到污染，840 平方千米的

海水成为劣四类水。渤海投产油气田 24 个，海上油气生产平台 200 多个，油井 1 600 多口，海底输油管道 1 000 余千米，随着海上石油勘探开发设施的逐年增多，部分设备老化，渤海已成为我国溢油污染事故的高风险水域。此外，据 2006—2012 年渤海主要河流入海污染物总量监测结果，陆源污染物排海总量高，河流携带入海的主要污染物有化学需氧量、石油类、氨氮、总磷、重金属和砷等，年均入海总量在百万吨以上。

（4）过度捕捞使水产资源不可持续。受海洋资源“取之不尽、用之不竭”传统观念的影响和经济利益的驱使，一些地区盲目扩大捕捞能力。据测算，渤海每年最高可捕量应控制在 50 万吨左右，但从 20 世纪 90 年代以后，年捕捞量均超过 50 万吨；2000 年以后猛增到 100 万吨以上。过度捕捞导致生物群落生产力下降，渔业资源严重衰竭。此外，海水养殖业的大面积开发也加剧了渤海水质的恶化，养殖过程中使用的饲料、鱼药也是海水污染的源头之一。

（5）渤海环境问题的社会根源。

第一，海洋经济的低层次开发与环境功能多样性之间的矛盾。环渤海地区海洋经济所采取的是高速发展战略。在这种模式下，海洋经济总量虽然高速增长，海洋经济质量却未见提高，仍以资源依赖型产业为主，其经济结构却没有实质性的改善，目前渤海海洋开发水平仍然较低。海洋产业的低层次开发，制约着海洋经济质量和海洋承载能力的提高。对某一资源的过度开发，会使渤海环境受到较大程度的改变，当渤海生态环境承载达到极限时，其自我更新和自我循环能力丧失，从而导致资源利用的不可持续，制约经济的发展。

第二，海洋环境的公共物品属性与环境治理之间的矛盾。海洋环境具有公共资源的属性，对其利用存在着明显的外部效应：海洋开发利用者在满足自身利益的同时，所排放的污染物却造成了对公共资源的破坏。渤海严重污染状况的改善，必须依靠环渤海地区各方的全面参与和综合治理。然而环渤海区域内各地经济发展水平却存在巨大差异，是典型的“先进的特大城市、落后的腹地”。地区之间经济发展水平极不平衡，对环境治理的能力也会参差不齐。一些落后地区经济水平低下，尚未有能力对资源进行有效开发利用；一些发达地区却通过消耗资源、无偿破坏环境享受到了巨大经济利益。让落后地区和发达地区一同为被破坏的渤海环境埋单，实施难度极大。

第三，陆、海分治与区域、流域协调机制间的矛盾。渤海环境污染问题不仅跨行政区域还跨流域，由于各部门分管海洋环保，环境治理难以形成合力。现行法律法规缺乏统一的协调管理机制，部门间的配合缺少约束措施，造成陆、海环境管理严重脱节。在普遍存在的“重陆轻海”思想指导下，地方环境保护部门将陆地污染转移给海洋；海上环境管理部门又往往得不到陆源排污资料，发现陆源超标排污损害事件又无权监督处理，信息反馈渠道也不畅，难免造成跨省、跨海区间的冲突。① 由于部门间利益不一致，许多重要的海洋环境保护制度因为各部门的反对未能组织实施，“群龙闹海”的局面依然得不到改观。

（三）渤海环境治理回顾

渤海是我国开展污染调查最早的水域，始于 1972 年。此后，1976 年黄渤海沿岸四省

① 王琪：《海洋环境问题及其政府管理》，载于《海洋大学学报（社会科学版）》2002 年第 4 期，第 91-95 页。

市又联合进行了污染调查。1979—1981年，国务院环境保护办公室又组织了五十省市开展了“渤黄海海域污染防治研究”。1978年6月成立的渤海环境监测网，连续15年定期对河口、港湾及近海海域进行常规污染监测。1982—1983年开展了“渤海增殖环境调查”。1982—1985年进行的“海岸带和滩涂资源综合调查”以及1989—1992年开展的海岛资源综合调查，均包括了渤海海洋污染的内容。在此期间各省市还进行了一些有关渤海海域污染的专项调研。通过上述调查和监测，为全面评估渤海的环境质量状况，建构有效的渤海环境治理政策打下了良好的基础。

1986年，环渤海地区建立了我国第一个区域性的海洋环保协作组织。由山东、河北、辽宁、天津三省一市及其17个省辖市环境保护部门共同组成的渤海环境保护协作组，编制了“环渤海地区海洋环境保护规划”。2000年，国家海洋局和辽宁省、山东省、河北省和天津市，又借在大连举行“东亚海洋环境保护与管理计划”第七次指导委员会会议之机，结合该计划中渤海示范项目的正式启动，深入讨论了渤海环境污染、资源枯竭的严峻现实和今后面临的挑战；此外，国家海洋行政管理部门还有针对性地制定了《渤海综合整治规划》、《渤海沿海资源管理行动计划》以及《渤海环境管理战略》等专项计划。2001年，国务院正式批准了由国家环保总局、国家海洋局、交通部、农业部、海军及天津、河北、辽宁、山东四省市联合制定的《渤海碧海行动计划》。同时，环渤海三省一市也积极行动，不但纷纷制定各省市的《渤海碧海行动计划》，而且还共同发表了《渤海环境保护宣言》，表明治理渤海环境污染、拯救渤海的决心。2006年，针对《渤海碧海行动计划》实施不容乐观的情况和海陆统筹一体环境保护工作面临的严峻形势，国家发改委开始组织编制了《渤海环境保护总体规划（2008—2020）》，并于2008年11月获国务院批准，意在以此规划指导建立陆海统筹的污染防治体系和统一高效的协调机制。

与陆地污染源相比，海域污染源对渤海污染贡献较小，COD和氮磷仅占0.34%和0.17%，主要来源于沿岸池塘对虾养殖。油类污染所占比例较大，约为44.75%，一些来源于运输船舶、渔船（约36%）和事故溢油。[①] 养殖业自身污染已制约渔业生产的持续健康发展，其对环境的影响引起了许多学者的关注；在对虾养殖高峰时期，辽东湾约有17.5万亩虾池，渤海湾约有37.1万亩虾池，沿岸池塘养殖废水排海构成了新的环境问题。

二、渤海海洋生态安全治理相关政策及评价

（一）渤海海洋生态安全治理政策

1.《渤海综合整治规划》

2000年8月，国家海洋局制定了《渤海综合整治规划》（2001—2015年），得到了国务院的批准。《渤海综合整治规划》阐述了渤海综合整治的必要性和紧迫性，渤海综合整治的指导思想、原则与目标，渤海综合整治规划项目，渤海综合整治的组织实施，并进行了渤海综合整治的可行性分析和效益预测，共有7大类27项。《渤海综合整治规划》的总

① 屈强：《渤海海域环境问题及其综合整治的几点构想》，载于《海岸工程》2006年第3期，第68-76页。

申请投资为127亿元。[①] 2001年8月8日，国家海洋局向国家发展计划委员会报送了渤海综合整治"十五"能力建设项目建议书的请示。

2. 《渤海环境管理战略》

2000年7月26日，国家海洋局和环渤海三省一市在大连联合发表"渤海环境保护宣言"，并着手制定了《渤海环境管理战略》。在对渤海地区的生态、社会经济的价值评估和分析基础上，提出了渤海环境管理的战略目标与行动原则、战略框架，在《渤海环境管理战略》中提出了基于生态系统管理理念与方法，为我国海洋管理提供了新的思路；并形成了中央政府及地方各级政府与利益相关者之间的新型伙伴关系，构建了一个长期、综合、具有战略导向意义的海洋/海岸带生态管理框架。

3. 《渤海碧海行动计划》

面对海洋环境专家"渤海可能变成死海"的警告，为了拯救渤海，国家四部局联合海军、环渤海四省市（天津、河北、辽宁、山东）政府开出了斥资555多亿元，15年3个疗程的《渤海碧海行动计划》的"药方"。这份国务院批复的计划于2001年10月发布实施，分为近期、中期和远期目标；以恢复和改善渤海的水质和生态环境为立足点，以调整和改变该地区的生产生活方式、促进经济增长方式的转变为基本途径，陆海兼顾、河海统筹，以整治陆源污染为重点，遏制海域环境的不断恶化，促进海域环境质量的改善，努力增强海洋生态系统服务功能，确保环渤海地区社会经济的可持续发展。《渤海碧海行动计划》预示着我国的资源利用和生态保护都步入一个新阶段。这个计划因具有如下特征而将被载入史册：首次把渤海作为国家级环境保护的重点，首次对海洋环境的多行业多省市多部委的联手，首次陆海兼顾、河海统筹的大海域的环保行动，首次体现了将防治污染和生态保护相结合的思想，首次在国内实现对大海域的物质成分进行总量控制。

4. 《渤海环境保护总体规划》

党中央、国务院高度重视渤海环境保护工作，2006年6月，温家宝等国务院领导同志相继做出重要批示，要求有关部门和地方总结、评估"十五"期间渤海环境保护工作，并研究制定渤海环境保护计划。2006年8月，国务院领导同志批示：渤海污染防治必须坚持预防为主，防治结合，不欠新账，多还旧账，突出重点，综合治理，加大环渤海地区产业结构调整力度，加快建设资源节约型、环境友好型社会，努力实现人与海洋的和谐相处。在2006年8月4日渤海环境保护工作现场会上，曾培炎副总理指出：加强渤海环境保护与治理是当前环境保护的一项重要任务，各有关方面要按照科学发展观的要求，增强责任感、使命感，切实做到认识到位、措施到位、监管到位，严格控制污染物排放总量，早日实现渤海污染防治目标。随后，国家发展和改革委员会组织环渤海的三省一市和国务院有关部门启动了《渤海环境保护总体规划（2008—2020年）》的编制工作。《渤海环境保护总体规划》以构建海洋污染防治与生态修复、陆域污染源控制和综合治理、流域水资源和水环境综合管理与整治、环境保护科技支持、海洋监测五大系统为出发点，加强系统间的

---

① 国家海洋局：《渤海综合整治规划》，2001年。

联系，改变以单纯依靠投资和工程项目实施来开展环境治理工作的方式，形成了以海定陆的基本思路。即：全面加强从海洋到河流，从入海口到流域上游地区的污染源控制，并把陆地污染控制、流域水资源与水环境综合管理以及海域保护有机结合起来，实现点源面源同时控制，水量水质同时监管，海域、沿海城市与入海河流流域同时规定节水、治污任务。2008年11月，该规划正式获得国务院批准。

（二）《渤海碧海行动计划》实施成效

自国务院批复在渤海实施《渤海碧海行动计划》以来，环渤海四省市人民政府结合本地区实际情况，成立了相应的领导组织机构，将“计划”确定的目标，分解落实到各有关责任单位。2000年7月11日，山东省环保局组织各相关部门对《山东省渤海碧海行动计划》（征求意见稿）进行了论证，形成了审查意见。编制组根据审查意见进行了修改，形成了《山东省渤海碧海行动计划》。2001年末，天津市已经制定出《天津渤海碧海行动计划》，从2001年起至2015年，天津市预计投入170多亿元，分期实施天津碧海行动计划。① 2002年1月9日，辽宁省政府召开辽河流域水污染防治“十五”计划暨《渤海渤海碧海行动计划》审查会，随后开始实施计划。《河北省渤海碧海行动计划》亦于2002年6月由河北省政府原则同意实施。三省一市相互协调，以《渤海碧海行动计划》为总则，配合其规划措施进行渤海环境治理，② 如自2000年7月1日辽宁省在沿渤海城市实施“禁磷”，环渤海四省市相继实现了全面“禁磷”。

三省一市的“计划”在总体规划上与《渤海碧海行动计划》是一致的，只是由于各地区的实际情况不同，在制定各时期实施目标时各有侧重，以山东省和天津市的计划为例：山东省和天津市有效削减入海各类排放口污染物入海总量在两地计划的近期目标中都有提到，由于天津市的港口资源比山东省丰富，天津市还增加了建立天津近岸海域船舶溢油应急处理系统，沿海防护林体系初步建成的目标；山东省将实施COD入海总量控制，控制住N、P、石油类的污染增长趋势放在中期目标中，而天津市将其放在远期目标中；此外，山东省关于初步建立可持续生态系统、水产养殖业基本实现生态养殖、在渤海实施船舶及相关作业的油类污染物的“零排放”的远期目标③与天津市开展利用污染和再生水的生态环境建设、建成一批生态环境示范区、启动渤海船舶“零排放”计划的中期目标在治理思路上是一致的。又如辽宁省主要在六个方面加强海洋污染的治理工作，实施《渤海碧海行动计划》：开展三大入海流域的污染防治、加快沿海城市污水处理厂的建设、强化直排海企业污染治理、加强港口和船舶的污染治理、加大沿海生态系统的保护和恢复、在全省范围内抓好“禁磷”工作。④ 除第一条和第六条外，其他方面在《河北省渤海碧海行动计划》中都有提到，与辽宁省的计划的差别之处就在于河北省的计划还提出了在保障措

① 天津市环保局：《天津启动“碧海行动计划”》，载于《人民日报》，2001年11月17日。

② 《渤海碧海行动中期报告》，http：//www. zhb. gov. cn/eont/hyhj/20040590400. htm.

③ 山东省环保局：《山东省渤海碧海行动计划编制说明》，http：//WWW. allnet. en/1107/hjbh/hjbh_ 00/hyh-jOI. htm.

④ 辽宁省环保局：《辽宁碧海行动计划》，http：//www. Inepb. gov.en/hbj/web/html/100047/2007629/1183111411203.shtml.

施方面将环境保护能力建设、公众参与等作为重要内容，① 并重点做好曹妃甸工业区和沧州临港化工园区的近岸海域环境保护工作。

2005年是《渤海碧海行动计划》第一个“疗程”的结束之年，计划使渤海的污染得到初步控制。但国家海洋局2001—2004年发布的公报数据却显示，渤海污染整体呈恶化趋势。以天津为例，2005年天津市近岸海域污染状况比2004年加重，轻度、中度、重度污染海域面积分别增加190平方千米、580平方千米、300平方千米。据国家海洋局的2006年上半年调查显示，污染情况依然没有好转。天津约3 000平方千米的近岸海域，没有一处能达到清洁海域水质标准的。② 天津海域的状况是渤海污染治理的一个“缩影”。按计划，到2005年底，环渤海十三市应建设城市污水处理等各类项目246个，须投资264亿元。目前完成项目48个，在建项目68个，尚有130个项目处于前期准备或未启动阶段，占计划项目总数的52.8%。完成投资188.13亿元，占《渤海碧海行动计划》总投资的57.42%。③ 各项目完成情况与计划目标相距甚远。

环保系统力推的《渤海碧海行动计划》执行不力，其原因并不在于计划的本身。计划是平面的，具体的操作要受治理机制的制约，而《渤海碧海行动计划》的治理机制缺乏系统性。渤海环境保护和生态建设工作不但涉及海洋、环保、水利、渔业、林业、建设、财政等多个部门，也涉及有关省市间的协调。渤海环境管理机制并不完善，工作中尚未形成陆域、海域和流域联动、部门和地方间协调机制。条块分割、地方保护、部门垄断、管理涣散和执行不力等弊端不除，任何良好的愿望都将在等待与观望中、在扯皮与推诿中、在人浮于事中化为泡沫。

（三）渤海海洋生态安全治理政策评价

综上所述，渤海治理的主体从自身利益出发的环境行为不断改变着自身与渤海环境的关系。这种关系也是以政府为主导的，渤海环境治理政策体系正是以政府为主的众多社会行动者互动而建构起来的。通过对政府制定的渤海环境治理政策、渤海环境治理主体在渤海海洋管理中的协调合作进行分析，不难发现，一方面，政策中对渤海环境问题的阐述变得越来越具体，具体实施方案也越来越具有针对性；初步体现出部门间、地区间、流域间治污与生态保护信息的共享和整合；生态文明、可持续发展、海陆统筹等相关理念的重要性在政策中也逐步体现；更重要的是中央和地方各级政府以及社会各界对渤海环境的关注程度在进一步提高。另一方面，结合相关的理论知识，我们也可以得出启示，渤海的环境治理政策还存在以下问题。

1. 忽视环境的整体性功能

一方面，针对渤海环境问题制定的5部规划、计划和战略，没有任何一部具有足够的完整性和综合性：不同的规划列出了不同的环境问题、提出了不同的适用原则、制定了不

① 河北省渤海碧海计划“十一五”规划编制组：《河北省渤海碧海行动计划》，http：//www.zhb.gov.en/download/1086209177114.doe.

② 刘元旭：《渤海“治污”为何越治理越恶化》，载于《今日国土》，2006年第3期，第34页。

③ 卢新宁，刘毅：《渤海碧海行动计划进展缓慢》，载于《人民日报》，2003年8月7日。

同的规划目标，建议了不同的实施措施等。虽然各规划、计划和战略存在一定互补性，但总的来说缺乏整体性和综合性，甚至相互之间存在矛盾，这在很大程度上影响了渤海环境治理政策的效力。[①] 另一方面，渤海地区环境的整体性特征决定了环境与资源保护活动具有跨区域性和整合性的特征，如中游的截流会使下游地方缺水，上游的排污会导致全流域的污染，资源环境的外部性特征决定了地方政府不可能在自身范围内解决外部性问题，而对整个流域的调控显然不是一个地方政府就可以实施的，渤海是一个有机的整体，省市之间、县与县之间，应实现渤海资源共享，进行公平与可持续性开发管理，每一方都有使用渤海的权利也有保护渤海的义务。而一种相当普遍的情况是：地方政府只盯着本地的局部利益和眼前的短期利益，特别是政府官员在地方任期内的利益表现在所谓“政绩”上。因此，十分需要建立一种跨行政区域的区域性河海污染统筹防治机制，[②] 进行跨区域的协调和管理。

2. 缺乏海陆统筹的管理经验

“海纳百川，川川污海”。陆源污染占渤海污染源的80%，渤海海域污染治理的主要矛盾在于，受污染的是海洋，治理环节却在陆上。如果环境治理政策缺乏应有的统筹机制，仍推行“陆管陆、海管海”的分立自治模式，在追求本地域利益最大化的驱动下，陆域产业和陆上环境治理会将海洋当做一个巨大的“垃圾站”。[③] 从1990年起，我国先后制定了五部不同的规划、计划和战略，但迄今却没有一部用于专门指导渤海环境保护与管理的法律。规划虽然具有一定的指导意义，但不具备法律的强制力，规划代替不了法律，更起不到法律所起的作用。没有法律的保障，地方政府对海洋事务的管理只能依据授权进行管理，且这种管理是一般仅限于渤海海洋行政事务，难以对环渤海地区经济发展的综合规划和宏观调控实施管理。现有渤海环境政策体系中仍是经济管理政策和环境保护政策并行的体制，导致了两种部门职责之间目标和政策的不一致与不协调。渤海区域各省市政府在抓经济建设和环境保护时并未将两者统一起来，这种二元化矛盾的结果是导致渤海海洋环境问题的重要原因之一。人们已经认识到海陆统筹的重要性，并从环境治理和经济发展的关联性角度出发，得到海陆环境统筹治理还需归结到海陆产业统筹才能从根本上解决问题的结论。但是如何实现海陆统筹的有效政策机制仍处于试点论证的初级阶段，缺乏成熟的制度经验和完善的配套整改措施。

3. “双重失灵”无法解决渤海环境外部性问题

与长三角和珠三角区域相比，环渤海地区有其特殊性，即市场的不完善与行政色彩浓厚特点同时存在。环渤海经济快速发展无视环境的损害，一方面是市场的不完善致使行政命令左右资源价格，无法正确反映自然资源的稀缺性价值；另一方面则是环境外部性特征

① 李海清：《特别法与渤海环境管理》，中国海洋大学，2006年。

② 王琪，高忠文：《关于渤海环境综合整治行动的反思》，载于《海洋环境科学》2007年第3期，第290-295页。

③ 王书明，周艳：《渤海污染及其治理的社会关系分析》，载于《第二届中国环境社会学研讨会论文集》，2009年，第231-242页。

导致环境治理成本无法内化。在渤海区域经济过程中，市场失灵与政府失灵同时存在，突出表现在环境政策中仍以行政手段和法律手段治理多，而市场经济的客观现实未引起足够的重视，在治理手段上鲜有采用经济政策和市场手段进行调整的。[①] 在目前采取的一些市场手段中，由于财政措施不配套，市场机制也很难见效。

三、渤海海洋生态安全治理的构建原则

为解决生态环境问题，人们开出了很多药方。无论是亚当·斯密的社会秩序理论、哈丁的公有地悲剧理论，还是埃莉诺·奥斯特罗姆等人的制度激励与可支持发展理论，都突出了制度设计对于生态环境建设的价值。渤海生态现代化的一系列问题也只有融汇在国家制度、政策之中，通过有效的制度设计、政策实施，如对渤海生态环境保护形成严格的法律条文、科学的规划、有效的监督管理、完善的环保科技政策等，才能使生态现代化的理论变为现实。当然，制度和政策不是万能的，制度、政策的背后是文化，在重视制度设计、政策实施的同时，也必须在全社会形成保护渤海生态环境的文化氛围，确立科学的生态文化价值观。只有将制度、政策与文化建设紧密地结合起来，才能推动渤海生态现代化进入一个新的境界。基于制度、政策和文化层面的设计，以生态现代化理念引导渤海的环境治理政策建构，同时遵循一些基本原则：经济高效，资源节约，环境友好，社会公正，持续发展，海陆统筹，河海同治，建立联合治理机制。

（一）经济高效

渤海的海洋生态安全治理是不成功的，生态退化继续，污染扩散。生态现代化理论认为政府最起码受到以下两个方面问题的困扰：一是政府环境保护基本上处于被动的阶段，对待环境问题更多采取了一种头痛医头、脚痛医脚的“管末控制”模式；二是政府环境保护主要采用了“堵”式限制性治理，容易形成政府和企业之间的对抗。在渤海的环境管理中，如何走这条调和生态与工业关系的新道路，促进经济、社会、环境协调发展，实现经济高效增长？生态现代化为我们指出了一条“经济生态化”和“生态经济化”道路，摒弃传统现代化观念的不合理因素，追求渤海产业、城市的生态化，发展高效生态经济，是最终实现渤海海洋生态安全的必然选择。

高效生态经济是对传统生态经济的优化，它创造性地把传统经济认为相互矛盾的“高效益”与“生态化”有机统一起来。从技术发展层面看，它是高新技术发展的产物；就经济发展趋势而言，它是经济系统与生态系统在高新技术推动下新的整合。[②] 渤海地区亟须发展高效生态经济主要源于两点：一是缘于区位资源优势明显，但生态环境状况较差。渤海地理条件优越，自然资源丰富，适合建立全国性工业基地。[③] 然而，由于渤海是封闭性浅海，自净能力极差，生态环境极易受沿岸人类活动影响，严重制约了环渤海地区经济

① 何广顺：《对立走向和谐——基于区域经济发展的渤海环境立法需求分析》，载于《环渤海区域崛起与发展论文集》，2008 年。

② 刘克英：《高效生态经济：中国未来经济发展的希望》，载于《生态经济》2003 年第 10 期，第 37-39 页。

③ 徐文启：《环渤海经济区凸显京津冀优势》，载于《环渤海经济瞭望》2005 年第 9 期，第 1-2 页。

的发展。二是海洋经济迅猛发展，但资源依赖性强。据初步核算，“十五”期间环渤海地区海洋经济平均增长速度为16.7%。2007年，环渤海地区海洋生产总值达到9542亿元，占全国海洋生产总值的38.3%。然而，目前海洋生产总值构成中大部分是资源依赖性较强的传统产业，新兴产业很少，增长主要依靠第一、第二产业带动，第三产业比重一直较低。

高效生态经济的特点是辐射性强。在生态经济实现规模化、效益化的基础上，能对区域内的经济形成整体拉动，促进区域经济持续稳定地高效增长，使得区域经济快速步入持续发展的轨道。把渤海环境的可持续发展战略定位为高效生态经济，是一条实现经济与资源、生态、环境协调发展的必由之路。近年来，环渤海地区的黄河三角洲开发已受到国家和山东省的高度重视，在2001年九届全国人大四次会议上，发展黄河三角洲高效生态经济被正式列入国家“十五”计划纲要，国家“十一五”规划又明确提出“发展黄河三角洲、三峡库区等高效生态经济”。2008年山东省政府出台了《黄河三角洲高效生态经济区发展规划》，提出实施以东营为主战场的黄河三角洲高效生态经济区开发，以此辐射带动黄河三角洲乃至整个环渤海地区经济社会发展。黄河三角洲生态经济起点的战略切入正是发展环渤海地区高效生态经济的关键，目前如何抓住机遇，乘势而上，加快发展环渤海地区高效生态经济，已成为这一地区振兴和繁荣的首要任务。

（二）环境友好

环境友好型社会建设的最终目的是建立一种人与自然和谐共生的社会形态。其核心内涵是人类的生产和消费活动尤其是生产活动要与自然生态系统协调发展，降低生产和消费活动对自然生态环境的影响。它要求人类必须将生产和生活强度规范在生态环境的承载能力范围之内，必须综合运用技术、经济、管理等多种措施降低经济社会活动对环境的影响。

2005年，在中央人口资源环境工作座谈会上，胡锦涛总书记首次提出了建设环境友好型社会的号召。在2005年10月召开的十六届五中全会上，中央正式将建设环境友好型社会确定为国家“十一五”规划的战略任务。环境友好型社会理念在短期内被迅速提升到如此高的战略地位，有其深刻的现实意义。与资源节约型社会相比，环境友好型社会更为关注生产和消费动对自然生态环境的影响，强调综合运用技术、经济、管理等多种措施降低经济社会的环境影响，强调人与自然和谐，把资源节约上升到理念层面。环境友好与资源节约相辅相成，互为补充。环境友好型社会要求全社会都采取有利于环境保护的生产、生活、消费方式，建立人与环境良性互动的关系。何传启定义的广义生态现代化，也与时俱进地强调了环境友好：[①] 从改变人的行为模式出发，通过改变经济和社会发展模式，通过环境友好的技术创新、制度创新和结构生态化，降低人类活动的环境压力，达到环境保护和经济发展双赢的目的。

建设环境友好型社会，是改变渤海现实环境状况的必然选择。生产力布局向临海地区推进的态势将导致渤海生态环境保护的压力加大。根据环渤海三省一市“十一五”规划，

① 何传启：《勾画绿色中国——21世纪中国生态现代化战略》，载于《国土资源》2007年第2期，第4-9页。

“十一五”期间，区域经济布局的战略都是向临海地区推进：辽宁提出沿海地区“五点一线”① 的发展战略；河北省提出建设沿海经济社会发展强省的目标，重点发展曹妃甸工业区；② 天津市将继续推进天津滨海新区的开发开放，并规划建设临港产业区；③ 山东提出半岛蓝色经济区战略，建立以海洋优势产业为主导的临海经济区。产业布局向临海地区的推进，海岸地区的大规模建设，排入渤海的污染物量必将进一步增加，邻近海域的污染将更加严重。环境污染和生态平衡的破坏已经给渤海海洋经济造成了巨大的损失，要解决渤海发展所遇到的资源环境问题和改善渤海面临的严峻现实状况，建设环境友好型社会是必然的路径选择。

环境友好涉及经济社会生活的方方面面，需要通盘考虑，从各个环节加大工作力度。伍德的生态现代化理论将产品生命周期划分为五个阶段：原材料供应阶段、产品生产阶段、销售阶段、消费阶段、消费后阶段。目前，应提倡环渤海地区企业努力消除产品周期的各个阶段可能对环境造成的不良影响，在整个过程中实施环境友好的企业策略，倡导环境友好的消费方式。建设环境友好型社会的重要措施之一就是提倡绿色消费，节约资源，这一工作的主体是政府、企业和消费者，而政府在其中所起的作用最为关键。当前。政府部门应大力倡导适度消费、公平消费和绿色消费。充分利用市场规律，以财税、价格等经济政策，通过环境友好的消费选择带动环境友好产品和服务的生产，形成绿色消费与绿色生产之间的良性互动。

（三）可持续发展

可持续发展理念在抑制渤海生态环境继续恶化方面起到了十分重要的作用。有什么能够把生态保护、经济增长、社会公正和代际平等——不仅是地方性的和立即的，而且是全球性的和永久的——连接起来呢？答案就是可持续发展。作为一种涵盖从地方到全球的环境议题和关注经济与发展的综合性话语，可持续发展已经变得非常流行。④ 党的十六大报告将可持续发展列入全面建设小康社会的基本奋斗目标，党的十六届三中全会又提出了“坚持以人为本，树立全面、协调、可持续的发展观，促进经济社会和人的全面发展”的科学发展观。以人与自然和谐为目标的生态现代化是促进社会和经济可持续发展重要的内容，是促进社会和谐的价值追求、目标取向和根本保证。

如何在经济建设中，保护好环渤海地区和海域的生态环境，实现可持续发展，是摆在我们面前的一个紧迫问题。从实施可持续发展战略出发，要着力改善环渤海地区和海域生态环境承载力。区域承载力是指不同尺度区域在一定时期内，在确保资源合理开发利用和生态环境向良性循环发展的条件下，资源环境能够承载的人口数量及相应的经济社会总量

① “五点”包括沿渤海一侧的大连长兴岛临港工业区、辽宁（营口）沿海产业基地、辽西锦州湾沿海经济区（包括锦州西海工业区和葫芦岛北港工业区）以及沿黄海一侧的辽宁丹东产业园区/大连庄河花园口工业园区。

② 刘容子，吴姗姗：《环渤海临海区域经济发展态势与忧患》，载于《中国人口资源与环境》2008 年第 2 期，第 55-59 页。

③ 天津市发展与改革委员会等：《天津市城市总体规划（2005—2020）》，http：//www. ehina. eom. en/aboutehinahuanti/09dfgl/2009 — 04/22/eontent_ 17651329_ 2. htm.

④ ［澳］约翰·德赖泽克：《地球政治学：环境话语》，山东大学出版社，2008 年，第 165-166 页。

的能力。[①] 区域承载力的定义是建立在可持续发展的基础之上的，它是衡量区域可持续发展的重要标志。

海洋资源开发和海洋环境保护同步规划、同步实施是渤海环境管理的重要手段。海洋资源合理开发利用应在进一步摸清渤海海洋资源的基础上科学地、有计划地进行。控制大耗水、高耗能工业的发展是提高整个环渤海地区区域承载力的重点，对于严重缺水且水污染又较重的辽中南和京津唐地区，新建的电力、石化、钢铁工业应尽量安排在工业不太集中、环境容量较大的滨海地区；目前工业集中程度较高的大连、青岛和天津等城市不宜再建大耗水和重污染的工业，应将上述工业疏导至离城较远的沿海地区。[②] 调整优化海洋产业结构是提高渤海海洋经济承载力的关键，必须提高海洋第二、第三产业的比重，改变以海洋第一产业为主的传统局面。同时渔业生产内部要优化结构，重点是扩大水产养殖规模，提高养殖业在海洋第一产业中的比重。[③] 积极发展海水灌溉农业，引种适合本区域的海水灌溉作物品种，形成海岸地区的一个新兴支柱产业，推动缺乏淡水资源的海岸农业的可持续发展。[④]

中央及地方政府需要重视整个环渤海地区发展的空间规划，引导市场对资源有效调整。一方面陆域经济要向海上延伸，另一方面海洋资源加工应“陆地化”。在对陆域资源开发利用的高新技术扩散和传播时，可复合用于海洋资源的开发利用，以获得海陆双重效益。目前，环渤海地区的入海河流缺乏全流域的环境综合管理。建议由国家有关部门组成相关机构，建立渤海海域的区域性协调管理机制，加强区域和流域合作，强化各省市协同治理，解决区域性海洋环境和生态环境保护问题。[⑤] 对海洋的开发要有科学的统一规划，协调一致的行动。对入海河流的沿岸、海岸带和岛屿的开发及产业发展必须综合规划，沿海各省、市、县要实施近岸海域环境功能分区管理。按照全国主体功能区规划要求，优化渤海开发空间，促进渤海开发利用规模、强度与渤海资源、环境承载力相适应。并充分发挥海洋功能区的作用，减少对海洋资源的浪费和对海洋环境的破坏，实现海洋资源的永续利用。

良好的生态环境，是实现资源可持续利用的重要保证。针对我国环渤海地区和渤海海洋生态环境状况，应有计划、有步骤地开展生态环境的整治保护工作。重点是黄河等主要入海河流水污染的区域治理，重点海湾环境污染的综合治理和生态保护。根据环渤海地区的环境容量，可分别制定不同行业以及沿海城市与内陆地区的污染物排放限定标准，并落实到各排污单位。以目前污染最严重的莱州湾为例，莱州湾的主要污染源为黄河、小清河等，加强对黄河、小清河的污染治理是改善海域环境最根本的措施；特别要在黄河、小清河流经的主要城市严格执行污染物排放总量控制，确定好各河段污染物入海量削减目标。

---

① 毛汉英，余丹林：《环渤海地区区域承载力研究》，载于《地理学报》2001 年第 3 期，第 363-371 页。

② 毛汉英，余丹林：《环渤海地区区域承载力研究》，载于《地理学报》2001 年第 3 期，第 363-371 页。

③ 张耀光等：《渤海海洋资源的开发与持续利用》，载于《自然资源学报》2002 年第 6 期，第 768-775 页。

④ 乔敬图：《渤海海洋农业可持续发展实证研究》，载于《中国海洋大学学报（社会科学版）》2004 年第 2 期，第 3-9 页。

⑤ 王秋蓉：《民进中央提议改善环渤海地区生态环境承载力》，载于《中国海洋报》，2008 年 3 月 1 日。

作为北方的重要渔场，莱州湾渔业应从自身着手进行生态治理工程，建立人工渔业生态结构，疏导物质循环；其初期阶段就是尽可能地利用水域的初级生产力，发展短食物链品种的养殖业，提高有机物的产出；在促使莱州湾生态环境改善后，再进行经济鱼类和渤海对虾的增殖放流，以达到逐步恢复水产资源的目的。总之，在环境污染治理方面，要变被动为主动，从过去的末端治理发展到清洁生产，从过去的“谁污染、谁治理”转变为“谁污染、谁付费”和“谁治理、谁收益”。

（四）海陆统筹

海陆统筹是指在区域社会经济发展过程中，综合考虑海、陆资源环境特点，系统考察海陆的经济功能、生态功能和社会功能，在海、陆资源环境生态系统的承载力以及社会经济系统的活力和潜力基础上，以海陆两方面协调为基础进行区域发展规划、计划的编制及执行工作。① 陆上污染问题已成为社会普遍关注的问题，相对而言，对海洋污染的关注度远远不够。而实际上，海洋正在成为我们人类社会最大的垃圾桶，不运用海陆统筹的思维，就难以重构人类与海洋的和谐共生关系。② 渤海现行的海洋与陆域分割的管理模式，使得流域与陆源污染的控制管理与海洋污染的控制管理缺少必要联系，甚至相冲突。只有坚持海陆统筹，逐步改善海洋生态环境，提高海洋经济的地位和作用，才能更好地发展沿海地区经济。因此需要明确一个思想，即海陆统筹和渤海海洋环境保护绝不只是环渤海地区和海洋部门的任务，而是包括广大中西部、渤海入海河流流经流域在内的整个区域面临的基本任务。

从区域发展的空间看，海陆产业联动发展应以海域和海岸带为载体，以沿海城市为核心，向远海和内陆发展，海陆一体，梯次推进，各地要根据海洋资源和陆域经济基础，科学合理地确定海陆经济的接点，实现海陆产业间的要素流动。海陆经济的接点主要是港口和海洋产业基地。例如：依靠丰富的地下卤水资源，山东潍坊建立了以海洋化工业为主的滨海开发区，带动了周围滨海项目区、旅游区和港口工业区的建设，沿海岸线分布的海洋经济带正在迅速形成。沿海城市是海陆一体化的枢纽，在沿海城市，应该重点发展临海产业，一方面把海洋资源的优势由海域向陆域转移和扩展，另一方面，促使陆域资源的开发利用及内陆的经济力量向沿海地区集中，把陆域经济、技术和设备运用到海洋资源开发中。

实施海陆统筹、河海同治的联动机制，关键在于协调海陆生态系统。为保持海陆生态系统之间的平衡，环境治理必须从海陆域复合生态系统的结构与功能出发，将陆源污染防治和海域污染防治相结合，应针对陆上点源污染制定相应的总体控制指标体系，在控制排污总量的同时，提倡科学的排放方式，合理利用海水自净能力，在有条件的海域尽量采取离岸深海排放方式。③ 要“以海定陆”调整产业结构，海洋开发的重点应由近海趋向大

---

① 韩立民，卢宁：《关于海陆一体化的理论思考》，载于《太平洋学报》2007 年第 8 期，第 82-87 页。

② 张海峰：《抓住机遇加快我国海陆产业结构大调整——三论海陆统筹兴海强国》，载于《太平洋学报》2005 年第 10 期，第 25-27 页。

③ 赵章元，张永良，章燕：《我国区域性污水海洋处置度分区规划研究》，载于《海洋环境科学》1998 年第 3 期，第 14-20 页。

洋，由传统海洋产业扩大到新兴海洋产业；由过去的相对独立的海洋产业向海陆统筹发展的海洋产业转变；由无偿使用掠夺性开发海洋资源向有偿使用可持续发展的海洋产业转变。[①] 海洋经济建设要由单纯追求经济利益到强调海洋生态经济开发；海洋管理方式要由行业分散管理转向协作性的统筹管理，管理重点由产业开发转向生态建设和环境保护。

四、环渤海海洋生态安全治理对策

环绕着渤海沿岸，由辽宁、河北、山东三省及北京、天津二市，形成了环渤海地域。该地域属于资源密集型经济区域，在社会生产过程中，不断地从环境中获取自然资源，并将其加工成生产和生活资料。在这样一个物质、能量、信息的转化过程中，经济发展、自然资源和生态环境作为一个统一的整体，三者之间的相互作用既有正作用，也有副作用，既相互制约，又相互促进，形成了一个多要素、多层次的复杂巨系统。环渤海地区被经济学家誉为继珠江三角洲、长江三角洲之后的中国经济第三个“增长极”，黄河三角洲高效生态经济区和山东半岛蓝色经济区的快速发展，必将强力助推中国北方经济发展。区域经济的紧密合作离不开环境保护的合作，应尽快建立环渤海区域环境政策协调机制，发展环境友好型的区域经济。

（一）政策协调机制

（1）建立环渤海地区各省市规划的统一协调机制。各省市在制定省一级规划时必须进行相互磋商，都要以区域的大战略、大目标为前提，既要考虑本地区的自身利益，也要顾及对周边地区的不利影响，避免各地区之间的重复建设、恶性竞争和资源浪费。

（2）应建立制度性合作框架机制。可考虑成立一个“环渤海环境保护协调委员会”，主要职责就是统一制定区域的经济发展、环境保护的政策和法规。建立环渤海区域环境保护部门负责人联席会议制度，每年举行一次会议，由各方轮流主持。每次联席会议确定下次会议的议题、主办方、时间和地点；建立若干专题工作小组，由各方根据合作需要通过订立合作协议的方式开展具体的专项工作。专题工作小组由协议各方参与该合作项目的相关业务负责人组成。

（3）发展环渤海区域循环经济，建立环渤海区域环保产业合作机制。首先，要施行环境优先战略，严格控制污染环境的项目投资，强化节约意识和环境意识，优先发展环境友好型的产业，优先考虑环境的承载力，将环境友好型产业作为发展的重点和项目审批的基本条件。在环保产业领域内的投融资、市场拓展、技术配合、资格互认、环保技术应用等多个层面开展广泛合作。其次，要制定区域环境保护指引政策。通过制定指引政策明确区域内经济发展的环保要求，确定环境保护对产业的准入门槛，引导区域整体产业结构的合理布局，促进区域环境保护规划的协调与合作，推动区域发展循环经济，推行清洁生产。最后，要明确生产者（主要指企业）在循环经济中的责任。应该通过法律进行宏观调控，促使企业多利用可再生资源和回收的废旧物品，政府可以采取以下措施：政府对利用可再

① 刘容子：《构建海洋管理规划体系，强化海洋综合管理——我国现行海洋管理体制下实现国家海洋有效管理的适应性对策探讨》，载于《海洋开发与管理》2002 年第 1 期，第 45-48 页。

生资源之外的其他能源及其间接产品加征税收，如增设垃圾填埋税、生态税等税种；激励国家政府等公共部门和企业、国民等私人部门购买环境效率更高的产品和服务；建立完善企业废物回收利用制度，明确生产经营者的产品回收无害化处置的法律责任；制定强制实施循环经济的企业名录，并在法律中规定重点产品的回收标准。

（二）完善区域环境法律体系

遏制环渤海区域的环境污染，促进该区域经济与环境协调发展关键要靠法制。因此，必须重视环渤海区域环境立法。在环渤海区域环境立法中，应坚持以可持续发展战略为指导思想，以预防为主、保护优先，污染防治与生态保护并重，生态建设与生态保护并举，区域整治与综合治理相结合为基本原则。针对渤海污染，虽然在国家层面有《海洋环境保护法》，但该法相关的配套法规并没有随之修订完善；《海洋环境保护法》实施14年来，没有一部相关的实施细则及法规出台，一些重要的海洋环境标准仍是空白。目前，国家应该完善现有的《渤海碧海行动计划》，并上升成为国家的法律或行政法规，使渤海的污染防治真正做到有法可依。

（三）健全环渤海区域环境监测网络

鉴于当前渤海存在的生态系统问题，应在环渤海地区建设布局合理、装备先进、功能齐全、全方位、立体化、全天候的海洋环境污染与生态环境监测系统。要强化环渤海地区多功能立体化监测网，提高对环境污染进行实时监测、对生态演变和灾害进行中长期监测以及对突发性污染灾害进行应急监测的能力；开展渤海海域生态环境容量的研究，实行入海污染物总量控制；建立环渤海赤潮灾害及污染事故应急体系，确保重大灾害事件发生后24小时内能启动应急程序。加强区域内各省（区）环境监测工作的合作，及时、准确、完整地掌握区域水环境、空气环境质量及其动态变化趋势，为环渤海区域水污染及空气污染防治提供科学的决策依据。要建设先进的环境监测预警体系，做到全面反映环境质量状况和变化趋势，及时跟踪污染源变化情况，准确预警各类环境突发事件，逐步形成科学的网络运行机制和信息发布机制。

（四）建立环渤海区域的生态补偿机制

建立协调区域关系、体现社会公平、完善财政转移支付制度的环渤海区域生态补偿机制已势在必行：（1）建立环渤海区域生态补偿基金。实现区域生态补偿，关键在于有足够的资金作为基本保障。实践表明，中央财政投入难以解决区域生态服务的利益补偿问题，必须建立区域生态补偿基金。区域生态补偿基金应主要由地方政府采取财政预算直接拨款的方式，以提供稳定可靠的资金来源。地方政府应当将生态补偿基金纳入国民经济收支体系，以年度为周期定期拨付。拨付数额可以根据地方的社会经济状况，按GDP总值、人均GDP、人口密度、制造业占GDP总值比重、财政规模等因素综合确定。（2）补偿资金的支付。区域生态补偿基金一部分用于支持生态区域的建设项目，如用于涵养水源、环境污染综合整治、农业非点源污染治理、城镇污水处理设施建设、修建水利设施、改善经济发展条件等方面的项目；一部分直接用于因生态环境建设需要而停业或减产的企业及其员工以及诸如在环境污染综合整治中需要搬迁的家庭。

第二节　长江三角洲——府际合作治理模式

长江三角洲（简称长三角）具有得天独厚的地理区位优势：地处长江出海口，有利于凝聚沿海与沿江的生产力；交通便利，水道、海道交织，传统与现代交通工具发达；地处亚热带，萃取北方的豪爽与南方的柔美，得天独厚的自然环境与悠久的开发历史为长三角奠定了雄厚的物质基础。进入21世纪，长三角又面临着重要战略机遇，2010年5月24日国务院正式批准实施《长江三角洲地区区域规划》，使长三角完成了从行政区划向经济区域完美转型，因此，如何加快境内经济、社会以及环境的协调发展，挖掘长三角作为中国核心经济区域对其广阔腹地的辐射潜力是新世纪长三角区域协调发展面临的重大考验，也是“十二五”规划目标实现的必然要求。追求整体协调和可持续发展是区域协调发展的目的，然而行政区划背景下的各级政府“各自为政”，集体的非理性导致府际环境治理陷入“囚徒困境”。长三角同时是中国经济最发达和环境问题最严峻的区域实体，因此选取长三角区域跨界环境问题为研究对象具有代表意义。

府际环境合作治理首先要求将跨区域的生态环境进行一体化考量。目前，在长三角地区最为严重的环境问题就是跨界污染问题。学界对生态环境一体化的解释是“以高效、和谐的区域生态经济系统为目标，充分发挥经济增长的带动作用、生态环境的基础作用，在流域尺度上进行跨部门与跨地区协调、保护、管理和开发，使经济、社会与环境实现由相互封闭转化为相互开发，由分隔转化为融合，使生态环境在物质、能量、信息等各种交换中实现良性循环，实现流域资源、生态环境的经济和社会效益最大化”。[①] 认清经济、社会与环境相互作用的事实，将流域经济和环境融合规划是跨区域生态环境一体化思维定位的基本要求。长三角两省一市毗邻长江，区域内各区市也大多临近长江，流域生态环保治理时间较长，经验丰富，并取得了一定的成果，因此，长三角环境问题的解决可以借鉴流域合作治理经验。

一、府际合作治理的内涵

府际关系第一次被提出是在19世纪30年代。P·R·多麦尔的《管理地方政府的政府间关系》一书中对“横向政府间关系”界定为“可以被看做是由地位对等的地方当局形成的分散体系，而且这些地方当局被竞争与协商的动力所驱动”。北京大学谢庆奎教授的《中国政府的府际关系研究》指出“府际关系即政府之间的关系，它包括中央政府与地方政府之间、地方政府之间、政府部门之间、各地区政府之间的关系”。

府际治理是“治理理论在区域层次上的运用”，旨在改善政府间关系，提倡互惠合作共赢，强调建立多方协商的合作机制、培育共同的价值观等措施。它包含两个层次上的合作治理，其一是横向政府间信息共享、共同规划，充分发挥主观能动性，同时不忘

① 叶属峰，房建孟：《长江三角洲海洋生态建设与区域海洋经济可持续发展》，载于《海洋环境科学》2006年增刊1期，第68-72页。

密切合作优势互补，其二是强调政府和非政府部门以及社会群体的通力合作，全社会参与的混合治理。府际治理本质就是“打破传统的区域层级观念，建立强调权力或资源相互依赖、开放和合作的新地方主义和一种健康和谐的公共组织关系”。本文援引的府际治理主要是第一层意思，即强调基层政府横向间的协商合作，通过建立良好的合作关系来共同促进区域社会发展，在此基础上允许其他社会主体参与社会公共管理，实现区域公共利益。

（一）长三角海域生态环境治理现状

20 世纪 90 年代中后期形成的以浦东为核心、上海为龙头的长江三角洲经济区是我国五大海洋经济区之一，也是我国国民经济与社会发展最快的沿海区域之一。长江三角洲地区是指长江三角洲的沿岸地区所组成的经济区域，主要包括江苏省、上海市和浙江省两省一市的海域与陆域。长三角地区海洋经济实力雄厚，是我国目前经济发展速度最快、最具有发展潜力的经济板块之一。2012 年《中国海洋经济统计公报》显示，长三角地区海洋生产总值达 15 440 亿元，占全国海洋生产总值比重的 30. 8%。

然而其海洋环境问题同样不容小觑，目前，长三角地区面临着严峻的态势：环境质量恶化、生态系统退化、生物资源枯竭、环境灾害频发、污染趋势加重。海洋生态环境状况已经成为制约长三角地区社会经济发展的重要因素。①

近年来，尽管长三角地区各级地方政府也加大了财政投入，进行海洋生态环境治理，然而收效甚微。除海洋环境自然本身的环境净化能力有限外，更为重要的一个原因是整体海域习惯被行政划分为多个闭合状海域，地方政府为了追求本辖区经济利益的最大化，往往更关注本地区的 GDP 数据的增长，忽视了海洋生态环境保护。由此，长三角地区在海洋生态环境治理中普遍出现条块分割、各为其利、各自为政的局面。笔者认为，海洋生态环境问题有着高度的渗透性和不可分割性，因此，长三角海洋生态环境治理中实现府际合作治理尤为重要。

（二）长三角海域府际合作治理的必要性

1. 解决海洋环境问题的实际需要

根据 2012 年《中国海洋环境质量公报》，对长江三角洲重点监测区的河口、海湾、滩涂湿地、珊瑚礁、红树林和海草床等典型海洋生态系统健康状况进行评价的结果显示：长江口为亚健康，而杭州湾为不健康；长江口海水富营养化严重，浮游植物丰度异常偏高且大型底栖生物量偏低；江苏省的严重污染海域面积为 9 744 平方千米；46. 4%的陆源入海排污口超标排放污染物，重点排污口邻近海域环境污染严重。

较之其他环境问题，海洋环境问题的发散性、流动性和区域性特点更为突出，即环境问题总是区域性问题，一个层面波及多个层面（发散性），一处问题辐射四周地区（流动性），可谓“牵一发而动全身”。针对海洋环境问题的上述特点，地方政府在解决本辖区内的海洋环境污染问题时不可能面面俱到，而且由于水体的流动性，导致一个地区发生的

① 宋红丽：《围填海活动对我国河口三角洲湿地的影响》，载于《湿地科学》2013 年第 11 卷 2 期。

海洋环境污染会波及其他行政区域，因此，解决海洋环境问题必定需要政府间的合作治理，才能取得理想的成效。

2. 区域经济一体化发展的内在要求

长三角区域经济一体化的前进离不开区域环境一体化的保障，要促进前者发展就必须实现二者的良性互动。由于环境破坏的不可反演性，海洋环境作为制约因素只会日趋严峻。要实现区域环境一体化发展，单依赖各行政区的自身努力有其先天困难。由于缺乏对区域环境的整体理解，即使每个行政区能做到各自范围内的有效管理，也难以应对由环境问题无地界而引发的诸多意料之外的问题，反而会出现“画地为牢”、规避责任等现象，甚至上演“公地悲剧”。① 其中的道理在于，应当以一个区域性的视角观察分析一个区域性的问题，即管理制度的分析单位应当与所要解决的问题单位相一致。既然长三角海域的环境问题是一个区域性环境问题，就应当从区域视角出发构想适合一个区域性环境问题的最优解决方案。

3. 海洋环境有效治理的必然要求

20 世纪 80 年代以来，长三角工业化、城市化进程加速推进，目前已发展成为我国重要的区域经济发展中心之一。与此同时，长三角地区海域也成为各地方政府发展经济的公共“污水盆”，仅凭一地之力很难有效解决问题，如长三角海洋污染源八成来自陆地，加强陆源污染治理力度是提升海洋环境质量的关键所在，但是两省一市的环保标准不一，同一个项目在三地所受的环境制约不同，仅凭一地治理是不会对整个海域起作用的。而且近海海域毗邻的两省一市若只进行单独海域环境管理，往往容易割裂这片海域海洋资源的生态属性和经济属性，也容易割裂该海域海洋资源的开发利用和海洋环境保护之间的内在联系。

同时，“长三角府际合作”有其必然的内部有利条件，密切的地区间经济关联，共同的利益追求、地理位置的毗邻，使长三角经济区各方之间联系密切，也促成了彼此之间在区域文化方面（风俗习惯、文化传统与意识形态）的相似性，很自然就呈现出一种区域化的倾向。这种倾向有利于“海洋环境共同关注事项”的形成，有利于促进彼此的信息沟通，达成海洋环境治理的规则价值取向的共识，加深彼此信任。当彼此间信任深化时，进一步的协作（如信息交流、就现有及潜在环境问题进行协商、彼此技术援助、共同行动等）就成为可能，从而容易建立海洋环境开发利用与控制机制，对特定区域的海洋环境问题采取协调一致的办法，共同采取对策，消除污染源，解决当前的海洋环境问题。总之，“长三角府际合作”成功有其内部优势和潜在的条件，长三角府际治理合作有着良好的制度环境。

① 于兴修，杨桂山，欧维新：《长江三角洲土地利用结构演化区域差异分析》，载于《农业系统科学与综合研究》2003 年第 1 期，第 46-49 页。

二、府际合作治理的创新举措

（一）治理理念的转变，区域认同的强化

理念是行动的先导，要有效地进行跨区域的环境治理，尤其要保证环境治理的可持续，首先要进行理念创新，去除“各扫门前雪”的旧有治理理念，确立“共赢”和“协同”的理念。利益问题实为区域环境污染得不到有效解决的一个关键问题之一。现在各地方政府依然抱着本位主义，从传统的地方利益观念出发，因而造成跨区域的环境污染长期得不到解决。而环境治理需要大家的“协同”，“独善其身”实际上是很难做到的。例如，长三角各地方政府如果没有区域整体的环境利益观念，而只抱“独善其身”的心态，那么，各地的环境保护目标也是无法实现的。所以，重要的是通过改变独善其身的想法，树立起自己的利益是建立在他人利益基础之上、自己的环境状况与他人的环境状况“唇齿相依”的意识，在互信互利基础上以实现区域整体的环境利益。建立环境治理的跨区域合作，观念创新与认同意识的强化是前提。要树立开放合作的理念，区域内的各地方政府，在治理理念上必须跳出单一行政区划的刚性圈子，摒弃传统的“内向型行政”，关注区域公共问题的治理，主动融入区域治理体系之中。在涉及地方利益时，要从大局和长远利益出发，坚持区域公共利益价值取向，以合作协调的态度来解决问题，实现区域公共治理最优化。

（二）从科层制到网络治理

作为运作稳定、持续，并可预见的治理机制，科层制曾盛行一时。但是，这个理想化的科学设计已不适应现代政府所面临的复杂性、动态性和多元性环境，这已成为现代社会众多政府失灵的根源。纵向来看，上下级靠垂直的命令系统来指挥和沟通。但由于存在众多的行政层级，因而容易出现信息链障碍，导致组织协调不畅和反应迟缓。横向来看，严格的分工造成了部门之间“壁垒森严”，难以沟通合作。采取科层制的组织是一种高度分散的隔离组织，包括部门之间的隔离、部门和职员的隔离、机构和顾客的隔离以及机构和供应商的隔离。随着经济领域和社会领域自组织力量的发展，政府作为公共领域垄断者的中心治理机制已发生改变，治理机制的重心开始朝着多中心的网络治理转移。治理的主体并非是唯一的，可以是政府、也可以是私人机构和非营利的社会组织。“政府部门已经无法成为一个唯一的治理者，政府必须与民众、社会其他组织共同治理、共同管理、共同生产与共同配置”。在解决公共事务时，相互依存的行动者通过交换资源，共享知识，谈判目标，采取有效的集体行动。网络治理模式打破了传统的层级制的行政模式和自上而下的政策执行模式，强调治理主体之间通过交换而达到协调与合作。

（三）丰富区域环境治理的社会资本

政治治理的绩效必须要有社会根基作为保障，要从社会资本这一因素寻找动因。而什么是社会资本？社会资本指的是普通公民的民间参与网络以及体现在这种约定中的互惠和信任的规范。美国学者福山论证了社会资本之于政府公共制度和公共管理的经济和政治功能。他认为，社会资本的经济功能就在于它可以通过一种非正式的协调机制，降低交易成本。而这些交易成本跟契约、等级、官僚政治规则及诸如此类的正式协调机制存在着密切的关系。社会资本的政治功能则在于通过一种“结社的艺术”，逐渐产生紧密的公民社会，这种发达的公民社会反过来又有助于自由民主制度的维系和公共制度效率的提升。

就我国目前的现状来说，丰富社会资本是一个相当漫长的过程。要培育区域社会资本并增进其储备，目前主要从推进第三部门的发展方面着手，充分发挥第三部门在长三角环境治理方面的作用。其主要可以在以下几个方面发挥作用：一是开展环保知识、环境意识的宣传和教育活动；二是推动环境保护领域的公共参与活动，激发公众的环保热情，增强公众支持环保、参与环保的主动性；三是开展环境保护科学技术的研究工作；四是为环境污染受害者提供援助；五是参与制定环保公共政策。

（四）加强长三角政府间合作，建立和完善区域环境联合治理机制

基于府际治理理论以及当前长三角流域水环境面临的缺乏有效流域管理体制和协调机制、相关法规亟待完善、有法不依和执法不严、缺乏统一的流域水环境监测体系和预警应急机制、科技研发不足等问题，要加强长三角区域环境有效治理，长三角二省一市应本着“共防、共治、共保、共建、共享”的原则，建立与完善区域环境联合治理机制，除了应该建立完善区域环境联合规划机制、区域环境协调机制、区域环境应急合作机制以及区域环境市场机制四大机制外，还应当建立区域环境跨界污染纠纷处理机制。联合规划机制包括区域总体生态环境规划和专项生态环境规划；前者将从整个区域协调发展的高度，按照区域生态安全格局和环境容量的要求，整合经济社会发展资源，使得区域资源合理开发和使用；后者指长三角一些生态公地与生态敏感地带，如太湖、东海等迫切需要进行有针对性的生态环境规划，将生态公地周边相关城市的责任与权利等予以明确划分，其目的是使区域各城市权责明确，相互配合，更好地解决这些“公用地”的生态环境问题。区域环境协调机制的建立主要是为了打破“囚徒困境”，通过协调机制，区域各城市的责任与权利可以得到明确划分，并且可以相互协商解决问题。这样，各城市在区域生态环境问题上才能齐心协力，实现共赢。从操作层面上看，协调机制的建立主要包括区域相关各方自发进行合作和区域外引入力量进行合作两种途径。其实，在21世纪初，长三角次区域级的生态环境合作就已经进行，当初，江苏省苏州市的吴江市和浙江省嘉兴市的秀洲区发生了跨界水污染纠纷。针对这一状况，江浙两地政府和环保部门本着团结治污的精神，共同建立了水污染协调的“三个机制”，包括“信息互通机制”、“环保联合监察机制”和“联合办公机制”，取得了一定的成效。区域环境应急合作机制主要包括各城市指定区域环境安全的预警机制、处理机制以及区域生态环境问题应急调查和预警指挥系统。区域环境市场机制的建立，就是在区域内实行环境总量控制，使总量恒定，并且控制在生态闭值的范围内。在此基础上区域合理分配排污权，在排污权明晰的情况下，允许各城市进行市场交易。而区域环境跨界污染纠纷处理机制应包括两方面的内容：一是监管责任纠纷的处理；二是民事责任纠纷的行政处理。

三、长三角海域府际合作实践

目前长三角地区已初步建立了区域环境合作磋商机制，如在中央政府协调下建立的沪

苏浙省（市）长座谈会制度、长江沿岸中心城市经济协调会、长三角城市经济协调会、长江开发沪港促进会等合作组织或安排。2008 年《长江三角洲地区环境保护工作合作协议（2008—2010 年）》部署了统一行动计划，强调了“污染治理合作”的重要性。“在区域合作保障机制方面，建立两省一市环境保护合作联席会议制度，每半年召开一次会议，定期研究区域环保合作的重大事项，审议、决定合作的重要计划和文件。设立联席会议办公室，负责执行联席会议做出的决定，制定年度工作计划，推进合作协议的具体落实”。各种各样的合作协议在一定程度上是府际合作的法律保障，多种形式的沟通交流和定期会议制度则为府际关系协调、区域公共问题解决提供了渠道，也是确保“府际合作治理制度”得到执行的保障。

自 2002 年 10 月，由国家海洋局东海分局牵头，苏浙沪三方海洋主管部门首次对长三角海洋生态环境保护合作事宜进行协商以来，陆续出台了一系列合作协议，进行了一系列合作治海动作。

（1）2005 年，经上海、江苏、浙江两省一市海洋主管部门共同商议达成《长三角海洋生态环境保护与建设合作协议》，合作协议的基本内容包括：第一，共同开展“长三角海洋生态环境建设行动计划”研究。沪苏浙两省一市海洋行政主管部门加强联络合作，协调开展区域海洋环境保护与建设行动。第二，建设沪苏浙两省一市海洋生态环境保护与建设信息共享机制，为海洋环境监测预报、灾害防治和生态修复提供信息服务。第三，继续推进区域赤潮等灾害防治合作，及时互通、发布相关信息，共同提高赤潮预防和治理的技术，减少赤潮对海洋环境和人民生命健康的损害。第四，促进海陆联动，共同加强对入海污染物的控制，根据各地海洋生态环境的特点，积极开展生态修复、环境容量利用的研究。第五，提高海洋生态为经济服务的能力。加强海洋产业结构调整，促进海洋生物资源恢复，共同保持海洋生态系统平衡。第六，加强部门协作，建设近岸海域重大海洋环境污损应急机制和平台，健全长三角海洋重大环境污损事件通报制度，完善海洋突发性污染事故应急处理协调机制。

（2）2006 年 11 月 21 日在上海举行的第六次沪苏浙经济合作与发展座谈会上探讨了跨界合力治理污染的问题。在区域生态环境治理方面，抓好太湖水污染防治“十一五”规划编制工作，合力保护太湖水环境；“十一五”期间，规划、扩建 135 个污水处理厂，以削减流域内城镇生活污染物总量；开展长江口及毗邻海域生态调查，着手编制长江口及毗邻海域碧海行动计划；继续深化跨界污染联防机制，联合开展环保专项行动，逐步建立和完善跨界污染应急预案；抓紧实施环境平台建设，完成《长三角三省市环境保护合作协议》讨论稿的编写工作。

（3）2007 年，苏浙沪三地政府修订完成《长三角近海海洋生态环境建设行动计划纲要》。计划的主要内容是：建设苏浙沪海洋生态环境保护信息共享机制，为海洋环境监测预报、灾害防治和生态修复提供信息服务；推进区域赤潮等灾害防治合作，共同提高赤潮预防和治理的技术；促进海陆联动，共同加强对入海污染物控制；加强部门协作，建设近岸海域重大海洋环境污损应急机制和平台，健全长三角海洋重大环境污损事件通报制度，完善海洋突发性污染事故应急处理协调机制。

（4）2007年8月6日举行了上海市政协“长三角洲地区经济联动发展”专题研讨会。市政协在报告中建议尽快出台两省一市联合制定的“长江三角洲地区（太湖）流域产业和城镇发展总体规划”及与之相衔接的“太湖流域水环境保护综合规划”，明确实施太湖流域污染物排放总量控制指标和统一的更为严格的污染物排放标准、流域污水环境保护一体化合作平台，建立流域管理委员会。

（5）2008年长三角两省一市主要领导座谈会上，制订了《长三角两省一市环境合作平台建设工作计划》。主要内容包括：要制订更加严格、相对统一的建设项目环境准入制度、主要污染物排放和排污收费标准；共同研究出台有利于环境保护的经济政策，完善反映市场供求关系、资源稀缺程度、环境损害成本的环境资源价格形成机制；建议在长三角地区共同开展化学需氧量、二氧化硫排污权有偿分配和交易试点，培育成熟有序的排污权交易市场、联合编制和实施《长江口及毗邻海域碧海行动计划》，开展长江沿岸地区及杭州湾的污染综合治理，加强近岸海域的环境治理和保护等。

四、长三角海域府际合作治理的启示

（一）建立制度化组织结构，克服浅薄的合作意识

地方政府间跨区域合作，是指若干个地方政府基于共同面临的公共事务问题和经济发展难题，依据一定的协议章程或合同，将资源在地区之间重新分配组合，以便获得最大的经济效益和社会效益的活动。这种地方政府间的跨区域合作，一方面能够有力地改变传统的通过地方政府间竞争达到体制创新和经济发展这一目的的制度安排，另一方面能够改变各地方政府通过“跑部钱进”、中央政府财政拉动实现地区发展的政策格局，而开启一种扩大开放、横向合作、共谋发展的“双赢”之路。但是，长三角地方政府普遍存在着合作治理观念的滞后问题。究其原因，一是认知偏差。一些地方政府依然存在封闭式发展思维，一些行政领导乐于做一方之主，不愿意外界干预区域内经济社会的发展。二是信用匮乏。地方政府间开展的跨区域合作治理必然需要建立在地方政府的信用基础之上，但是部分地方政府却面临着严重的信用危机，一个普遍性的问题是“新官不理旧事”、“一届政府一朝政策”，有的行政领导是变着花样更改一些政策，这些都直接阻碍了跨区域合作治理海洋生态环境的顺利进行。

1. 设立中央专门机构

区域政府合作机制的建立，离不开中央政府的直接介入。在西欧，议会中都有永久的或临时的专门委员会，其职能是既介入一般区域管理与规划制订，又参与解决最严重的区域问题。我国应成立负责区域治理的综合性权威机构——区域公共管理委员会，协调全国的区域发展与合作，该机构可由国家发改委、财政部等有关部门领导和区域经济以及公共管理方面的专家组成。其主要职能包括：提出区域发展规划并报中央与立法机构审批；具体负责区域划分工作，组织实施全国性跨区域重大项目，组织研究重大区域问题；审查和监督区域政府间自主达成的区域合作规划的执行情况等。在区域公共管理委员会中，中央扮演的是约束的角色：一是因为中央政府所代表的国家利益并不总是与地方利益相一致，

区域合作的目标和政策在有的问题上可能偏离国家利益，这时需要中央的约束；另一个原因是，个人理性与集体理性之间的矛盾导致各成员之间不可避免地存在一定程度的博弈关系，如对资源的明争暗夺，因而一种外在的约束是十分必要的。[①] 基于区域公共管理委员会的重要作用，应赋予这一权威机构与其职能相匹配的权力和资源，理顺其与国家立法机构、国务院以及其他相关职能部门的关系，并通过法律予以明确。并成立流域资源环境综合管理部门，作为区域公共管理委员会的一个重要组成部分，负责指导制定跨界区域资源环境治理的科学合理、有约束力的制度。

2. 成立长三角流域管理委员会

将治理理论纳入流域管理中是国外流域管理的经验。国外典型的流域管理委员会有美国特拉华河流域委员会、加拿大马更些河流域委员会、澳大利亚墨累—达令河流域委员会、以色列水利委员会、法国地方水委员会等。这些委员会通过相应的法律明确各自的性质、职责、工作机制、调解纠纷机制及保障条件。长三角流域管理委员会将由国家环保局成员，流域管理委员会成员，各相关行政区划的环保部门官员和环保非政府组织的领导以及水污染治理方面的专家学者所组成。委员会为常设机构，其主要职责包括规划与协调水污染检测、水资源管理、基础设施建设、污水处理服务等。委员会通过协商和调解等手段对区域内各方进行水污染治理的领导。

（二）合作组织机制不健全

长三角两省一市尽管对海洋环境合作治理达成共识，签署了三方合作协议，“长三角城市经济协调会”、“沪苏浙经济合作与发展座谈会”、“沪苏浙主要领导会晤”及海洋主管职能部门之间联席会、论坛、合作专题等广泛建立，但没形成关于海洋生态环境治理的制度化会议，只是在碰到具体问题临时进行沟通。也没有常设的具有权威的长三角海域环境保护组织，甚至没有定期的环境论坛性质的合作组织；已建成的不同层面的政府合作组织也因为缺乏良好的组织保障和职责分工致使合作力量分散，难以形成合力。

（三）评估监督和激励机制缺失

对于已确立的平台建设（如信息共享平台、应急平台等）和合作专题（海陆联动控制污染物、海洋生态修复等）缺乏评估、激励与督促检查机制。同时，由于对地方政府单纯的国内生产总值政绩考核制度，往往使跨行政区经济的整体利益让位于行政区经济的局部利益，海洋生态保护利益让位于地方经济发展利益，甚至出现抢占或者破坏海洋资源，逃避对海洋环境治理成本的支付等扭曲行为。目前，长三角环境治理合作工作未纳入到各级政府的工作考核指标中，因此，从实质上来看，无法促进海洋环境治理协作真正落实。

（四）缺乏切实可行的利益平衡机制

作为独立的利益主体，沿海地方政府有其独特的利益追求和行为取向。利益差异形成地方政府之间的竞争和排斥，而利益共赢则导向地方政府之间的合作。因此，如果缺少利

① 张慧婉：《长江三角洲海洋生态建设：背景与行动》，载于《海洋开发与管理》2009 年第 7 期，第 104－108 页。

益协调机制，沿海各地方政府之间就很难形成合作治理。目前长三角生态治理缺乏跨区域的产业转移、利税分成、环境治理节能减排等方面的收益分配和协调机制，同时，环境信息共享机制也不够完善，致使相邻区域环境应急和环境执法机制难以正常化和规范化，统一的环境准入制度有待确定。

（五）缺乏区域法规保障

目前，长三角海域生态合作治理主要依靠松散的行政磋商，通过契约、伙伴关系达成。区域性法规的缺失成为限制地方政府间合作治理的重要因素。在我国，由于宪法和地方组织法涉及有关政府间合作的具体规定和条例几乎是空白，法律只规范了各级政府管理其辖区范围内的事务和上级机关（或中央政府）在跨区域事务中的角色扮演，对于地方政府在地方政府之间合作机制的建立、权利与责任分担等问题，根本没有谈及，这对地方政府之间的合作带来隐患，也给长三角海洋生态合作带来限制，由于缺乏法律约束力，致使在利益难于协商的情况下，可能导致地方政府注重走“上级路线”而忽视地方政府间的合作，或者使得地方政府之间合作事务的处理变成“争权诿责”的情形，协作难以落实到位，务虚大于务实。同时，长三角各地方各自制定政策标准和执法标准，在整个长三角区域很难统一，影响了合作推进。①

（六）海洋生态补偿机制被忽视

海洋生态补偿的目的是通过经济手段来激励海洋生态保护与建设行为，抑制生态破坏和过度利用行为。近年来，长三角海域海洋经济活动日益增加，由此引起的海洋污染事故、生态损害事件增多，导致近岸海域污染严重、生物栖息地损失、海洋生态系统结构失衡、生物多样性降低、物种减少，因此，长三角海域海洋生态治理亟须建立海洋生态补偿机制来调整相关利益关系。但由于缺少协调区域间生态补偿行为的机构和相关法律法规，海洋生态补偿协调方式在长三角海域生态环境管理中的应用非常有限。

第三节　珠江三角洲地区——打造“绿色”海洋生态安全治理模式

珠江三角洲（简称珠三角）海岸带长达 1 059.1 千米，占广东省海岸线总长的 31.4%，拥有海岛 395 个，海岛岸线 1 060.5 km。该区位于祖国南大门，是对外开放的重要窗口，具有得天独厚的区位开发优势，拥有优良的港口、渔业、油气、海洋能和水资源以及沿岸海水、沙滩等旅游资源。珠三角地区在经济高速发展的同时，也造成了严重的环境问题，严重威胁到所在海域的海洋生态安全。为实现中国经济社会良性发展，中央提出实施“科学发展”战略、建设和谐社会。因此，对珠江三角洲海洋生态建设和发展战略进行的选择和优化，是对科学发展观与建设和谐社会政策的积极响应，将对珠三角地区经济和环境的协调发展起到积极的推动和引导作用，也为其他地区发展生态型海洋提供启示，

① 史景华：《长三角海域生态环境保护立法研究》，浙江海洋学院硕士论文，2015 年。

为实现中国海洋环境可持续利用提供有益思路。基于此，在明确海洋生态安全观的前提下，结合可持续发展战略与绿色海洋理念，通过珠三角地区海洋现状的实证研究，系统分析珠三角地区海洋资源的开发和海洋生态建设的现状以及存在的问题，在探索其现有的海洋生态战略模型的基础上，总结提炼出了珠三角地区的绿色海洋生态安全治理模式。

一、珠江三角洲重要的海洋区位

珠江三角洲位于广东省的东南部，珠江下游，毗邻港澳，与东南亚地区隔海相望，海陆交通便利，被称为我国的“南大门”。珠江三角洲是我国亚热带最大的、濒邻南海的冲积平原，自古以来便得舟楫之利，有“越人善舟”之历史。古代人们很早已认识到珠三角地区的海洋区位所带来的优越条件。元代大德《南海志》曰：“广东南边大海，控引诸蕃，西通牂牁，接连巴蜀，北限庾岭，东界闽瓯，或产于风土之宜，或来自异国之远；皆聚于广州。”这种特殊的海洋区位为珠江三角洲地区的发展带来的交通运输、经济、人文等方面的优势，是珠三角地区成为改革开放前沿的先决条件。可以这么说，是海洋成就了珠江三角洲地区。

（一）自然地理区位

珠江三角洲位于中国的南陲、广东省的中南部，濒临南海，介于北纬21°55′—23°73′，东经112°45′—114°33′之间。因为处于华南褶皱带的南缘，受板块活动影响，海岸形成许多断块构造，使岬湾相间，岸外岛屿罗列；岸带内，陆上和水下地貌类型均相当复杂，包括山地、丘陵、台地、平原等多种类型。珠江三角洲原是一个多岛屿的浅海湾，西江、北江、东江从不同的方向流入其中。三江所带来的巨量泥沙，不断地在这浅海湾中淤积；又由于世界海洋平面升降变化的巨大影响，浅海湾经历着由陆至海和由海至陆的交替沉积的复杂过程。到了全新世晚期，即距今约两千多年前，古海湾终于被沉积物不断淤浅而形成岭南最大的冲积平原。流入这一古海湾的西、北、东三江各自形成三角洲，此外还有谭江、绥江、流溪河和增江等小河也直接流入古海湾而形成各自的小三角洲。这些大小三角洲，相互穿插、连接，形成了复合三角洲平原。因古海湾原来主要由地盘断裂陷落而成，以珠江口的狮子洋和伶仃洋为界，西、北江三角洲地势呈西北向东南倾斜，东江三角洲则由东北向西南倾斜。

珠江三角洲的地域范围，有狭义和广义之划分。狭义的珠江三角洲亦称小珠三角，是指以三水市思贤窖、东莞市石龙为顶点，南至珠江口海岸地区。土地面积为17.200平方千米，占广东省面积的7.8%。广义的珠江三角洲亦称大珠三角，以小三角洲为主体，包括其外围平原，如肇庆盆地、清远盆地、惠阳盆地、广花平原、潭江谷地、四会平原等。其范围：西自肇庆，东至惠州，北起清远、佛冈，南至沿海岛屿，土地总面积约48 000平方千米，占广东省面积的23.3%，比小三角洲面积约大两倍。

珠江水系和南海相通，继而可通各大洋。这种自然条件使珠江三角洲有可能成为“海洋总汇之地”、“河海分汇之区”，居民便于从事水上生计。依靠海洋，这为当地海洋贸易提供了优越的条件。通过南海，珠江三角洲可与南海沿岸的中南半岛、南洋群岛诸国，乃至经各大洋而同世界各国相交往。

（二）海洋经济区位

海岸带对于人类社会和经济的发展至关重要，该类地区的陆海两类经济荟萃、生产力内外双向辐射，是社会经济地域中的“黄金地带”，全球经济财富大部分产生于此。南海岸边的珠江三角洲等地的居民，生于斯，息于斯，以海产生物为其重要生活之源。他们自古“以船为车，以楫为马”，素以“越人擅舟”著称。广东境内港口众多，主要有广州黄埔港、汕头港和湛江港等。广州凭借自身拥有的海陆交通中心的优越条件，成为中国古代海上丝绸之路的发祥地，是世界海上交通史上唯一的2000多年长盛不衰的大港。珠江水系对岭南地区起了长期的统合作用，珠江三角洲即其经济核心区。从珠江三角洲的地貌、气候、土壤、水文、植被等自然条件看，它适宜于发展多种亚热带经济林木和水果，发展多种经营的农业经济，利用便捷的水上交通输入周边的生产资料（如矿铁等）发展手工业。此外，因其海岸线曲折，岛屿众多，并有珠江水系纵横其间，自古以来岭南人就利用这个临海优势发展其海洋经济模式。历史上，珠江三角洲与围绕南海的东南亚弧形岛国隔海相望，成为通往东南亚和欧美的交通枢纽。从今天的地理格局看，它处于东亚新月形地带的中点。东亚新月形地带拥有日本、韩国、新加坡以及香港和台湾等地，还有近年经济发展引人注目的泰国、马来西亚等。随着现代交通的日益发达，珠江三角洲成为亚太地区海空交通的辐合点。以广州为中心，1 000千米为半径画圆，武汉、台北、海口等囊括其中；如以3 500千米为半径画圆，则包括东京、大阪、平壤、汉城、上海、北京、兰州、马尼拉、文莱、新加坡、曼谷、仰光和加尔各答等亚太地区的重要城市，可见它在亚太经济中的战略地位。

三角洲作为海岸带的重要组成部分，是物质循环和能量循环最频繁的地区。珠江三角洲海岸带长达1 059.1千米占广东省海岸线总长的31.4%。珠江三角洲是我国经济最发达、经济增长速度最快的地区之一。1984—2004年珠江三角洲地区国内生产总值（GDP）以年均20%左右的速度高速增长，带动广东省由落后的农业大省转变为我国位列第一的经济大省，2008年GDP达到32 105.88亿元，在占全国0.4%的国土面积上创造了全国近10%的GDP。

二、珠三角地区海洋生态环境简介

（一）海洋资源概况

珠江三角洲地区自古以来临海而立，海洋资源丰富，针对资源的性状不同，主要可分为以下四类。

1. 海洋生物及渔业资源

调查统计显示，广东沿海已记录海洋生物6 000多种，约占全国海洋生物种类的35%，其中海洋植物2 000多种，浮游动物900多种，海洋鱼类1 064种，大型甲壳类500余种，头足类60多种，其他类群1 000多种。主要经济鱼类160多种，经济甲壳类130多种，经济贝类80多种，海洋药用生物3 000多种。生物物种多样性丰富，是我国最重要的天然种质资源库和药用生物资源宝库。主要养殖鱼类约30种，还有虾类、紫海胆、江蓠、紫菜、羊栖菜等；贝类增养殖在10种以上，其中牡蛎、马氏珠母贝、翡翠贻贝、华贵栉孔贝、鲍、泥蚶和文蛤是主要的增养殖对象。

2. 滩涂、湿地、红树林

广东省滩涂资源丰富，1986年全省滩涂面积约有20.42万公顷，包括潮上带8万公顷，潮间带12.4万公顷，占全国的9.3%。其中珠江三角洲地区滩涂面积占到全省的1/4。海岸带湿地分类统计共有41类，总面积245.25万公顷，约占广东省湿地资源的80%左右，为海洋经济发展和环境保护提供了优越的自然条件。2001年广东沿海有红树林面积10 065.3公顷，其中成林地约9 084公顷。珠江三角洲地区的一些城市都有大面积的红树林分布，其中江门市500.5公顷、珠海市193.3公顷、广州市26.1公顷、深圳市96.7公顷、惠州市172.1公顷。

3. 港口、旅游资源

珠江三角洲已经形成以香港、广州、深圳三个大型综合性港口为枢纽港，珠海、惠州、虎门、澳门、中山、江门、新会以及肇庆、佛山等为中小型港口共同发展的格局。香港、广州、深圳三港是整个港口群对外的主体，其中香港、深圳两港是外贸集装箱运输的主要干线港，汇集了整个腹地约99.5%的外贸集装箱直达运输；广州港依托江海联运优势，是广大腹地煤炭、油气品以及钢材等能源、原材料运输的综合性枢纽；其他港口充分发挥邻近港澳和珠江水网的优势，发展港澳运输和为综合性大港提供集散运输，并在各地临海、临江工业发展中发挥重要作用。自然景观等旅游资源丰富，共有滨海沙滩174处，长达572.1千米，如深圳的大梅沙、珠海的金海滩等。

4. 自然保护区、防护林体系

目前珠江三角洲共有生态自然保护区65个，面积达222 195.15公顷，其中国家级2个，面积116 18.90公顷，占总面积的5.23%；省级13个，面积93 084.39公顷，占总面积的41.89%；而市县级的保护区，面积117 491.86公顷，占总面积的52.88%。珠三角地区海岸防护林体系包括沿海沙岸防风固沙林、沿海岩岸水源涵养林、水土保持林和沿海滩涂红树林。现有沙岸防风固沙林中，树种为木麻黄、桉树、大叶相思等，主要分布于阳江市；现有岩岸水源涵养林、水土保持林主要分布于江门市、惠州市。

（二）海洋环境质量概况

根据《广东省海洋环境状况公报》（简称《公报》），近岸海域环境质量状况、主要入海污染源状况以及海洋环境灾害与突发事件是衡量珠江三角洲地区海洋环境质量状况的主要指标，通过这几个指标可以对珠三角地区的海洋环境质量有个大概的了解。

1. 近岸海域环境质量状况

近岸海域环境质量由海水质量、沉积物质量、海洋生物多样性以及海洋环境放射性水平构成。根据《公报》的披露，我们可以通过以下的图表来了解珠三角地区近岸海域环境质量状况。

（1）海水质量

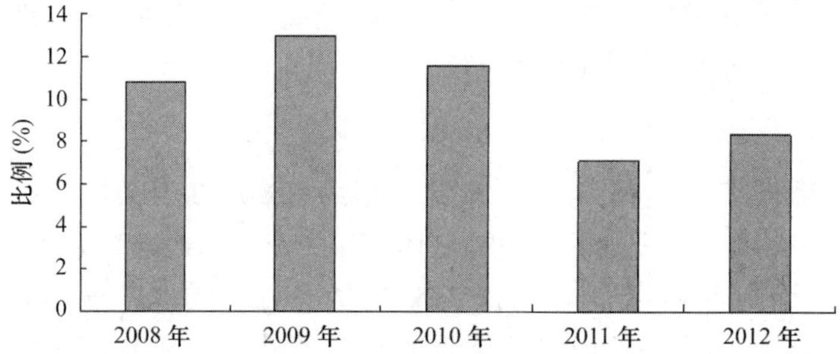

图9-1　近5年海水水质处于第四类及劣四类海域占广东省近岸海域面积的比例

表9-1　2012年广东省近岸海域海洋功能区水质达标情况表

序号	主要海洋功能区	要求水质类别	水质达标率（%）	主要超标因子
1	工程用海区	第三类	63.3	无机氮
2	旅游区	第三类	69.4	无机氮
3	特殊利用区	第四类	100.0	—
4	渔业资源利用和养护区	第二类	75.3	无机氮、活性磷酸盐
5	海洋保护区	第一类	56.0	无机氮、活性磷酸盐
6	港口航运区	第四类	52.6	无机氮、活性磷酸盐
7	海洋能利用区	第三类	100.0	—
8	保留区	第三类	19.0	无机氮、活性磷酸盐

注："—"表示无超标因子。

从图9-1和表9-1可以看出，广东省近岸海域海水环境状况总体较好，广东省珠三角地区近岸海域水质符合《海水水质标准》第一类、第二类、第三类和第四类的海域面积比例分别为74.2%、11.9%、5.5%和1.9%；水质劣于《海水水质标准》第四类的海域面积比例为6.5%，主要位于在珠江口和局部港湾海域，主要污染物依然是无机氮和活性磷酸盐。

（2）沉积物质量

2012年，广东省在珠三角近岸海域共布设70个监测站位，开展近岸海域沉积物质量监测，监测项目主要为：石油类、汞、镉、铅、砷、铜、锌、铬、六六六、滴滴涕、多氯联苯、粒度、有机碳和硫化物。监测结果表明，珠三角近岸海域沉积物质量总体良好，硫化物、有机碳、铅、砷、锌、铬和有机污染物等均保持在《海洋沉积物质量》第一类或第二类水平，局部海域沉积物铜、汞、石油类和镉含量处于《海洋沉积物质量》第三类水平。

（3）海洋生物多样性

表 9-2　2012 年广东省近岸海域生物多样性指数质量等级

海域	浮游植物		浮游动物		底栖生物	
	多样性指数平均值	等级	多样性指数平均值	等级	多样性指数平均值	等级
珠江口	1.81	较差	2.44	中	1.18	较差
大亚湾	2.95	中	2.07	中	2.06	中
汕头近岸	1.86	较差	3.28	较好	2.69	中
茂名近岸	2.46	中	2.26	中	1.80	较差
湛江东部	1.98	较差	1.78	较差	—	—
雷州半岛西南沿岸	2.26	中	1.74	较差	—	—

注："—"表示无数据。

从表 9-2 中的各项指数可以看出，浮游植物、浮游动物、底栖生物是衡量近岸海域生物多样性的重要指标。大亚湾、茂名近岸和雷州半岛西南沿岸海域浮游植物多样性指数等级为中，珠江口、汕头近岸和湛江东部海域浮游植物多样性指数等级为较差。汕头近岸海域浮游动物多样性指数等级为较好，大亚湾、珠江口和茂名近岸海域浮游动物多样性指数等级为中，湛江东部和雷州半岛西南沿岸海域浮游动物多样性指数等级为较差。大亚湾和汕头近岸海域底栖生物多样性指数等级为中，珠江口和茂名近岸底栖生物多样性指数为较差。

（4）海洋环境放射性水平

2012 年，在大亚湾核电站附近海域开展海水、沉积物和海洋生物体中放射性水平监测。大亚湾核电站附近海域海水中锶-90 和铯-137 等人工放射性核素比活度均在本底范围内，符合《海水水质标准》；海洋生物、表层沉积物中放射性水平与核电站运行前本底值相比未发现明显差异。

2. 主要入海污染源状况

入海污染来源于陆源入海排污、河流入海污染物和海洋垃圾，2012 年广东省继续加大对珠三角地区入海污染源状况的检测。

（1）陆源入海排污

图 9-2 和图 9-3 表明，经监测和统计，在广东省内，珠三角沿岸海域接纳污水为 1.00 亿吨，粤东沿岸海域接纳污水为 0.64 亿吨，粤西沿岸海域接纳污水为 0.74 亿吨。珠三角沿岸海域仍是入海污水的主要接纳海域，占全省的 42.04%，粤西沿岸海域接纳污水占全省的 31.14%，粤东沿岸海域接纳污水占全省的 26.82%。另外，经监测发现，在珠三角区域全年纳入监测的污染物入海总量约为 2.6 万吨，其中化学需氧量（CODcr）年入海量为 2.12 万吨，氨氮年入海量为 0.40 万吨，重金属年入海量 8 吨，生化需氧量 500 吨，总磷年入海量为 200 吨，石油类 28 吨，其他污染物年入海量约为 25 吨。

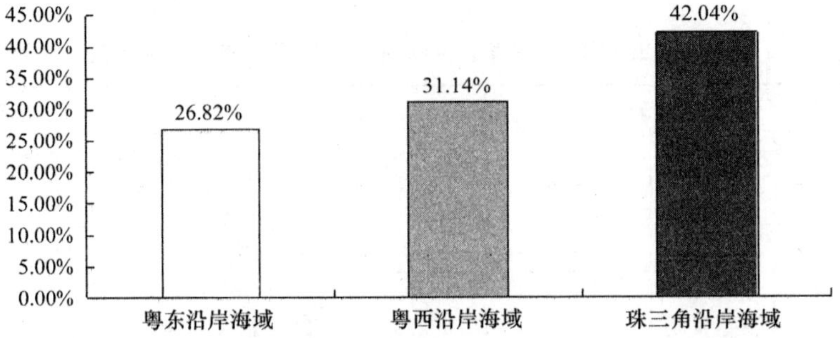

图 9-2　2012 年各海域接纳的污水量比例

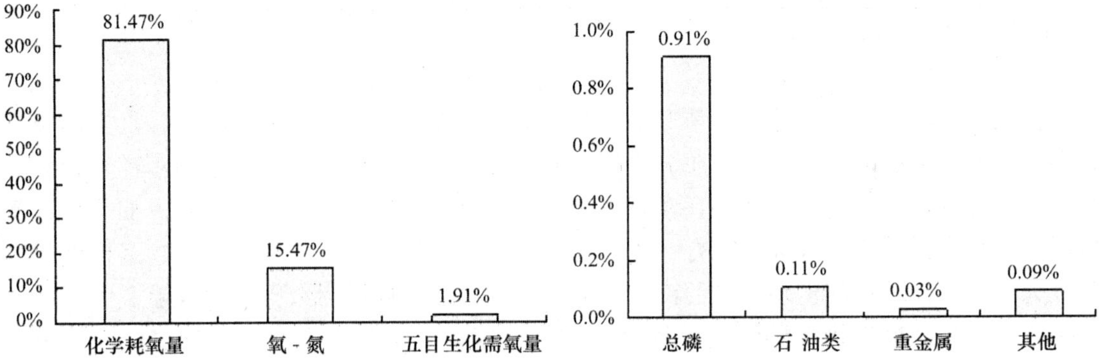

图 9-3　2012 年各类污染物入海比例

（2）主要河流污染物入海量

珠江是我国南方最大河流，流域面积广阔，河岸周边人口众多，尤其是中下游地区人口稠密、经济发达。河流沿途接纳大量工业、农业和生活污水。监测结果显示，2012 年，由珠江八大口门径流携带入海的化学需氧量、石油类、氨氮、总磷、重金属和砷等主要污染物的总量为 66.33 万吨。其中，化学需氧量（CODcr）46.46 万吨，约占总量的 70.04%；营养盐 18.45 万吨，约占 27.81%；石油类 0.98 万吨，约占 1.47%；重金属（铜、铅、锌、镉、汞、铬）0.37 万吨和砷 0.073 万吨，共占 0.68%。

（3）海洋垃圾

监测结果表明，海洋垃圾可以分为海面垃圾和海底垃圾。海面垃圾主要为塑料袋、木屑和木片。海底垃圾主要是塑料类、玻璃类和木制品类。不同海域的海洋垃圾构成各不相同，在治理海洋垃圾时，应根据具体的情况制定有针对性的办法。

3. 海洋环境灾害与突发事件

珠江三角洲海域的海洋环境灾害主要表现为赤潮、海水入侵与土壤盐渍化、风暴潮与海浪灾。

（1）赤潮

经统计得出，2012 年，珠江三角洲海域发现赤潮 16 次，累计面积约 741 平方千米，引发赤潮的原因种共有 9 种，其中锥状施克里普藻、中肋骨条藻、双胞旋沟藻和夜光藻是主要的赤潮原因种（表 9-3）。

表 9-3　2012 年广东省赤潮灾害情况统计表

序号	发生时间	消亡时间	地点	地区特征（河口/内湾、外海、养殖区）	最大记录面积（平方千米）	主要藻类
1	3 月 7 日	3 月 9 日	深圳蛇口附近海域	内湾	4	红色赤潮藻
2	3 月 23 日	4 月 1 日	汕尾碣石湾附近海域	内湾	535	脆根管藻、角状弯角藻
3	4 月 3 日	4 月 12 日	深圳大鹏湾盐田海域	内湾	10	夜光藻
4	4 月 10 日	4 月 13 日	深圳大鹏湾南澳海域	内湾、养殖区	5	夜光藻
5	5 月 2 日	5 月 4 日	湛江港调顺岛对出海域以南至特呈岛之间海域	内湾	33	中肋骨条藻
6	5 月 9 日	5 月 10 日	汕尾碣石湾附近海域	内湾	无明显分布面积	丹麦细柱藻
7	5 月 23 日	5 月 29 日	广东惠州港至金门塘海域	内湾	1.5	中肋骨条藻
8	7 月 17 日	7 月 25 日	深圳大鹏湾下洞海域	内湾	10	锥状施克里普藻
9	7 月 30 日	8 月 7 日	湛江东海岛龙海天海水浴场附近海域	内湾	4	中肋骨条藻
10	7 月 31 日	8 月 3 日	深圳大亚湾东山海域	内湾	8	锥状施克里普藻
11	8 月 6 日	8 月 19 日	深圳大鹏湾溪涌、大小梅沙至南澳海域	内湾、养殖区	20	锥状施克里普藻
12	8 月 9 日	8 月 17 日	深圳大亚湾七星湾附近海域	内湾	3	锥状施克里普藻
13	8 月 13 日	8 月 16 日	湛江港石门桥以南至特呈岛之间海域	内湾	35	中肋骨条藻
14	10 月 10 日	10 月 23 日	湛江迈陈镇附近海域（流沙湾南部）	内湾、养殖区	7.1	米氏凯伦藻
15	10 月 12 日	10 月 29 日	珠海野狸岛、珠海渔女和银坑对开海域	内湾	0.02	双胞旋沟藻
16	10 月 21 日	10 月 25 日	深圳西部赤湾附近海域	内湾	65	双胞旋沟藻

（2）海水入侵与土壤盐渍化

2012 年海水入侵监测结果表明，湛江市、茂名市监测区域均出现不同程度的海水入侵。根据水质的氯度和矿化度综合评判，茂名市监测区域的海水入侵程度较高，其中 1 个站位为严重入侵，3 个站位为中轻度入侵；湛江市监测区域呈现轻度入侵。阳江市、潮州市监测区域未发现海水入侵现象。关于土壤盐渍化，监测结果显示：5月份，湛江市、阳江市监测区域局部呈现轻度硫酸盐型盐渍化。8月份，湛江市、阳江市监测区域局部呈现中度和重度盐渍化，主要盐渍化类型为氯化物-硫酸盐型、硫酸盐型、氯化物型。

（3）风暴潮与海浪灾害

2012年珠三角海域发生台风风暴潮4次，造成直接经济损失17.47亿元，其中第8号台风“泰利”、第13号台风“启德”造成的灾害损失较大。另外，2012年，该海域近海共发生灾害性海浪19次，其中台风浪8次，冷空气浪11次。海浪灾害造成直接经济损失81.6万元，死亡（含失踪）12人。

三、珠三角地区海洋生态安全问题

改革开放以来，珠江三角洲地区社会经济迅速发展。随着经济发展以及人口不断增长，近岸海域环境受到来自陆地污染源、海上工程及交通运输、海水养殖等的影响，海域环境污染与生态失衡问题日益突显，不少沿岸海湾受到氮、磷和石油类等的污染，局部地区出现了过度利用海洋资源的现象，伶仃洋、大鹏湾、大亚湾以及潮州市、汕头市、湛江市等近岸海域已成为我国乃至东南亚地区的赤潮高发区，由此可见，珠江三角洲地区的海洋生态安全问题急剧凸显。

（一）陆源污染严重

陆源污染源主要指工业废水、生活污水、集约化畜禽养殖污染源、水产养殖污染源、固体废物、农业面源和城市面源。近些年来对珠三角地区的排污口邻近海域海水质量实施监测发现，该地区海水质量均为劣四类，主要超标污染物为无机氮、无机磷和COD，基本上不能满足各项海洋功能区要求。邻近的旅游风景区水体透明度普遍降低，港口航运区环境恶化趋势加重，海域水体富营养化严重；底栖环境质量持续恶化，底栖经济贝类几近绝迹，部分排污口邻近海域出现无生物区；主要河口和海滨湿地生态系统均处于不健康或亚健康状态。目前造成海域严重污染的主要因素有三个，一是陆源各种工业废水和生活污水对海洋的直接排放；二是由于油船的灾难性事故，比如撞船造成的原油泄漏以及溢油事件发生得越来越多；三是由于其他活动，比如盲目围海造地、养殖密度的增加、无度地滥捕和挖沙不止等，都会加剧珠江口环境污染、生态破坏和可持续利用能力的衰退。

（二）海洋污染逐年增加

海上污染源分为船舶排污、港口排污、海洋石油平台排污、海洋倾废等。从油轮、非油轮、渔船和船舶事故的石油类排海情况来看，船舶事故所引起的溢油事件和渔船石油类排海是海洋船舶石油类污染的两个最主要的来源。港口污染源主要为港区装卸机械和运输机械作业时滴漏和排出的污油等。珠江三角洲分布有6 000多家规模小且布局分散的镇、村二级污染型企业，普遍缺乏有效的污水处理设施，大量污水排入江河，目前年污水排放量超过20×10^8吨，此外，每年还产生工业固体废弃物180×10^4吨和生活垃圾300×10^4吨，流经各地市城区的河段均受到不同程度的污染。珠江河网及口门区水体和沉积物的污染，特别是具有持久性影响的有毒有害重金属与有机氯农药、多环芳烃、多氯联苯等有机物污染，给生态与环境安全敲响了警钟。广东省地质调查院取得的地调工作成果表明：珠江三角洲土壤环境质量不容乐观，出现了以镉、汞、砷、铜等毒性重金属元素为主的大范围区域性污染和大面积的氟、硫等有害元素污染。土壤有毒有害元素污染及其影响状况令人担忧。中国科学院地学部发表在《地球科学进展》上的一篇论文公布了大量关于珠江三角洲水土污染的数据。①

（三）海岸带生态环境恶化，红树林大量损毁

沿海地区滩涂围垦由于缺乏统一的规划和科学的管理以及围垦滩涂和填海的法规不完善，致使一些地方出现围垦滩涂和填海无序、无度、无偿的情况，破坏了海域生态环境，妨碍了泄洪排涝和航运，造成了不良的后果。随着海岸带、浅海和海岛资源的开发利用，各行各业出于利益考虑，征用岸线和滩涂多数未根据资源功能特点进行开发，岛屿开采沙石、修建海岸工程、盲目围海造田、填海造陆的现象十分突出。1950—1997 年间，珠江三角洲沿海滩涂围垦和填海造地面积累计达到 79 712 公顷，相当于现有滩涂面积的 70. 2%。由此造成珠江三角洲地区海岸带生态破坏严重，近几十年红树林面积大幅度减少。根据广东省林业局的调查资料，1980 年以来珠江三角洲被损毁和占用的红树林面积高达 1 082 公顷，比现存红树林面积（996 公顷）还要多 86 公顷，其中绝大部分为挖塘养殖所占用，面积为 1 040 公顷，占被损毁红树林地的 96. 2%；其余为工程建设占用，面积为 41. 1 公顷，占被损毁红树林地的 3. 8%。

（四）海洋渔业资源严重衰退，生物多样性降低

珠三角近海海域在中国近海中属于海洋生物生产力较高的海域，海洋生物种类繁多，渔业资源丰富。但自从 20 世纪 80 年代以来，珠三角地区海洋捕捞渔船盲目增长，捕捞强度急剧扩大，给渔业资源造成巨大压力。据调查，珠三角渔业资源年可捕量为 100 万至 110 万吨，1990 年珠三角沿海海洋捕捞产量为 110. 7 万吨，而 2003 年则增加到 184. 7 万吨，海洋捕捞强度已超过渔业资源承载力的 40%，加上海洋污染，环境不断恶化，渔业资源量下降。

珠江三角洲现有的海洋渔业捕捞能力已超过了资源的再生能力，加上海水水质不断恶化，湿地遭受破坏，电鱼、炸鱼等违规作业等原因，使渔场环境变迁或面积缩减，鱼类种群结构出现异常，各大渔汛消失，单位产量逐年递减，渔获质量不断下降。该区生物多样性不断降低，有些优质种类几乎绝迹。如珠江口海域原是 200 余种海洋鱼类的产卵场和培育场，而现在主要经济鱼类只剩 50 余种，而且种群数量急剧下降，渔获物由 20 世纪 90 年代的 2 000 万千克降至近年的 200 万千克。鱼类繁殖、栖息、生长环境恶劣，加之薇甘菊、水葫芦、大米草、福寿螺等外来物种入侵的威胁，生物多样性保护形势严峻。

（五）近岸海域富营养化加剧，赤潮频发

赤潮已成为一种世界性的公害，全世界多数沿海国家都不同程度地遭受赤潮危害，我

① 支兵发：《影响珠江三角洲可持续城市化发展的若干环境地质问题》，载于《地质通报》2005 年第 6 期，第 576-581 页。

国也是受赤潮灾害影响最为严重的国家之一，损失巨大。珠江口及其周边是华南人口最集中、经济最活跃的地区，在我国的社会和经济发展中占有重要的战略地位，随着珠江流域尤其是珠江三角洲地区国民经济的持续高速发展，城市化进程加快，人口随之急剧增加，而且珠江三角洲周边新兴城镇及工矿企业较多，大量未经处理的生活污水、工业废水直接或间接排入珠江口。虽然进入 20 世纪 90 年代后，各地政府重视了对工业废水的处理，工业污水排放量稳中有降，但污水排放总量并没有减少，而是逐年上升。据 2006 年的资料统计，排入珠江口的主要污染物总量为 250 余万吨。仅广东省排入珠江口的各种污水量平均每年就达到 39 亿吨。其中城镇生活污水占 70%，约有 3/4 以上的城镇生活污水未经处理就直接排入；另外，海水养殖已成为珠江口的重要污染源，在暂时或局部利益的驱使下，一些水域出现超负荷养殖，导致养殖环境恶化，大量的残饵、鱼排泄物等耗氧有机物进入养殖水体，致使养殖海域内氮磷营养物质过剩，引起富营养化的有机污染。珠江三角洲地区赤潮灾害的特征为：赤潮灾害总体呈上升趋势，发生频率不断增加；赤潮高发季节由过去的春季扩展到四季；赤潮发生海域和影响范围不断扩大；有毒藻种类越来越频繁地引发赤潮；引发赤潮灾害的生物种类不断增多，由甲藻和硅藻引发的赤潮减少，而由针胞藻类、定鞭藻类和纤毛虫类引发的赤潮明显增多。

广东是我国沿海赤潮灾害高发省份之一，与我国其他海区相比，广东省赤潮发生的频率和面积虽然都不是最大的，但是损失却最为严重。一方面是由广东赤潮发生的特点决定的，广东省赤潮生物以有毒有害赤潮种类为主，特别是对养殖渔业威胁巨大；另一方面，广东省是全国渔业产量最多的省份，占全国渔业总产值的 15%左右，渔业为广东省农业的重要组成部分，2005 年广东省渔业经济总产值达到农业总产值比重的 23%，因此，赤潮灾害成为威胁广东渔业经济的最主要因素之一。

另外，作为一种海洋灾害，赤潮不仅造成海洋渔业、水产养殖业、海上旅游业等经济损失，还会通过食物链传递影响人体健康，甚至造成人员死亡，如 1991 年 3 月，大亚湾附近居民因食用含有赤潮毒素的翡翠贻贝，造成 4 人中毒，其中 2 人死亡。2004 年 9 月份，在汕头和深圳，因误食染有西加鱼毒的珊瑚鱼类，分别造成了 50 多人和 39 人的中毒事件。

（六）近岸海域资源开发利用缺乏统筹规划

珠江口近岸海域资源开发利用缺乏总体的区域规划，沿岸地市均以服务地方经济发展为根本出发点，缺乏必要的交流合作，互补性不强，影响整体区域的可持续发展。一是港口、码头和石化仓储等大型项目泛滥，成片上马，大量占用岸线资源，必将引发内部恶性竞争；二是海岸线破坏严重，大大削弱抵御海啸、风暴潮和海水入侵等自然灾害的能力，20 世纪 80 年代，从深圳的宝安到东莞的沙田沿岸生长着成片的红树林，到现在已是难觅踪影；三是沿岸旅游资源散乱开发，以虎门为例，这里是中国近代史的开篇地，旅游资源丰富，但缺乏统筹规划，威远炮台、沙角炮台、海战馆和硝烟池等景点显得散乱，没能形成整体效应，以上这些问题已经导致海岸带不堪重负。

（七）海洋环境监测体系有待加强和整合

目前环保、海洋、水利、海事、军队、农业、林业等部门都有开展沿海地区的环境监测工作，但仍然以传统的环境保护监管模式为主，各自的监测数据和资料自成体系，没有形成统一的监测网络和数据库系统，海洋环境监测、监视、预报、警报和海上救助等保障体系尚不完善而且装备落后，海洋防灾、减灾能力较低，对于突发事件的处理缺乏应急能力。

（八）环境基础科学和应用技术研究发展不足

作为我国拥有最长海岸带的海洋大省，广东省对珠三角沿海地区的环境科学技术的研究明显不足，在深度污水处理技术、水质自动监测系统、水处理装备、海洋环境动力与赤潮研究、沿海湿地系统研究、河口污染物入海通量研究与重点水域的立体监测技术、经济海草植物养殖技术等都没有掌握先进有效的技术或缺乏配套技术支持，影响了珠三角沿海地区的经济发展，制约了这一区域社会经济与环境的可持续发展。

四、珠三角地区“绿色”海洋生态安全治理的提出

（一）珠三角地区海洋生态安全治理现状

关于前文所提到的珠三角地区的海洋生态安全问题，广东省政府在已经通过的《广东省海洋经济发展“十一五”规划》中强调，要贯彻落实关于加快建设沿海经济带的部署，同时大力倡导“活力海洋、生态海洋、科技海洋、文化海洋、法制海洋”的新理念，加强海洋综合管理、海洋资源和生态保护以及海洋防灾体系建设，实现海洋社会高速发展、协调发展、可持续发展。

1. 海洋开发政策的制定

2011 年广东建设国家海洋综合开发试验区获得国家正式批准，沿海经济带将成为广东经济发展的撬板。生态、生产和生活的和谐共融是海洋发展战略的重要着力点，因此，应当借鉴国内外发展经验，加强海洋和海岸带生态系统建设。具体措施是建设广东沿海“蓝色印象带”，主要包括立体蓝色景观带、滨海特色蓝色城镇带和蓝色产业带。“蓝色印象带”将实行集生态、生产、生活为一体的综合建设模式，走开发与保护同步，陆地与海洋统筹的发展方式，并对接六千千米绿道组成珠三角都市圈的绿地系统骨架，在全省形成“蓝带绿网”的复合格局，共同成为广东实践科学发展的核心展示区和标志性工程。这种格局的建立有利于促进广东转变发展方式，修补和维系生态环境，缓解资源压力，提升临海工业和海洋科技的创新能力和产业竞争力，并带动粤东、粤西地区崛起，促进全省区域协调发展。

2. 海洋科技人才培养

《中共广东省委、广东省人民政府关于加快发展海洋经济的决定》第 23 条强调，“加强海洋人才培养和海洋人文社会科学研究，加强高等学府重点海洋学科建设，在广东省水产学校的基础上，建设广东省海洋与渔业职业技术学院，加快培养相关应用型高级人才。鼓励海洋人文社会科学研究，培育具有南方特点的海洋文化”。例如，2005 年获批的广东省海洋与渔业局研究项目“广东省海洋文化产业的现状、问题与对策”是国内率先进行海

洋文化产业研究的立项课题。

3. 民间捕鱼风俗的引导与建设

民间风俗中也早已融入了环境保护的内容，影响最大的当属休渔和放生，祭海时倡导“感恩海洋、保护海洋”的意识、捕鱼时抓大放小等。为了让海洋中的鱼类有充足的繁殖和生长时间，每年在规定时间内，禁止在规定的海域捕鱼，这对鱼类的生长起到了保护作用，这种民间风俗就是“休渔”。当今这种休渔习俗已经成为制度化组织行为。在南海伏季休渔期间，广东省举办了以“休渔放生节”为主题的一系列民间风俗活动，如惠州市的放流仪式和清远市的“休渔放生节”等。广东“休渔放生节”的意义在于，能发动全社会共同推进增殖放流，维护水域生态环境，对促进渔业循环经济的稳定发展和构建和谐渔业具有重大意义。同时，休渔的精神对弘扬中华文明、生态文明、人文精神，倡导珍惜生命、爱护自然的理念，对创造社会主义建设良好氛围以及对建设和谐社会、实现社会经济可持续发展均有着重要意义。

（二）目前珠三角地区海洋生态安全治理所面临的主要问题

1. 政策上——保护海洋生态和以经济建设为中心的目标冲突

中国改革开放以来，始终坚持“以经济建设为中心”，单从字面理解就是中心工作是经济建设，这常常会被误解为中心就是唯一，可以不顾一切甚至不择手段。这种误解容易使人们忽视海洋生态，甚至以牺牲海洋环境为手段谋取利益。随着广东省经济迅速增长，外来人口急剧增加，资源大量消耗，环境严重污染和破坏，导致珠三角地区生态环境日益脆弱和恶化。由于资金缺乏和技术手段的不到位，使珠三角地区的综合发展陷入了一种强者愈强、弱者愈弱的“马太效应”，以致海洋经济建设与生态环境保护两者的目标难以兼顾。例如，为了发展工业，许多沿海地区加大了临海产业带、水利工程、交通网络、城市化等建设进程，有的城市的滨海区域超密度分布大量石油化工企业和钢铁项目，近海海域的生态受到不同程度的影响。

2. 物质基础上——海洋开发的科技力量薄弱

海洋科技是世界三大尖端科技之一，其发展水平已经成为体现一个国家综合实力和科技发展程度的重要特征。谁能在海洋高新技术上领先，谁就能在世界海洋竞争中占据主动地位，获得更大的资源和收益，也就能占据资源开发的先机。但是，当前广东海洋资源开发的科技力量还不能满足需要，主要表现在以下几方面：一是海洋开发技术的产业化水平低，科技网络不健全，综合性科研机构少，科技成果转化率低于 30%；二是海洋技术研究，尤其是新兴产业科研落后，如海洋油气开发技术、深海资源勘探开发技术等方面，直接制约了全省海洋资源开发的后劲和质量；三是基础研究薄弱，大规模的海洋基础调查工作在区域范围上未能覆盖全部海域，调查精度较低，标准不一，因而影响了对资源底数的准确认识，给海洋资源的研究规划带来困难；四是海洋科技力量分散，缺乏总体部署，阻碍了形成以科技促进海洋经济和社会持续健康发展的长效机制。目前，科技力量薄弱是导致广东海洋开发总体水平较低的主要原因，也是制约海洋资源可持续利用的关键问题之一。

3. 制度上——涉海法律保障和监管机制不完备

广东省在全国环保法规体系的框架下，也制定不少地方环保法规和管理办法。在有效地实施生态保护和环境治理的同时，依然存在有法不依、执法不力的情况。对此，政府不得不花费大量资金、人力、物力加以治理，说明广东省环境制度的建设和健全尚需时日，尤其是环境保护相关法律法规的公正、公平执行。法律保障的不健全，就会造成海洋综合管理法律缺位。从管理效率的角度上看，只有整个系统实现分工协作，达到优化组合，并形成规模效益，最终才能实现海洋生态与经济的综合发展。然而，国家和地方海洋管理的职能部门多，这些部门直属于各地方政府，造成了“九龙治海”的局面，在管理中出现多头共管、机构职能重叠、权责不明的现象，进而造成了海洋管理的混乱和低效。从监管范围的角度上看，由于责任分工的不同，相关的环境部门不能插手海洋环境的问题，而广东省海洋与渔业局也不能管理海岸上的污染问题，致使海岸带的污染得不到有效的监管。

（三）珠三角地区“绿色”海洋生态安全治理理念的提出

一种理念或者模式的诞生，往往是人们经过实践的经验总结，是正确思维方式的反映，也是正确行动的前提和指南。“绿色”海洋理念是可持续发展观点在海洋领域的体现，换言之，就是海洋的可持续发展。海洋的可持续发展要通过法律规范、技术创新、公众参与等手段，合理地开发利用海洋资源，提高海洋产业的经济效益和生态效益，使海洋经济、海洋社会、海洋生态三者协调发展，确保当代人之间资源的代内公平，又不影响后代人拥有资源丰富和环境良好的海洋。“绿色”海洋理念是一个全新的海洋开发理念，不同于传统的以资源过度消耗、生态环境破坏为代价的海洋开发观念，其具有代际公平和代内公平性、持续性、科技主导性等特征。也不同于关注生态建设的生态型海洋理念，“绿色”海洋理念关注的重点是生态文化的建设。“绿色”海洋战略，就是从生态角度出发的一种可持续发展的海洋战略。

改革开放以来，我国经济快速发展，随着社会的发展，人口逐渐向海岸带集中。由于人类对海洋生物过度捕捞和对海洋纳污能力的过度利用，海洋正在向“荒漠化”的方向发展。广东省海洋与渔业局公布的《2011 年广东省海洋环境质量公报》指出，在广东省内受到污染的海域主要集中在部分大中城市近岸区，如珠江口和汕头近岸等；其生态系统处于亚健康状态，海洋的主要功能退化或丧失，严重影响了水下生物的生存环境；造成海洋环境污染的主要因素是陆地排污、不科学的围填海、无序采砂和过度捕捞等。仅 2010 年一年，珠江八大入海口携带入海的污染物约 108 万吨。一个严峻的问题是：环境的可持续与经济发展能否兼容？面对这个挑战，需要积极加强海洋生态安全治理，依靠“绿色”思维以解燃眉之急。进行海洋生态治理的内涵不仅仅是改善环境，更应该包括以海洋生态环境的良性发展来促进海洋经济开发进程，以海洋经济开发的成果来维护海洋环境的生态平衡，通过这种相互促进的良性循环，最终形成一个和谐共荣的局面。

五、"绿色"海洋生态安全治理模式

《全国海洋经济发展规划纲要》中明确提出"建设海洋强国"的战略目标，但为了实现高科技、高效率、低污染、可持续的"绿色"海洋的发展，我们需要一个更具体、更明确的目标来指导海洋的综合发展。珠江三角洲地区"绿色"海洋生态安全治理的目标定位：在生态文化的指导下，深入落实科学发展观和可持续发展战略的要求，以保护环境和惠民富民为出发点和落脚点，充分发挥广东省海洋环境和资源优势，探索广东省海洋发展新模式，切实调整生态文化建设相关主体间的利益关系，平衡保护与发展的矛盾，最终实现广东省海洋经济、社会、文化和生态之间的协调发展。

（一）治理基本原则

1. 坚持经济建设与生态建设相兼顾

面对广东省资源日益消耗与环境日益污染的"双困局面"，应从思维方式转变的角度采取措施，树立绿色资源观，做到兼顾经济建设与生态建设。要在借鉴先进经验的基础上转变传统资源观念，大力发展以可再生的绿色能源为核心的资源体系。如：设立绿色能源专项保障基金，大力推进对绿色能源的普及、推广与应用等，实行相关优惠政策来扶持绿色能源。同时，遵循"减量化、再使用、再循环"的3R原则，建立以海洋闭环流动系统为中心，包括海洋产业内部、区域海洋产业间和海洋整体系统的海洋资源良性循环机制，实现人类生活、海洋经济和海洋生态的协调统一。

2. 坚持海洋生态与高新技术相结合

科学技术是人类文明的推动力，建设海洋生态文明必须依靠科技进步，强化自主创新，坚持科学发展和科学管理。把高新技术的研究成果作为海洋生态文明建设的技术支撑。加强与海洋可持续开发有关的管理科学和应用基础科学的研究，为协调海洋环境和经济建设的关系、促进海洋可持续发展提供科学依据和技术支持。把实现海洋监测、信息传输和产品制造的现代化作为海洋生态文明建设的技术保障。完善海洋生态区的监测手段，开展近海生态健康状况和生物多样性状况的调查和定期评价，积极发展以计算机技术为支撑的"3S"技术（GIS、RS、GPS），使其成为现代海洋生态恢复监测的主要手段。把培养高新技术人才作为海洋生态文明建设的重要基础。宣传和普及海洋基础知识、环保知识、科技知识，提高技术人员的文化素质和技能水平，培养一批海洋生态建设领域的专业人才和领军人物，为海洋生态文明建设奠定社会基础和人才保障。

3. 坚持有效开发与积极保护相促进

要正确处理资源开发与环境保护之间的关系，在开发中保护，在保护中开发，坚持有效开发与积极保护相促进。人是通过改造自然的实践活动而从动物界提升出来的，并且通过不断改造自然来发展自己。我们对环境资源的改造主要包括两个层次：一是人类要开发自然界的物质资源，用以求得生存和发展；二是人类要利用自然规律，利用自然力量来为人类服务。值得注意的是，改造自然必须从保护自然开始，对生态环境的破坏只会妨碍人类的改造活动。同样，保护自然不等于完全依赖自然，而是一种积极的、渗透性的、改造性的保护。对海洋环境的开发就是要从人与自然和谐发展的角度出发，正确地认识人对自然的改造，科学地行使人自身生存和发展的权利，并且积极地保持自然生态的稳定。为达到海洋资源开发与生态环境保护的相互促进和共同发展，我们提倡对海洋资源的全面规划，统筹兼顾，综合开发。建议从全局观点和长远利益出发，加强对尚未开发的海洋资源进行全面规划和综合开发，保证其有效利用和可持续发展；对正在利用的海洋资源，应加强管理、监测，使其有足够的空间和充分时间休养生息，为资源的持续利用提供条件。

（二）“绿色”海洋生态安全治理模式的基本框架与内容

“绿色”海洋生态安全治理模型是在分析珠江三角洲地区海洋资源与海洋生态建设现状的基础上提出的。为达到社会、经济与环境协调发展的战略目标，要以科学发展观为指导思想，从社会主义和谐社会建设大局出发处理好经济增长、人口增加和资源环境承载力之间的关系。这将是一个循环经济、低碳社会、清洁生产三位一体的绿色工程。因此，要从产业项目和社区项目两方面进行建设，最终实现可持续发展的“绿色”海洋社会。

“绿色”海洋生态安全治理中的产业项目的建设包括：发展资源节约、环境友好的“绿色”渔业，发展“绿色”管理、清洁生产的海洋工业，发展“绿色”科技、低碳物流的“绿色”航运，发展休闲环保、弘扬文化的滨海旅游。

1. 发展资源节约、环境友好的“绿色”渔业

2008年环境组织公布的《太少的鱼类：全球渔业区域性评估》报告显示，全球80%以上的海洋渔场已不能再承受渔业活动。广东省是海洋大省，珠三角地区渔业作为支柱产业已受到人们的重视。但是，随着涉海人口的急剧增长，为了加快珠三角地区渔业生产的发展速度，很多地方出现了竭泽而渔和海洋渔业能耗高的现象，这就成为影响海洋渔业“绿色”发展的主要因素。其他因素还包括：捕捞超过生态系统的承受能力，会使整个系统退化，鱼类的数量不足以繁殖和补充种群数量；作业区域大大缩小，渔民转产转业难度大，有调查显示，广东省受影响的渔船有6 000多艘，每年减少产量3.2×10^5吨，直接经济损失17亿元，近10万海洋捕捞渔民和66万渔业人口的生产、生活受到不同程度的影响；渔业水域受到污染，对渔业资源造成了直接危害，同时也影响着人民的身体健康。另外，渔船材质与型号落后、捕捞工具落后和捕捞技术落后等问题造成广东省海洋捕捞能耗高。

针对珠三角地区海洋渔业发展存在的问题，应当把建设资源节约型、环境友好型的“绿色”渔业作为完善海洋综合发展方式的重要着力点。具体措施有以下几点。

第一，发展高效节能的渔业。首先，需要在政策上控制捕捞渔船数量、规范渔具与网目尺寸、执行各项法规、管理渔场渔期、加强渔船节能降耗改造等。其次，要按照高产值、低能耗、低排放的要求，推广节能减排、清洁生产技术和模式，如渔船节能改造、生态立体养殖、循环水净化养殖、温室绿色能源供热等。最后，通过结构调整、要素集聚等方面的措施，加快推进现代渔业示范园区建设。

第二，发展以科技创新为基础的海洋捕捞。主要是加强渔业生产的基础设施，提高渔业生产的现代化水平；提高海洋捕捞的机械化程度，适应远程化和船只大型化的要求；发

展水产品储藏和加工技术，提高附加价值等。

第三，发展生态、休闲型的“海洋牧场”式渔业。“海洋牧场”是指在一个特定海域内有计划地培育和管理资源，设置人工渔场，从资源的放流到捕捞，对生态系统加以人工控制和管理，以达到在保护生态系统的同时，使渔业资源实现可持续发展。

2. 发展“绿色”管理、清洁生产的海洋工业

进入21世纪以来，海洋开发已由单方面开发向海洋资源全方位开发拓展。从当年“靠海吃海”这种单纯的海洋捕捞业，到发展海水养殖、水产品加工和贮藏，再到如今的发展全方位海洋工业，走新型工业化道路。随着时代的发展，海洋产业正成为我国经济增长中最具活力、最有前途的一个重要领域。

近年来，珠三角地区工业生产保持平稳较快发展的态势，而随着工业发展，附近海域也受到了不同程度的污染，据广东省海洋与渔业局发布的海洋环境质量公报中称，2010年珠江八大入海口携带入海的污染物约108万吨。大多工业污染都是因为工业生产过程中对资源利用不当或不足所导致的，因此，应当通过有效的管理手段，在生产满足人类需要的产品的同时，能够合理使用自然资源和能源，并自觉保护环境和维护生态平衡。具体策略包括以下几点。

第一，建设“绿色”工业园区。建立“绿色”海洋工业园区，即建设一批高效益、具特色、可持续发展的工业园区。在实施过程中，为解决开发力量分散、产业布局和配置不合理等问题，应当打破行政区域的局限，建立政府、研究开发机构、企业三位一体的联合生产体制。走一条利益共享的工业园发展道路，主要利用公共基础设施，利用高校以及科研机构的人才、技术和设备优势，联合具有生产条件的企业，在重点领域有计划地建设几个高水平的开发中心和中试基地。亦可推行行业式企业—科研机构生产合作体制，以高新技术加快清洁产品、“绿色”工业的发展。

第二，组建大型集团公司。在重点行业组建大型集团公司，整合力量使之形成一定的资产和经营规模，以优势企业、名牌产品为核心，以资产为纽带，组建和发展一批规模大、效益好、科技含量高并拥有自主知识产权的海洋企业集团。接着，进一步整合资源，通过现代化的管理运作模式，促进海洋工业产业的良好发展。由于集团规模的扩大和资源的整合，其自主创新能力和市场开拓能力也会明显提高，能够拉动本行业以及相关产业的发展。

3. 发展“绿色”科技、低碳物流的“绿色”航运

据权威机构的研究报告表明，航运是环境杀手之一，全球每年排放的气体氮氧化物中有30%来自海上船舶。其营运中所排放的有毒物质、生活垃圾等污染物对海洋环境造成了严重危害，这就迫使人们将注意力更多地转移到发展“绿色”航运方面。“绿色”航运是指在航运发展中兼顾经济建设与生态保护，通过完善防治船舶污染法制体系，加强船舶防污染监管体制，提高船舶、设备的环保技术水平，控制有害污染物的使用或产生等措施，避免因航运造成的环境污染，使之满足可持续发展的要求。具体措施有以下几点。

第一，完善船舶污染防治法，为“绿色”航运提供法治保障。要实现“绿色”航运

的长足发展，必须有完善的法治环境做保障。为了保障2010年获得通过并生效的新《防污条例》能够有效实施，应依照广东省现状制订配套的控制船源污染的条约和较为完善的法律规则，通过完善船舶污染防治的法制体系，为实现“绿色”航运提供良好的法治环境。

第二，实施科学的监管体系，促进保障政策的有效落实。对航运污染防治问题的处理不是某个职能部门可以独立完成的，必须联合多个分支学科、科学团体和部门联合共同攻关才能实现。因此，要加快政府职能的转变，打破部门和地区的分割，建立适应海洋航运可持续发展的监管体制和发展机制。广东省海事部门应站在保障生态平衡和航运科学发展的高度，以“让航运更安全，使海洋更清洁”为管理目标，抓好船级公司、船只、船员管理的主线，强化船旗国监督和港口国监督管理，完善船舶污染立体监视监测手段，规范船舶污染物接收处理。通过完善船舶污染物的源头消除、过程控制、规范处置等环节的管理，确保有效控制和减少船舶对环境的污染，保障航运的“绿色”发展。

第三，坚持科技为本的原则，以“绿色”能源支持低碳航运。“绿色”能源也叫清洁能源，包括在能源的生产、消费过程中，对生态环境低污染或无污染的能源。支持航运低碳化的“绿色”能源主要包括AMP系统和燃料电池。AMP——非传统船舶电源，即当船舶停靠码头时电源改用岸电。港口新建AMP系统，需要政府与港口双方达成共识，考虑技术力量、时间安排和经济投入。燃料电池是电化学转换器，它无需明火燃烧即可将燃料中的化学能直接转换为电能，具有效率高、污染小、噪音低及无震动等优点。燃料电池使用价格相对较低，使其以较低的运作成本冲抵了较高的制造成本，可提高50%的效率，而且降低污染气体排放。可以预见，装有燃料电池这样“绿色”引擎的船舶将会在航运业的激烈竞争中抢占优势。

4. 发展休闲环保、弘扬文化的滨海旅游

休闲环保、弘扬文化的滨海旅游是一种海洋生态旅游，其中蕴含着先进的海洋资源开发与管理的思想。海洋生态旅游以海洋生态系统为载体，以可持续发展理论和旅游要素系统论为基础，运用海洋管理科学来提高旅游资源开发的科学性，在最大限度地谋求经济效益的同时，将对区域环境的消极影响维持在最小限度内，从而实现经济效益、环境效益和社会效益的协调发展。

第一，建立海洋生态旅游资源开发系统。首先，对珠三角地区的海洋生态资源进行详细准确的调查，对这些资源进行环境承载力研究和技术评价。其次，应联合高校和研究机构，对珠三角地区的滨海旅游资源开发做出科学具体的规划，如资源的种类特性及市场价值，生态使用阀值，补偿机制和修复措施等。再次，应列出生态敏感区，如森林、湿地、珍稀动物繁殖地等，进行严格保护。最后，还要将当地居民传统的文化遗产作为重要的非物质文化资源加以保护，在进行资源开发过程中为原居民提供就业机会，吸引他们积极参与。

第二，建立政府主导、多方参与的滨海旅游业发展格局。滨海旅游业是典型的“系统协同性”产业，在其发展过程中必须依赖系统整体协同运动，要求在政府层面上进行统筹安排，同时需要相关部门的积极参与配合。首先，各级旅游局的职能由管理向服务和引导逐步转变，在区域统筹和市场规范等宏观层面进行调控，以建立规范有序、公平竞争的市场秩序。其次，通过政策调节和旅游产业结构调整，推动旅游产品由游览观光主导的基础层次向休闲度假主导的高层次转型，引导旅游消费由食、住等低效益消费向游、娱、购等高效益消费转变，以实现旅游产业效益、产业形象和产业地位的全面升级。再次，要通过政策支持、资金补贴等多种手段来扶持一批具有核心竞争力的企业集团，明确其在旅游开发中的主体地位，进而形成高效的机制。最后，借助学术界、企业、社会群体的力量，发挥学术界的科技支撑职能，企业的市场主体职能，社会群体的监督职能，建立一种“政府主导、多方参与”的格局，共同推进珠江三角洲地区滨海旅游业的协调性、高效益、可持续发展。

“绿色”海洋生态安全治理中的社区项目的建设包括：建设“绿色”建筑、“绿色”循环的海洋城市，建设设施完备、社保完善的“绿色”渔村，建设“绿色”作业、管理先进的“绿色”港口，建设海洋生态文明示范区。

5. 建设“绿色”建筑、“绿色”循环的海洋城市

“绿色”海洋城市具有区位和海洋资源的优势，其是以实现优质的城市环境为目标的。现在的目标是努力在珠三角地区创造一个污染得到控制、资源高效利用、需求与物质相适应、人与自然相和谐的生态环境。

第一，加强“自循环”与“综合循环”系统的建设。由于海洋城市拥有得天独厚的海洋资源环境优势，广东省建设“绿色”海洋城市的第一步就是应形成原生资源中自然单元素的内部“自循环”。由于沿海城市也普遍存在着日益严重的水资源缺乏，所以要努力建设城市内部的“水系”，形成水之间的“自循环”系统。城市生产生活用水要科学规划，努力加强水资源的循环再利用，最大限度减少水系污染。同理，应保留城市内部的“原生”植被，并保障物种的多样性，构建城市内部的“植物系”，使各类植被以更加天然的形式结合在一起，形成较大规模的城市绿色空间，实现海洋城市的原生态色调。在建设城市“自循环”的基础上，应建立多元素之间的“综合循环”，努力使“水系”、“植物系”以及“动物系”等有机结合，形成一条完整的“生态链”，实现城市内部的良性生态循环，构筑一个和谐共存的、充满生机的城市生态空间。

第二，推进“绿色”建筑理念。所谓“绿色”建筑是对“可持续发展建筑”的生动概括和形象称呼，其实质是“生态健康的建筑”，“绿色”建筑是“绿色”城市物化的重要载体。从理论层面上，“绿色”建筑应包含：减轻建筑对环境的负荷和节约能源；富有生态文化和艺术内涵，做到建筑与环境的相互融合、永续发展；提供安全、健康、舒适的良好生活空间。从实践的层面上，“绿色”建筑在建造过程中应运用高新技术，如呼吸式建筑幕墙体系；先进的建筑材料，如透水地面、新型保温材料等；先进的设备技术体系，如冰蓄冷空调系统、雨水收集系统等；利用清洁能源，如水源与地源热泵、太阳能等，降低物耗，提高自养水平。

6. 建设设施完备、社保完善的“绿色”渔村

近年来渔村建设取得了可喜成果，经济的发展为渔村发展奠定了物质基础。但是，在

渔民生活和渔业生产方面仍存在问题。在渔民生活方面表现为渔村的设施落后、渔民就业渠道单一、消费观念落后等。渔业生产方面出现了资源利用与环境保护矛盾日益突出等问题，而且渔业生产方式特殊且存在很大风险。文化建设方面表现为，受渔民转产转业的现实压力和现代文明的强力冲击，民俗文化遗产如家居、节庆、服饰、婚俗、信仰等日渐消没，尤其是非物质文化遗产，消失更快，守持更难，抢救和保护迫在眉睫。建设“绿色”渔村既要追求渔业经济的发展，又要坚持对环境的保护和可持续发展。

7. 建设“绿色”作业、管理先进的“绿色”港口

“绿色”港口是指以绿色观念为指导，以环境健康、生态保护、资源合理利用、低污染、低能耗等为目标，以“绿色”设计、“绿色”生产、“绿色”物流等为手段，以高新技术、政策支持为保障，在环境保护和经济利益之间获得良好平衡的港口。广东省正在加大在珠三角地区“绿色”港口的建设力度，据悉，广州港集团在2010年至2020年这10年内，将投入10亿元资金，用于污水、废气、粉尘、噪声等污染防治设施和环境整治工程，以确保各类污染物在“双达标”的基础上逐步降低，从而推动“绿色”港口发展。

第一，制定“绿色”港口标准。在进行“绿色”港口建设的过程中，如若缺乏一套科学合理的标准来指导，往往会使港方感到无从下手，因此可参照国外的相关标准，例如悉尼港的“绿色港口指南”（Green Port Guidelines），并结合我国港口实际情况制定一套适合我国国情的绿色港口标准。从水体质量、空气质量、噪音管理、危险货物管理、生物多样性、垃圾管理、环保教育和培训等方面制定标准，使“绿色”港口建设有章可循。

第二，加强港口建设和运营过程中的“绿色”理念。事实证明，达到“绿色”港口的标准虽然是一个漫长的过程，但并不是遥不可及的，只要循序渐进，把可持续发展的理念融入到港口建设和运营过程中，抓好每个环节，建成“绿色”港口指日可待。应当从港口规划、建设评估直至建成后的日常营运，把绿色环保内容作为港口发展状况的一个重要衡量指标。如盐田国际集装箱码头有限公司2010年与2008年相比，集装箱单位能耗降低16%，碳排放降低11%；在港口建设方面，办公大楼的照明采用节能T5灯泡，大楼周围采用太阳能光伏、风力驱动及混能灯；码头疏浚作业的疏浚土，大部分回填用于新泊位造陆，减少了弃置淤泥；在港口营运方面，首次试用LNG拖车，与传统的柴油拖车相比，一氧化碳排放量降低99%、颗粒悬浮物减低90%、碳氢化合物排放量降低83%。

8. 建设海洋生态文明示范区

2011年7月，国务院正式批准实施《广东海洋经济综合试验区发展规划》。作为全国三大海洋经济发展的试点地区之一，珠江三角洲地区率先在珠海横琴新区启动了创建国家级海洋生态文明示范区活动。广东将创新模式，大力推动海洋生态保护和建设。如率先开展以贝类增殖、海藻养殖、海草种植为主要内容的海洋蓝色碳汇试点；选择重点海域开展海洋环境容量和总量控制试点，会同有关部门共同建立重点海域入海污染物总量控制机制和陆海监测信息共享制度；加强海洋生态环境修复，建成一批海洋生态环境修复示范区。

(三)“绿色”海洋生态安全治理模式实施的保障体系

1. 法律保障

法律是由国家制定的，以国家的强制力保障其有效实施，具有普遍约束力的行为规范，是国家意志的体现。“绿色”海洋生态安全治理模式的实施离不开法律法规的支持与保障，“依法治海、依法强海”是海洋治理必不可少的一个重要环节。广东省出台的《广东省实施〈中华人民共和国海洋环境保护法〉办法》，为广东省全面履行海洋保护职责奠定了法制基础。如今的重点任务是建立行之有效的海洋生态保护法律体系，加强执法力度，严惩破坏生态环境的违法行为，使“绿色”海洋建设具有法制性、系统性和实践性。

第一，构建多层次的海洋生态保护法律体系。海洋法律体系并无固定模式，它是由国家政治制度、经济制度和海洋情况决定的。构建珠三角海洋生态保护法律体系，首先，要以科学发展观引导人们树立科学的政绩观，各级领导都应增强生态危机意识，建立公平、公正、公开的执法监管环境。其次，要加强环境监控，据统计珠三角地区已有 1 100 多家企业安装监测系统，要根据实际情况调整监督方式，发现问题及时查处。最后，要进行海洋生态补偿。明确生态补偿制度，建立适合珠三角地区现状的海洋生态补偿机制，对以生态效益为主体的海洋资源进行补偿；明确南海海洋生态补偿的形式，除了采用资金补偿的方式，还可以与征收国家生态补偿税等宏观调控手段相结合，进一步保证海洋生态补偿机制的实施效果。

第二，加强海洋环境执法力度。珠三角地区目前存在的海洋环境问题是长期积累的结果，很大程度上是由于改革开放以来，单方面注重经济增长而忽视环境的可持续开发所导致的。因此，必须要加大资金投入和人员配备，全面加强环境综合整治，加强海洋环境执法力度。一方面，强化对重点污染源的监管，使用在线监控设备。在列入珠三角地区海洋环境污染的重点监控名单的企业安装在线监控设备，并实现各企业与省监控中心联网，构建海洋环境监控数据库和管理信息系统。对重点企业的监控结果要及时向社会披露，对企业的环境行为、环境信誉进行评级，并对重污染企业进行挂牌督办，限期治理。以广东省环保厅制定的《广东省重点污染企业在线监控系统值守和预警制度》为执行准则，实行在线监控系统的月报制度，开展企业环保联络员试点工作。

第三，开展重污染行业专项整治，解决重点区域问题。根据广东省环评管理暨环境执法工作会议提供数据，2008 年至 2009 年间，广东省累计出动的执法人员 91. 3 万人次，检查的排污企业 39. 7 万家，查处的违法案件 1. 95 万宗。若要进一步加强执法力度，应当对全省的钢铁、涉砷、造纸等企业以及城镇生活污水处理厂、垃圾场、重点排污企业等区域进行检查和专项整治；同时要加大城镇污水处理工程及管网配套工程等建设，改善城市用水和入海的水污染问题。启动重点海域环境综合整治和生态修复工程，组织开展珠江口及邻近海域环境生态修复工程，保障珠三角地区的可持续发展。

2. 管理保障

(1) 建立基于海洋生态系统的管理

由于海洋区域广阔、具有流动性等特点，广东省海洋与渔业局应采取区别于内陆的管理理念，强化以海洋生态系统为基础的海洋综合管理。以海洋生态系统为基础的管理，是由国家政策、协议和地方实践活动保证实施的，通过正确认识海洋生态系统的作用和过程，根据监测和研究结果，以不断改进管理的适应性。管理过程要打破行政区划界限。在全省海域内，以水深、水文、生物种群和生产力等因素为依据，划分海洋管理区域，每个管理区就是一个生态单元。在对海洋资源的开发和利用时，要以海洋管理区为基础，结合环境管理和资源管理，充分考虑海洋地质、水动力、生物等自然条件，最大限度地减少负面影响。

（2）建立海洋环境建设的组织协调机制

由于海洋的流动性和唯一性，海洋环境建设成为一项跨地区、跨部门、跨行业的综合性工程。因此要加快政府职能的转变，打破各个部门和地区的分割，建立适应海洋生态可持续发展的规律、与国际接轨的管理体制和协调机制，在提高海洋资源利用率的基础上提升广东省海洋经济和海洋社会的现代化水平。具体来讲，计划部门负责海洋环境建设规划的编制、调整以及项目的综合平衡、组织协调工作；行业主管部门按照职能分工，明确责任，互相协作，组织实施本行业生态环境建设项目；金融、财政、国土资源等部门在资金投入、国土资源开发等方面给予支持；经济管理部门在审批建设项目时应严格把关，制止建设性的生态环境破坏；司法机关依法对造成海洋资源、生态环境严重破坏，构成犯罪的直接责任人追究刑事责任。

（3）社会保障

公众是推动海洋可持续发展、实施海洋生态安全战略的强大力量。增强全民海洋意识是构建和谐海洋、建设海洋强省的重要步骤。只有具备极强的海洋意识，才有了解海洋的欲望，才能把握海洋。

第一，普及海洋生态教育。海洋生态教育既为海洋生态文明的发展提供智力支持和精神资源，又为最广泛的社会公众提供了获取生态知识的渠道和路径，“使每个公民自觉维护与其生存和发展息息相关的生态环境，促进个体养成科学的生态世界观，激发珍视自然的生态情感，培养尊重自然的生态道德，在社会实践中自觉承担生态责任和义务，成为具有生态意识的生态人”。普及海洋生态教育，提高公众海洋科技素养和可持续发展意识，主要依靠以下措施。

首先，政府部门应重视海洋生态教育，大力进行海洋生态宣传，科学制定教育的长期规划，推动教育工作的理论研究等。

其次，营造普及海洋生态教育的环境。各地区根据实际情况，尽可能调动社会力量来普及海洋知识，如利用科技馆、展览馆、教育基地等设施使公众更加直观地了解海洋，或通过影视、报刊等传媒形式加强舆论宣传，引导公众逐步树立现代海洋观，逐步提高海洋意识，在全省范围内塑造一个普及海洋生态教育的良好环境。

最后，培养海洋科技创新观念。从根本上推动公众的观念创新，在更大的范围内形成一种公众意识，使创新成为一种思维方式、生活方式、文化信仰，使创新贯穿于公众的日常生活之中，从而形成以海洋可持续发展为目标的海洋社会氛围，依靠公众的共同努力，营造出生态与经济协调、精神与物质丰裕的人海和谐共处的家园。

第二，优化社会参与机制。公众参与是推进海洋环境保护和生态文明建设的重要载体，要通过多种方式加强公众的社会参与：首先，在环境政策体系中加入公众参与的内容，并且通过法律的强制力，保障公众环保参与的合法权利。其次，增加政府环保行为的透明度。重点要建立和完善项目环境管理公示制度、企业环境行为公开化制度、重大项目审批前公示和验收公示制度等，要将海洋环境质量状况、环境建设、各种自然灾害事件的处理和重大环境案件的查处等情况向社会公开，保障公众环境知情权。再次，完善公众环境监督机制。对可能造成不良环境影响，甚至涉及公众环境权益的发展规划和建设项目，要采用听证会、座谈会或社会公示等形式，广泛听取社会各阶层的意见和建议，逐步实行重大项目审批前公示和验收公示制度以及对违法行为的有奖举报制度。

六、“绿色”海洋生态安全治理成果

（一）海洋环境保护扎实开展，海洋资源得到恢复

1. 人工鱼礁建设全面展开

广东省出台了全国第一部规范人工鱼礁建设的政府规章。省、市、县财政投入8亿元，用于人工鱼礁建设。计划用10年时间建12个渔礁区，100座人工渔礁，在广东省沿岸约3 600万亩幼鱼幼虾繁育区里，按10%左右的比例，建设渔礁带。为落实省人大通过的《建设人工鱼礁的议案》，2001—2010年省财政每年要安排4 000万元，市按1∶1配套，共8亿元建设人工鱼礁。全省共建礁区18个，累计投放报废渔船18艘，投放混凝土礁体1.1万个，空方体积达39万立方米。为此，广东省海洋局制定了《广东省人工鱼礁建设规划》，加大了增殖保护渔业资源的力度。

2. 自然保护区建设加强

珠三角地区已建设珊瑚礁、红树林、海草床、滨海湿地等功能自然保护区76个，保护总面积达61万公顷，海洋与水产自然保护区数量、面积和保护种类继续居全国首位。海洋自然保护区的建立和有效管理，使中华白海豚、海龟、白蝶贝、珊瑚等珍稀濒危海洋生物得到有效保护。典型生态系统被破坏的趋势在保护区内得以遏制。

3. 红树林保护成效显著

一是经过多年的努力，珠三角地区已经建立了总面积达60.61万公顷的湿地自然保护区。其中在湛江、茂名、阳江、江门、深圳、珠海、汕头等红树林重点分布地区建立了9处红树林湿地自然保护区。二是人工种植红树林取得重大成果。为恢复和发展红树林，广东省已种植红树林3 800公顷，其中仅实施“中荷合作广东雷州半岛红树林综合管理和沿海保护项目”5年来，就在湛江沿海地区营造了1 003公顷红树林。广东省红树林自然保护区面积不断扩大，红树林资源得到初步恢复。

4. 渔业资源增殖放流活动广泛开展

近年，汕头投放海水鱼苗170万尾、对虾苗586万尾，濠江区和潮南区在全省首次组织放流南方鲎；惠州累计放流对虾苗2.5亿尾，各种名贵海水鱼苗190万尾，淡水鱼苗

7 700万尾，经济贝苗 1 700 吨。茂名 5 年来共投入放流资金近 300 万元，放流鱼、虾、贝等种苗 1 亿多尾（粒）。放流增殖活动有效补充资源群体，达到了提高海洋生态效益和社会效益的效果。

（二）海洋污染治理力度加大，监测治理效果显著

珠三角各地基本建立海洋环境监测体系，对重点排污口、海水浴场、海水增养殖区监测实现常规化，连续 7 年发布省级、沿海市级海洋环境质量公报；完成了第二次海洋污染基线调查工作，编写了《广东省海洋污染调查报告》；成立了广东省海洋与渔业环境监测中心和赤潮研究中心，初步建成了覆盖整个珠三角地区沿海的海洋资源环境监测网络，并成功地对赤潮的性质、范围和灾情进行了动态监测。到 2006 年为止，珠三角地区 13 个沿海城市环保部门对 67 个近岸海域功能区点位（省控点）进行了监测，全年在枯、丰、平水期各监测一次，监测项目共 17 项。珠三角地区 52 个近岸海域环境质量点位（国控点）有 30 个开展了监测工作（深圳、汕头、江门、惠州、茂名和揭阳监测了区域内所有环境质量点位），各站点能严格按照国家监测规范进行检测。建立了重大海洋与渔业环境灾害监测预警机制，重新修订了广东省重大海洋环境突发灾害应急预案，妥善处理了澄饶联围水污染、茂名水东湾死鱼事件、深汕高速公路甲苯泄露事件等近 10 宗海洋渔业污染事故，有效维护了当地社会稳定。另外，海洋污染治理力度加强。从源头抓起，加强陆源污染源治理，加强水污染防治和入海河流的综合整治。环保执法力度有一定的加强。据不完全统计，珠三角地区沿海 14 个市在 2006 年的海洋环保专项执法检查中，共出动执法人员 4. 8 万人次，检查排污企业 3 万多家，查处违法案件 478 宗，限期整改违法企业 100 多家，关闭“十五小”企业 50 多家。一是严格要求直排入海重点单位执行“三同时”制度。二是严把海岸工程审批和监督关。在审批海岸工程时，始终严格执行环境影响评价及“三同时”制度，全省海岸工程环评执行率达 100%。另外，严格新建用海项目的环境影响评价程序和可行性论证程序，要求新的用海项目必须通过海洋环境影响评价，并督促开展用海的可行性论证。

总结与启示

地处海洋大省广东的珠江三角洲，作为全国三大海洋经济发展区之一，珠三角地区已经初步形成了一套行之有效的海洋生态安全治理模式，对其他沿海城市和地区创建自身的海洋生态安全治理模式有着重要的启示作用。

第一，提高认识，树立正确的海洋生态安全观。珠江口工业文明造成的环境污染、资源破坏和沙漠化等严酷的现实告诉我们，人与自然都是生态系统中不可或缺的重要组成部分，人与自然不存在统治与被统治、征服与被征服的关系，而是相互依存、和谐共处、共同促进的关系。人类的发展应该是人与社会、人与环境、当代人与后代人的协调发展。因此，必须提高认识，讲究海洋生态安全，牢固树立起可持续发展的海洋生态安全观念。所以说，海洋生态安全的建设之路，必须从转变观念出发。

第二，统筹规划布局，转变海洋经济开发模式。随着海洋开发向社会经济各领域的全方位推进，海洋在国民经济和社会发展中的地位日益凸显。然而，由于海洋国土观念淡薄和海洋生态补偿机制缺失等因素，海洋开发仍处在粗放型阶段。海洋生物资源、环境资

源、岸线资源的本质表明了海洋资源一旦受到严重破坏，短期内将难于恢复，甚至是不可逆的，因此海洋产业要统筹规划，优化布局，实现资源粗暴利用型到资源节约型、环境友好型转变。要实现“绿色”海洋经济，就必须转变海洋开发模式。一是转变发展观念，摒弃“高投入、高消费、高排放、低效率”的传统经济发展方式。由重视经济发展转到更加重视人与自然的和谐发展。广东省提出了“争当全国海洋事业排头兵”的战略目标。但“排头兵”的定位不是海洋产业总量居全国首位，而是在以科学发展观统揽海洋开发全局方面走在沿海省市前面；二是转变经济增长方式，推行循环经济模式。传统经济是“海洋资源、海洋产品、海洋污染物排放”型经济，最终会导致海洋资源的短缺，酿成灾难性的海洋环境污染。而循环经济以“减量化、再利用、资源化”为原则，将经济活动组织成“资源、生产、消费、二次资源”的闭环过程，使资源和能源得到合理和持久利用，并使经济活动对环境的不良影响降低到尽可能小的程度；三是采用科学的政绩评价指标，实行“绿色 GDP”考核。评价地方官员政绩，单纯看 GDP 的增长，往往是以牺牲环境为代价，不顾子孙后代的生存为代价。而“海洋绿色 GDP”是综合了海洋资源和经济因素的 GDP 的一种调整值。它更加客观地反映海洋对社会经济发展的贡献。所以广东省委、省政府大力推行“绿色 GDP”指标和产出率等效益指标，逐步在沿海各地建立“海洋绿色 GDP”统计核算指标体系，以利于正确测度生产者和消费者行为的成本和收益，督促人们经济行动的改进。

第三，加强海洋环境监测与评价。海洋环境监测是开发利用海洋资源，保护海洋生态环境，促进海洋经济可持续健康发展的重要基础性工作。环境监测是珠江口海洋生态环境改善与恢复的前提条件，因此，一要加强海洋环境监测机构队伍能力建设，强化各地监测部门间的沟通与协调，统筹规划与部署，形成全面完整的海洋环境监测网络；二要建立海洋环境基础信息数据库，构建海洋环境监测信息实时发布系统，注重开展环境现状及趋势性评价，为海洋生态安全建设提供理论支撑；三要实行入海污染物总量控制制度，近 10 年的海洋环境监测数据表明，海洋环境质量主要受陆源入海污染物排放影响，因此必须开展海洋环境容量研究，实行入海污染物总量控制制度。

第四，探索生态补偿机制，推动海洋经济可持续发展。生态补偿机制是以保护生态环境以及促进人与自然和谐为目的的。根据生态系统服务价值，综合运用行政和市场手段调整生态环境保护和建设相关各方之间的利益关系。目前，生态补偿机制在海域资源开发利用链条中基本处于缺失状态，在国家层面，考虑征收“生态税”，根据对生态环境的破坏程度决定征收税率，建立排污权交易市场，通过市场化补偿促进产业升级，推动海洋经济可持续发展。

第五，实行海洋综合管理，提高执法水平。《中国海洋 21 世纪议程》把海洋综合管理界定为：海洋综合管理应从国家的海洋权益、海洋资源、海洋环境的整体利益出发，通过方针政策、法规、区划、规划的制定和实施，以及组织协调、综合平衡有关产业部门和沿海地区在开发利用海洋中的关系，以达到维护海洋权益，合理开发海洋资源，保护海洋环境，促进海洋经济持续、稳定、协调发展的目的。要实施海洋“绿色”发展战略必须通过综合管理实现。一是成立省级海洋协调委员会，它负责制定本省的海洋研究、开发、保护的重大战略方针，进行全局性连续指导，协调各部门、各地区之间的关系。二是弱化行业管理，减少涉海管理部门，将海洋资源、环境行政管理权限以海洋协调委员会为主导纳入到海洋综合管理体系之中，鼓励公众参与。严格执行《海域使用管理法》，大力推行海域使用许可、海域有偿使用制度；对改变海洋生态的围海、填海和港口、码头等大型用海项目科学论证，严加控制。完善海洋国土资源的出让、转让、拍卖等制度，减少和杜绝国有资源的流失。抓紧开展海陆分界线的划定和海上勘界工作。推进海域使用管理示范区建设。强化目标责任体系，确保海上安全生产。严格执行《海洋环境保护法》，改善海洋环境质量。建立健全监测机构和体系，做好海洋环境监测和海洋工程、海岸工程、污水排放、建设项目海洋环境影响评价工作；加强和改进海洋自然保护区建设。

第六，实施海洋排污权交易制度、生态环境补偿金制度及绿色监督制度。排污权交易制度是建立一种合法的污染物排放权利，这种权利通常以排污许可证为表现形式，并允许像商品那样买入和卖出。其具体实施步骤是：首先，由政府部门确定出一定区域的环境质量目标，据此评估该区域的环境容量以及污染的最大允许排放量；其次，通过发放许可证的办法实现排放量在不同污染源之间的分配；再次，通过建立排污权交易市场，使这种许可证代表的排污权能合理地买卖。生态环境补偿金是为了保护环境与资源的可持续利用，凭借政府权力对一切开发、利用环境资源的单位和个人，按照其开发、利用自然资源的程度或污染、破坏环境资源的程度征收的一种补偿金。它主要有开发、利用自然资源补偿金和生产使用有污染的补偿金两种。缴纳补偿金人分别是开发、利用自然资源者或生产、使用有污染的产品者。课征对象为开发、利用海洋资源过程中对海洋有污染的产品；而计征依据为开发、利用、破坏海洋资源的程度以及对环境的污染危害程度。对近海直接排污征收生态环境补偿金，对开采海洋石油及海洋交通运输征收油污染补偿金，对油污染的补偿金征收可以采取对污染者征补偿金和消费者付补偿金两种方式；对海水养殖区征收海洋生态环境补偿金，可以与海域使用权结合实施。“绿色”监督制度是指对企业执行“绿色”规范制度的情况进行监督并将之公开的制度。在海洋领域，主要是海洋水产品市场准入制度的建立即绿色标志制度。绿色标志制度是指对绿色企业或产品制定一系列的标准和条件，并严格按照一定的程序进行考核，达到标准要求的则可以获得相关的标志或证书。通过社会鉴定将企业的绿色信息反馈给社会公众，减少社会公众搜寻此类信息的成本以及信息不完全带来的不利影响。如此，社会公众则可以较容易将通过鉴定的企业与没通过鉴定的企业区别开来，进而能使通过鉴定的企业获得更多更稳定的权利或收益。

第四节 山东半岛蓝色经济区海陆一体化环境管理模式的实践及其经验启示

一、山东半岛蓝色经济区的提出及创新举措

（一）蓝色经济与海洋环境保护

蓝色经济是指以海洋空间为基础，通过各种方式开发其中资源的生产活动。2011 年 1

月4日，国务院以国函［2011］1号文件批复《山东半岛蓝色经济区发展规划》，这是“十二五”开局之年第一个获批的国家发展战略，也是我国第一个以海洋经济为主题的区域发展战略。

该规划的通过，标志着我国的宏观经济发展方向已经突破陆域范围走向海洋，也标志着山东半岛蓝色经济区的发展成为国家整个海洋经济发展战略的重要组成部分。虽然半岛经济在过去的几十年中取得了飞速的发展，但由于长期粗放型经济发展方式的影响，山东半岛地区海洋环境的现状并不乐观。现阶段，半岛地区海域每年所承受的污染物已达数百万吨，渤海部分海域所接受的污染量甚至超过了其本身自净化能力的极限。每年因海洋污染造成的经济损失已达数十亿元之巨。

因此，作为以海洋为依托的蓝色经济，如果不能从根本上解决海洋环境污染问题，必将严重制约蓝色经济的健康持续发展。

（二）山东半岛蓝色经济区的提出

山东省委、省政府一直高度重视山东半岛蓝色经济区建设。20世纪90年代初，山东省就在全国率先提出建设“海上山东”这一跨世纪工程。2007年，山东省又提出了“一体两翼”的空间发展格局，包括青岛、烟台、潍坊、威海、东营、滨州、日照7市，也给予了重点支持，并提供了支持其发展的重大的政策文件和优惠措施。2009年4月，山东省委召开省委九届七次全会，提出了“加快山东半岛蓝色经济区崛起”的目标，并成立了以省委书记为组长，省长为副组长的山东半岛蓝色经济区规划建设领导小组。2009年8月，山东省人民政府与国家发展和改革委员会等12个部委联合举办的中国—青岛蓝色经济发展国际高峰论坛在青岛举行，围绕“蓝色经济，引领未来”的主题，共商蓝色经济发展大计。2010年8月，山东省政府以鲁政字［2010］210号文件向国家发展和改革委员会正式报送《山东半岛蓝色经济区发展规划》和《山东半岛蓝色经济区改革发展试点总体方案》。2010年12月，山东省政府在济南召开山东半岛蓝色经济区招商工作会议，对重点项目建设和招商工作进行了部署和安排。2011年1月4日，国务院以国函［2011］1号批复《山东半岛蓝色经济区发展规划》，标志着山东半岛蓝色经济区建设正式上升为国家发展战略。

《山东半岛蓝色经济区发展规划》（简称《规划》），是我国第一个以海洋经济为主题的区域发展战略。山东半岛蓝色经济区规划主体区范围包括山东全部15.95万平方千米海域和青岛、东营、烟台、潍坊、威海、日照6市及滨州市的无棣、沾化2个沿海县所属6.4万平方千米陆域面积。《规划》的批复实施，是我国区域发展从陆域经济延伸到海洋经济、积极推进陆海统筹的重大战略举措，标志着全国海洋经济发展试点工作进入实施阶段。根据《规划》提出的目标，到2020年，山东半岛将建成海洋经济发达、产业结构优化、人与自然和谐的蓝色经济区，率先基本实现现代化。

（三）山东半岛蓝色经济区的创新

《山东半岛蓝色经济区发展规划》作为陆海统筹的新型经济区规划，把海洋专属经济区纳入规划，开辟出海陆一体的主体区，同时设联动区，是深化改革开放、推动国际国内合作与发展的战略规划，形成了以海陆区域统筹创新为主要特征的发展新模式。山东省从20世纪90年代初提出建设“海上山东”，到新世纪明确将海洋经济作为区域发展版块，再到打造山东半岛蓝色经济区，探索海陆统筹是其重大使命。

由陆向海，实现海陆统筹发展，是山东发展战略的一次深刻变革，是以区域创新为主要特征的发展新模式。山东半岛蓝色经济区的鲜明特征是推进海陆统筹的战略规划，建设海陆统筹的新型经济区。这意味着它是海陆统筹的创新举措和实践突破，是海陆一体发展的重要指导规划，具有划时代、里程碑的意义。

一是制定出海陆统筹的新的区域战略。海洋开发既要以陆地为后方和阵地，又要积极为内陆发展服务；陆地发展要高度依赖海洋，把海洋资源开发与陆域资源开发、海洋产业发展与陆上其他产业发展有机联系起来，促进海陆统筹建设，实现海陆经济统筹协调发展。山东半岛蓝色经济区建设正式上升为国家战略，成为国家海洋发展战略和区域协调发展战略的重要组成部分，是第一个海陆统筹的国家战略。

二是明确了海陆统筹的新路径。就山东半岛先行试点，山东半岛蓝色经济区将按照以陆促海、以海带陆、海陆统筹的原则，优化海洋产业布局，提升胶东半岛高端海洋产业集聚区核心地位，壮大黄河三角洲高效生态海洋产业集聚区和鲁南临港产业集聚区两个增长极；优化海岸与海洋开发保护格局，构筑海岸、近海和远海三条开发保护带；优化沿海城镇布局，培育青岛—潍坊—日照、烟台—威海、东营—滨州3个城镇组团，形成“一核、两极、三带、三组团”的总体开发框架。

三是提出海洋文明建设新任务。山东半岛蓝色经济区将科学开发利用海洋资源，加大海陆污染同防同治力度，加快建设生态安全屏障，推进海洋环境保护由污染防治型向污染防治与生态建设并重型转变，将成为全国重要的海洋生态文明示范区。

四是沿海发展步入改革开放新时代。规划特别要求创新海陆统筹管理模式，探索开展海洋综合管理试点。山东沿海将合理调整重点城市行政区划，规划建设青岛西海岸、潍坊滨海、威海南海等海洋经济新区。大力实施“走出去”战略，深化海洋经济技术国际合作，建设中日韩区域经济合作试验区，打造东北亚国际航运综合枢纽、国际物流中心、国家重要的大宗原材料交易及价格形成中心，构筑我国参与经济全球化的重要平台。山东半岛先行试点后，将引领我国沿海新一轮改革开放的深化发展。

山东半岛蓝色经济区作为海陆统筹经济区，将突出科学发展主题和转方式主线，以深化改革为动力，优化海洋经济结构，加强海洋生态文明建设，提高海洋科教支撑能力，创新体制机制，推动海陆联动发展，推进海洋综合管理，将山东半岛蓝色经济区建设成为具有国际先进水平的海洋经济改革发展示范区和我国东部沿海地区重要的经济增长极。从一定意义上说，山东半岛蓝色经济区的建设就是在突出区域科学发展主题下，要求山东领跑海陆统筹，要在海陆一体统筹科学发展方面有所创新突破。

二、山东半岛蓝色经济区含义中的海洋生态安全

蓝色经济区是以经济、文化、社会、生态协调发展为前提，以科学开发海洋资源与保护生态环境为导向，以临港、涉海、海洋产业发达为特征，以区域优势产业为特色，具有

较强综合竞争力的经济功能区。这一概念的界定表明，蓝色经济区的开发与发展充分体现出由海洋经济到蓝色经济发展理念的转变和不断创新。蓝色经济区建设更加强调海洋生态环境的保护，突出对海洋经济可持续发展理论的继承与弘扬。在开发海洋资源时，注重科学合理地开发和综合利用相结合；强化统筹海陆布局时，重视生态建设，从而实现资源节约、环境友好、持续发展。海洋生态安全的治理与维护是半岛蓝色经济区发展的重中之重。

发展蓝色经济是基于可持续发展理论和科学发展观并在其指导下所进行的海洋经济发展方式的积极有益的探索。蓝色经济不仅重视海洋的适度开发和保护，而且更加注重全面、协调、可持续的发展方式。山东半岛蓝色经济区的打造需坚持几个原则：一是坚持环境保护优先；二是坚持科学适度开发海洋；三是坚持海陆统筹发展；四是坚持统筹区域协调发展；五是坚持推进蓝色文明建设。从这几个原则中可以看出建设蓝色经济区，要做到统筹资源开发与保护、统筹生态与经济、统筹海陆一体发展、统筹区域协调。在这几个需要统筹的关系中，统筹资源开发与保护、统筹生态与经济则是最基本的。

蓝色经济区的发展需要统筹资源开发与保护，这是因为海洋资源的开发与利用是海洋经济发展的基础，而海洋资源开发与利用的前景则直接决定于海洋生态环境的服务能力。我们知道在过去海洋经济依赖于传统粗放型的海洋资源开发和利用模式，这种发展方式直接造成了海洋生态安全问题的出现。而蓝色经济区的建设则是基于可持续发展理论和科学发展观的理念指导，以科学合理开发海洋资源和海洋生态保护为导向，即在开发海洋资源的同时维持海洋生态的安全状态，实现经济和生态的协调平稳发展。

与此同时，蓝色经济区的建设还需实现海洋生态与海洋经济的统筹发展。维护海洋生态安全是发展蓝色经济的基本要求，那是因为没有海洋生态环境的安全，蓝色经济就无从谈起。海洋生态安全的维护对蓝色经济区的建设而言具有基础性和保障性的作用。山东半岛蓝色经济区的建设同样要满足海洋生态安全这一前提，严格维护海洋生态安全成为建设蓝色经济区的首要任务。

海洋与陆地唇齿相依，互为依托，海洋生态安全与陆域经济的发展既相互支撑，又相互制约。只有正确处理海陆关系，按照海陆统筹的原则，通过海陆联动发展，将海洋与陆域两大系统的资源利用、经济发展、环境保护、生态安全和区域政策统一筹划，统一实施，才能实现海洋环境与经济的可持续发展，因此，在山东半岛蓝色经济区建设的大背景下，海洋生态安全治理的模式应该是基于山东蓝色经济区创新优势来进行探索，即海陆一体化统筹协调的发展机制。

三、山东半岛蓝色经济区海陆一体化环境管理模式的实践

山东半岛蓝色经济区依据自身的沿海区位优势、资源禀赋、产业基础和开放发展条件，遵循区域发展的规律，紧紧抓住拓展经济发展空间的历史机遇，开启了海陆统筹发展机制，在促进区域全面发展的同时探索海洋生态安全的治理模式。

（一）山东半岛蓝色经济区建设中存在的海洋生态安全问题

山东省是我国重要的沿海经济省份，2009 年，山东省海洋生产总值达到 6 150 亿元，

增长15%，占全省GDP的18%以上，占全国海洋经济总量的1/5。① 2010年，海洋经济继续蓬勃发展，主要海洋产业总产出6 808.1亿元，比上年增长25.3%，② 成为全国海洋经济发展的重要力量。但在海洋经济迅速发展的同时，山东沿海和内陆地区的差距却不断拉大，并且还伴随着环境、资源、生态、社会之间的矛盾不断，一方面，海洋经济的快速发展给海洋环境与生态安全带来了巨大的压力和威胁；另一方面，海洋环境污染与生态系统破坏也在一定程度上制约和减缓了该区域海洋经济的高速发展。因此，充分认识和分析山东半岛蓝色经济区所存在的海洋环境和生态安全问题，对于山东半岛蓝色经济区的顺利开展和推进有着重要的现实意义。目前，山东半岛蓝色经济区存在的海洋生态安全问题主要包括以下几个方面。

1. *海洋环境污染严重，海洋生态平衡遭到破坏*

伴随山东半岛各城市群的发展，大量人口不断向半岛沿海地带集中，加之半岛地区海陆生产规模的扩大，输入半岛海域的陆源和海源污染物不断增加，山东近岸海域的污染日趋严重，范围不断扩大。

虽然山东半岛近岸海域仍主要以清洁和较清洁海域为主，但近岸海域污染日趋严重，局部海域污染程度在加剧，特别是港口、海湾、河口及靠近城市的海域 ，污染尤为严重。2004年全海域未达清洁海域水质标准的面积达到21 423平方千米，其中不适于养殖和海上娱乐的超二类水质海域面积达到12 581平方千米，已无法利用的严重污染海域面积达到1 753平方千米，远超出2001年的水平。重度污染和中度污染海域由原来的徒骇河、小清河和大沽河等局部河口湾海域扩展到整个滨州、东营黄河口和莱州湾西南部近岸海域。另外，烟台市、威海市近海海域污染有加重的趋势，整个山东北部沿岸海域处于轻度污染状态③。

随着近年来高密度集约化、工厂化养殖以及近海网箱养殖的快速发展，山东半岛近海地区的海水养殖规模不断扩大，沿海地区大面积的近海水域被用于海水养殖。日益增强的近海养殖强度已经超过了半岛附近海域的承受能力。大规模的沿海海水养殖开发缺乏必要的规划和调控，加上养殖者受自身文化知识的局限，粗放型的生产方式导致大量的有机饵料被投放到养殖水体中，其中不能被养殖生物利用的成分最终被排放到海水中。各种成分的排入超过了附近海域的自我净化能力，使周边水域出现富营养化现象。近陆海域养殖环境恶化，养殖污染显著增加。由于海水污染造成的赤潮近几年在半岛海域频发，严重影响附近的海洋生产，其中对海水养殖业的冲击尤为剧烈，造成巨大的经济损失。根据2004年山东海洋环境公报显示：全省海域发生赤潮次数与面积较2003年明显增加，累计赤潮面积达3 230千米，仅在烟台四十里湾监控区就发生赤潮4次；山东近岸海域总汞、砷、镉和石油烃在部分贝类体内的残留较高，部分贝类受到大肠菌群的污染，存在超二类标准

① 姜秉国，韩立民：《山东半岛蓝色经济区发展战略分析》，载于《山东大学学报》2009年第5期，第92-96页。

② 山东省统计局：《2010年山东省国民经济与社会发展统计公报》。

③ 刘康，姜国建：《山东海洋环境问题与管理对策分析》，载于《海洋开发与管理》2005年第6期，第115-119页。

现象；莱州湾及胶州湾大部分近岸海域已达不到养殖功能区标准①。据国家海洋局预测，如果污染物按目前水平发展，赤潮的发生将更加频繁，并进一步破坏近海渔业资源和生态系统，影响和制约沿海经济的稳定发展。

污染物超标排放加剧了海洋环境的污染程度。据 2010 年 4 月山东省发布的《2009 年山东省海洋环境质量公报》数据显示，经过对全省近岸海域海水环境质量测评，莱州湾西南部、丁字湾和胶州湾东北部附近海域成为中度污染和严重污染区域，莱州湾滨海地区海水入侵和盐渍化加重，有 85.9%的入海排污口超标排放污染物，赤潮发生次数增多。从调查显示情况来看，山东省依然面临着严峻的海洋环境污染问题，海洋生态安全形势依然较为严峻。

另外，填海造地、过度捕捞等也对海洋生态平衡构成严重威胁，尤其是大规模的围海项目造成了近海海岸部分海域污染加剧；胶州湾、莱州湾等重点海域海洋生态、资源环境保护形势严峻，特别是胶州湾海域面积缩小近 1/3，导致海洋生态严重破坏；渤海海域近年来多次发生的赤潮说明海洋生态环境不堪重负。

2. 海洋资源利用粗放，近海渔业资源严重衰竭

作为我国重要的渔业大省，山东省的渔业生产很大程度上是依靠对山东半岛附近海域天然海洋鱼类的捕捞。但由于过度捕捞，加上该海域生态环境的恶化，山东半岛附近海域的渔业资源自 20 世纪 80 年代起就已经开始出现衰退的迹象，其中以渤海海域渔业资源的衰退尤其严重，特别是在黄河口近海地区和莱州湾海域②。

滥捕滥捞给山东半岛附近海域的渔业资源以致命打击，加上环境污染的日益加剧以及对近海渔业资源长期重捕捞轻养护，这片曾经富庶的海域的生态系统遭到严重破坏，海洋生物系统自身的自我繁殖生产能力持续下降，渔业资源严重衰退。山东省 15 万平方千米近海渔场除部分中上层鱼类外，大宗品种洄游鱼类基本形不成渔汛，局部海域呈“荒漠化”。曾经盛极一时的渤海中国对虾和小黄鱼产量分别由历史最高年份的 4 万吨和 1.9 万吨下降到目前的 1 000 吨和几十吨③。近海 43 种主要捕捞品种中有 33 种严重衰退或过度利用，两者合计占主要捕捞品种的 78%。在底层鱼类资源中，带鱼、小黄鱼、鳕鱼、真鲷等资源已严重衰退④。黄河口产卵场严重退化，鱼卵、仔鱼种类少、密度低，平均每百立方米海水中仅有数个鱼卵和仔鱼，生物量严重不足，黄河口近海经济生物产卵场的功能已基本丧失⑤。对近海渔业资源的过度开发，致使整个山东半岛近海区域的海洋生态系统遭到严重破坏，渔业资源徘徊于衰竭的边缘，若不及时采取行之有效的措施加以修复，这片

① 山东省海洋与渔业厅：《2009 年山东省海洋环境质量公报》。

② 刘康，姜国建：《山东海洋环境问题与管理对策分析》，载于《海洋开发与管理》2005 年第 6 期，第 115-119 页。

③ 刘康，姜国建：《山东海洋环境问题与管理对策分析》，载于《海洋开发与管理》2005 年第 6 期，第 115-119 页。

④ 韩美：《21 世纪山东海洋经济持续发展面临的资源、环境问题与对策》，载于《经济地理》1999 年第 1 期，第 101-105 页。

⑤ 刘康，姜国建：《山东海洋环境问题与管理对策分析》，载于《海洋开发与管理》2005 年第 6 期，第 115-119 页。

曾经的天然渔场很快就会消失。

同渔业资源一样，附近海域其他海洋资源也面临着同样的困境。如根据 2003 年对黄河口生态监控区的调查显示，黄河口近海海域大型底栖动物平均生物量为 7.7 g/m^2，平均密度为 160 个/m^2，生物群落平均多样性指数为 2.61，处于亚健康状态。① 而作为物种资源丰富的黄河三角洲的问题都如此严重，并不难推想半岛其他海域海洋资源退化的程度。

目前，山东省渔业生产结构是以传统的捕捞为主，不仅开发强度大而且开发速度过快，渔业资源长期以来处在过度与失控的开发利用中，致使近海经济鱼类资源严重衰退甚至濒临枯竭，渔业资源结构也发生了重大变化。据 2003 年 8 月、10 月夏、秋季底拖网调查结果表明，胶州湾鱼类资源量仅有 490 吨，经济虾、蟹类和头足类约有 374 吨，生物多样性急剧减少。② 而如今山东省近海鱼类资源更是锐减，已经严重破坏了海洋生态平衡。

山东省因受技术水平、设施条件和管理体制等因素的限制，海洋资源利用与开发的方式较为粗放。整体上主要表现为一是重数量轻质量，即以初级产品生产为主，深加工、高附加值产品较少；二是重速率忽视效率，即只注重以扩大生产为主，不注重资源利用率的提高，例如，一些水产资源适宜综合加工利用，但却只利用了其部分功能，造成资源极度浪费和不合理消耗；三是缺乏资源保护和生态平衡的管理机制和理念。

3. 海洋资源争夺引发的争端和冲突凸显

近年来，山东省的海洋资源争夺比较严重，表现为地方本位主义严重，各市自立为户，考虑的只是本地区短期的经济利益，忽视海洋生态环境的可持续发展问题，大肆开发利用海洋资源，沿海各区域纷纷展开对海洋环境资源的争夺。府际间海域资源争夺在各辖区交界地表现得更加明显，一些地方政府无视国家海洋环境资源保护法和地方性海洋资源开发条例的规定，为优先发展本区域经济，鼓励辖区内企业争夺海洋资源，为一些有权属争议的海洋资源而争论不休，导致涉海资源争夺日益激烈，并引发大量的矛盾和冲突。

此外，这种争端与冲突还表现在民众之间。近年来山东省采取压减报废捕捞渔船措施，致使大量渔民由海洋捕捞业转移到其他行业，而城市化进程又导致大量“三无”（无地、无业、无保障）农民的出现，他们涌入渔业行业，与渔民争夺饭碗，从而衍生出大量的失海“三无”（无海、无业、无保障）渔民。失海渔民讨说法、抢海域、争资源引起的打架斗殴等恶性事件时有发生，引发大量社会问题。

尽管山东省海洋资源优势明显，但是面对毫无节制的开采，势必将超过资源承载力。当达到一定的阀值时，后果将不堪设想。资源的枯竭、环境的恶化，不仅会给海洋生态安全带来巨大威胁，其后续影响是无穷的，对一个地区的经济、政治、社会、文化等方面都会造成严重影响甚至是毁灭性的打击。

4. 海洋生态安全保障受到威胁

海洋生态安全需要有法律法规、制度、财政等方面的保障，而山东半岛在海洋生态安

① 刘康，姜国建：《山东海洋环境问题与管理对策分析》，载于《海洋开发与管理》2005 年第 6 期，第 115-119 页。

② 张婧：《胶州湾海岸带生态安全研究》，中国海洋大学硕士研究生论文，2009 年。

全保障方面仍然存在不足和缺陷。

在法律法规方面，山东省已有《山东省海洋环境保护条例》，但在海洋环境保护方面还略显笼统。主要表现为法规的可行性和操作性不强，一些政策性法规的内容较为原则化，缺少配套的实施办法和细则，在实践中的适用性不够；另一方面，则表现为法规缺乏针对性和具体性，条例在一些突发性灾害方面缺少相关的规定，对同一性质的海洋污染，在内容上不协调统一。

在制度保障方面，2010年山东省财政厅、海洋与渔业厅联合出台了《山东省海洋生态损害赔偿费和损失补偿费管理暂行办法》，这在一定程度上对半岛蓝色经济区和黄河三角洲高效生态经济区的建设以及对海洋生态环境的保护，提供了统一的制度规范。但这项制度在具体操作过程中还存在着一些问题。比如对海洋生态损害的评估上，容易受到主观因素的影响，评估轻重程度难以较好把握，客观性不足，一旦评估过轻，那么这项制度对于海洋生态保护而言，其作用就大大减弱，难以发挥了。

在财政保障方面，山东海洋与渔业厅和省财政厅联合发布了“2010年山东省平安渔业工程项目申报指南”。这项财政政策对增强渔业安全保障的作用是值得肯定的，不仅提升了渔业生产安全水平，还能切实维护渔民生命财产安全。但是在一些事项上的财政投入仍然有限，诸如防止海洋石油污染、海洋矿产资源合理开发、海岸带环境保护等方面，这便使得海洋污染得不到及时有效解决，从而制约和丧失了对海洋生态安全的保障作用。

综上所述，山东半岛蓝色经济区的发展也面临着诸多挑战。海洋资源开发利用方式粗放，海洋环境保护和生态建设急待加强；海洋产业结构和布局不够合理，涉海部门职能交叉，海洋综合管理和海陆统筹发展的体制机制急待完善。

5. *海岸带功能规划不合理*

政府部门根据海岸带资源环境的特点和生产部门的需要，对海岸带进行合理的划分归类是利用的前提，也是海岸带资源得到有效率利用和高标准保护的前提。但是在海岸带编制过程中，由于行政区划的限制，海岸带规划很多时候不能按照其自然特点进行相应的划分，又由于各部门、各单位各自利益的驱使，出现了在海岸带规划使用中的矛盾，出现了谁占领谁受益的现象，导致各部门最大限度地占有和使用海岸带资源，不根据其特点合理划分，不能最大限度地利用海岸带资源，不能使海岸带地理优势最大限度地发挥。

海岸带规划中存在的问题和功能区划的错误必然造成海岸带在使用过程中被破坏，不能最大限度地发挥海岸带应有的作用，由于海岸带功能规划的不合理导致海岸带的破坏，是海岸带建设性破坏的起点。

海岸带建设性破坏是指由于在禁止区域建设或者在允许的区域进行了不当建设而破坏了海岸带原有的资源、景观以及生态的和谐状态，违背可持续发展的原则，并造成了一系列不良后果。建设性破坏是一种人为性的破坏，它不仅破坏了自然环境，而且造成资源的消耗，违背科学发展的要求。建设性破坏包括了基础设施建设不合理以及产业发展不合理带来的破坏。

（1）基础设施建设的不合理会带来对生态环境的不可逆转的破坏，如滨海道路、港口、码头等。很多的海滨旅游城市热衷于建设宽阔的滨海大道，有些滨海大道建设在距离海岸线很近的位置，道路宽阔足以成为交通主干道，这种滨海道路的建设很多时候阻断了海路之间的有机联系，改变了海岸带的生态环境，会造成不可挽回的生态破坏。有的城市由于历史原因，港口码头建设选址缺乏规划，随着城市规模的扩大，港口码头在城市中的位置不合理，既影响了港口码头应该发挥的作用，又破坏了城市景观、影响周边居民的正常生活，还可能使整个海岸带规划被分割，造成建设性破坏。基础设施建设造成的建设性破坏，既可能是由于缺乏长远的规划遗留下的历史性问题，也有是由于政府短视、缺乏科学论证造成的规划不合理的问题，要求我们在基础设施建设论证中，不仅要重视基础设施建设，提升基础设施的质量，也要遵循生态环境建设的客观要求，遵循客观规律。

（2）产业发展带来的建设性破坏是海岸带建设性破坏的主体。经济发展过程中牺牲环境为代价获得经济效益是很多国家发展走过的道路，在我国海洋经济中也存在这样的问题，随着海洋开发，经济发展，海洋产业发展带来的建设性破坏成为海岸带开发中的重要问题。产业发展中农业、渔业发展，特别是浅海养殖业的发展，引起海岸带环境恶化、近岸礁石侵蚀严重，很多的个体养殖户在渔业养殖方面都停留在初级阶段，对养殖所产生的污水、污物等不能有效处理，直接排入江河或近海，污染海岸带环境，引起生态不平衡。不合理的滨海休闲项目建设，使得海岸带沙滩受到破坏，一些个体商人为了利益建设违规的沙滩项目，破坏自然生态环境，近海酒店也会产生严重污染，直接威胁海岸带环境。近海别墅、住宅建设也破坏了海岸带自然环境，在房地产项目中，海景成为一个噱头，但是未对海洋生态环境进行综合考虑，一方面影响了海洋生态环境，另一方面也破坏了海岸带景观资源，影响了自然风光，其实质是对大众资源的掠夺和侵占。随着开发建设，陆地资源逐渐匮乏，海岸带砂矿资源被掠夺式开发，致使海岸带严重消退。围海造地的现象也是在海岸带开发中存在的严重问题，随着陆地资源的缺乏和人口的增长，人们越来越多地向大海伸手，围海造地曾被认为是一项人类战胜自然的伟大创举，在世界各地也曾大量出现，比如日本濑户内海，但是围海造地极大地改变了相关海域的生态环境，影响了海洋自身正常的循环，最终改变区域的生态系统，危害人类正常的生活。

6. 基础设施建设滞后，科技应用有待提高

城市治污设施老化导致超标排放，随着城市规模的扩大，人口大量聚集，生活污水排放量和垃圾迅速增加，成为城市陆源污染的重要来源。一是治污企业设施老化，能力建设投入明显滞后。由于部分企业基础薄弱，技术落后，治污设施陈旧，治污能力弱，直接导致超标排放。二是城市管网配套建设滞后，工业和生活污水集中处理率低。三是排污单位的治污设施都由排污单位进行管理，出于自身经济利益的考虑以及其他原因，排污单位的治污设备未尽其用，治污效果有限，造成违法排污现象频发。

港口、道路等滨海基础设施建设不符合海岸带开发规律的现象较多，过去建设的基础设施，缺乏统一规划，这些设施一方面支撑着现代海岸带发展，另一方面又对海岸带发展造成一定的威胁，违背海岸带生态要求。

广大农村、渔村地区基础设施落后，农村对于污染物的处理缺乏力度，渔村地区简陋的小码头承载着产能低下的小农生产，污水处理管道缺失使得生活污水直接进入地表径流，这都凸显了基础设施落后造成的影响。

山东省在海洋科技领域拥有较高的水平，每年产生科研成果多，海洋研究范围广，但是部分产业还是停留在低能生产水平，造成资源的浪费以及污染物的超标排放。

7. 海平面上升，山东半岛近海平原和低地面临严重威胁，海水入侵日趋严重

由全球温室效应引发的世界范围内的海平面上升，已经成为当今世界各临海国家不得不应对的问题。荷兰科学家曾预测，到2050年，全球海平面将增高1米；据政府间气候变化委员会估计，到2030年，全球海平面将比现在上升20厘米。我国科学家对海平面上升也做了大量研究，在1993年中国科学院11位院士就曾经提出，由于全球海平面上升等各种因素的影响，到2050年，黄河三角洲地区海平面将上升40~50厘米①。

随着山东半岛附近海域海平面的上升，山东半岛各城市群将不得不面临一系列严重的经济社会问题。首先，海平面上升将会淹没大片地势较低的平原和低地，而这些地区是整个山东半岛重要的人口集中地和生产生活场所，生产生活用地的减少，必然会使当地原本紧张的各种土地矛盾变得更加突出。其次，海平面上升将加重半岛的洪水灾害，这主要是因为海平面上升将导致沿海防洪设施的防洪标准降低，城市排水系统抽排效率下降，从而加剧洪水灾情，洪水灾情的加重对山东半岛无疑会形成巨大威胁。最后，海平面上升将加重海水入侵倒灌，山东半岛沿海地区长期过量开采地下水，破坏了咸淡水间的水动力平衡，容易引起海水入侵倒灌，在海平面上升的情况下这一现象会越发严重，而海水入侵倒灌又会造成一系列的问题，一是由于海水倒灌而加重的土地盐碱化，对半岛的农业用地形成巨大威胁，直接影响种植业的可持续发展；二是倒灌的是被污染的海水，这部分海水汇入陆地地下水，必然会对陆地地下水造成污染，从而加重半岛陆地水的污染，形成恶性循环。

由于海平面上升所导致的种种变化，将会对整个山东半岛各城市群人民的生活生产安全产生重大威胁，对整个山东半岛经济社会发展的可持续发展造成一系列的重大隐患。

8. 渤海的环境污染和生态破坏情况日益突出

渤海是我国的内海，面积仅有7.8万平方千米，平均水深只有18米，它是世界上典型的半封闭海之一，因此渤海的海水交换能力很差，海水交换周期需16年之久，其环境容量相当低，自净能力非常有限②。渤海海域的环境问题也主要体现在海洋环境被污染和海洋生态遭破坏两个方面，尽管其环境问题不是由山东省单独造成的，也不会由山东省单独治理，但之所以将渤海的环境问题单独提出，主要是渤海海域的环境问题较山东半岛附近其他海域更为严重，其形成原因和治理过程能为我们对整个山东半岛海洋环境问题的治理提供更多借鉴。

近年来，伴随着“环渤海经济圈”经济的快速增长，大量的生活用水、工业废水和农药及化肥等污染物排入渤海，使本就十分脆弱的渤海海洋环境更加不堪重负，渤海环境质量急剧恶化；海上石油开采及船舶石油产品中出现的跑冒滴漏现象也会造成严重污染；渤

① 韩美：《21世纪山东海洋经济持续发展面临的资源、环境问题与对策》，载于《经济地理》1999年第1期，第101-105页。

② 杜碧兰：《21世纪中国面临的海洋环境问题》，载于《海洋开发与管理》1999年第4期，第67-72页。

海海域海水养殖中的添加剂成为渤海的重要污染源，上述三个污染源向渤海大量排污，使得渤海遭到空前的污染，变成了“纳污池”和“垃圾场”。而狂捕滥捞则是渤海渔业资源枯竭的根源，由于捕捞强度的不断增大以及环境污染的日益加剧，渤海生态系统不断遭受重创，渔业资源的自我生产能力逐年下降，渤海生物种类明显减少，渔业资源濒临枯竭。由于渤海海洋生态环境的破坏，目前辽东湾渔场基本报废，凤尾鱼绝迹；锦州湾的产卵场和育幼场遭到严重破坏；渤海湾一些主要经济鱼虾蟹类产卵场和育幼场，已基本成为无生物区；莱州湾地区原盛产的银鱼和河蟹已基本绝迹①。由此看出，渤海的污染状况日趋严重，已到非治理不可的程度，否则可能成为第二个濑户内海。尽管有“渤海碧海行动计划”等种种整治方案，但渤海的环境状况依然没有好转而且有整体恶化趋势，各种治理方案的效果甚微，渤海依然笼罩“死亡阴影”。

以上论述表明，山东半岛海洋环境问题已经非常严重。能否正视这些环境问题的存在，并采取积极有效的治理措施，直接关系着附近海域的未来，关系着整个山东半岛经济社会的可持续发展。

（二）山东半岛蓝色经济区海陆一体化环境管理措施

蓝色经济区是集海洋、经济、社会、生态的现代特色经济区，其建设过程不仅涉及海陆一体化的发展，而且还包括区域内外的协调发展。因此，蓝色经济区的协调机制可以通过海陆统筹、陆海联动的发展机制和区域协调机制来实现。陆海统筹模式是“海陆资源互补、产业互动、布局互联”。全面把握统筹陆海资源、产业和区位三重属性和生态、经济、社会三重价值，这是中国沿海区域协调发展思路的重要创新。在规划制定中，遵循了经济圈层规律，统筹海洋开发与保护、统筹海域与陆域的发展、统筹人与海洋的和谐发展、统筹海洋与社会的和谐发展、统筹国内开发与国际合作等。在海陆统筹方面，要积极应对综合管理面临的诸多挑战。实践中探索了新的统筹联动的推进方法：一是生产要素海陆双向合理配置；二是海陆产业统筹发展，把适宜临海发展的高端产业向沿海布局，把海洋产业链条向内陆腹地延伸；三是海陆基础设施统筹建设，即统一规划建设港口、铁路、公路、航空设施，建设内外通达的海陆空立体综合交通体系；四是海陆环境统筹治理，改善海洋环境，维护生态平衡。在创新机制上，依据一体化要求，交通同网、市场同体、环境同治、产业联动、信息共享，加强区内统筹协调，构筑优势互补、联动互促的区域发展新格局。

1. 统筹陆域经济与海域经济的发展

做好沿海地区产业发展的海陆统筹和区域统筹。通盘考虑海洋的渔业、能源、矿产、旅游资源与陆地的土地空间、产业基础、人力资源，发挥海陆资源综合优势，将海洋环境承载力和海陆污染排放总量作为经济、产业布局的重要依据和硬约束条件，建立海陆产业循环经济体系。根据沿海各地发展条件、产业基础和资源禀赋，做好沿海地区主导产业的选择及其发展规划，避免产业结构的雷同。

---

① 杜碧兰：《21世纪中国面临的海洋环境问题》，载于《海洋开发与管理》1999年第4期，第67-72页。

认真贯彻落实国家节能减排政策，以提高资源产出率为目标，积极探索循环经济发展模式，加快建设重大资源综合利用项目和节能工程，制订促进海洋循环经济发展的优惠政策，努力打造全国重要的循环经济发展示范区。制定循环经济发展规划，健全完善体制机制。积极推广使用清洁能源，建立再生资源回收、加工和利用体系，建设一批循环经济工业园区。全面推行“绿色”设计和制造，建设全国重要的新能源汽车和汽车零部件再制造基地。加快重点行业和传统工业低碳技术改造，推行节能产品认证，推广高效节能产品，提高企业节能降耗水平；鼓励现有工业企业向园区转移，推进废水、废气和固体废弃物的集中回收利用。扎实推进钢铁产业结构调整试点，建立资源循环和固体废弃物资源化的循环经济生产体系。提高加工深度，延伸产业链条，建设资源节约型、环境友好型有色金属产业基地。

2. 统筹海陆基础设施建设

统筹海陆重大基础设施建设，着力构建快捷畅通的交通网络体系、配套完善的水利设施体系、安全清洁的能源保障体系和资源共享的信息网络体系，提高蓝色经济区发展的支撑保障能力。

交通网络建设：优化布局，强化枢纽，完善网络，提升功能，发挥组合效应和整体优势，构建海陆相连、空地一体、便捷高效的现代综合交通网络。在青岛、烟台、潍坊、威海、日照等中心城市，规划建设一批公路、铁路、航空、水运等多种运输方式、一体化、无缝对接的现代化综合运输枢纽工程。

水利设施建设：合理利用地表水和地下水，充分利用黄河水，加快南水北调东线工程建设，加强污水处理回用，积极利用淡化水，深度开发雨洪水，在保障河道生态用水的前提下，实现区域内多种水源的合理配置和高效利用，提高区域的供水能力、水资源调蓄能力和应急保障能力。完善防洪防潮减灾体系，努力实现水库、河道、防潮堤的统一规划，水库泄洪与河道防洪协调统一，内河防潮与沿海防潮协调统一。加强河道综合治理，提高骨干河道防洪能力，加快重点地区中小河流治理，实施河道修复工程。加大海水入侵防治力度。实施潍坊潍河、青岛白沙河等河口地下水库，青岛地下水回灌补源，东营沿海生态河建设，烟台海水入侵综合防治以及小清河、日照绣针河入海口湿地保护等工程。

能源建设：加快发展清洁能源，优化能源结构，提高利用效率，努力构筑安全稳定的能源供应体系。(1) 有序开发风能资源，重点建设沿海7市大型陆地风电基地和鲁北、莱州湾、渤中、长岛、山东半岛北、山东半岛南6个海上百万千瓦级风电基地。(2) 合理规划建设生物质能电站，鼓励建设生物质能热电联产机组，积极扩大沼气利用，适度发展非粮燃料乙醇。(3) 发展太阳能光伏产业，推进以太阳能为主的新能源城市建设。鼓励太阳能热利用，提高太阳能热利用规模和水平。(4) 在乳山、荣成、日照等海域规划建设潮汐能和波浪能发电示范项目，逐步加快海洋能的开发利用步伐。(5) 大力推进地热能开发利用，适时启动风光储输联合示范工程项目。

信息基础设施建设：充分利用已有资源，进一步完善信息化手段，加快建立各类海洋信息库，建设省、市、县三级分布式基础信息平台，完善海洋与渔业信息网。重点建设海域使用动态监测、海洋环境监测、海洋防灾减灾及安全保障预警信息、养殖鱼类病害防治专家系统和业务管理系统、水产品市场行情和渔需物资供求等实时监控系统，大幅提升海洋综合管理水平。

3. 统筹海陆空间布局规划

根据山东半岛蓝色经济区的战略定位、资源环境承载能力、现有基础和发展潜力，按照以陆促海、以海带陆、海陆统筹的原则，将山东半岛 6 市 2 县的陆域与山东全部海域规划为主体区，山东其他地市规划为联动区。在主体区内，部署三条开发保护带、三个产业集聚区和三个城镇组团，打造海洋产业区域联动发展平台，实现以陆促海、以海带陆、陆海统筹，联动发展；涉海和临海产业把海洋资源的开发与陆地资源的开发、海洋产业的发展与其他产业的发展有机地联系起来，是实现海陆经济一体化的纽带。

海岸开发保护带。从海岸线向陆 10 千米起至领海基线（内水海域界线）之间的带状区域，其中内水面积 3.59 万平方千米，具有资源环境承载力较强、海洋产业发达、城镇密集等特点，是发展壮大海洋经济、统筹海陆发展的最重要区域和优先开发区域。按照优化开发、强化保护的原则，明确岸线、滩涂、海湾、岛屿等空间资源的功能定位和发展重点，加强海洋环境保护和生态建设，提升资源开发利用水平，推进海洋产业结构优化升级，重点打造海州湾北部、董家口、丁字湾、前岛、龙口湾、莱州湾东南岸、潍坊滨海、东营城东海域、滨州海域九个集中集约用海片区，构筑功能明晰、优势互补的开发和保护格局。

近海开发保护带。从海岸开发保护带外部界线向外 12 海里宽的带状区域，拥有丰富的海洋渔业、能源、矿产等资源，是开发海洋资源、培育海洋优势产业的重点区域。按照重点开发、合理保护的原则，加快海洋资源勘查和开发利用，壮大海洋能源和矿产资源开发以及海洋工程建筑等产业；全面规范近海开发利用秩序，扩大人工放流和底播增殖规模，严格执行禁渔期和禁渔区制度；推行清洁生产，防止海上油气矿产开采、船舶航行、海上倾废等造成海洋环境污染。

远海开发保护带。从近海开发保护带外部界线至专属经济区外部界线的带状区域，海洋生物、海底矿产等资源丰富，开发利用前景广阔，是海洋经济发展最具潜力的战略区域。按照维护权益、有序开发的原则，加大资源勘探开发力度，发展海洋捕捞、海底能源矿产开发、海洋工程建筑等产业；维护国家海洋权益，切实履行保护海洋环境的国际义务和责任，维护海洋生态系统平衡。

4. 统筹海陆产业协调发展

从空间上看，蓝色经济区海陆产业的布局并不是相互割裂的，而是共同分布于海岸带地区。海陆产业在空间上的依存性客观上要求我们不能仅仅把沿海陆地作为海洋开发的背景，而要根据海陆产业的联系机理，减少海陆之间的矛盾，将沿海地区整合为统一的经济系统，进行联动规划和统筹开发，以寻求综合效益的最大化。为此，通过制定海陆一体产业发展规划，形成合理的产业布局，在实现海陆产业可持续发展的同时，使海域、海岸带、内陆腹地经济优势互补，互为依托，共同发展。

5. 统筹海陆污染综合治理。

推行严格的环境保护标准和污染物排放总量控制制度，实施海陆统筹、河海兼顾、一体化治理，健全联动治理机制，改善环境质量，提升环境承载能力。

大力推进工业污染治理。实施氮、磷、石油烃等主要污染物总量控制计划。加大对排污企业的监管力度，严格执行总量控制和排污许可制度。依法淘汰污染严重的落后生产能力，关停排污不达标的企业，确保工业污染源稳定达标排放。加大对高能耗、高物耗、高排放行业的技术改造力度，提高清洁生产技术普及率和企业清洁生产审核率。加快燃煤电厂、钢铁等行业脱硫、脱氮设施建设，大幅减少二氧化硫和氮氧化物排放。强化工业颗粒物和粉尘污染治理，加强工业危险固体废弃物的安全处置。完善污水处理基础设施，加快推进生态工业园区建设。发挥藻类、贝类等海洋生物固碳、汇碳功能，大力发展海洋碳汇产业。

加强农业和生活污染治理。加大土壤污染防治力度，全面推行清洁种植。加强畜禽养殖污染防治，实施集约化、生态化养殖，开展全过程污染控制，全力推行清洁生产、种养平衡、综合利用模式。提高生活废弃物综合处置与利用水平，防止水土流失，控制面源污染。加快沿海城镇污水集中处理设施建设。尽快完成所有沿海城镇排水管网建设。

全面开展流域和海洋污染综合治理。开展重点污染源排放、近岸海域环境、海洋生态质量等监测与评价工作，加强对重点入海河流的治理，实施重点海域污染物总量控制工程。严格控制海水养殖污染，加强对河流入海口、重点海湾、近岸海域的污染治理；加强沿海地区环境监管能力建设，建立健全海洋环境突发事件监视监测与应急处置体系，有效防范赤潮、绿潮等海洋生物灾害对海洋环境的危害；加大海上船舶、溢油等污染防治力度，确保陆源排污口、海上石油平台、海上人工设施等达标排放。到2020年，近岸海域一二类海域面积达到95%。

6. 统筹区域与部门关系

蓝色经济区建设面对的是一个复杂的海陆体系，蓝色经济区内部主体多元化，主体间的关系多样以及海陆之间客体的多变性，使得在蓝色经济区建设中的矛盾更加复杂，解决起来更加困难。区域协调机制是实现蓝色经济区海洋环境治理内外合理分工、协调发展的重要因素，它又包括区域内协调和区域外联动两部分。

目前，在山东半岛地区，由于行政边界的分割，不仅呈现出多个分散发展的海洋划界区，而且各部门职能交叉，海洋资源开发与环境治理缺乏统一协调；重复建设及海岸线资源浪费严重；无序开发并导致了海洋污染严重；海洋的自身洁净能力无法承担污染之重，严重制约了海洋生态安全的有序发展。制定实施水域保护措施并协调好各区域的利益格局势在必行。建设山东半岛蓝色经济区，一方面通过内部协调发展，打破和淡化行政边界，推进行政重组，明确蓝色经济区建设各管理部门的职能，充分发挥其决策、组织、推进和评估作用；完善涉海部门之间的协作机制，密切配合、相互协作，统筹各方资源和力量，形成高效的蓝色经济区建设协作机制；建立完善目标责任体系，把目标任务分解落实到具体单位和人员，形成一级抓一级、层层抓落实的工作机制；建立区域联席会议制度和协商合作机制，实现半岛地区各种资源的合理流动，最大限度避免盲目无序竞争和重复建设，协调蓝色经济区内部7地市之间以及与内陆城市之间的发展速度和水平，做到蓝色经济区建设的整体性和统筹发展。另一方面积极推进山东半岛与辽宁、天津、河北、江苏等省以及东北亚地区乃至更广泛区域的多层次协调与合作，协商建立海洋资源开发、海洋治理协作、基础设施衔接、要素市场流动等合作框架，实现海洋治理区域间协调发展。

四、山东半岛蓝色经济区海陆一体化环境管理模式的经验启示

蓝色经济区是以海陆区域统筹创新为主要特征的发展新模式，承担海陆统筹的重大使命与责任担当。山东半岛实施海陆统筹联动发展的长期探索和进一步建设好蓝色经济区的崭新实践，对我国海洋生态环境的治理模式具有重要启示。

（一）深化海陆发展规律认识是前提

山东半岛蓝色经济区发展主题的不断深化，海陆统筹内容的不断完善，都与认识的不断发展密切相关。实践表明，海洋与陆地唇齿相依，互为依托，海洋生态安全与陆域经济的发展既相互支撑，又相互制约。树立与海洋可持续发展相适应的思想观念，重点是提高对海陆一体统筹这一开发海洋国土和享有海洋权益的战略方针与指导原则的必然性、本质内涵与重大意义的认识水平。海洋与陆地发展具有极为密切的联系，关联度较高，对区域发展的贡献程度大。海陆统筹把海洋资源的开发与陆地资源的开发、海洋产业的发展与其他产业的发展有机地联系了起来，能够促进海陆一体化发展。随着区域经济发展的深入，海陆资源的互补、产业互动的要求日益迫切。坚持海陆统筹开发，能更好地发展沿海地区经济。正确的思路，来自对发展规律的精准认知，来自对发展规律的准确把握。蓝色经济的理念就是对海陆经济与环境一体化思维的整合与提升，贯彻了海陆统筹、陆域经济与海洋经济协调发展等先进理念。蓝色经济就是统筹海洋经济、涉海经济、沿海经济与海外经济的发展，就是资源互补、产业互动、布局互联。由于蓝色经济具有科技、经济与社会三重价值的特点，要求陆海资源整合，发展产业，实现海陆统筹，开放发展。总之，认识水平的提升是制定战略与规划的思想基础与前提。

（二）实际出发是保障

山东半岛蓝色经济区根据突出重点、因地制宜的原则，应坚持生态需求与社会接受能力相结合，突出海域主导功能的恢复与保护。实行分类指导，分级管理，分步实施，分区推进，因地制宜采取污染防治与生态建设、生态保护和综合整治等措施，使受损的生态区域主要服务功能得以恢复，典型珍稀的生态区域得到严格保护，脆弱敏感的生态区域的开发得到有效控制，健康的生态区域长期保持稳定，促使海洋环境保护与海洋开发相协调。实践证明这些做法都是切实可行、行之有效的，保证了山东半岛蓝色经济区的科学探索和全新实践的开展。山东的实践表明，在全国层面上推动我国沿海地区海洋发展，建设多种新型生态保护区，从当地实际出发制定切实可行的战略举措应是沿海区域发展行动的基本战略保障。

（三）源头整治，统筹规划是关键

山东蓝色经济区是以海岸带地区为核心区域，但又向陆地和海洋延伸至更广阔的区域，即蓝色经济区是覆盖广阔的海域和陆域的复合经济区。蓝色经济区的发展必须追求海陆统筹、海陆一体化的协调发展，树立海洋集成战略的发展理念以及经济、社会、生态协调发展的观念，把海洋和陆地作为一个整体来谋划，实现由海陆分治向海陆统筹转变，由单一海洋开发向海洋集成战略转变，由单纯经济发展向经济、社会、生态统筹协调发展转变，实现海陆互动、东西结合、布局互联、协调发展的格局。污染防治要与沿岸流域、城镇污染防治相结合，陆源污染和海上污染防治应同步实施。鼓励公众、社会团体、企业及相关行政部门广泛参与海洋环境保护，统一协调经济与人口、资源、环境的关系。

目前，海洋治理的重要性和紧迫性在国际上已达成共识，海洋生态系统的脆弱性和海洋资源的有限性亟须我们制定一个合理的治理体系来维护海洋生态安全。本书虽然提出了海洋生态安全治理的现状和构建现代化体系的框架，但是海洋生态安全治理是一个复杂的过程，治理体系还需要在实践中不断改进，不断完善，这样才能更好地改善海洋生态安全现状，实现海洋强国的战略目标。

后　　记

国内外对于海洋生态安全治理研究相对滞后，大多数海洋生态安全问题是在海洋环境、海洋资源、海洋灾害等问题研究中被提及，没有上升到海洋生态安全领域，更没有上升到国家安全、地区安全乃至全球安全层面，因而，缺乏将海洋生态安全与国家安全战略有机结合的研究，缺少具体的、可操作性的治理模式和运行机制。本书研究旨在借鉴国内外研究的成果，对中国海洋生态安全问题进行梳理，从国家战略的高度，提出有中国特色的、符合实际的、可操作的海洋生态安全治理模式，这对实现海洋强国有重要意义。

本书在编写中，在管理学、政治学、社会学、海洋法学、环境学等多学科知识基础上，进行跨学科综合研究，立足于中国海洋生态安全现状，探讨适合中国海洋生态安全的治理模式、管理体制和保障机制。国内外论著和相关研究成果，为本书的撰写提供了资料基础和参考，在此向他们表示最诚挚的谢意。中国海洋大学法政学院研究生孙雪敏、周言、王娟、刘雪霞、齐圣群、辛美君、吕远、姜自福、董海楠和朱烨等参与了本书的撰写和整理、校对工作，在此一并向各位编者和出版部门表示衷心的感谢。由于诸多因素所限，本书一定存在若干不足，恳请广大读者和同仁见谅。

杨振姣

2015 年 9 月